普通高等教育"十三五"规划教材

服务外包产教融合系列教材

主编 迟云平 副主编 宁佳英

环境工程制图与CAD技术

主 编 马彩祝 李 菊 庞 灿

华南理工大学出版社
SOUTH CHINA UNIVERSITY OF TECHNOLOGY PRESS
·广州·

内容提要

本书共三篇八章，主要内容有投影制图基础知识、工程形体的图样画法、建筑施工图、AutoCAD、天正建筑 TArch、室内设计制图、园林设计制图等。其中，建筑施工图、室内设计制图、园林设计制图部分内容丰富。考虑到环境工程类专业涉猎面广，在书中增加了一些新的由浅入深的工程图图例。时代感强，也是本书的特点。为了加强实践教学，本书配有实践性较强的习题集。

本书可作为高等院校环境工程类以及相关专业如工程造价、工程管理、房地产开发与管理、安全工程等专业的本、专科教材，也可供工程技术人员培训，以及电视大学、函授大学等相关专业选用。

本书配有多媒体教学课件。

图书在版编目(CIP)数据

环境工程制图与 CAD 技术/马彩祝，李菊，庞灿主编. —广州：华南理工大学出版社，2017.9

(服务外包产教融合系列教材/迟云平主编)

ISBN 978 - 7 - 5623 - 5395 - 9

Ⅰ. ①环… Ⅱ. ①马… ②李… ③庞… Ⅲ. ①环境工程 - 工程制图 - AutoCAD 软件 - 高等学校 - 教材 Ⅳ. ①X5 - 39

中国版本图书馆 CIP 数据核字(2017)第 232811 号

环境工程制图与 CAD 技术

马彩祝　李　菊　庞　灿　主编

出 版 人：卢家明

出版发行：华南理工大学出版社

(广州五山华南理工大学 17 号楼，邮编 510640)

http://www.scutpress.com.cn　E-mail:scutc13@scut.edu.cn

营销部电话：020 - 87113487　87111048（传真）

总 策 划：卢家明　潘宜玲

执行策划：詹志青

责任编辑：欧建岸

印 刷 者：佛山市浩文彩色印刷有限公司

开　　本：787mm × 1092mm　1/16　**印张**：23.5　**字数**：558 千

版　　次：2017 年 9 月第 1 版　2017 年 9 月第 1 次印刷

印　　数：1 ～ 1000 册

定　　价：49.80 元

“服务外包产教融合系列教材”

编审委员会

总 序

发展服务外包，有利于提升我国服务业的技术水平、服务水平，推动出口贸易和服务业的国际化，促进国内现代服务业的发展。在国家和各地方政府的大力支持下，我国服务外包产业经过10年快速发展，规模日益扩大，领域逐步拓宽，已经成为中国经济新增长的新引擎、开放型经济的新亮点、结构优化的新标志、绿色共享发展的新动能、信息技术与制造业深度整合的新平台、高学历人才集聚的新产业，基于互联网、物联网、云计算、大数据等一系列新技术的新型商业模式应运而生，服务外包企业的国际竞争力不断提升，逐步进入国际产业链和价值链的高端。服务外包产业以极高的孵化、融合功能，助力我国航天服务、轨道交通、航运、医药、医疗、金融、智慧健康、云生态、智能制造、电商等众多领域的不断创新，通过重组价值链、优化资源配置降低了成本并增强了企业核心竞争力，更好地满足了国家“保增长、扩内需、调结构、促就业”的战略需要。

创新是服务外包发展的核心动力。我国传统产业转型升级，一定要通过新技术、新商业模式和新组织架构来实现，这为服务外包产业释放出更为广阔的发展空间。目前，“众包”方式已被普遍运用，以重塑传统的发包/接包关系，战略合作与协作网络平台作用凸显，从而促使服务外包行业人员的从业方式发生了显著变化，特别是中高端人才和专业人士更需要在人才共享平台上根据项目进行有效整合。从发展趋势看，服务外包企业未来的竞争将是资源整合能力的竞争，谁能最大限度地整合各类资源，谁就能在未来的竞争中脱颖而出。

广州大学华软软件学院是我国华南地区最早介入服务外包人才培养的高等院校，也是广东省和广州市首批认证的服务外包人才培养基地，还是我国服务外包人才培养示范机构。该院历年毕业生进入服务外包企业从业平均比例高达66.3%以上，并且获得业界高度认同。常务副院长迟云平获评2015年度服务外包杰出贡献人物。该院组织了近百名具有丰富教学实践经验的一线教师，历时一年多，认真负责地编写了软件、网络、游戏、数码、管理、财务等专业的服务外包系列教材30余种，将对各行业发展具有引领作用的服务外包相关知识引入大学学历教育，着力培养学生对产业发展、技术创新、模式创新和产业融合发展的立体视角，同时具有一定的国际视野。

当前，我国正在大力推动“一带一路”建设和创新创业教育。广州大学华软软件学院抓住这一历史性机遇，与国家发展和改革委员会国际合作中心合作成立创新创业学院和服务外包研究院，共建国际合作示范院校。这充分反映了华软软件学院领导层对教育与产业结合的深刻把握，对人才培养与产业促进的高度理解，并愿意不遗余力地付出。我相信这样一套探讨服务外包产教融合的系列教材，一定会受到相关政策制定者和学术研究者的欢迎与重视。

借此，谨祝愿广州大学华软软件学院在国际化服务外包人才培养的路上越走越好！

国家发展和改革委员会国际合作中心主任

2017年1月25日于北京

前　言

本书主要介绍与环境工程制图密切相关的一般制图理论和绘图方法，紧密结合环境工程类专业实际，注重从投影理论到制图实践的应用，遵守国家规范，力求反映近年来环境工程专业的最新发展水平。本书贯彻中华人民共和国住房和城乡建设部等部门联合于2010年8月18日发布、2011年3月1日实施的《房屋建筑制图统一标准(GB 50001—2010)》。

本书在内容处理上具有以下特点：

(1)建筑施工图、室内设计制图、园林设计制图教学案例是我们从近期工程设计的典型实例中选定设置的，与时俱进。

(2)以“提高素质”为目的。本书在内容上突出建筑制图、识图技能的培养和训练，除安排传统尺规绘图练习外，特别重视徒手草图及计算机绘图这两种制图能力的培养。

(3)对投影规律等较为复杂的问题，都绘制了空间示意图，尽量以图的形式阐述说明，以帮助学生建立从空间到平面的思维过程。对于相互之间有联系的内容和一些有可比性的相似问题，尽量以表的形式来归纳、对比和总结，方便学生识记和掌握。

(4)便于自学是我们编写本教材的宗旨和目的之一。为此，我们充分利用计算机绘图的优越性，大部分例题采用分步作图，每个作图步骤配合一幅专门的图解过程插图，使作图方法、步骤一目了然。强化实践性教学内容，如徒手草图的画图训练、建筑工程图实例导读等；重视草图教学，以便适应计算机出图。本教材插图均采用计算机绘图，图形清晰、准确。

(5)本教材在体系和内容的编排上具有较好的系统性，内容精简适当，教、学适用。

(6)根据环境工程类专业的教学特点，在建筑施工图、室内设计制图、园林设计制图等章节中，按照各自的施工规律，重点讲解施工图的设计依据、建筑物的特性、读图方法、绘图技巧，并对方案图的表达和施工图的画法进行了详细介绍，使学生对方案图和施工图的区别有深刻的认识，为学生今后进行方案图和施工图的设计奠定坚实的基础。

本书绪论、第1～6章由马彩祝编写，第7章由李菊编写，第8章由庞灿编写。参加编写的还有谢坚、黄莉。马彩祝、李菊、庞灿主编，马彩祝统稿。

本书在编写过程中参考了国内众多画法几何、工程制图教材及有关文献资料，得到许多同行的指导及许多建设性修改意见，在此表示诚挚的感谢！

由于编者水平有限，本教材难免存在缺点和错误，恳请广大同仁和读者批评指正。

编　者

2017年3月

目　录

第三篇　AutoCAD 实操

绪　论

一、工程图的发展与作用

(一) 工程图的发展

从人类通过劳动开创文明史以来，图形一直是人们认识自然、表达、交流的主要形式之一。从象形文字的使用到今天科学技术的推广，始终与图形有着密切联系。图形可以说是其他表达方式所不能替代的。从埃及人丈量尼罗河两岸土地的方法到希腊欧几里德的几何原本，从文艺复兴资本主义初露端倪到 18 世纪的工业革命，从法国科学家 G. 蒙日的画法几何学到工程制图的推广普及，几何图形学在人类的历史长河中创造了辉煌的篇章，促进了人类工业制造技术和科学技术的蓬勃发展。

当人类进入 20 世纪中叶，计算机图形学兴起，开创了图形学应用和发展的新纪元。计算机辅助设计(CAD)技术推动了几乎所有领域的设计革命，CAD 技术的发展和应用水平已成为衡量一个国家科学技术现代化和工业现代化水平的重要标志之一。CAD 技术从根本上改变了过去手工绘图的方式，将设计者从繁重的体力、脑力劳动中解放出来。

(二) 工程图的作用

工程图的作用主要表现在以下几方面：

(1) 工程图在构思、设计、制造过程中是必要的媒介，对于推动人类文明的进步、促进制造技术的发展起了重要作用。

(2) 在科学研究中，利用图像象直观表达实验数据的规律，对于人们把握事物的内在联系、变化趋势具有独特的作用。

(3) 在表达和培养形象思维中，图的形象性、直观性、准确性使得人们可以通过图形来认识未知，探索真理。

二、本课程的主要内容

本课程除简要介绍投影基础、组合体的表达、制图标准外，主要介绍计算机辅助设计(CAD)技术及使用天正建筑 2013 软件绘制建筑施工图、室内设计制图、园林设计制图等。

三、本课程的任务

(1)培养学生运用绘图技术进行构思、分析和表达工程问题及解决工程问题的能力。

(2) 掌握在平面上表达三维形体的规则与技能。

(3)培养三维逻辑思维和形象思维的设计能力。

(4)培养绘制和阅读建筑施工图、室内设计图、园林设计图的基本能力。

(5)培养徒手绘图、仪器绘图的能力，为使用绘图软件设计打下良好的基础。

(6)从讲解“GB”和“ISO”着手，培养学生认真负责的工作态度和严谨细致的工作作风。

第一篇　投影与制图基础

1 投影的基础知识

1.1 投影法分类

1.1.1 投影的概念

影子是日常生活中常见的现象。物体在光线照射下，会在地面或墙面形成影子。影子随着照射方向的改变发生变化。人们从影子的自然现象中进行科学的抽象和概括，创造了投影理论，其投影法是各类工程图绘制的基础，如图 1 - 1 所示。

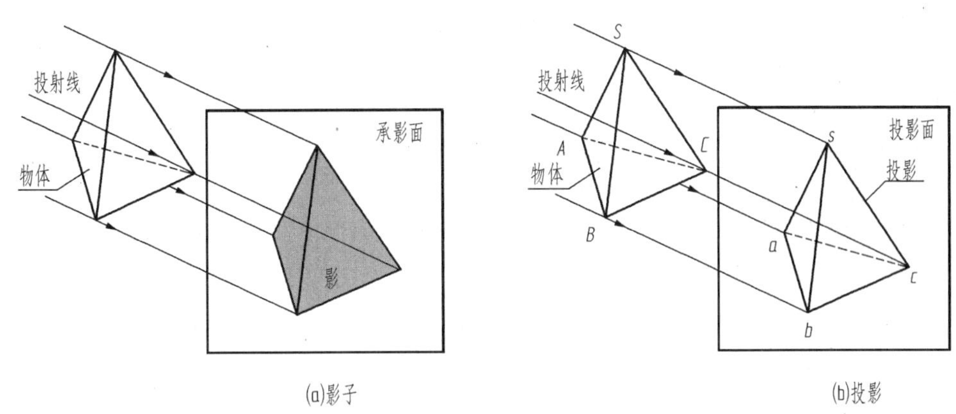

图 1-1 影子与投影

投影，即反映在一定的投射条件下，在投影面(如地面或墙面)上获得与空间几何元素一一对应的图形的过程。

在图 1 - 2a 中，假设空间有一点光源 S 和物体 ABC，连线 SA、SB、SC 并延长与平面(投影面)H 分别相交于 a、b、c。其中，S 称为投射中心，SA、SB、SC 称为投射线，平面 H 称为投影面，a、b、c 称为点 A、B、C 在 H 面上的投影，a、b、c 连线即得平面图形 $\triangle abc$。这种对空间物体进行投影，在投影面上获得平面图形的方法称为投影法；得到的图形即为空间物体在投影面上的投影。

通过上述分析可知，要获得投影必须具备三要素：投射线、空间几何元素或物体、投影面。

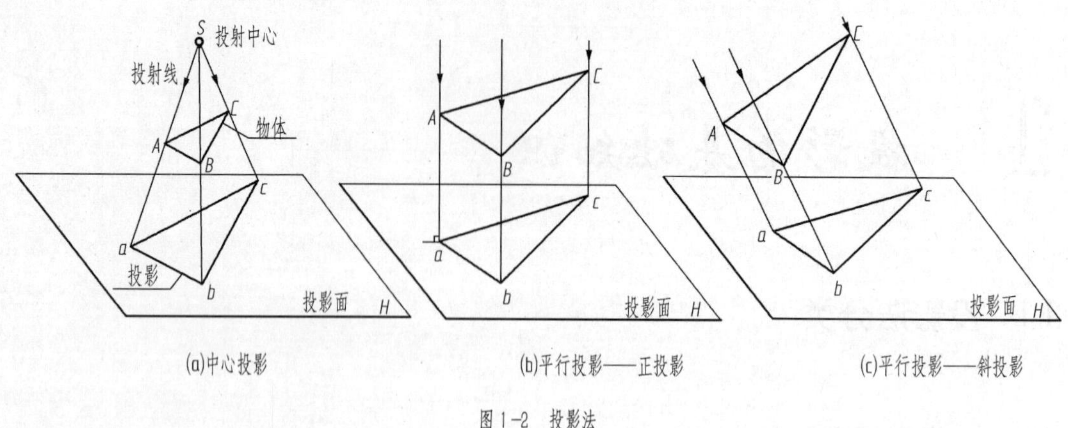

图1-2　投影法

1.1.2　投影法的分类

投影法可分为两大类：中心投影法、平行投影法。

1. 中心投影法

如图1-2a所示，投射中心S距离投影面H为有限远时，投射线交于一点S，用这样的投射线获得的投影称为中心投影。

2. 平行投影法

如图1-2b、图1-2c所示，投射中心S距离投影面H为无限远时，所有投射线都相互平行，用这样的投射线获得的投影称为平行投影。

根据投射线与投影面垂直与否，平行投影法又分为正投影法、斜投影法。

(1)正投影法。当投射线垂直于投影面时，所得投影称为正投影，如图1-2b所示。

(2)斜投影法。当投射线倾斜于投影面时，所得投影称为斜投影。对应的投影法称为斜投影法，如图1-2c所示。

1.2　平行投影的特性

积聚性、度量性、定比性和从属性、平行性、类似性是平行投影的重要特性。土建工程制图最常使用的是正投影法。现以之为例说明其投影特性。

(1)积聚性。当空间线段或平面图形垂直于投影面时，其投影积聚为一点或一直线段。如图1-3a、图1-3d所示，直线AB垂直于投影面H，其投影积聚为一点a(b)；平面Q垂直于投影面H，其投影积聚为一直线q。

(2)度量性。当空间线段或平面图形平行于投影面时，其投影反映实长或实形。如图1-3b、图1-3e所示，直线CD平行于投影面H，其投影cd反映实长；平面图形HIJK平行于投影面H，其投影hijk反映实形。

(3)定比性和从属性。直线上两线段长度之比等于其投影的长度之比；点在直线上，

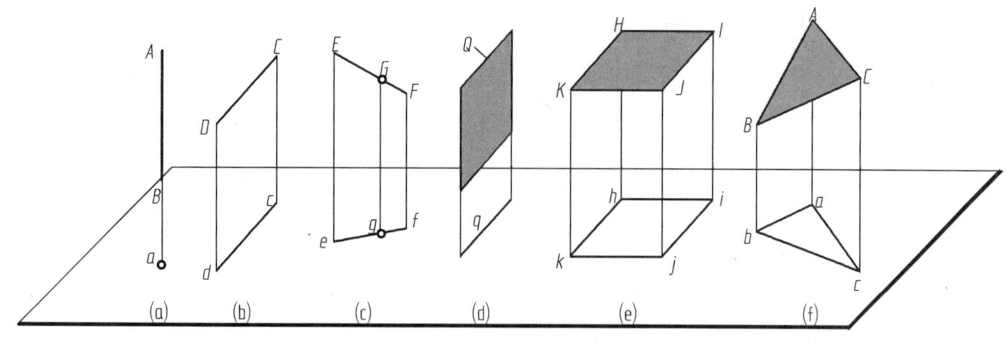

图 1-3　正投影特性

其投影必在该直线的投影上。如图 1－3c 所示，G 在直线 EF 上，则 g 在直线的投影 ef 上，且 $EG:GF=eg:gf$。

(4)平行性。平行的两直线在同一投影面上的投影仍然保持平行。如图 1－3e 所示，$HI/\!/KJ$，则 $hi/\!/kj$。

(5)类似性。当直线段与投影面倾斜时，其投影是变短的直线段；当平面与投影面倾斜时，其投影是边数相同的类似形。如图 1－3c、图 1－3f 所示，EF 的投影为变短了的 ef，$\triangle ABC$ 与其投影 $\triangle abc$ 是边数相同的类似形。

1.3　土建工程中常用的图示法

用图示法表达土建工程形体时，由于所表达的对象不同、目的不同，所采用的图示方法也会不同。下面简单介绍土建工程中常用的多面正投影图、轴测投影图和透视投影图。

1. 多面正投影图

用正投影法在两个或两个以上互相垂直的投影面上绘出形体的正投影图，并将其按一定规则展开在一个平面上，这样的投影图称为多面正投影图，简称正投影图，如图 1－4a所示。

正投影图的特点是度量性好、作图方便，但缺乏立体感，是土建工程图最主要的图样。

2. 轴测投影图

用平行投影法将形体连同参考直角坐标系沿合适的方向投射在单一投影面上，所得到的具有立体感的图形称为轴测投影图，如图 1－4b 所示。

轴测投影图的特点是能在一个投影面上反映形体的长、宽、高三个向度，具有一定的立体感，但度量性差，且不能完整反映形体的形状，只能作为工程辅助图样。

3. 透视投影图

用中心投影法将形体投射在单一投影面上，所得到的具有立体感的图形称为透视投影图，如图 1－4c 所示。

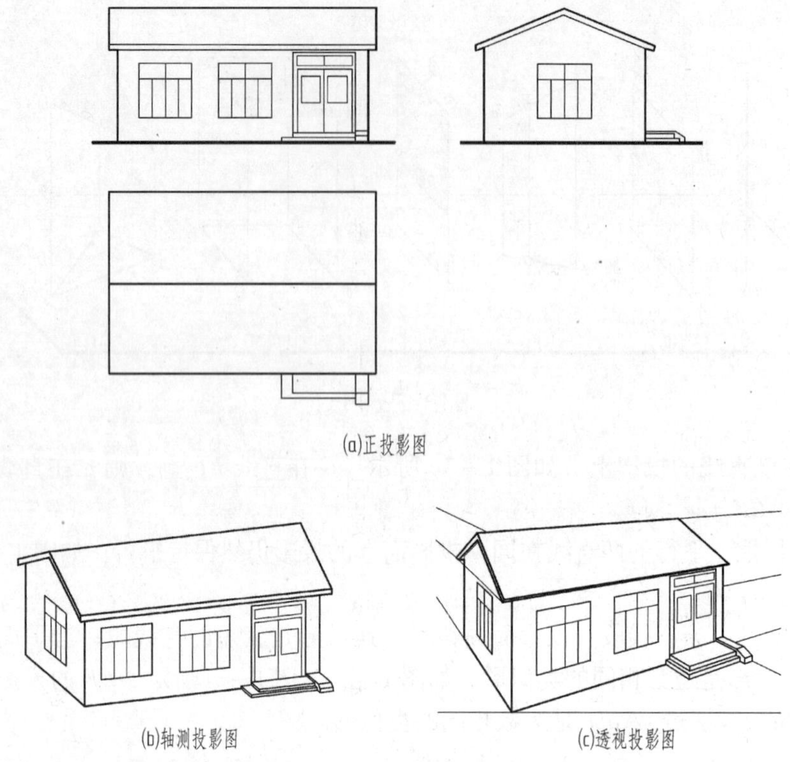
(a)正投影图

(b)轴测投影图

(c)透视投影图

图 1-4　工程中常用的投影图

透视投影法因其与照相原理相似，所得投影显得十分逼真，比轴测图更接近于人的视觉效果。这种图多用于建筑物外观或室内的装修效果设计。

1.4　三面正投影图

1.4.1　三面正投影体系

如图 1－5 所示，一般情况下单面正投影不能确定形体的形状，一般需三面正投影方能确定。工程上通常用三面正投影图来表达形体的形状。

1. 三面投影体系的建立

在图 1－5 中，设三个两两相互垂直的投影面构成三面投影体系，其中：

水平位置的平面称为水平投影面（简称 H 面），从上往下进行投射，此投影称为水平投影。

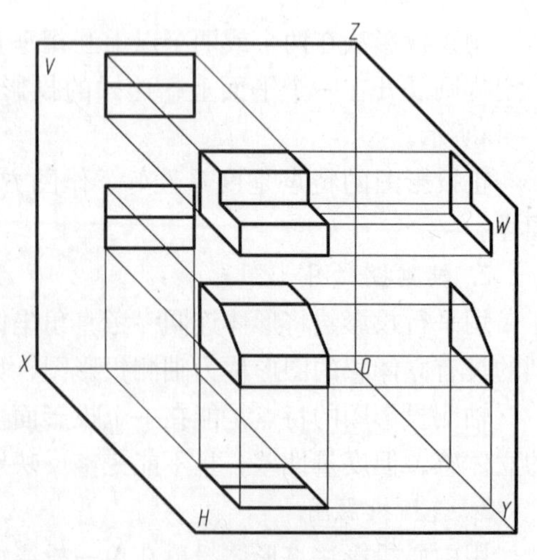

图 1-5　三面投影图的必要性

正立位置的平面称为正立投影面(简称 V 面)，从前往后进行投射，此投影称为正面投影。

侧立位置的平面称为侧立投影面(简称 W 面)，从左往右进行投射，此投影称为侧面投影。

图中，V 面、H 面和 W 面三个投影面两两之间各有一条交线，称为投影轴：V 面与 H 面的交线称为 X 轴，W 面与 H 面的交线称为 Y 轴，V 面与 W 面的交线称为 Z 轴。三条投影轴的交点称为原点，以 O 表示。

2. 三面投影图的特性

如图 1－6 所示，由于三面投影图表达的是同一个形体，且是形体在同一位置向三个投影面所作的正投影，故三面投影图之间的每对相邻投影图，在同一方向的尺寸相等，即：

长对正——V 面、H 面投影都反映形体的长度，展开后这两个投影左右对齐，画图时要对正。

高平齐——V 面、W 面投影都反映形体的高度，展开后这两个投影上下对齐，画图时要平齐。

宽相等——H 面、W 面投影都反映形体的宽度，展开后这两个投影反映的宽度相等。

画三面投影图时要把空间的三个投影面展开在一个平面上，即 OY 分为 OY_H 和 OY_W，并分别随 H 面和 W 面向下和向后绕 OX 和 OZ 轴旋转 90°，展开后的三个投影面及形体的三面投影如图 1－7 所示。

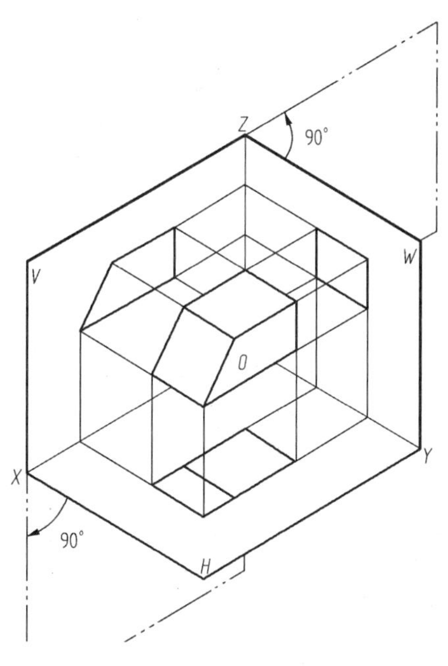

图 1-6 三面投影图体系的形成及展开

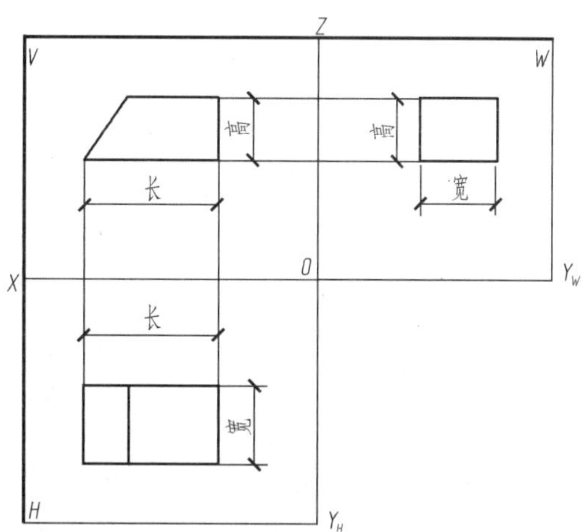

图 1-7 三面投影图的三等关系

“长对正，高平齐，宽相等”这九字口诀，是正投影图最重要的投影对应关系，如图 1－7 所示。这九字口诀不仅适用于形体的总体轮廓，也适用于形体的局部细节，是画图和读图的基础知识。

在投影图上通常不画出投影面的边界，只画出投影轴(或省略)。

1.4.2 点的投影规律和直线、平面的投影特性

任何工程物体不论怎样复杂，抽象成几何形体后，都可以看成是由点、线、面组成。掌握其投影规律有助于正确地阅读和绘制工程形体的投影图。

在投影图中，空间点及其投影用小圆“。”画出；空间直线及其投影用中粗实线“——”(可见)或虚线“----”(不可见)画出。通常，空间点常用大写字母表示。如图1-8a所示：点S的H面投影为s，V面投影为s'，W面投影为s''；直线AB的H面投影为ab，V面投影为$a'b'$，W面投影为$a''b''$；$\triangle SAB$的H面投影为$\triangle sab$，V面投影为$\triangle s'a'b'$，W面投影为$\triangle s''a''b''$。

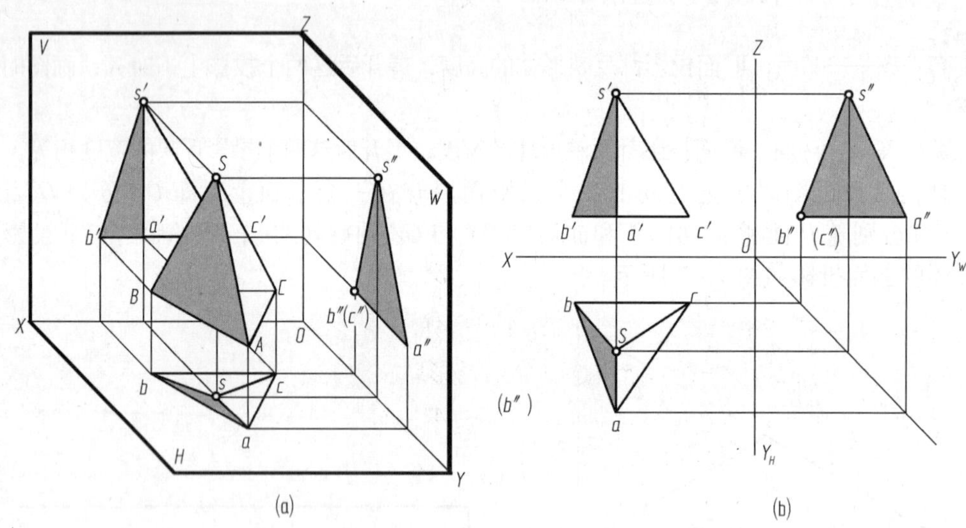

图1-8 点、线、面的三面投影特性

另外，用单字母或罗马序号表示空间直线和平面也是常用的表示方法。如空间直线L，则对应的三面投影可表示为l、l'、l''；如空间平面Q，则对应的三面投影可表示为q、q'、q''。

1. 点的投影规律与重影点

(1)点的投影规律

如图1-8b所示，以点S为例：

点S的H面、V面投影连线垂直于OX轴，即$ss' \perp OX$；

点S的V面、W面投影连线垂直于OZ轴，即$s's'' \perp OZ$；

点S的H面投影s到OX轴的距离等于点S的W面投影s''到OZ轴的距离。

(2)两点的相对位置与重影点

两点的相对位置，是指两点间的上下、左右、前后位置的关系。在三面投影中，V面投影反映出它们的上下、左右关系；H面投影反映出左右、前后关系；W面投影反映出上

下、前后关系。图 1－8a 中，点 S 在点 B 右、前、上方，点 C 在点 S 的右、后、下方。

当空间两点相对于某一投影面位于同一条投射线上时，这两点在该投影面上的投影重合，这两点就称为该投影面的重影点。两点重影必有一点被遮挡。距投影面远的一点可见；距投影面较近的点被挡住不可见，其投影标记加括号。如图 1－8 所示，B、C 二点位于同一条垂直于 W 面的投射线上。B 在前可见；C 在后不可见，其投影加括号表示为“(c'')”。

2. 直线的投影特性

由初等几何可知，两点确定一直线。求作直线段的投影，可先求出该直线上任意两点(常取两个端点)的投影。如图 1－8 所示，要确定直线 SA 的空间位置，只需确定该直线两端点 S、A 的空间位置。直线 SA 的三面投影依次为 sa、$s'a'$、$s''a''$。

直线与投影面之间的夹角称为倾角。直线与投影面 H、V、W 之间的倾角分别用希腊字母 α、β、γ 表示。

根据直线与投影面相对位置的不同，直线可分为三大类：投影面平行线、投影面垂直线、一般位置直线。

(1) 投影面平行线

只与一个投影面平行，而与另两个投影面倾斜的直线，称为投影面平行线。投影面平行线分为三种：

水平线——平行于 H 面的直线，其水平投影反映实长；

正平线——平行于 V 面的直线，其正面投影反映实长；

侧平线——平行于 W 面的直线，其侧面投影反映实长。

如图 1－9 所示，$AB /\!/ H$ 面为水平线，$ab=AB$，$a'b' /\!/ OX$，$a''b'' /\!/ OY_W$，且直线的水平投影反映该直线与 V 面、W 面的倾角 β、γ。

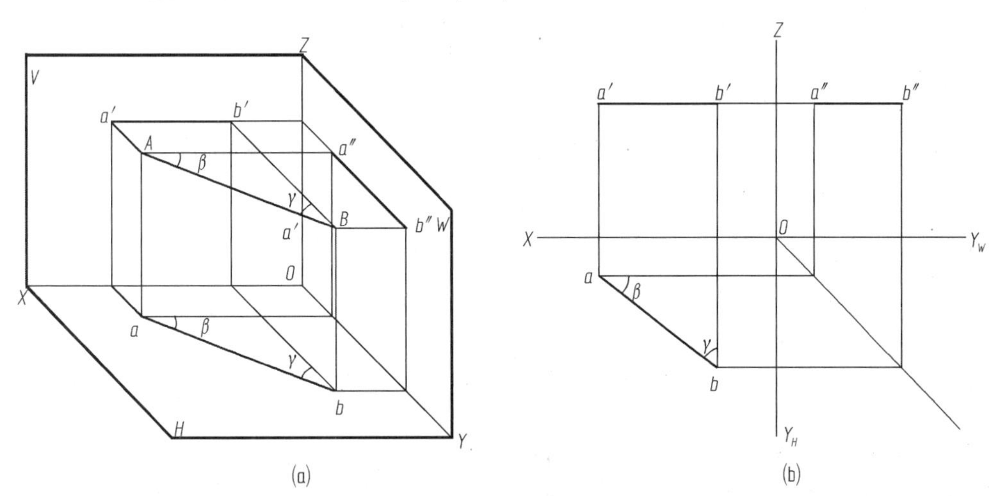

图 1-9 水平线的投影特性

综上所述，投影面平行线的主要投影特性为：当直线平行于某一投影面时，在该面上的投影反映实长且反映与另两个投影面的倾角；直线的另外两面投影平行于相应的投影轴。

(2)投影面垂直线

与一个投影面垂直，而与另两个投影面平行的直线，称为投影面垂直线。投影面垂直线分为三种：

铅垂线——与 H 面垂直的直线，其水平投影积聚为一点；

正垂线——与 V 面垂直的直线，其正面投影积聚为一点；

侧垂线——与 W 面垂直的直线，其侧面投影积聚为一点。

如图 1 - 10 所示，$AB \perp H$ 面为铅垂线，$a(b)$ 积聚为一点，$a'b' \perp OX$，$a''b'' \perp OY_W$，$a'b' = a''b'' = AB$。

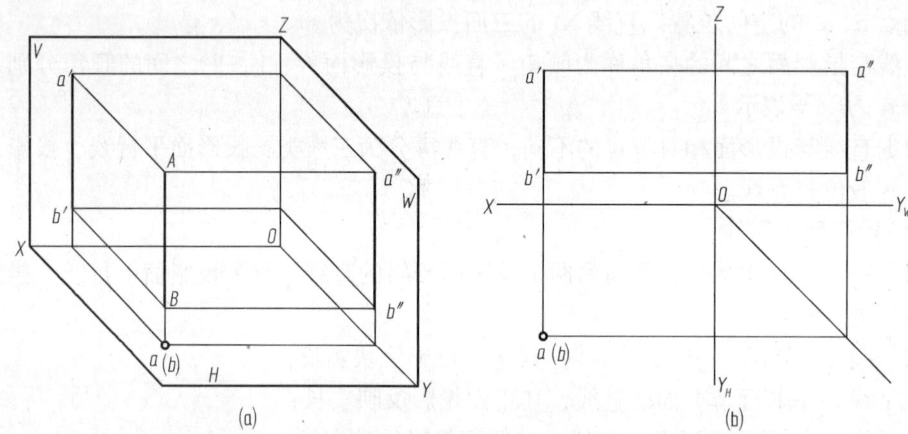

图 1-10　铅垂线的投影特性

综上所述，投影面垂直线的主要投影特性为：当直线垂直于某一投影面时，在该面上的投影积聚为一点；该直线的另外两面投影垂直于相应的投影轴，且反映线段的实长。

(3)一般位置直线

与三个投影面均处于倾斜位置的直线，称为一般位置直线。

如图 1 - 11 所示，直线 AB 倾斜于 H、V、W 三个投影面，其三面投影 ab、$a'b'$、$a''b''$均为直线，都不反映实长。

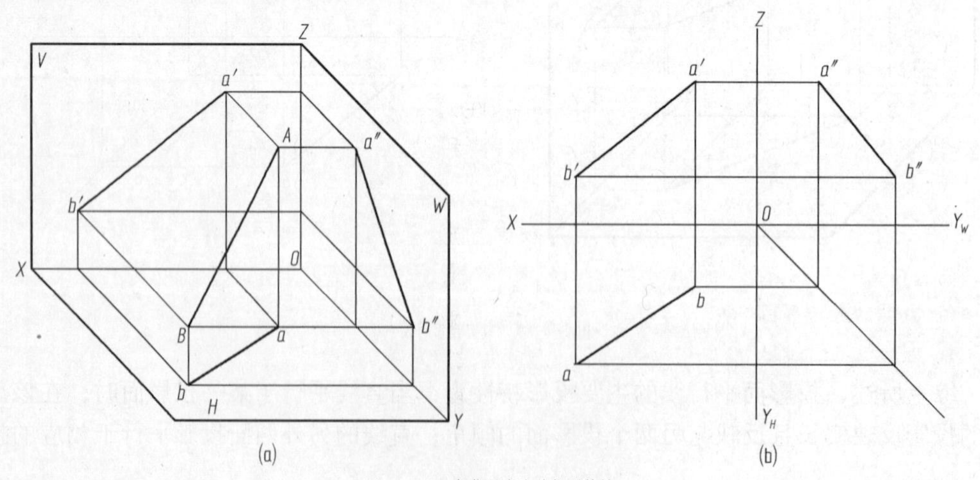

图 1-11　一般位置直线的投影特性

综上所述，一般位置直线的主要投影特性为：三个投影均短于实际长度，且均呈倾斜状态。

3. 平面的投影特性

由初等几何可知，平面常用的表示法有：一直线和线外一点；不共线的三点；两相交直线；两平行直线；平面图形。

这五种表示方法可以互相转化。在土建工程制图中，用得较多的是平面图形表示法。

平面与投影面 H、V、W 之间的倾角亦分别用希腊字母 α、β、γ 表示。

根据与投影面相对位置的不同，平面可分为三大类：投影面平行面、投影面垂直面、一般位置平面。

(1)投影面平行面

与某一投影面平行的平面，称为投影面平行面。投影面平行面分为三种：

水平面——与 H 面平行的平面，其水平投影反映实形；

正平面——与 V 面平行的平面，其正面投影反映实形；

侧平面——与 W 面平行的平面，其侧面投影反映实形。

如图 1－12 所示，Q 面平行于 H 面，$q=Q$，$q'/\!/OX$，$q''/\!/OY_W$。

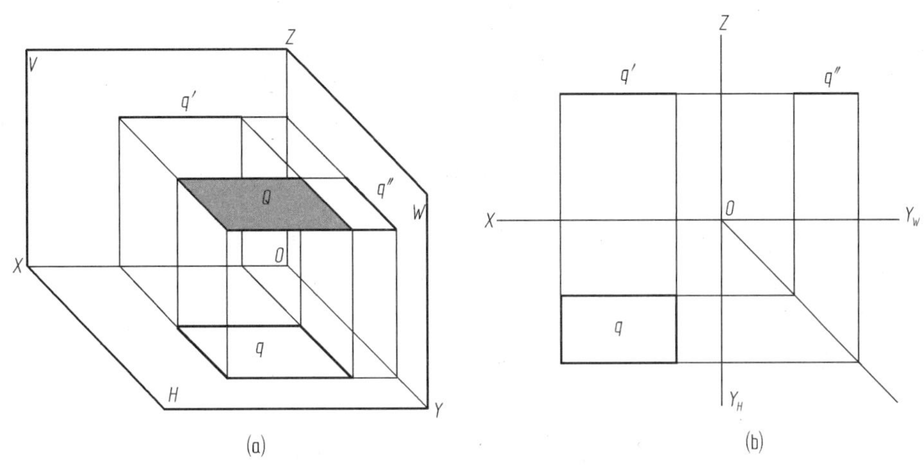

图 1-12　水平面的投影特性

综上所述，投影面平行面的主要投影特性为：当平面平行于某一投影面时，在该投影面上的投影反映实形；平面的另外两面投影积聚为直线段并平行于相应的投影轴。

(2)投影面垂直面

只与一个投影面垂直的平面，称为投影面垂直面。投影面垂直面分为三种：

铅垂面——与 H 面垂直的平面，其水平投影积聚为直线段；

正垂面——与 V 面垂直的平面，其正面投影积聚为直线段；

侧垂面——与 W 面垂直的平面，其侧面投影积聚为直线段。

如图 1－13 所示，Q 面垂直于 H 面，q 积聚为一直线段且反映与 V、W 面的倾角 β、γ；q'和 q''为小于原平面图形的同边数类似形。

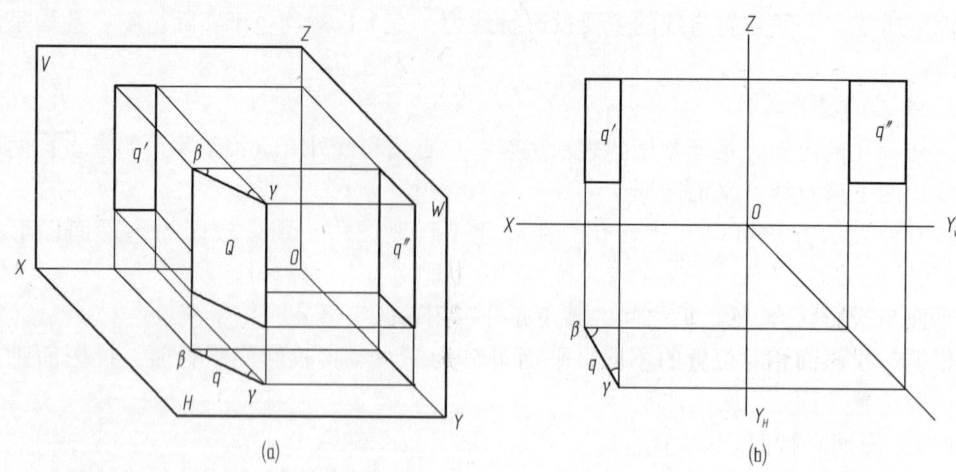

图 1-13　铅垂面的投影特性

综上所述，投影面垂直面的主要投影特性为：当平面垂直于某一投影面时，在该面上的投影积聚为直线段且反映与另外两个投影面的倾角；平面的另外两投影为比实形小的同边数类似形。

(3)一般位置平面

与 H、V、W 三个投影面均处于倾斜位置的平面，称为一般位置平面。

如图 1-14 所示，平面△ABC 与 V、H、W 三个投影面均倾斜，其投影 abc、$a'b'c'$ 和 $a''b''c''$均为小于实际平面的同边数类似形。

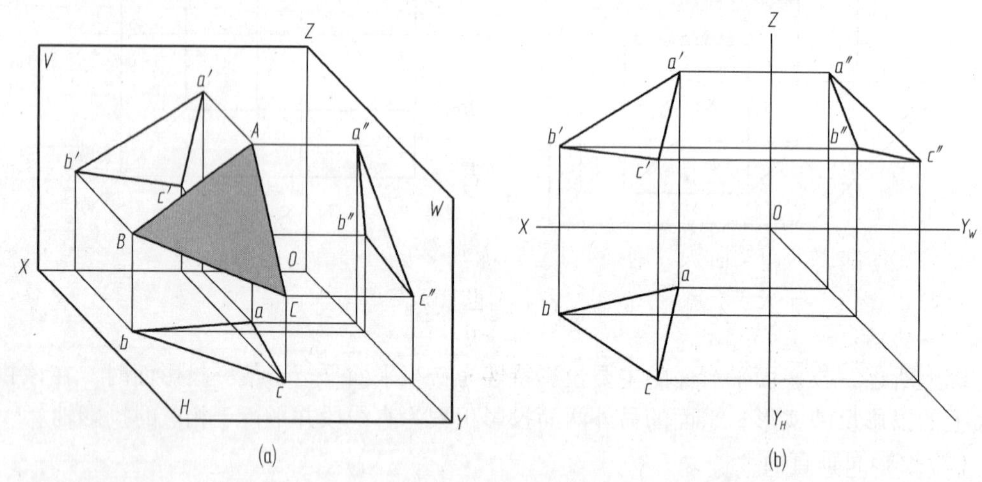

图 1-14　一般位置平面的投影特性

综上所述，一般位置平面的主要投影特性为：平面的三面投影均为比实形小的边数相同的类似形。

1.5 基本体的投影

1.5.1 概述

在建筑工程形体中，我们会接触到各种形状的建筑物和构筑物（如房屋、桥梁、大坝、水塔等）及其构配件（如基础、板、梁、柱等），它们都以三维实体（或称立体）的形式存在于空间，虽然形态各异，但都可以看作是由一些简单的几何形体经过叠加、相交、切割、综合等形式组合而成。

从图1－15a中可以观察到：这个小屋外形可以看作两个三棱柱和四个四棱柱的叠加组合；或由两个四棱柱各切割去两个三棱柱叠加组合，再与两个四棱柱的叠加综合。从图1－15b中可以观察到：梁板柱节点可以看作四个四棱柱与圆柱相交，再与梁板叠加综合。我们把这些简单的几何体称为基本几何体，也可称其为基本体。

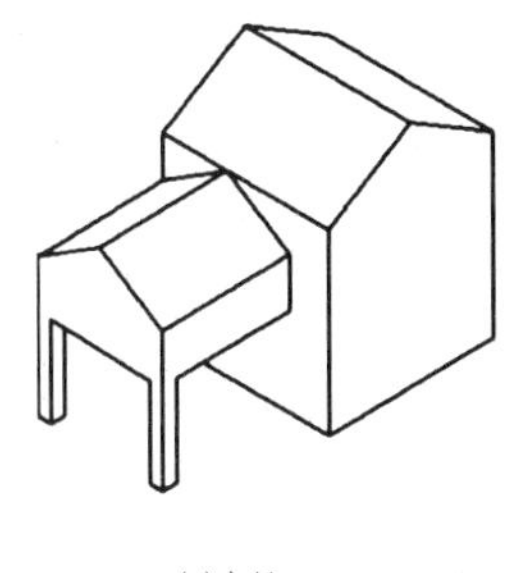

(a)小屋

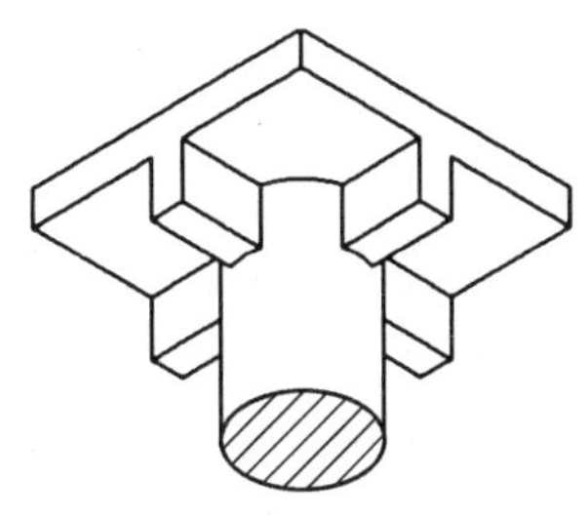

(b)梁板柱节点

图1-15 立体实例

基本体是由一系列表面所围成的，根据表面的性质不同，可以分为平面体和曲面体。

如果基本体表面全部由平面所围成，则称为平面体。最基本的平面体有棱柱和棱锥，如图1－16a、b所示。如果基本体表面由曲面和平面或全部由曲面所围成，则称为曲面体。最基本的曲面体有圆柱、圆锥、圆球及圆环等，如图1－16c、d、e、f所示。

工程图样中，常把工程形体的三面投影称为视图，画三面投影图也就是画三视图，分别如下：

*V*面投影——正立面图；

*H*面投影——平面图；

*W*面投影——左侧立面图。

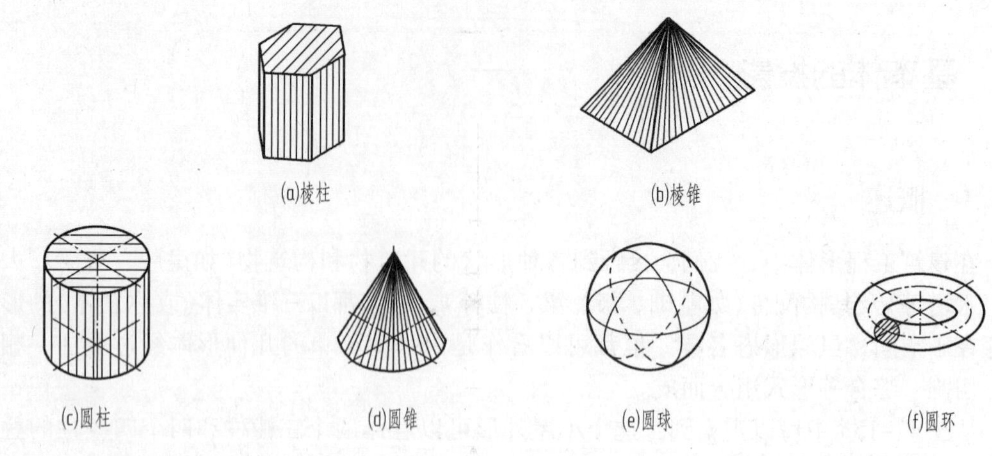

(a)棱柱　(b)棱锥　(c)圆柱　(d)圆锥　(e)圆球　(f)圆环

图 1-16　基本几何体

1.5.2　平面体的投影

1. 棱柱

棱柱是由棱面和上、下底面围成的。相邻棱面的交线称为棱线，各棱线均互相平行，正棱柱的上、下底面与棱线垂直。底面平行于 H 面的正六棱柱三视图作图步骤见表 1－1。

表 1－1　正六棱柱和四棱锥三视图的作图步骤

	正六棱柱	四棱锥	作图步骤说明
投影过程	Z V W X Y H	Z V W X Y H	该轴测图反映平面体的投影过程
作图步骤一			画对称中心线、轴线和底面投影等作图基准线

续表1－1

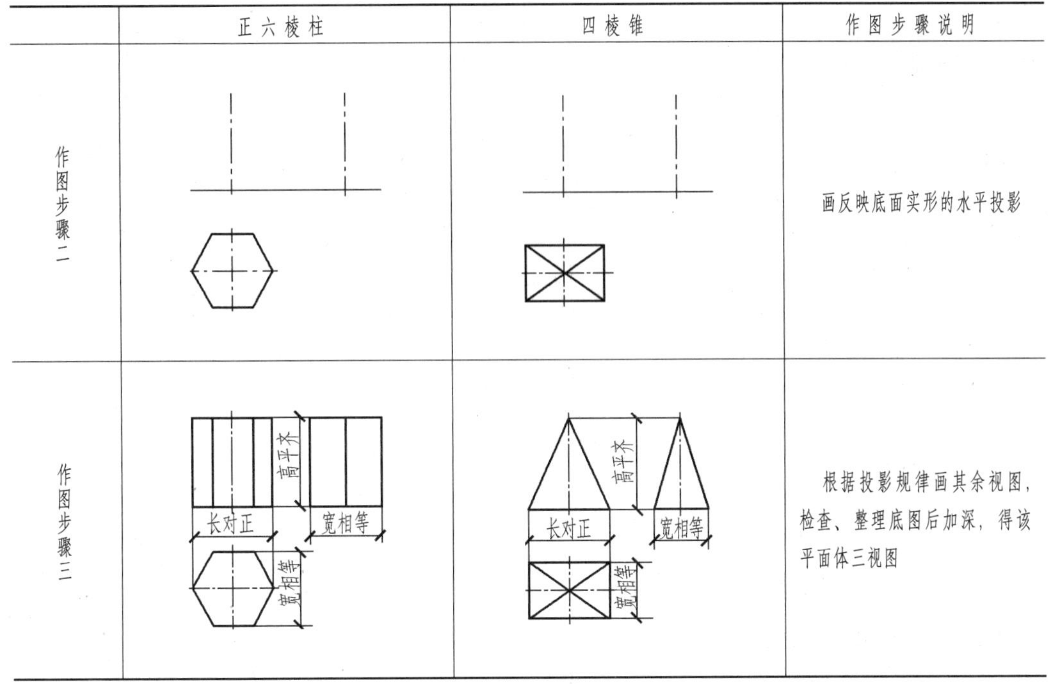

	正六棱柱	四棱锥	作图步骤说明
作图步骤二			画反映底面实形的水平投影
作图步骤三			根据投影规律画其余视图，检查、整理底图后加深，得该平面体三视图

2. 棱锥

棱锥是由棱面和底面围成的。各棱面相交，且各棱线交汇于一点（锥顶）。底面平行于 H 面的四棱锥三视图作图步骤见表1－1所示。

3. 平面体切割

平面体是由平面围成的，所以平面截切平面体形成的截交线均为两平面相交线，即截交线是截平面和平面体表面的共有线，截交线上的任意一点都是截平面上的点，同时，每段截交线的端点又必是平面体各棱线（包括底面边界线）上的点（交点），如图1－17所示。所以，只要找到这些共有点，顺次连接平面体上同一平面的两点，即得一个封闭的平面多边形线框。

由此可见，要在已画出的平面体三视图画出截交线就必须首先求出这些截交线上的点。以下举例说明。

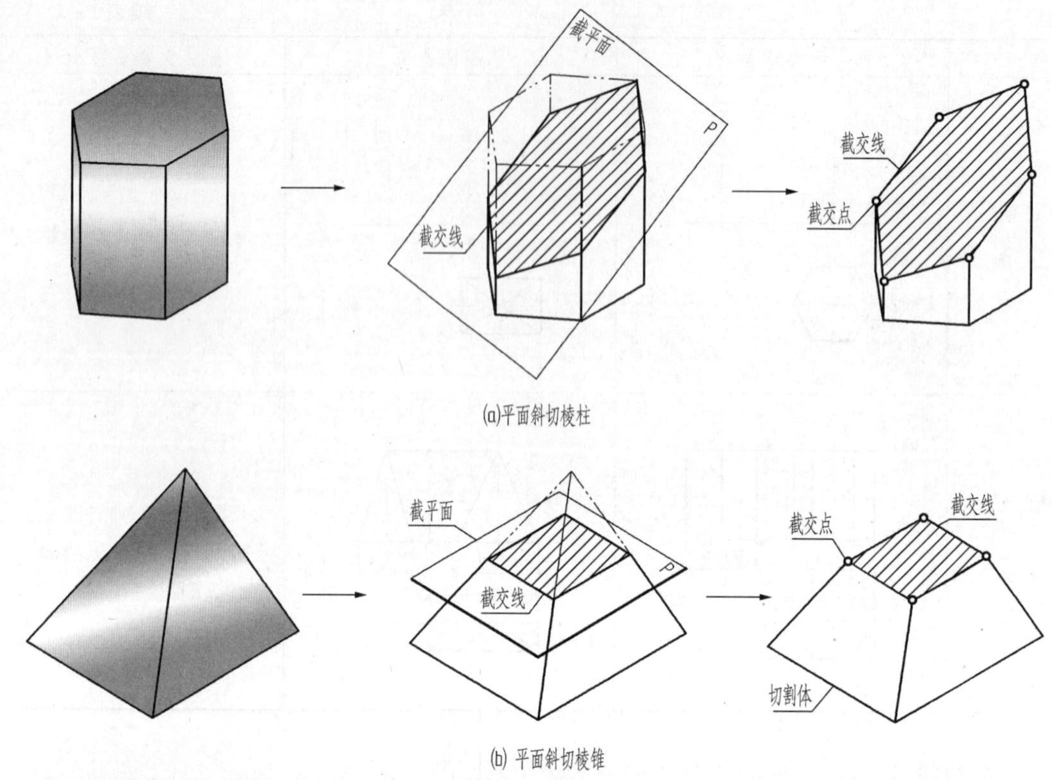

图 1-17　平面切割平面体形成截交线

例 1－1　如图 1－18a 所示，底面平行于 *H* 面（棱线为铅垂线）的正六棱柱被垂直于 *V* 面的平面截切，完成其三视图。

解　作图步骤如下：

①分析形体。如图 1－18b 所示，因截平面为正垂面（其正面投影积聚为一直线 p'），正六棱柱的六条棱线与截平面交点Ⅰ、Ⅱ、Ⅲ、Ⅳ、Ⅴ、Ⅵ的 *V* 面投影 1′、2′、3′、4′、5′、6′可直接得出。正六棱柱的各表面和棱线的 *H* 面投影有积聚性，交点的 *H* 面投影 1、2、3、4、5、6 亦可直接得出。

②如图 1－18c 所示，由已得的 1′、2′、3′、4′、5′、6′和 1、2、3、4、5、6，按照“高平齐，宽相等”即可求出 1″、2″、3″、4″、5″、6″。

③如图 1－18d 所示，顺次连接各点的投影（实际上只需连 *W* 面上的 1″、2″、3″、4″、5″、6″）即可完成截交线的作图。

④如图 1－18e 所示，判断其可见性，在 *W* 面投影图上，将被截平面切去的顶点及各条棱线的相应部分去掉，并注意最右棱线在侧面投影上为不可见棱线，画成虚线。最后按线型规定描深图线，完成三视图。

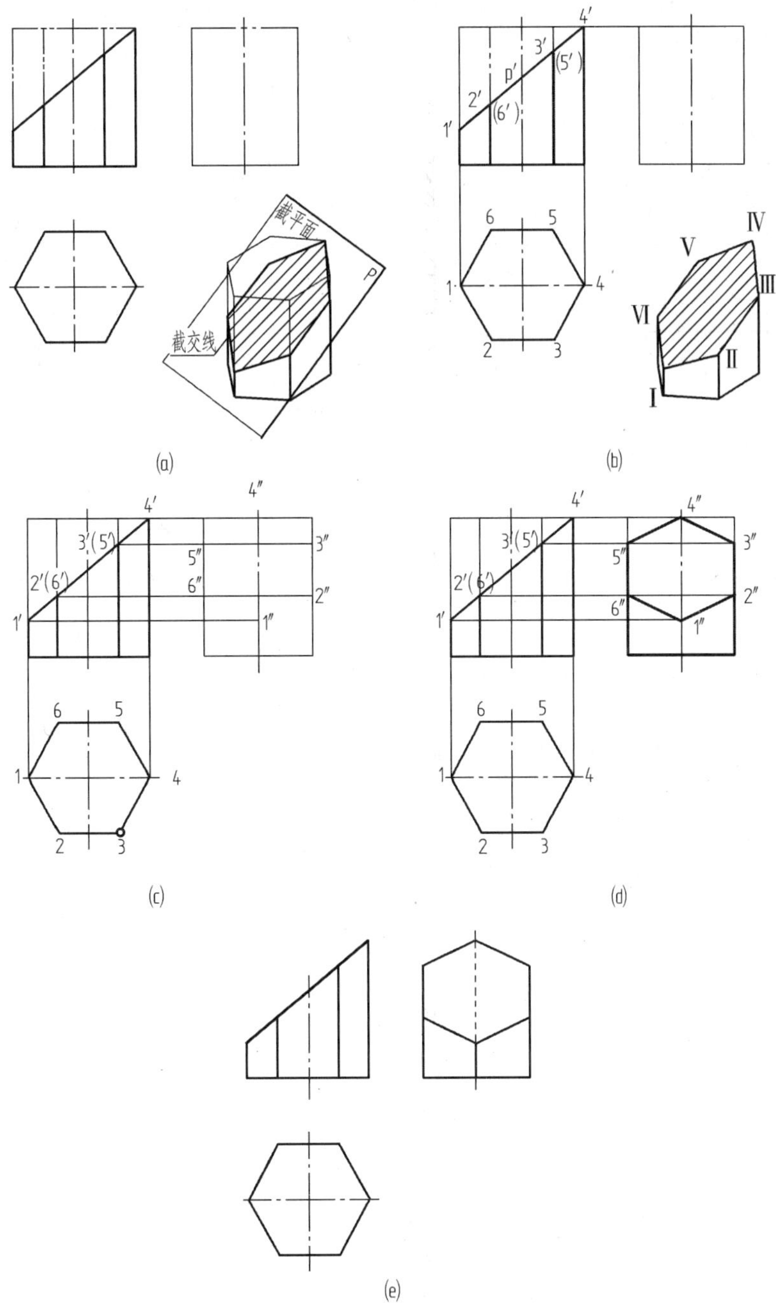

图 1-18 平面斜切正六棱柱截交线作图方法

例 1－2 如图 1－19a 所示，底面平行于 *H* 面的正三棱锥被垂直于 *V* 面的平面截切，完成其三视图。

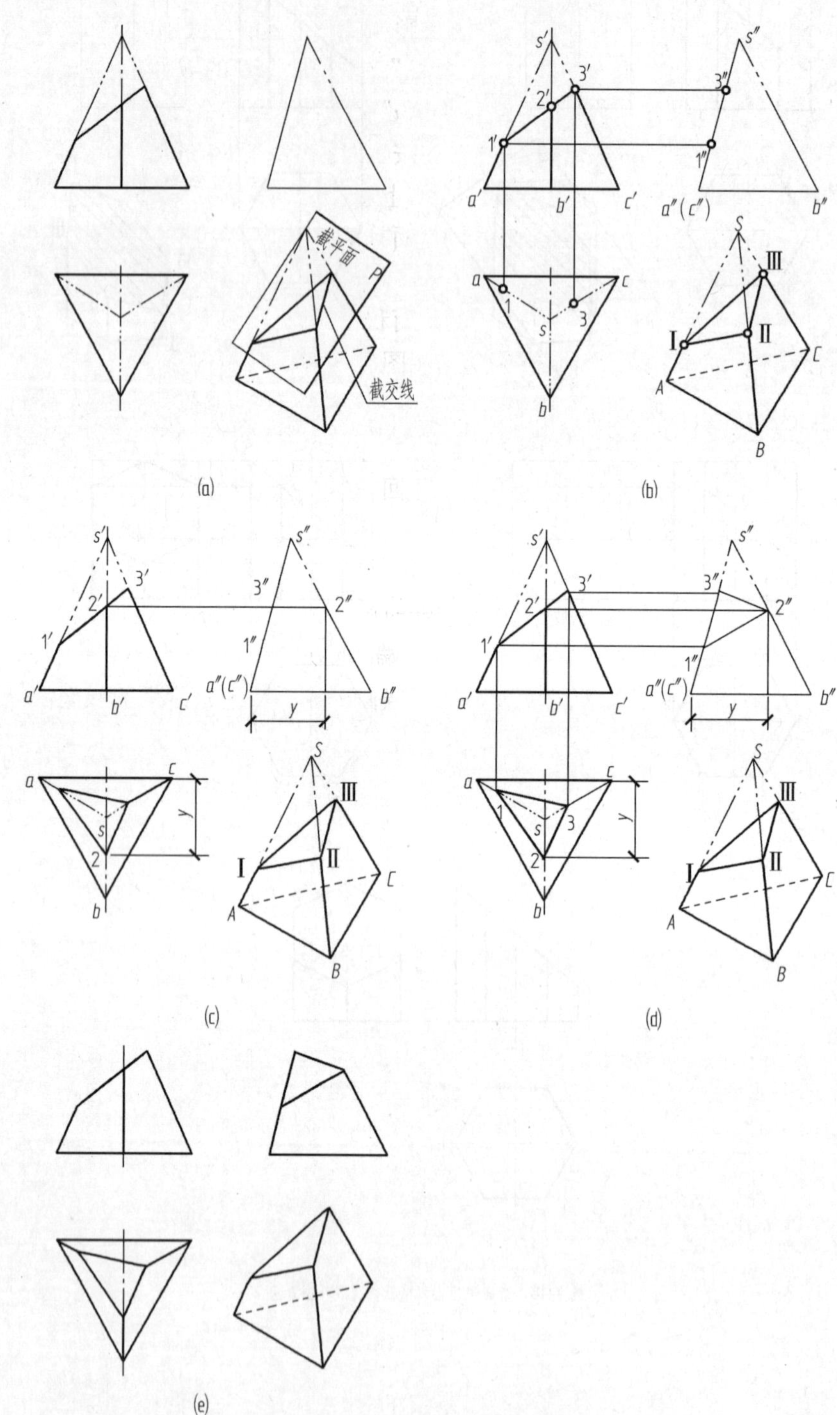

图 1-19　平面斜切正三棱锥产生截交线作图方法

解 作图步骤如下：

①分析形体：如图 1－19b 所示，因截平面为正垂面，正三棱锥的三条棱线 SA、SB、SC 与截平面的交点Ⅰ、Ⅱ、Ⅲ的 V 面投影 $1'$、$2'$、$3'$可直接得出。

②如图 1－19b 所示，由 $1'$、$3'$依“长对正”，在 SA、SC 的 H 面投影 sa、sc 上得到 1、3；依“高平齐”，在 SA、SC 的 W 面投影 $s''a''$、$s''c''$上得到 $1''$、$3''$。

③如图 1－19c 所示，由前已得出的 $2'$，按“高平齐”在 SB 的 W 面投影 $s''b''$上得到 $2''$；接着利用“宽相等”，在 SB 的 H 面投影 sb 上求得 2。

④如图 1－19d 所示，将各点的水平和侧面投影依次连接起来，即得到截交线的 H 面和 W 面投影。

⑤如图 1－19e 所示，判断可见性，在 H 面和 W 面投影图上，将被截平面切去的顶点及各棱线的部分去掉，最后按线型规定描深图线，完成三视图。

1.5.3 回转体的投影

母线绕轴线旋转的轨迹所构成的曲面称为回转曲面，简称回转面。回转面或回转面与平面围成的空间形体称为回转体。图 1－16c、d、e、f 为常见回转体。

如图 1－20a 所示，平面曲线 L 作为母线绕轴线 OO 回转一周形成一个回转面。母线回转的任一位置称为素线。母线上任一点回转时的轨迹是一个圆，该圆称为纬圆。纬圆的半径为母线上的点到轴线的距离。母线最上端和最下端形成的纬圆称为顶圆和底圆，最大的一个纬圆叫赤道圆，最小的一个纬圆叫喉圆。回转面与顶圆平面和底圆平面围成的空间就是回转体。

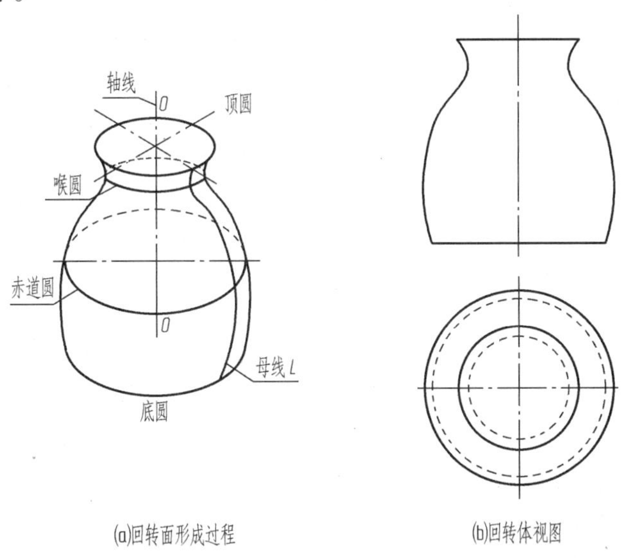

图 1-20 回转体

画回转体时，首先用单点长画线画出轴线的投影，然后画出曲面投影轮廓线——某些极限位置素线的投影和纬圆的投影，如图 1－20b 所示。极限位置素线——位于回转面上最左最右、最前最后或最上最下极限位置的素线，是曲面投影可见与不可见部分的分界线，投影被称作转向轮廓线。

为了画图方便，一般使回转体轴线为投影面的垂直线。如图1－20b所示，回转体轴线垂直于H面，则其V面投影轮廓为最左、最右素线的投影，其余素线的投影都在此轮廓线内，不必画出；在H面上，其外轮廓线为赤道圆的投影，此轮廓线内可画出其顶圆和底圆的投影，必要时画出喉圆的投影。回转体（轴线为投影面垂直线）的三个投影至少有两个是一样的，一般只需画出两面投影即可。

画三视图时，一般要先在回转体投影为圆的视图位置画出“十字中心线”（一对水平和竖直的点画线，其交点即为回转体轴线的积聚投影位置）。

1. 圆柱

圆柱是由圆柱面与顶圆、底圆围成的。如表1－2所示，圆柱的轴线垂直于H面，圆柱面及其顶面在该投影面上的投影重合为一个直径等于圆柱直径的圆；在V面和W面上，圆柱的投影均为矩形，它们的两竖边分别是圆柱最左最右和最前最后素线的投影，上下两水平边是顶圆和底圆的积聚投影。圆柱三视图的作图步骤见表1－2。

2. 圆锥

圆锥是由圆锥面与底圆围成的。圆锥面的顶点S称为锥顶。如表1－2所示，圆锥体轴线垂直于H面，其底面在该投影面上的投影为等于底面直径的圆，圆锥面的投影在该圆范围内，顶点和轴线的投影落在该圆中心；在V面、W面上，圆锥的投影均为等腰三角形，它们的两腰分别是圆锥最左最右、最前最后素线的投影，下底边是底圆的积聚投影。圆锥三视图的作图步骤见表1－2。

表1－2 圆柱和圆锥三视图的作图步骤

	圆柱	圆锥	作图步骤说明
形成方式	圆柱由圆柱面和上、下底面围成。圆柱面可看成是由直母线AB绕与其平行的轴线OO旋转一周形成的	圆锥由圆锥面和下底面围成。圆锥面可看成是由直母线AB绕与其相交的轴线OO旋转一周形成的	该轴测图反映回转体的形成过程
投影过程			该轴测图反映回转体的投影过程

续表1－2

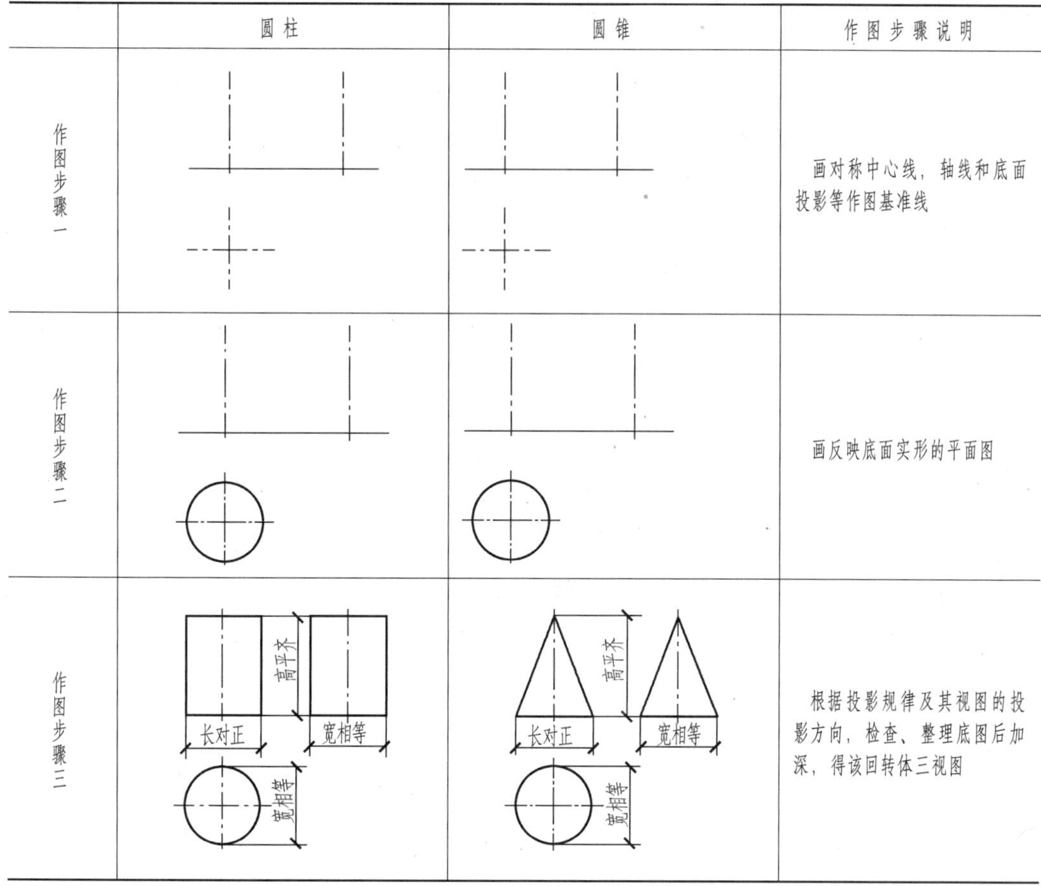

	圆柱	圆锥	作图步骤说明
作图步骤一			画对称中心线，轴线和底面投影等作图基准线
作图步骤二			画反映底面实形的平面图
作图步骤三			根据投影规律及其视图的投影方向，检查、整理底图后加深，得该回转体三视图

3. 圆球

圆球是圆球面围成的空间形体。如表1－3所示，圆球体的三面投影都为直径相等的圆；它的轴线可视为分别垂直于 *H* 面、*V* 面、*W* 面，三个投影面的投影轮廓线都可视为赤道圆的投影；球面的投影落在该圆轮廓内，离投影面远的一半可见，近者不可见。三视图的十字中心线交点为球心的投影。其作图步骤见表1－3。

4. 圆环

圆环是圆环面围成的空间形体。如表1－3所示，轴线垂直于 *H* 面的圆环，在 *H* 投影面的投影是环面赤道圆和喉圆的投影(反映实形)，其母线圆心回转轨迹的投影(反映实形)用点画线画出；其 *V* 面和 *W* 面投影轮廓线分别为最左最右、最前最后素线及最高最低纬圆的投影。*V* 面投影的前半外环面可见，后半外环面及内环面均不可见；*W* 面投影的左半外环面可见，右半外环面及内环面均不可见。其作图步骤见表1－3。

表1－3　圆球和圆环三视图的作图步骤

立体名	圆球	圆环	作图步骤说明
形成方式	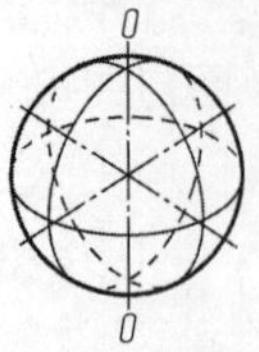 圆球由球面围成。圆球面可看成是由半圆周母线绕其直径为轴线 OO回转一周形成	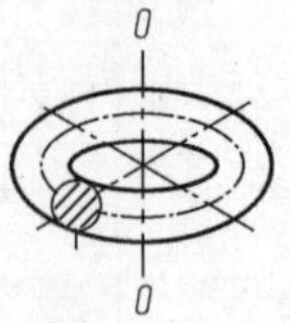 圆环由圆环面围成。圆环面可看成是由整圆周母线绕它以外且与它共面的轴线 OO回转一周形成	该轴测图反映回转体的形成过程
投影过程	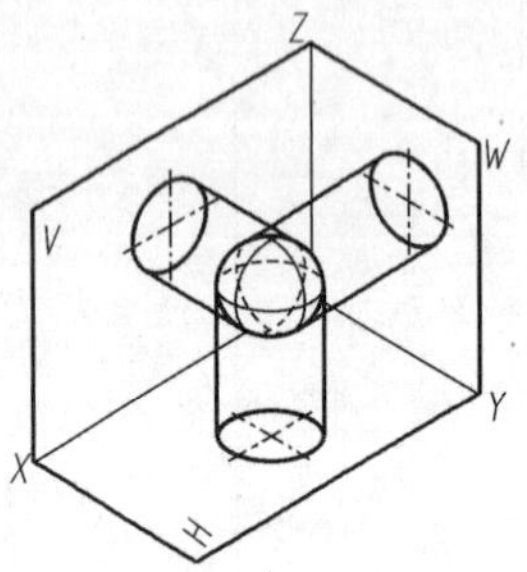	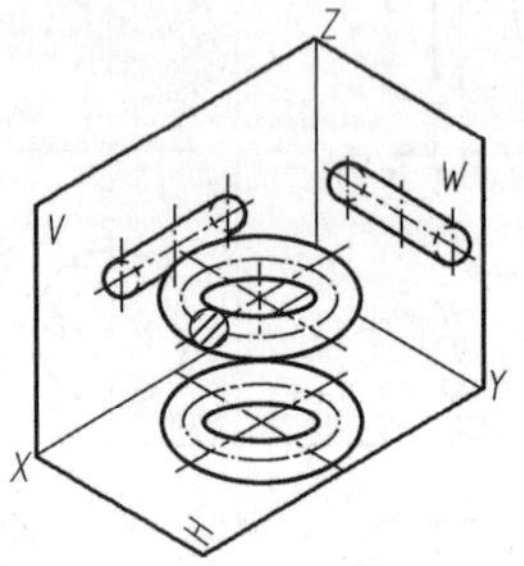	该轴测图反映回转体的投影过程
作图步骤一	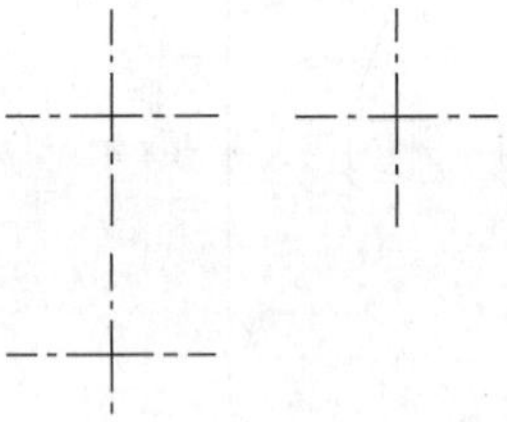	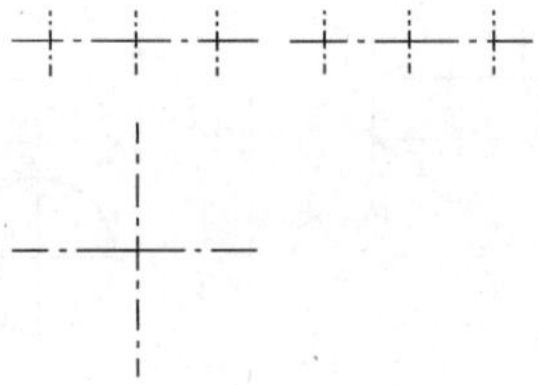	画对称中心线、轴线等作图基准线
作图步骤二	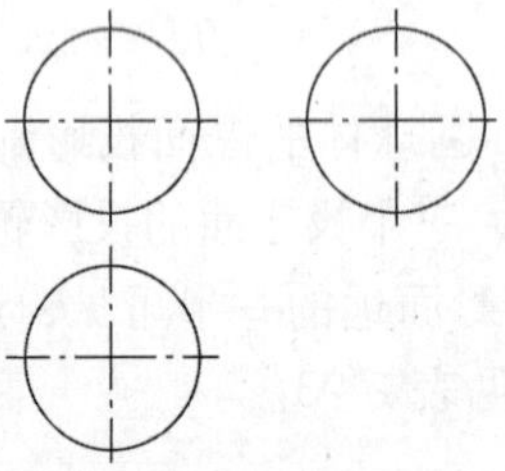	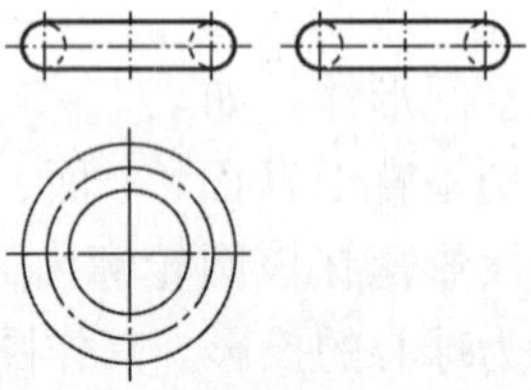	根据投影规律，画该回转体的三视图底图
作图步骤三	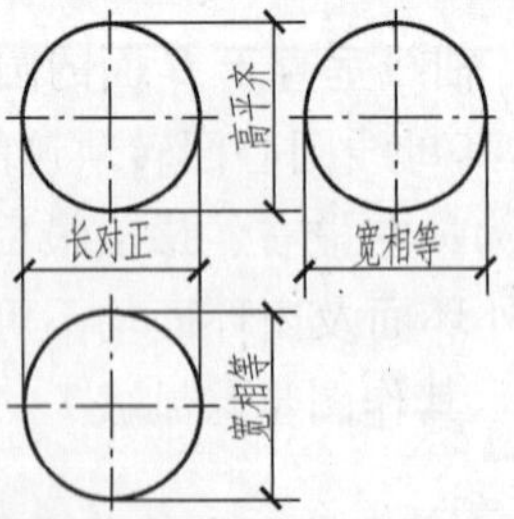	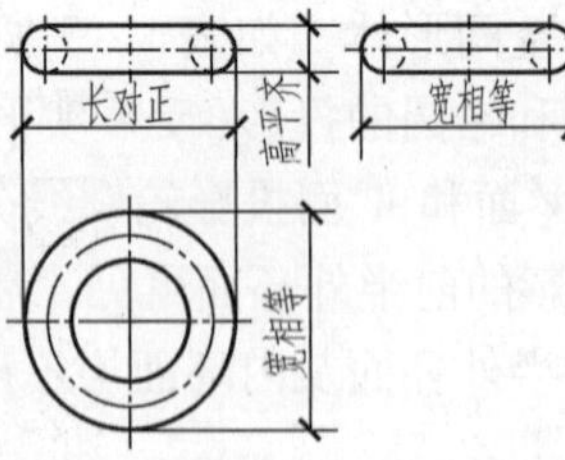	检查、整理底图后加深，得该回转体的三视图

1.5.4 曲面体切割

由前述可知，曲面体是由平面与曲面或全部由曲面围成的，平面截切曲面体时所形成的截交线，可能只是截平面与曲面的交线，也可能是截平面与曲面和平面的交线。如图 1－21 所示。

截平面与曲面交线一般为平面曲线。在三面投影图中，平面曲线的投影一般仍为曲线，当其与投影面垂直时积聚为直线段，与投影面平行时反映实形。画曲线的投影时，一般需选定该曲线在曲面上特殊位置的点，求出它们在三个投影面上的投影。这些特殊位置的点有最高最低点、最前最后点、最右最左点以及投影外轮廓线上的点。必要时还需在这些特殊位置点之间再选定一些中间点，求出它们的投影。把求出的曲线上点的投影顺滑地连接起来，即得该曲线的投影。

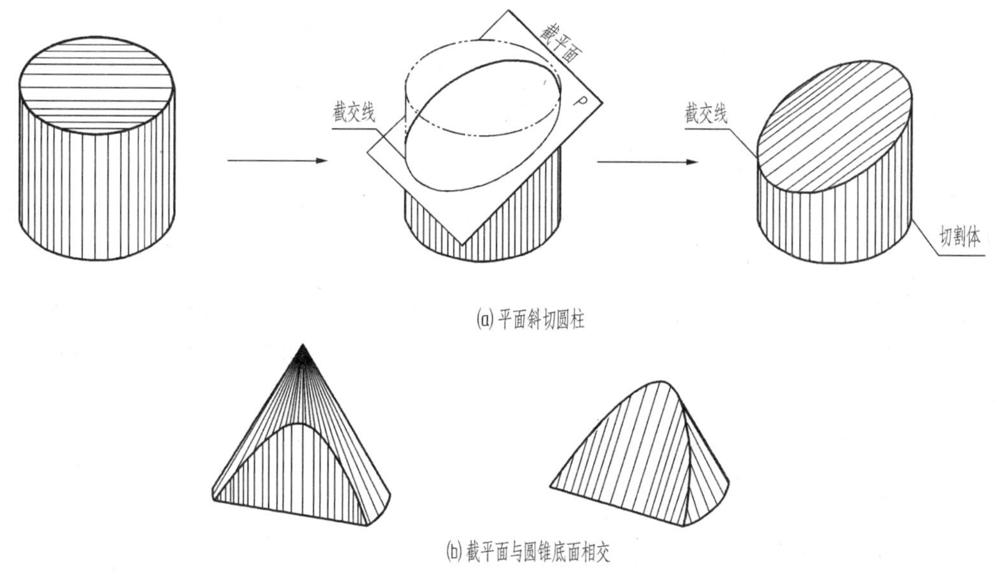

(a) 平面斜切圆柱

(b) 截平面与圆锥底面相交

图 1-21 平面截切曲面体

1. 圆柱切割体

平面截切圆柱的三种情况如表 1－4 所示。

表 1－4 平面截切圆柱的三种情况

截切方式	截平面平行于圆柱轴线	截平面垂直于圆柱轴线	截平面斜交于圆柱轴线
截切过程	P	P	P

续表1-4

截切方式	截平面平行于圆柱轴线	截平面垂直于圆柱轴线	截平面斜交于圆柱轴线
截切结果	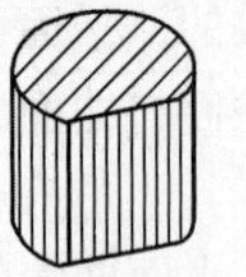	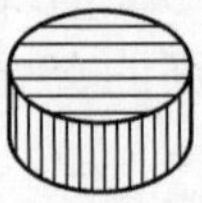	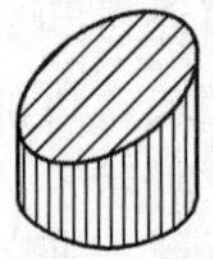
三视图	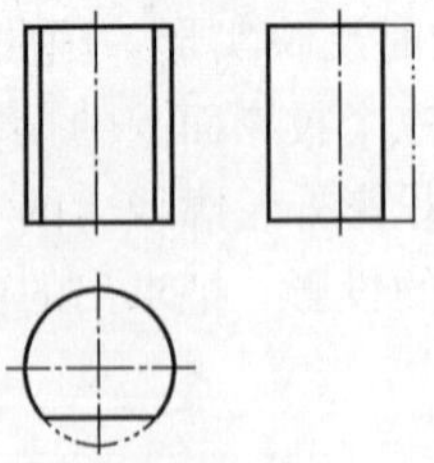	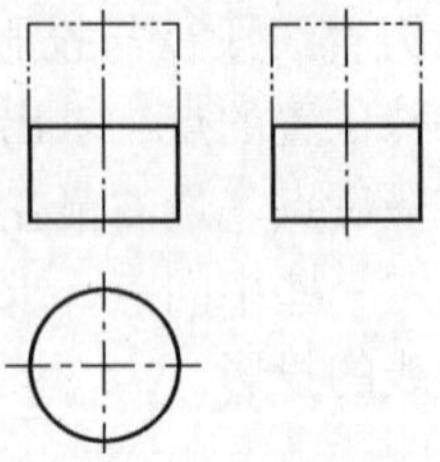	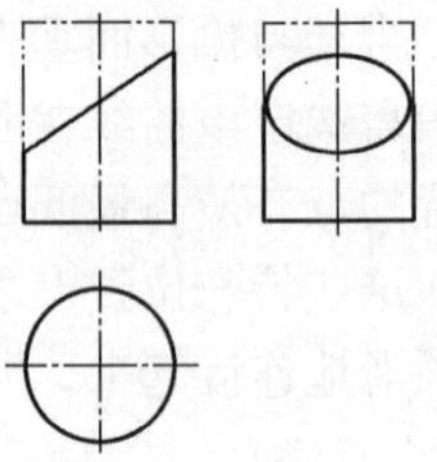
截交线特点	截交线为矩形	截交线为圆	截交线为椭圆

例1-3 平面 P 斜切圆柱，如图1-22a所示，试完成其 W 面投影。

解 作图步骤如下：

①分析形体。如图1-22a所示，由于截平面 P 与圆柱轴线斜交，所以截交线的空间形状为椭圆；截交线是截平面 P 与圆柱面的共有线，由于截平面 P 为正垂面，其正面投影有积聚性，所以截交线的正面投影为已知的直线段；由于截交线是圆柱面上的线，圆柱面的水平投影积聚为圆，故截交线的水平投影为已知圆。所以此题仅需求作截交线的侧面投影。

②如图1-22b所示，根据圆柱的三视图和截平面的 V 面投影 p'，由截交线的水平、正面投影已知求其侧面投影——求特殊点。如图1-22b所示，最高点Ⅴ、最低点Ⅰ、最前点Ⅲ及最后点Ⅶ位于圆柱的四条转向轮廓线上，它们分别在 H 面上的投影5、1、3、7可先画出，然后按“长对正”向上引线，得5′、1′、3′(7′)，最后根据“高平齐，宽相等”得出5″、1″、3″、7″。

③求一般点。如图1-22c所示，先在 V 面的 p' 上取截交线上的点Ⅱ、Ⅷ和点Ⅳ、Ⅵ的投影2′(8′)和4′(6′)，然后由“长对正”在圆柱面的积聚投影(圆周)上得2、4、6、8，再由“高平齐，宽相等”得2″、4″、6″、8″。

④连线。如图1-22d所示，把右半圆柱面上相邻点的投影依顺序连成顺滑曲线，再把前半圆柱面上相邻点的投影按顺序连成顺滑曲线。

⑤判断可见性。把被截平面切去的部分去掉，最后按线型规定描深图线。结果如图1-22e所示。

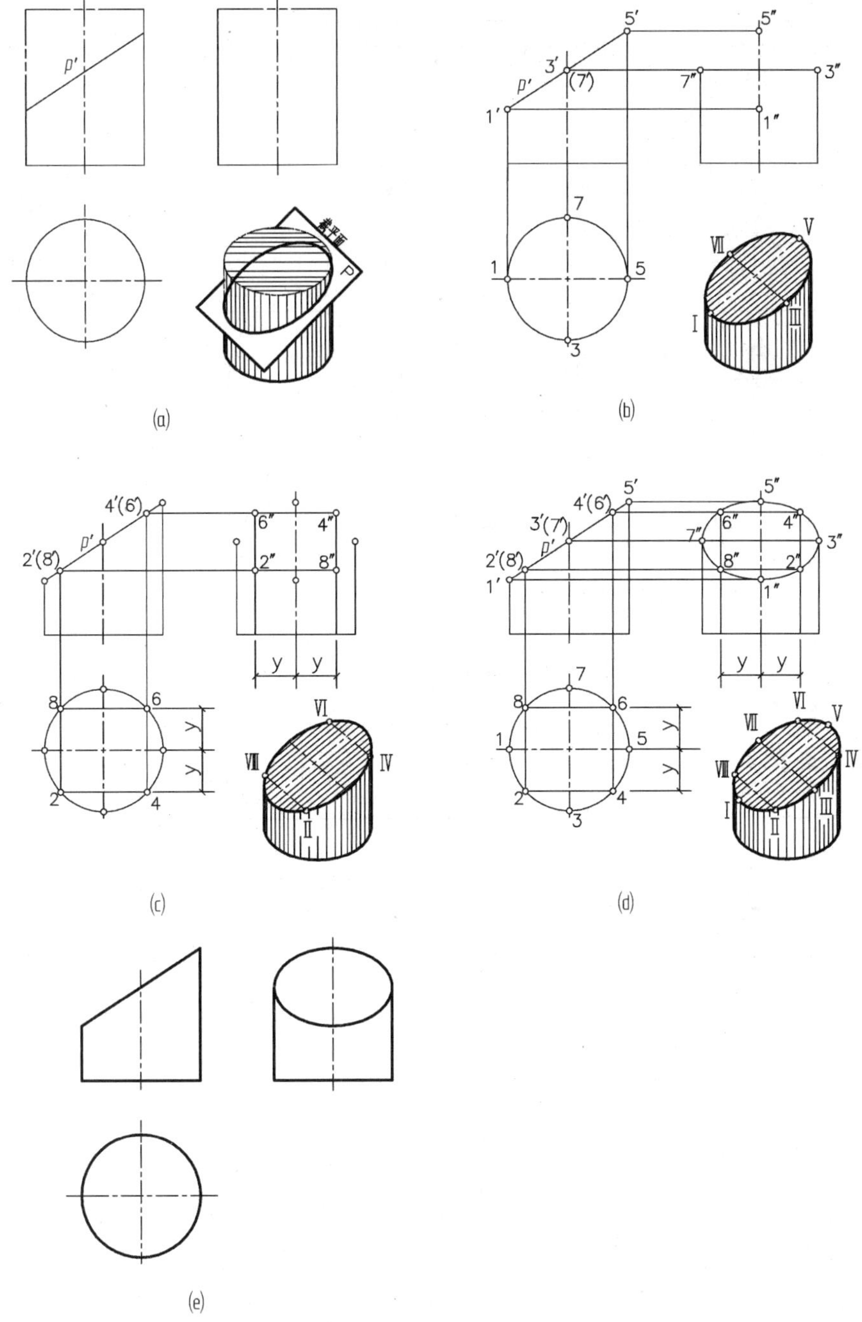

图 1-22　平面斜切圆柱截交线作图方法步骤

2. 圆锥切割体

平面截切圆锥的五种情况如表 1－5 所示。

表1-5　平面截切圆锥的五种情况

截切方式	截平面过锥顶	截平面垂直于圆锥轴线 $\theta=90°$	截平面与圆锥轴线倾斜 $\theta>\alpha$	截平面与圆锥轴线平行 $\theta=0°$	截平面与圆锥轴线倾斜 $\theta=\alpha$
截切过程	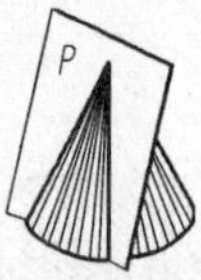	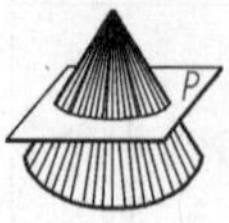	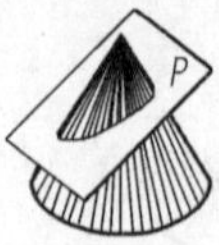	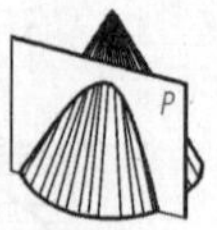	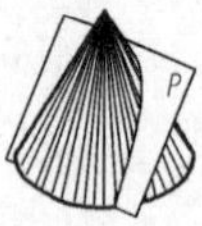
截切结果					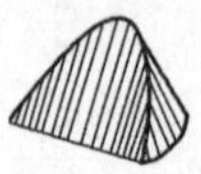
三视图	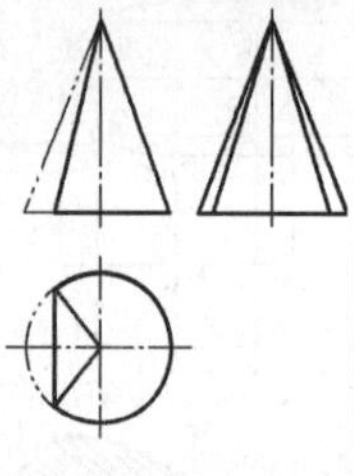	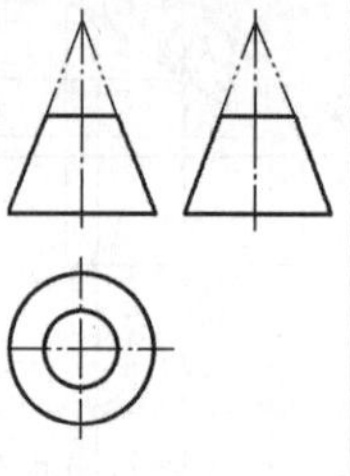	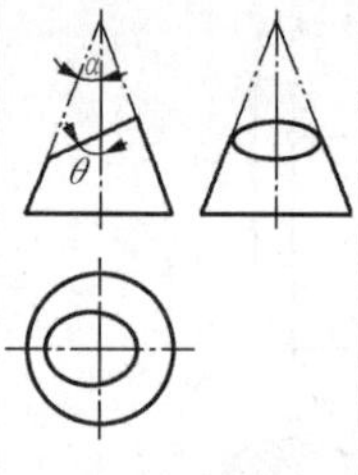	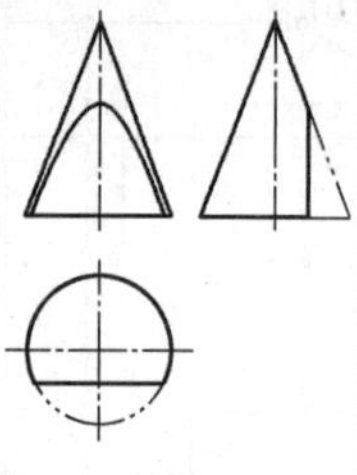	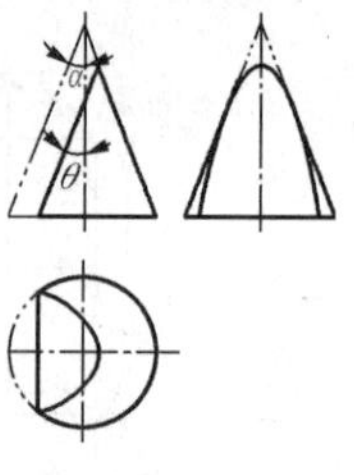
截交线特点	截交线为等腰三角形	截交线为圆	截交线为椭圆	截交线为双曲线	截交线为抛物线

例1-4　平面 P 截切圆锥如图1-23a所示，求切割体的三面投影。

解　作图步骤如下：

①分析形体。如图1-23a所示，截平面是正平面，由于截平面平行于圆锥轴线，所以截交线的空间形状为双曲线，其 V 面投影反映实形；其 H 面、W 面投影截平面是正平面，有积聚性。截交线是截平面与形体表面的共有线，所以截交线的 H 面、W 面投影均为已知的直线段，仅需求作截交线的正面实形投影。

②求特殊点。如图1-23b所示，最高点Ⅲ在最前素线上，其 W 面投影为3″，按"高平齐，长对正"可得其 V 面投影3′和 H 面投影3；最低点Ⅰ和Ⅴ在圆锥底圆周上，其 W 面投影为1″(5″)，H 面投影为1、5，按"长对正"即可得其 V 面投影1′、5′。

③求一般点。在圆锥面的适当位置取一水平纬圆，其与截平面 P 相交，其交点即为截交线上的点。在三视图上的作图过程如图1-23所示，在 V 面已求得的最高点3′与最低点1′、3′之间作一水平直线，交圆锥投影左右轮廓线，两交点之间的距离即为该纬圆的直径。按此直径在 H 面画出此纬圆的投影(实形圆)，与截平面的积聚投影交于2、4，再按"长对正"求得在该纬圆 V 面投影(直线)上的2′、4′，如图1-23c所示。

④连线。把相邻点的投影依顺序连成顺滑曲线，结果如图1-23d所示。

⑤判断可见性。把被截平面切去的部分去掉，最后按线型规定描深底图，完成圆锥切割体的三视图，如图 1－23e 所示。

本例作图的关键是：正确求作特殊点Ⅰ、Ⅲ、Ⅴ的投影；再利用辅助水平纬圆 R 求一般点Ⅱ、Ⅳ的投影。

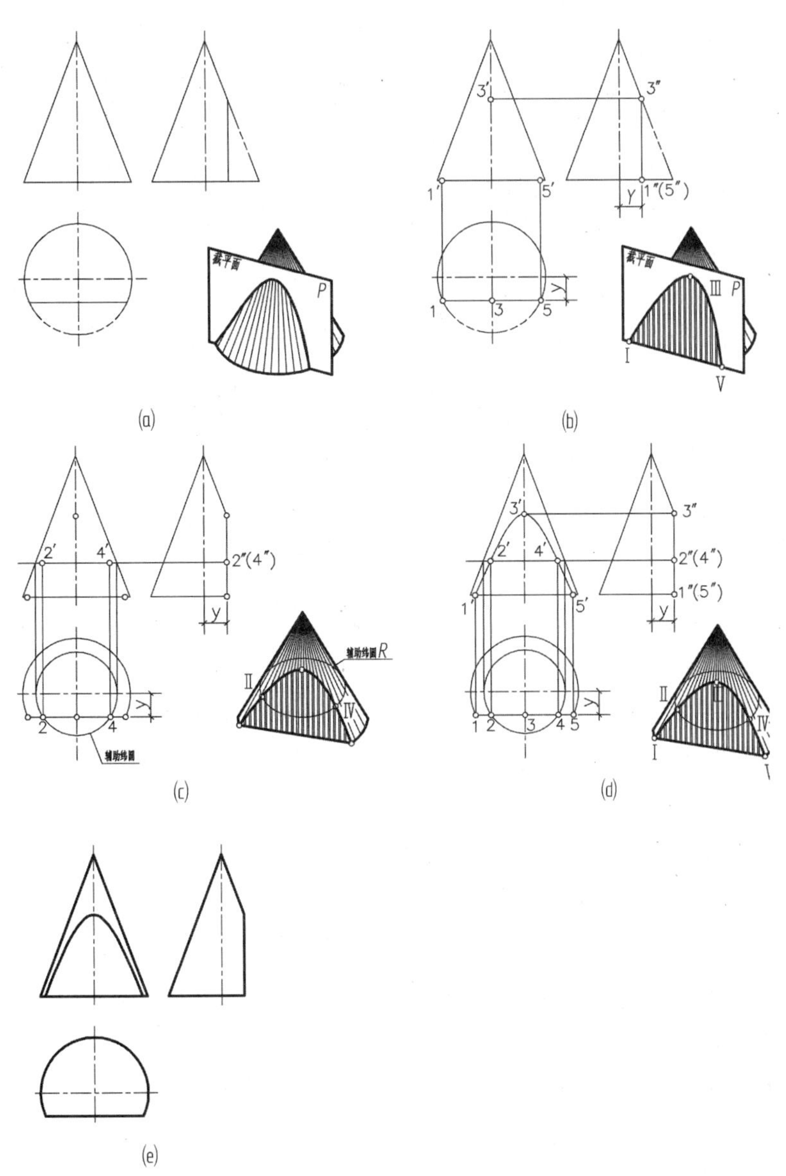

图 1-23　平面截切圆锥截交线作图方法

3. 圆球切割体

平面截切圆球体，不论平面与圆球的相对位置如何，其截交线在空间是圆。但由于截切平面对投影面的相对位置不同，所得截交线(圆)的投影不同。就同一圆球来说，截交线圆的直径取决于截平面距离球心的远近，截平面距球心越近截交线圆直径越大，反之越小。当截平面平行于一个投影面时，其截交线圆在该投影面上的投影反映实形，截交线的另两个投影积聚为直线段，直线段的长度为截交线圆的直径，如图 1 - 24 所示。

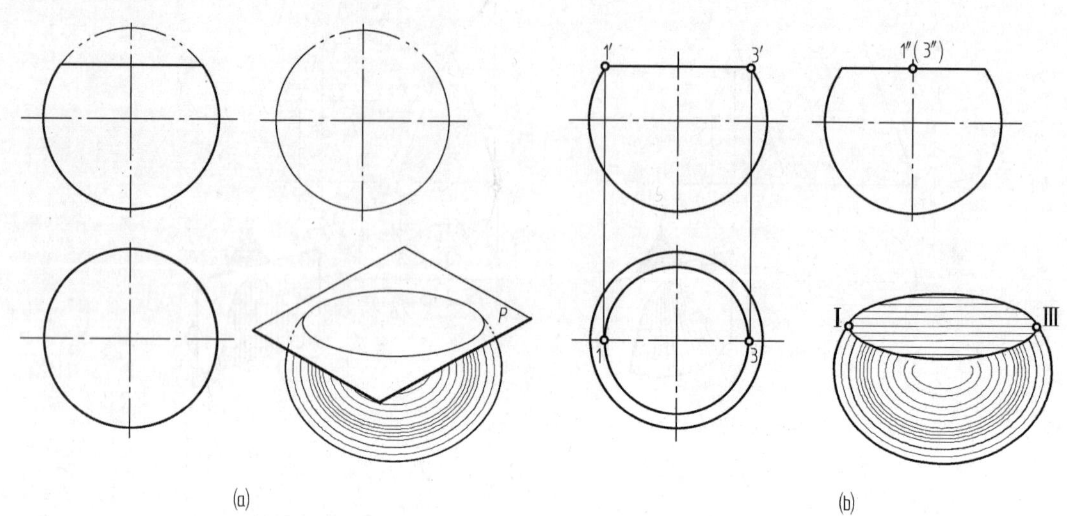

图 1-24　水平面截切圆球

例 1 - 5　正垂面截切圆球体，如图 1 - 25 所示，求作截交线的三面投影。

解　作图步骤如下：

①分析形体。如图 1 - 25a 所示，截交线的空间形状为圆。由于截平面垂直于正立投影面，截交线是截平面与形体表面的共有线，所以截交线的正面投影具有积聚性，为直线段，其 H 面、W 面投影为椭圆。故截交线的 V 面投影为已知的直线段，仅须求作截交线的 H 面和 W 面投影。

②如图 1 - 25b 所示，由截交线的 V 面投影已知求特殊点：最高点Ⅳ、最低点Ⅰ的 V 面投影 4′、1′已知，自 4′、1′按“高平齐”求得 4″、1″，再按“长对正”求得 4、1。W 面投影轮廓线上的 3″、5″可由 3′(5′)依“高平齐”求得，H 面投影轮廓线上的 2、6 可由 2′(6′)依“长对正”求得。

③求一般点。如图 1 - 25c 所示，类同例 1 - 4 的步骤③，由 7′(8′)求得一般点的 H 面投影 7、8，再由“高平齐，宽相等”求得 7″、8″。

④连线。把相邻点的投影依顺序连成顺滑曲线。

⑤判别可见性。检查擦去多余的轮廓线，描深底图，完成圆球切割体的三视图，如图 1 - 25d 所示。

本例作图的关键是：正确求作特殊点Ⅰ、Ⅱ、Ⅲ、Ⅳ、Ⅴ、Ⅵ的投影。

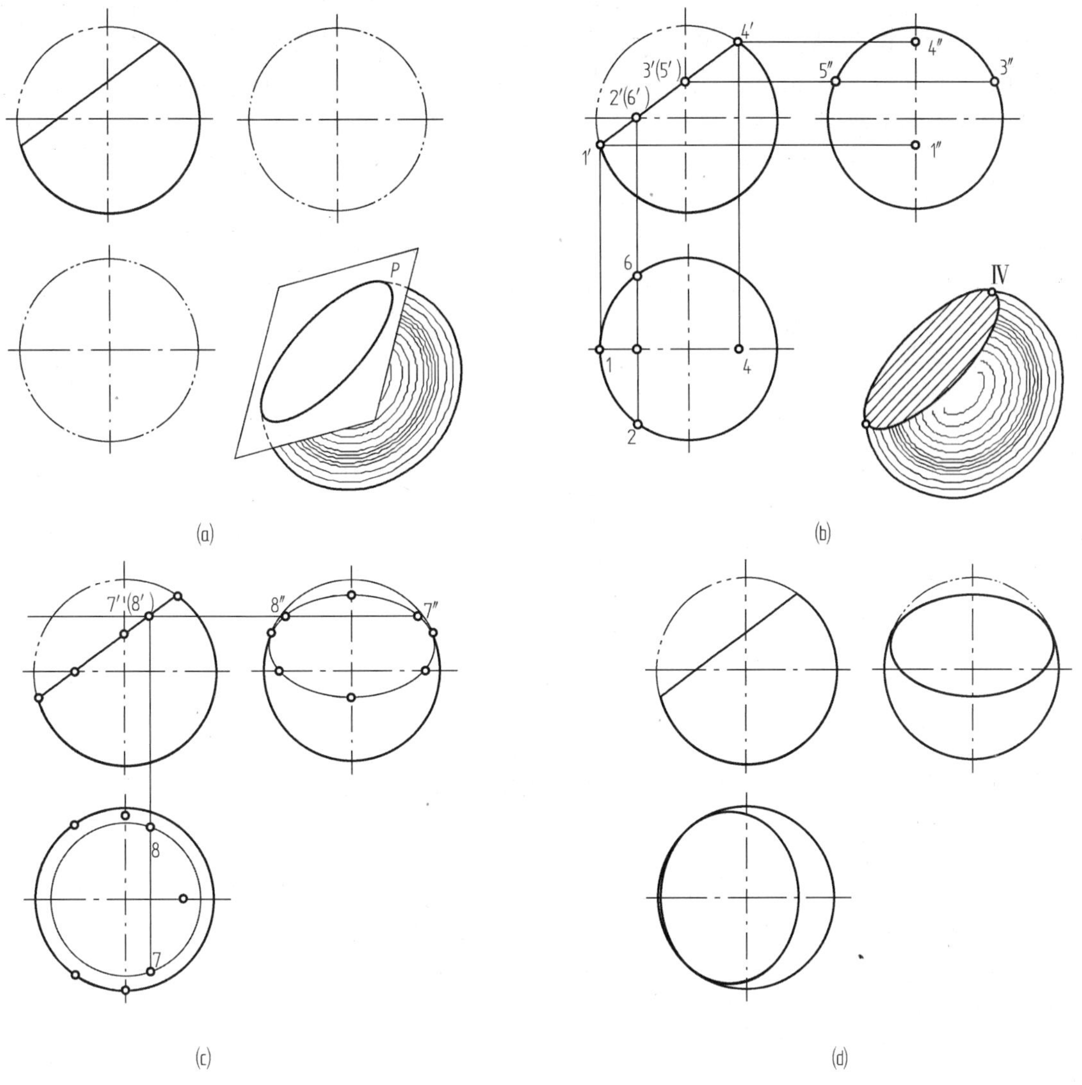

图 1-25　正垂面斜切圆球体产生截交线作图方法

1.6　基本体相贯

两立体相贯，根据立体的不同分为两平面立体相贯、平面立体与曲面立体相贯以及两曲面立体相贯。

1. 两平面立体相贯

两平面立体表面相交形成的相贯线，一般是封闭的空间折线。折线的每一段是其中一个立体的某一棱面与另一立体的某一棱面的交线；折线的顶点是一个立体的某一棱线与另一立体侧表面的交点。

如图1－26所示，小屋屋顶烟囱的四个棱面与前后屋面相贯，相贯线为封闭的空间折线Ⅰ Ⅱ Ⅲ Ⅳ Ⅴ Ⅵ。由于烟囱的水平投影和屋面的侧面投影都有积聚性，它们之间表面交线的水平投影和侧面投影则会分别落在各个形体具有积聚性的投影上。所以，投影图中表面相贯线的正面投影1′、2′、3′、4′、5′、6′可利用其 H 面和 W 面投影的积聚性由“长对正，高平齐”作图求得。

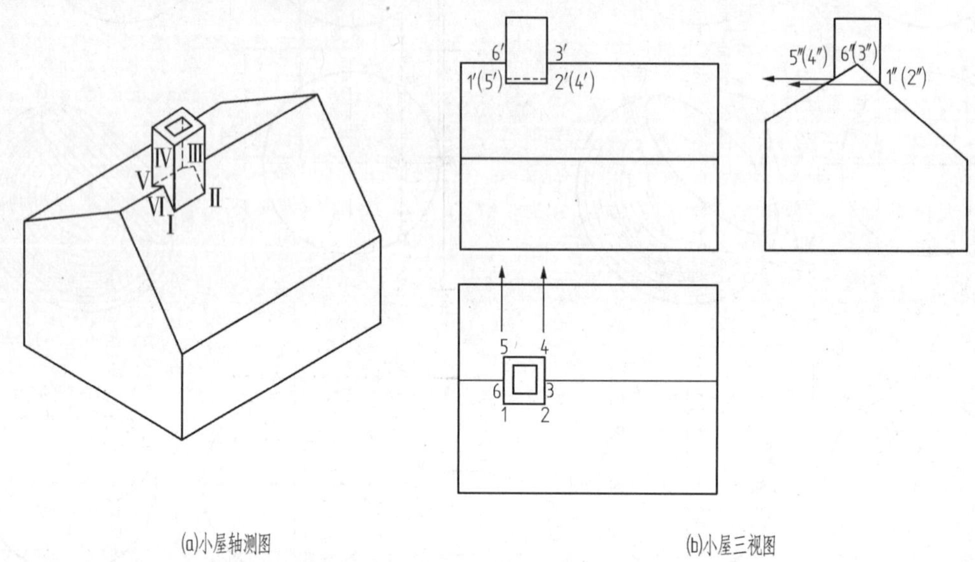

图1-26　两平面立体相贯

当只有一个投影有积聚性或三个投影都没有积聚性时，要注意逐点、逐线求解(先求点后连线)。例如求作图1－27a所示的房顶透气窗的水平投影，如果有左侧立面图，则可以根据平面图和左侧立面图“宽相等”的投影规律直接作出。如果没有左侧立面图，就要先作出透气窗左上侧面与屋顶前坡面的交线Ⅰ Ⅱ，才能得到它的 H 面投影3、4。即将3′、4′延长交屋顶前坡面上、下边线得1′、2′，依“长对正”得1、2，从而确定3、4，如图1－27b所示。透气窗右上侧面与屋顶前坡面的 H 面投影作图同理，如图1－27b所示。屋顶透气窗五个表面只与屋顶前坡面相交，其交线为一个平面五边形。

2. 平面立体与曲面立体相贯

平面立体与曲面立体相贯，其相贯线一般是由若干段平面曲线(包括直线段)所组成的空间分段曲线，一般为封闭的。相贯线的每段曲线是平面立体的某一棱面与曲面立体相交所得的截交线。两段平面曲线的交点叫结合点，是平面立体的棱线与曲面立体的交点。因此，求平面立体与曲面立体的交线可以归结为两个基本问题，即求平面与曲面的截交线及直线与曲面的交点。

例1－6　求圆锥形薄壳基础的表面交线，如图1－28所示。

解　作图步骤如下：

①分析形体。如图1－28a所示，该基础实际上由四棱柱与圆锥相交而成，它们的中心线相互重合，故其表面交线为由四条双曲线组成的空间曲线。这四条双曲线的连接点也就是四棱柱的棱线与圆锥面的交点。

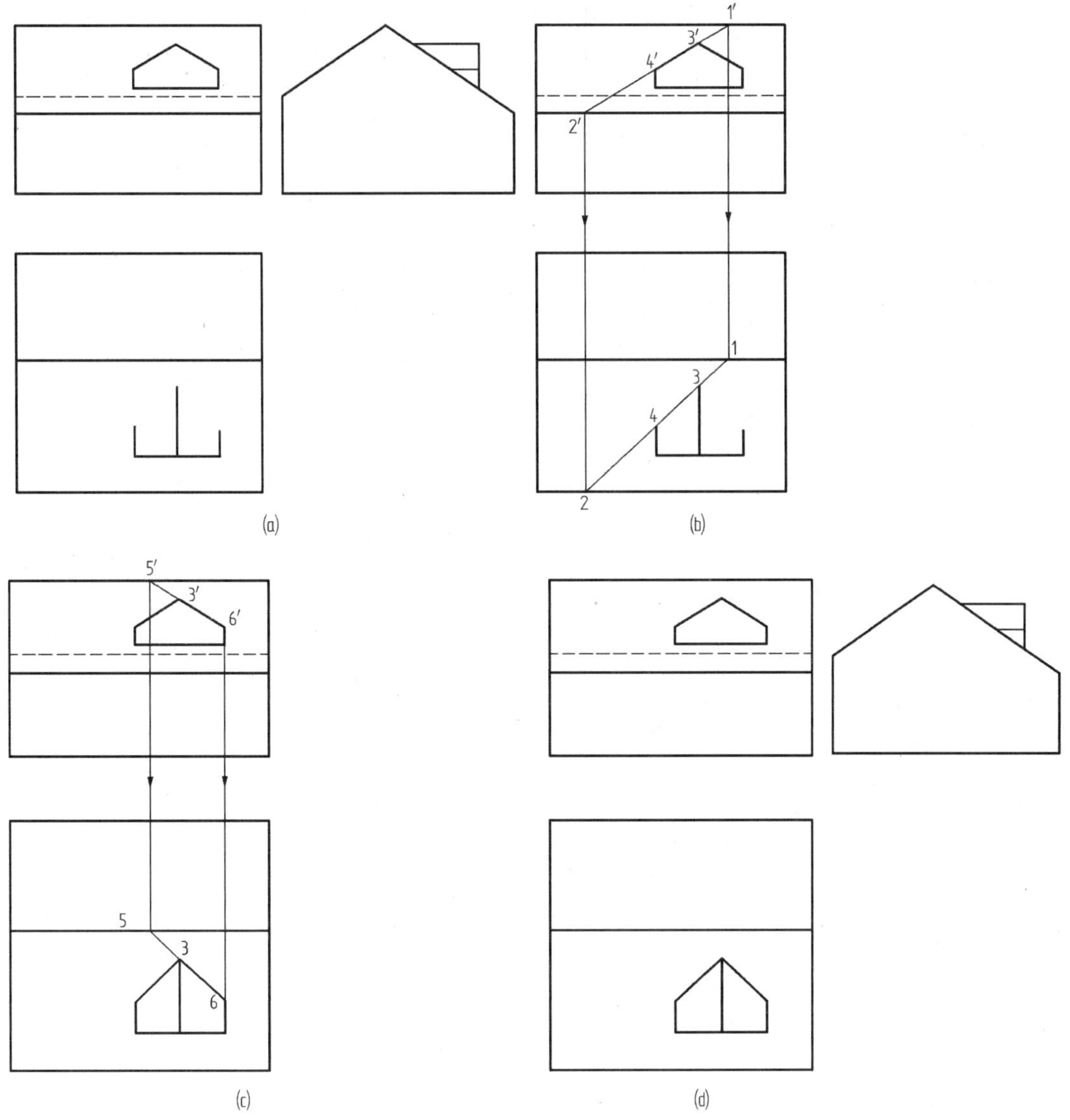

图 1-27　房顶透气窗与房顶表面交线作图方法

②如图 1－28b 所示，先求四条双曲线的四个最高点。圆锥左、右和前、后四条素线与四棱柱相应棱面的交点即为所求的四个最高点。利用棱面投影的积聚性可分别得出最高点的 W 面、V 面投影 c''、c'和 e''、e'。(注：由于形体前后左右对称，为图例清晰起见，只标出左前侧的部分点的投影，其余部分可依据对称性求出)

③如图 1－28c 所示，求四个最低点的投影。由于四棱柱各棱线的 H 面投影有积聚性，故可在 H 面投影中作通过最低点投影 a 的圆锥素线投影 $s1$，据此按“长对正”作出 $s'1'$、$s'1'$与四棱柱左前棱线 V 面投影的交点 a'即为一个最低点的投影。又由于在图示情况下，四个最低点是对称分布的(即是等高的)，所以通过 a'作水平线与其他各棱线 V 面投影相交，即可求出其他棱线上各最低点的投影。

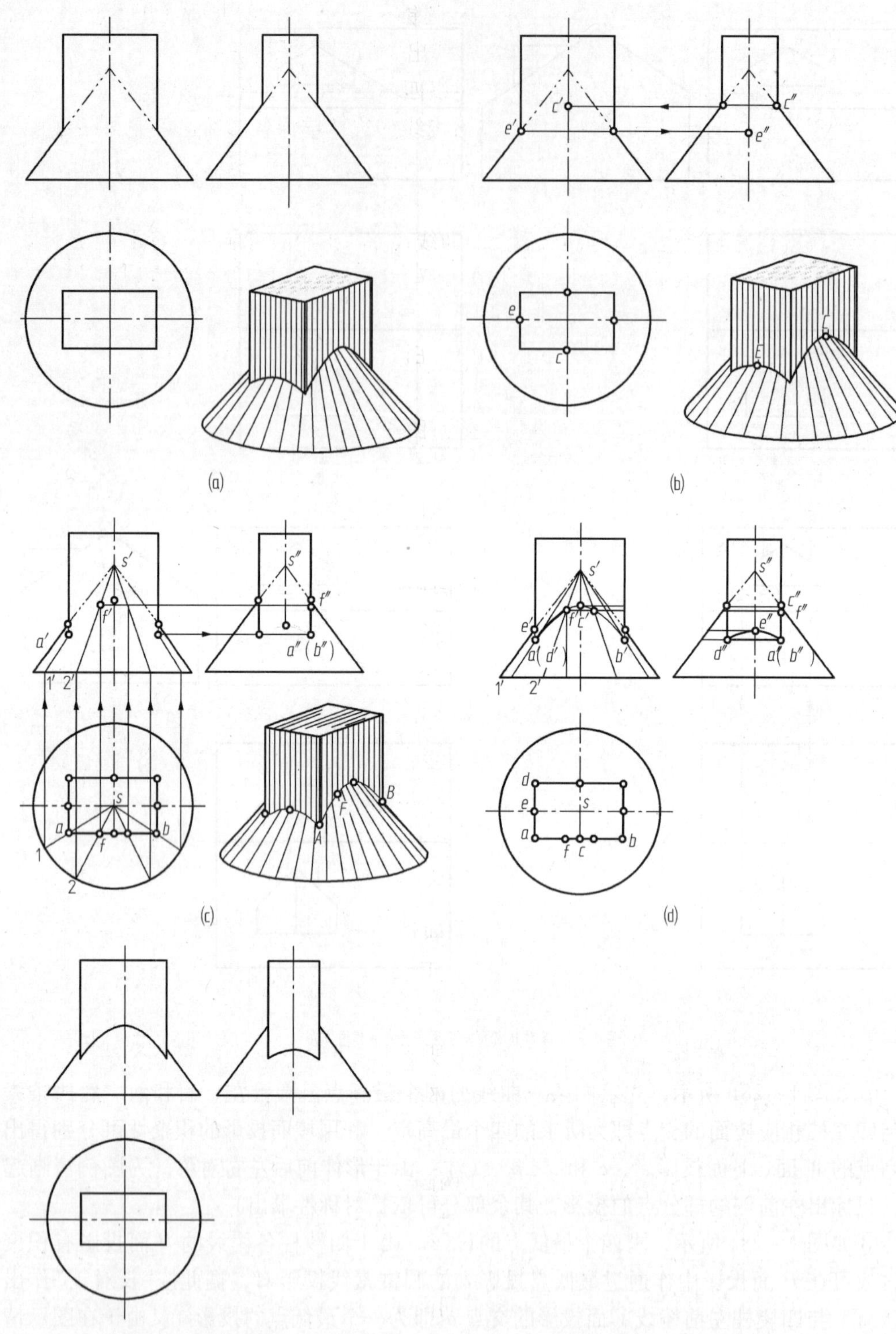

图 1-28　圆锥形薄壳基础表面交线作图方法

④求若干一般点。如图 1－28c 所示，在圆锥面上任作素线(例如 SⅡ)的投影，s2 与棱面的 H 面投影 ab 相交于 f；按“长对正”作出 s′2′后便可据 f 求出 f′。

⑤连线。如图 1－28d 所示，将求出的点以四个最低点为界分段顺滑连接。

⑥判别可见性。如图 1－28e 所示，按图线线型规范描深各图线便可完成圆锥形薄壳基础的三视图。

3. 两曲面立体相贯

两个回转体的相贯线一般是闭合的空间曲线，特殊情况下可能是平面曲线或直线。

求作回转体相贯线的投影与求作截交线一样，应设法求出两立体表面上的一系列共有点，然后依点连线。

当圆柱体轴线垂直于投影面时，圆柱表面在该投影面上的投影有积聚性，所以可利用其积聚投影作图求解。

例 1－7 求轴线正交两圆柱的相贯线，如图 1－29 所示。

解 作图步骤如下：

①分析形体。如图 1－29a 所示，相贯线是两圆柱的共有线。两圆柱轴线垂直相交，一圆柱的轴线垂直 W 面，一圆柱的轴线垂直 H 面，竖直圆柱全贯于水平圆柱，相贯体有共同的前后对称面。因此，相贯线是一条封闭的前后对称的空间曲线。相贯线的 H 面投影落在轴线铅垂圆柱面的圆投影上，相贯线的 W 面投影落在轴线侧垂圆柱面的圆投影上。所以本例可利用相贯线已知的 H 面、W 面投影求得其 V 面投影。

②求特殊点。如图 1－29b 所示，相贯线上 B、C 两点的 V 面投影 b′、c′分别位于两圆柱的 V 面投影转向轮廓线上，A、B 是相贯线上的最高点，也分别是相贯线上的最左点和最右点。A 点的 W 面投影 a″位于小圆柱的 W 面投影转向轮廓线上，它是相贯线上的最低点，也是相贯线上的最前点。在投影图上可直接投影得到 a″和 b′、c′。再由“长对正，高平齐，宽相等”求得 a、a′和 b、b″及 c、c″。

③求一般点。如图 1－29c 所示，先在 H 面投影中的小圆柱投影圆上适当地确定出若干个一般点如 D、E 的投影 d、e，按“长对正，高平齐，宽相等”，再作出 W 面投影 d″、e″和 V 面投影 d′、e′。

④顺滑连接及判断可见性。如图 1－29d 所示，由于相贯线前后左右部分对称，且形状相同，所以在 V 面投影中可见与不可见部分重合，按 b′、d′、a′、e′、c′顺序用粗实线顺滑地连接起来。

⑤按图线要求描深底图图线，完成正交两圆柱的三视图，如图 1－29e 所示。

当两圆柱轴线正交且平行于同一投影面时，两圆柱的直径大小相对变化引起了它们表面的相贯线的形状和位置变化(见表 1－6)：相贯线总是从小圆柱向大圆柱的轴线方向弯曲；当两圆柱等径时，相贯线由两条空间曲线变为平面曲线——椭圆，此时它们的 V 面投影为两相交直线。

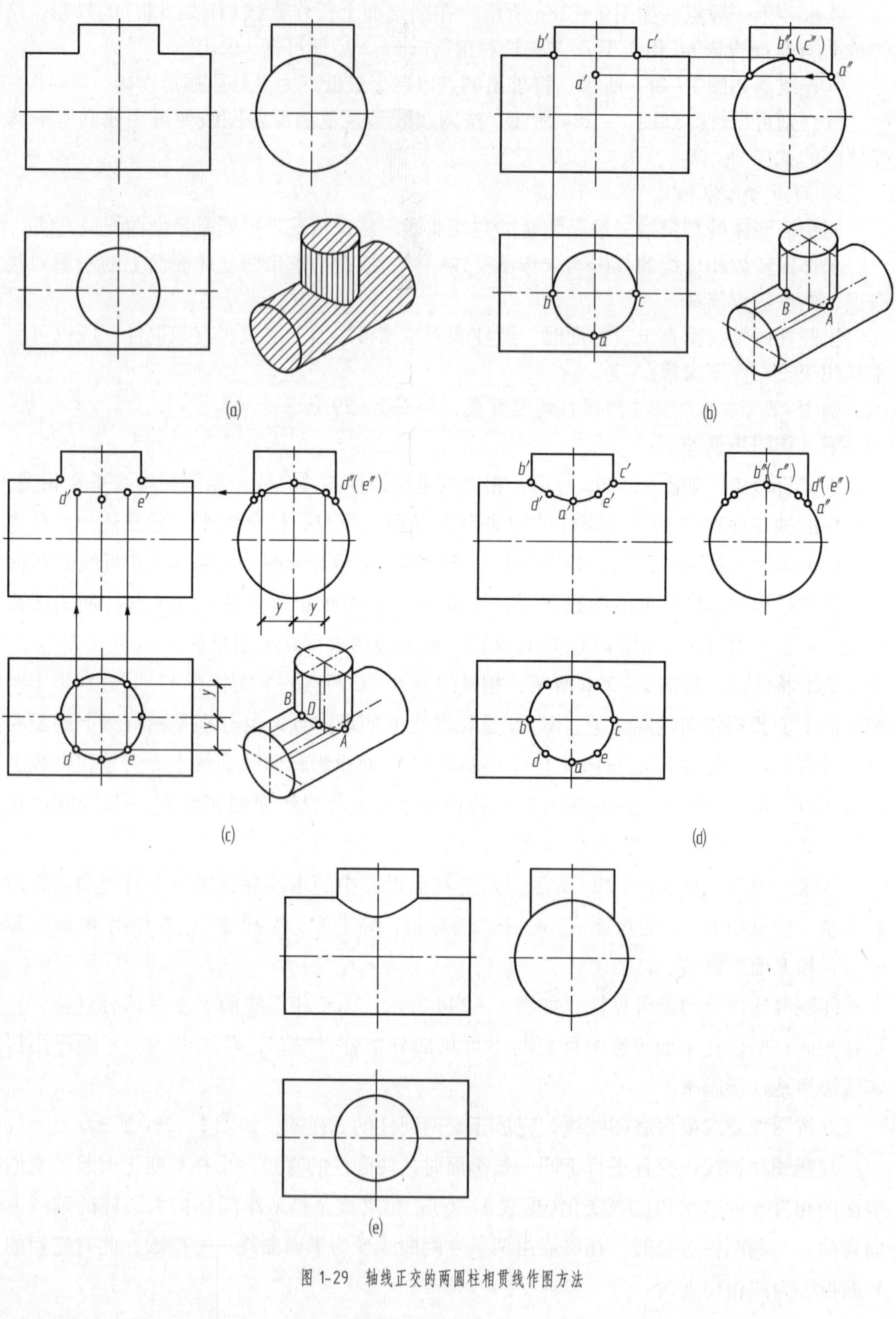

(a)

(b)

(c)

(d)

(e)

图 1-29　轴线正交的两圆柱相贯线作图方法

表1－6　轴线正交的两圆柱体相贯线的变化趋势

	两直径竖小平大	两直径竖大平小	两直径相等
直观图	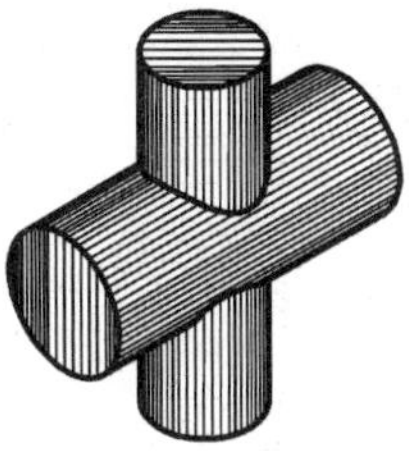	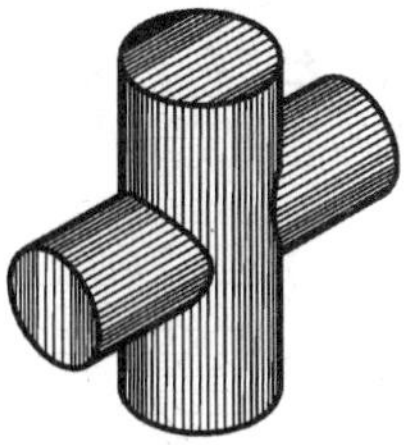	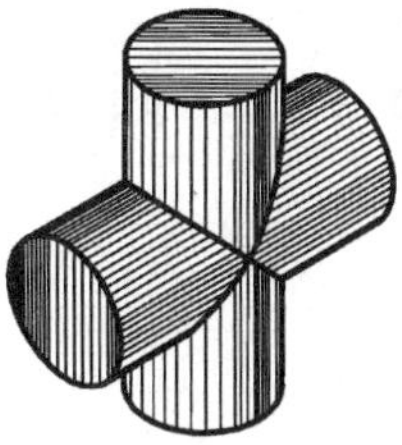
三视图	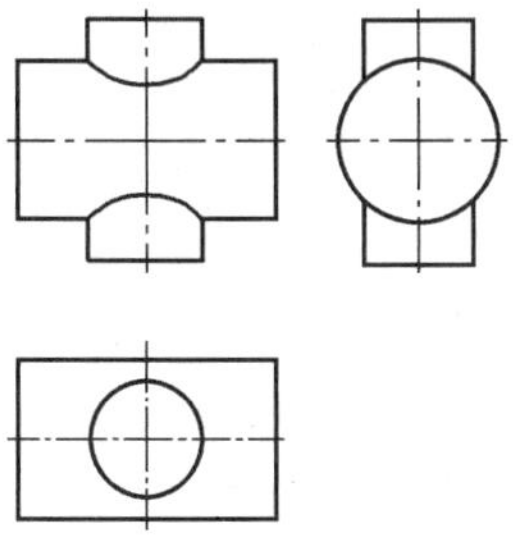	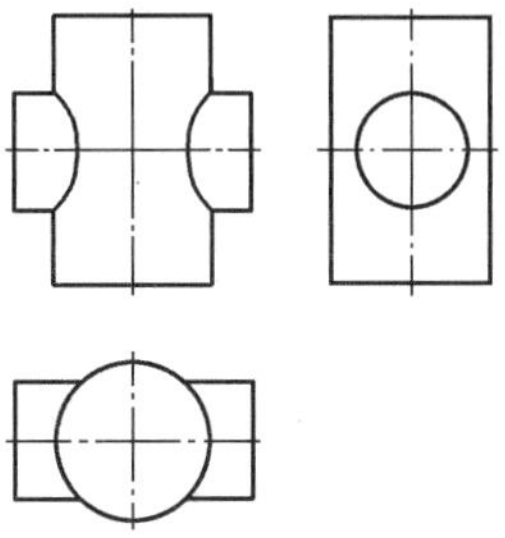	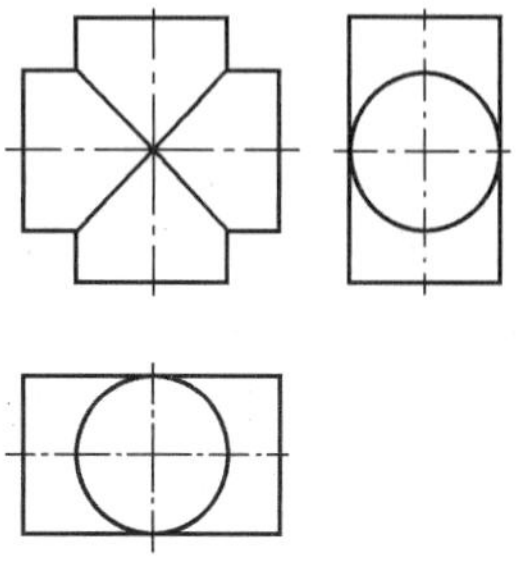

2 制图规则与组合体投影

2.1 制图基本规定

图样是表达和交流技术思想的重要工具，是用来指导生产和技术交流的语言。为有效准确地使用这种语言，就必须有统一的规则。这个统一的规则就是国家制图标准，简称《国标》(GB)。

本书主要采用了由中华人民共和国住房和城乡建设部于 2010 年 8 月 18 日发布，2011 年 3 月 1 日开始实施的《房屋建筑制图统一标准》GB/T 50001—2010。

标准 GB/T 50001—2010 修订的主要内容是：

(1)增加了计算机制图文件、计算机制图图层和计算机制图规则等。

(2)调整了图纸标题栏和字体高度等。

(3)增加了图线等。

2.1.1 图纸幅面和格式(根据 GB/T 50001—2010)

为了合理使用图纸，便于装订和管理，所有图纸的幅面应符合表 2-1 的规定：

表 2-1　图纸幅面尺寸　(mm)

尺寸代号	幅面代号				
	A0	A1	A2	A3	A4
$B \times L$	841 × 1189	594 × 841	420 × 594	297 × 420	210 × 297
c	10			5	
a	25				

表中 $B \times L$ 为图纸的短边乘以长边，a、c 为图框线到幅面线之间的宽度。图纸幅面尺寸相当于$\sqrt{2}$系列，即 $L = \sqrt{2}B$。A0 号幅面的面积为 $1m^2$，A1 号幅面是 A0 号幅面的 1/2，其他幅面类推，如图 2-1 所示。

一般情况下都用横式(图 2-1a)，立式(图 2-1b)用得较少。为了使用图样复制和缩微摄影时定位方便，对表 2-1 所列的各号图纸，均应在图纸各边长的中点处分别画出对中标志。对中标志线宽不小于 0.35 mm，长度从纸边界开始伸入框内约 5 mm，如图 2-1a、图 2-1b 所示。

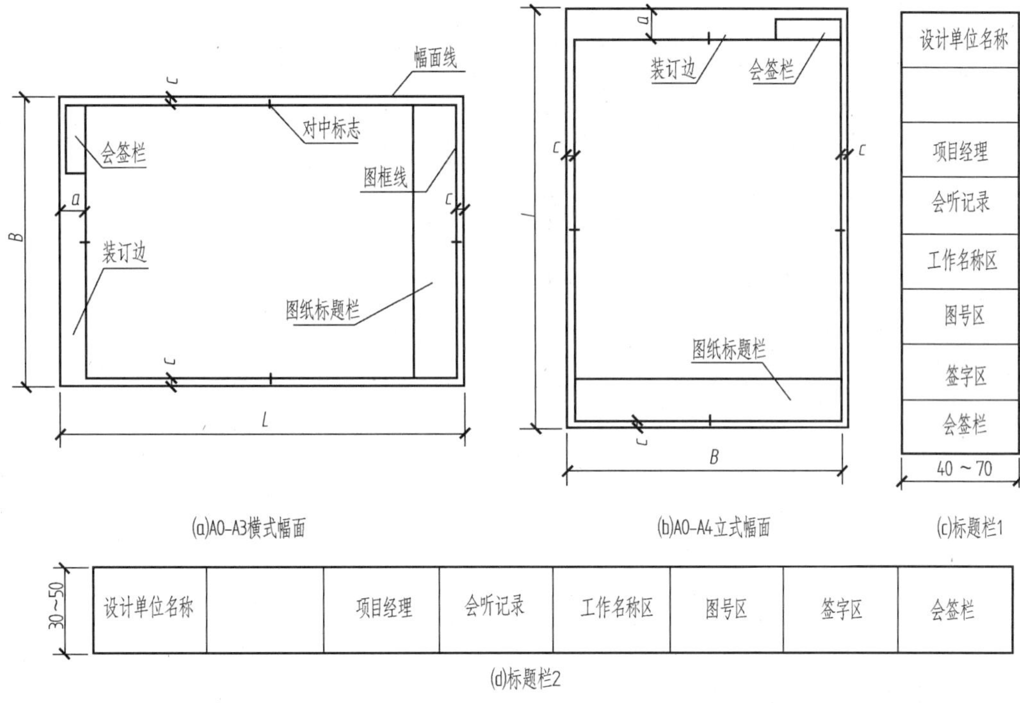

图 2-1 图纸幅面、格式及标题栏

图纸中应有标题栏、图框线、幅面线、装订边和对中标志。图纸标题栏及装订边的位置应符合下列规定：横式使用的图纸，应按图 2－1a 的形式进行布置；立式使用的图纸，应按图 2 －1b 的形式进行布置。标题栏应按图 2－1c 或图 2－1d 所示，根据工程的需要选择确定其尺寸、格式及分区。签字区应包括实名列和签名列。

图纸编排的顺序：工程图纸应按专业顺序编排，应为图纸目录、总图、建筑图、结构图、给水排水图、暖通空调图、电气图等。各专业的图纸应按图纸内容的主次关系、逻辑关系进行分类排序。

2.1.2 比例与图名(根据 GB/T 50001—2010)

工程制图中，图样中图形与实物相对应的线性尺寸之比，称为比例。比例应用阿拉伯数字来表示。比值为 1 的比例称原值比例，即 1∶1；比值大于 1 的比例称放大比例，如 2∶1 等；比值小于 1 的比例称缩小比例，如 1∶2，1∶10，1∶100，1∶500 等。习惯上所称比例的大小，是指比值的大小，例如 1∶50 的比例比 1∶100 的大。

比例书写在图名的右侧，字号应比图名字号小一号或两号。图名下画一条横粗实线，其粗度应不粗于本图纸所画图形中的粗实线，同一张图纸上的这种横线粗度应一致；图名下横线长度应以图名所占长短为准，不要任意画长画短。例如：

平 面 图 1∶100

当一张图纸中的各图只用一种比例时，也可把该比例统一书写在图纸标题栏内。

绘图时，应根据图样的用途和被绘物体的复杂程度，优先选用表2－2中的常用比例。特殊情况下，允许选用“可用比例”。

表2－2 常用比例及可用比例

图 名	常用比例	必要时可用比例
总平面图	1∶100，1∶500 1∶2000，1∶5000	1∶2500，1∶10000
总图专业的竖向布置图、管线综合图、断面图等	1∶100，1∶200，1∶500 1∶1000，1∶2000	1∶300，1∶5000
平面图、立面图、剖面图、结构布置图、设备布置图等	1∶50，1∶100，1∶200	1∶150，1∶300，1∶400
内容比较简单的平面图	1∶200，1∶400	1∶500
详 图	1∶1，1∶2，1∶5，1∶10 1∶20，1∶25，1∶50	1∶3，1∶15，1∶30 1∶40，1∶60

*屋面平面图、工业建筑中的地面平面图等的内容有时比较简单。

2.1.3 字体(根据GB/T 50001—2010)

工程图纸上常用的文字有汉字、阿拉伯数字、拉丁字母，有时也用罗马数字、希腊字母。

工程制图(不论是墨线图或铅笔线图)所需书写的汉字、数字、字母等，必须排列整齐、字体端正、笔画清晰、间隔均匀，不得潦草，以免错认而造成差错。

图样中的汉字，应采用国家公布的简化字，并应写长仿宋体。写长仿宋体字时应注意它的笔画基本上是横平竖直，字体结构要匀称，并注意笔画的起落。长仿宋体的笔画粗度约为高的1/20。

汉字、阿拉伯数字、拉丁字母、罗马数字等字体大小的号数(简称字号)，都是指字体的高度、文字的字高，应从表2－3中选用。字高大于10 mm的文字宜采用TRUETYPE(中文)字体，如需书写更大的字，其高度应按$\sqrt{2}$的倍数递增。

表2－3 文字的字高 (mm)

字体种类	中文矢量字体	TRUETYPE字体及非中文矢量字体
字高	3.5、5、7、10、14、20	3、4、6、8、10、14、20

图样及说明中的汉字，宜采用长仿宋体(矢量字体)或黑体。同一图纸字体种类不应超过两种。如需书写大一号的字，其字高可按1∶$\sqrt{2}$来确定，并取其毫米整数。汉字长仿宋体的某号字的宽度，即为小一号字的高度。汉字可以如下书写：

横平竖直　　结构匀称　　注意起落

排列整齐　字体端正　笔画清晰　间隔均匀

工程图样上书写的长仿宋体汉字，其高度应不小于3.5 mm；阿拉伯数字、拉丁字母、罗马数字等的高度应不小于2.5 mm。当阿拉伯数字、拉丁字母、罗马数字同汉字并列书写时，它们的字高比汉字的字高宜小一号或两号。当拉丁字母单独用作代号或符号时，不使用I、O及Z三个字母，以免同阿拉伯数字1、0及2相混淆。

阿拉伯数字、拉丁字母及罗马数字的规格见表2-4。

表2-4　阿拉伯数字、拉丁字母及罗马数字的规格

		一般字体	窄字体
字母高	大写字母	H	H
	小写字母（上下均无延伸）	(7/10) h	(10/14) h
小写字母向上或向下延伸部分		(3/10) h	(4/14) h
笔画宽度		(1/10) h	(1/14) h
间隔	字母间	(2/10) h	(2/14) h
	上下行底线间最小间隔	(14/10) h	(20/14) h
	文字间最小间隔	(6/10) h	(6/14) h

注：①小写拉丁字母如a，c，m，n，…上下均无延伸，而j则上下均有延伸。

②字母的间隔，倘若在视觉上需要更好的效果，可以减小一半，即和笔画的宽度相等。

阿拉伯数字、拉丁字母以及罗马数字都可以按需要写成直体或斜体，一般书写采用斜体。斜体字的倾斜度应是对底线逆时针转75°，其宽度和高度均与相应的直体字相等，如图2-2所示。

斜体阿拉伯数字

1 2 3 4 5 6 7 8 9 0

斜体罗马数字

Ⅰ Ⅱ Ⅲ Ⅳ Ⅴ Ⅵ Ⅶ Ⅷ Ⅸ Ⅹ

大小写斜体A型拉丁字母

ABCDEFGHIJKLMNOPQRSTUVWXYZ

abcdefghijklmnopqrstuvwxyz

图2-2　斜体阿拉伯数字、斜体罗马数字、斜体A型拉丁字母

2.1.4 图线(根据 GB/T 50001—2010)

在绘制土建工程图时，为了表示图中的不同内容，并且能够分清主次，必须使用不同线型和不同宽度(即图线的粗细)的图线。

土建工程图图线的宽度 b，宜从线宽系列 1.4、1.0、0.7、0.5、0.35、0.25、0.18、0.13 mm 中选取。当选定了粗线的宽度 b 后，中粗线及细线的宽度也随之确定而成为线宽组。图线宽度不应小于 0.1mm。绘图时每个图样应根据复杂程度与比例大小，先选定基本线宽 b。

土建工程图的图线线型有实线、虚线、点画线、双点画线、折断线、波浪线等，随用途的不同而反映在图线的粗细关系上，见表 2-5。

表 2-5 图线的线型、线宽及其用途

线型名称	线型	线宽	一般用途
粗实线		b	主要可见轮廓线 剖面图中被剖着部分的轮廓线、结构图中的钢筋线、建筑物或构筑物轮廓的外轮廓线、剖切位置线、地面线、详图符号的圆圈、新建的各种给水排水管道线、总平面图或运输图中的公路或铁路路线等
中实线		$0.5b$	可见轮廓线 剖面图中未被剖着但仍能看到面需要画出的轮廓线、标准尺寸的尺寸起止短划、原有的各种给水排水管道或循环水管道线等
细实线		$0.35b$	尺寸界线、尺寸线、索引符号的圆圈、引出线、图例线、标高符号线、重合断面的轮廓线、较小图形中的中心线、钢筋混凝土构件详图的构件轮廓线等
粗虚线		b	新建的各种给水排水管道线，总平面图或运输图中的地下建筑物或地下构筑物等
中虚线		$0.5b$	需要画出的看不到的轮廓线 建筑平面图中运输装置（例如桥式吊车)的外轮廓线、原有的给水排水管道线、拟扩建的建筑工程轮廓线等
细虚线		$0.35b$	不可见轮廓线、图例线等
粗点画线		b	结构图中梁或构造的位置线、平面图中起重运输装置的轨道线，其他特殊构件的位置指示线等
细点画线		$0.35b$	中心线、对称线、定位轴线等
粗双点细线		b	预应力钢筋线等
细双点画线		$0.35b$	假想轮廓线、成型以前的原始轮廓线
折断线		$0.35b$	断开界线
波浪线		$0.35b$	断开界线、构造层次的断开界线
特粗线		$1.4b$	需要画上更粗的实线，如建筑物或构筑物的地面线、路线工程图中的设计线路、剖切位置的线段等

图线线型和线宽的用途，各专业不同，应按专业制图的规定来选用。

建筑工程图中，对于表示不同内容和区别主次的图线，其线宽都互成一定比例，即粗线、中粗线、细线三种线宽之比为 $b:0.5b:0.35b$。同一图纸幅面中，采用相同比例绘制的各图，应选用相同的线宽组。绘制比较简单的图或比例较小的图，可以只用两种线宽，其线宽比为 $b:0.35b$。当选定了粗线的宽度 b 后，中粗线及细线的宽度也随之确定而成为线宽组(见表 2－6)。

表 2－6 线宽组 (mm)

粗线	b	1.4	1.0	0.7	0.5	0.35
中粗线	$0.5b$	0.7	0.5	0.35	0.25	0.18
细线	$0.35b$	0.5	0.35	0.25	0.18	

由线宽系列可看出，线宽之间的公比是$\sqrt{2}$，它和图纸幅面的长边尺寸系列、短边尺寸系列以及字体的高度系列(连同汉字长仿宋体的字宽系列)都互相一致，且和国际标准统一，即它们的公比都是$\sqrt{2}$。这样不仅简单、易记、使用方便，并且有益于国际、国内的统一与技术交流，又有利于图样的缩微复制和电子计算机绘图。

在各种线型中，虚线、点画线及双点画线的线段长度和间隔宜各自相等。点画线或双点画线的两端不应是点；点画线与点画线交接或点画线与其他图线交接时，应是线段交接。虚线与虚线交接或虚线与其他图线交接时，也应是线段交接。虚线为实线的延长线时，不得与实线交接。绘制圆或圆弧的中心线时，圆心应为线段的交点，且中心线两端应超出圆弧 2～3mm。实线、虚线、点画线画法如图 2－3 所示。

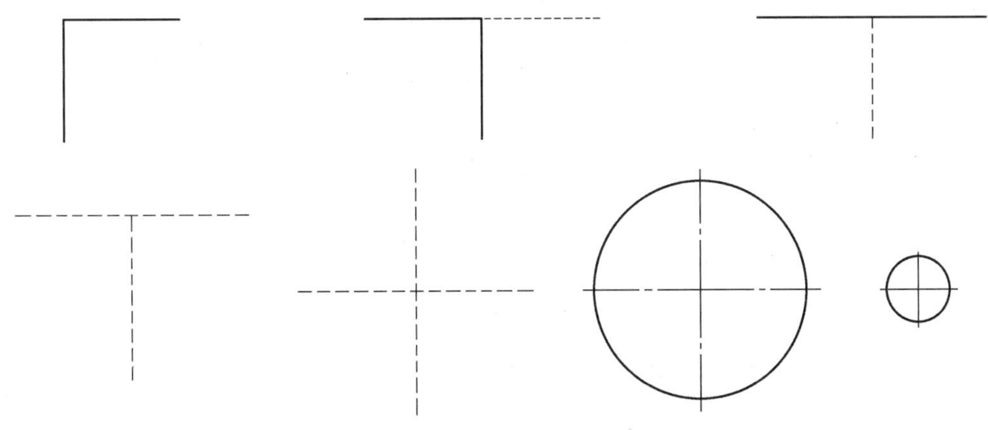

图 2-3 实线、虚线、点画线画法举例

当图形较小(如图 2－3 中较小的圆)，画点画线有困难时，可用细实线代替。

图 2－4a、图 2－4b 分别为折断线和波浪线的画法举例。折断线直线间的符号和波浪线都徒手画出。折断线应通过被折断图形的全部，其两端各画出 2～3 mm。

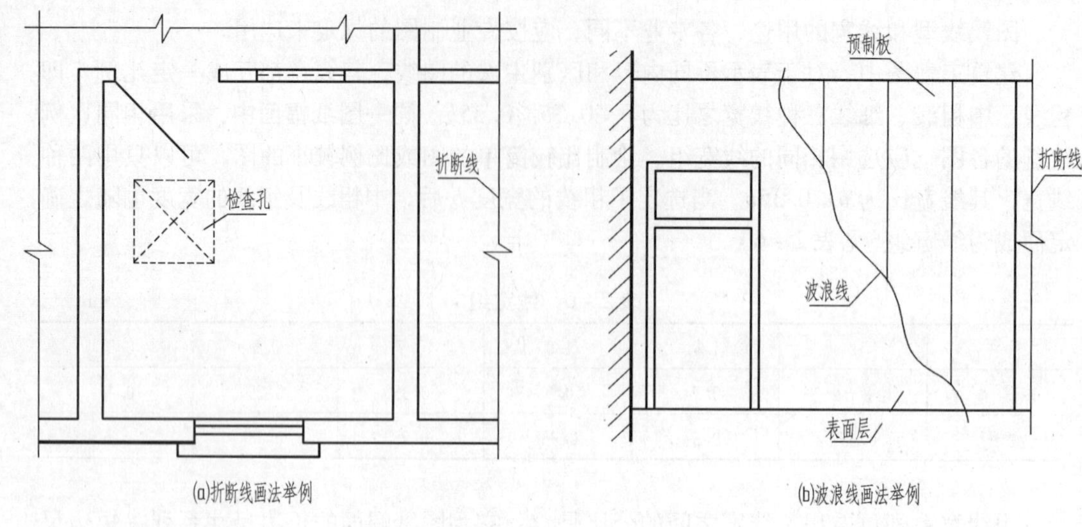

图 2-4 折断线、波浪线画法举例

2.1.5 尺寸注法(根据 GB/T 50001—2010)

在建筑工程图中，除了按比例画出建筑物或构筑物等的形状外，还必须标注完整的实际尺寸，以作为施工等的依据。尺寸与所绘图形的准确程度无关，更不得从图形上量取。

图样上的尺寸单位，除另有说明外，均以 mm 为单位。

这里将结合单个平面图形来叙述标注尺寸的基本规则；至于组合体图形的尺寸注法，将在第六章阐述；专业图的尺寸注法将在后面有关章节中结合专业图的图示方法和要求详细叙述。

图样上标注的尺寸，由尺寸线、尺寸界线、尺寸起止符号、尺寸数字等组成，如图 2 -5 所示。图样上尺寸的标注应整齐、统一，数字应写整齐、端正、清晰。

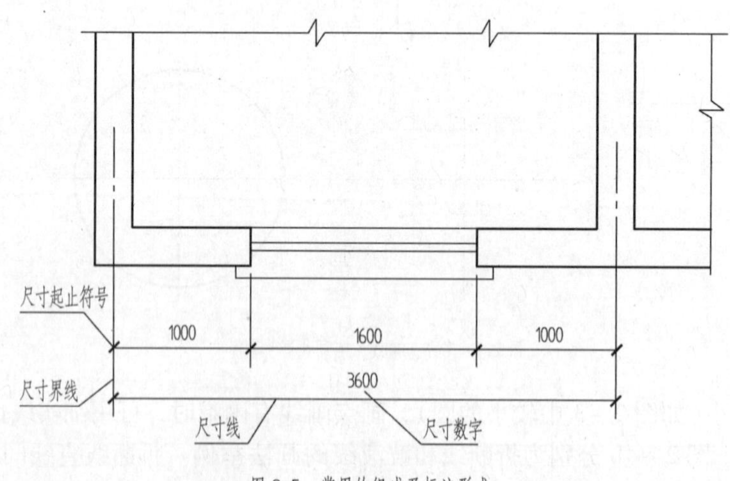

图 2-5 常用的组成及标注形式

1. 尺寸线

尺寸线应用细实线，中心线、尺寸界线以及其他任何图线都不得用作尺寸线。尺寸线一般不超出尺寸界线。线性尺寸的尺寸线必须与被标注的长度方向平行。尺寸线与被标注的轮廓线间隔以及互相平行的两尺寸线的间隔一般为 6 ～ 10 mm。

2. 尺寸界线

尺寸界线应用细实线。一般情况下，线性尺寸的尺寸界线垂直于尺寸线，并超出尺寸线约 2mm。尺寸界线不宜与需要标注尺寸的轮廓相接，应留出不小于 2mm 的间隙。

在尺寸线互相平行的尺寸标注中，应把较小的尺寸标注在靠近被标注的轮廓线处，较大的尺寸则标注在较小尺寸的外边，以避免较小尺寸的尺寸界线与较大尺寸的尺寸线相交，如图 2 – 5 所示。

3. 尺寸起止符号

尺寸线与尺寸界线相接处为尺寸的起止点。在起止点上应画出尺寸起止符号，一般为 45°倾斜的中粗短线，其倾斜方向应与尺寸界线成顺时针 45°角，其长度宜为 2 ～ 3 mm。但是，在标注圆弧的半径、圆的直径和角度时，应改用箭头作为尺寸起止符号。尺寸箭头的形式如图 2 – 6 所示。箭头的宽度约为图形粗实线宽度 b 的 1.4 倍，长度约为粗实线宽度 b 的 5 倍，并涂黑。在同一张纸或同一图形中，尺寸箭头的大小应画得一致。工程图上的尺寸箭头不宜画得太小或太细长，其尖角一般不宜小于 15°，否则不利于缩微摄影及重新放大与复制。

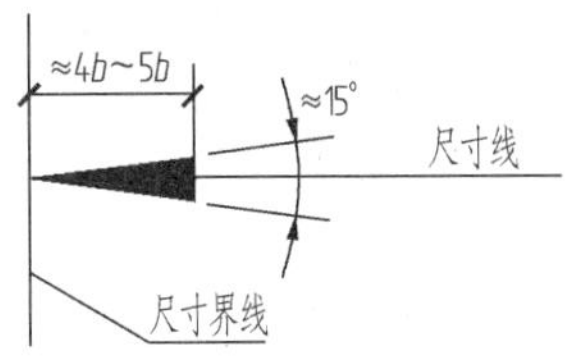

图 2-6　尺寸箭头的形式及大小

4. 尺寸数字

工程图上标注的尺寸数字是物体的实际尺寸，与绘图所用的比例无关。建筑工程图上标注的尺寸数字，除标高及总平面图以米为单位外，其余都以毫米为单位。因此，建筑工程图上的尺寸数字无须注写单位。尺寸数字的高度，一般是 3.5 mm，最小不得小于 2.5 mm。尺寸线的方向有水平、竖直、倾斜三种，注写尺寸数字的读数方向相应地如图 2 – 7a 所示。对于靠近竖直方向向左或向右倾斜 30°范围内的倾斜尺寸，可如图 2 – 7b、图 2 – 7c所示注写。

5. 半径、直径、球的尺寸注法

如图 2 – 8 所示，半径尺寸线必须从圆心画起或对准圆心。直径尺寸线则通过圆心或对准圆心。标注半径、直径或球的尺寸时，尺寸线应画上箭头。尺寸箭头的形式和大小如图 2 – 6 所示。半径数字、直径数字仍要沿着半径尺寸线或直径尺寸线注写。当图形较小，注写尺寸数字及符号的位置不够时，也可以引出注写。半径数字前应加写拉丁字母 R；直径数字前加注直径符号 ϕ；注写球的半径时，在半径代号 R 前再加写拉丁字母 S；注写球的直径时，在直径符号 ϕ 前也加写拉丁字母 S。当较大圆弧的圆心在有限范围以外时，则应对准圆心画一折线状的或者断开的半径尺寸线，例如图 2 – 8 中的 $R24$。

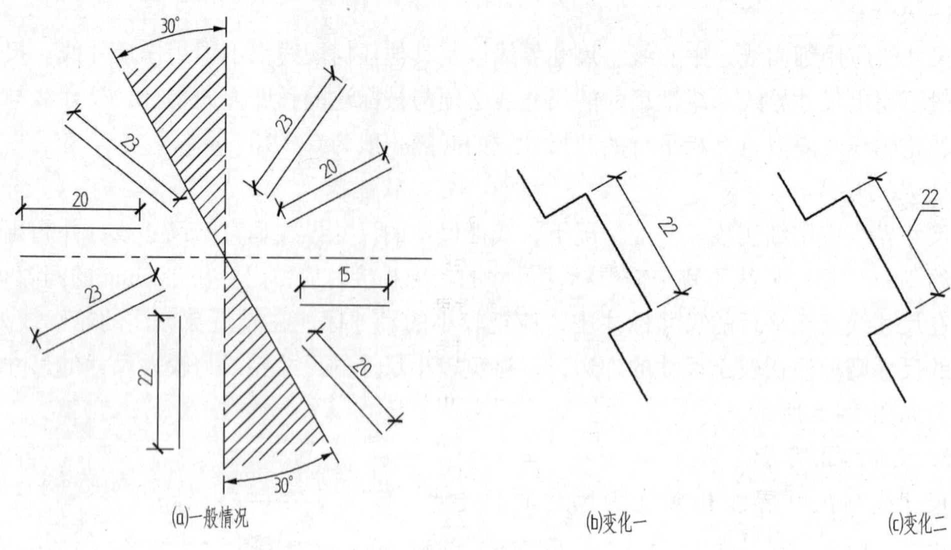

图 2-7 线性尺寸数字的注写方向

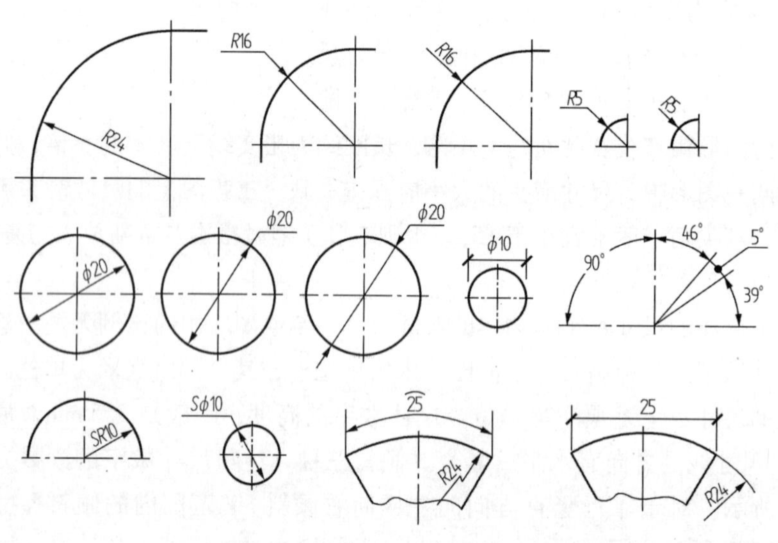

图 2-8 尺寸标注示例

6. 角度、弧长、弦长的尺寸注法(图 2-8)

标注角度时，角度的两边作为尺寸界线，尺寸线画成圆弧，其圆心就是该角度的顶点。角度的起止符号应以箭头表示，如没有足够位置画箭头，可用圆点代替。角度数字一律水平注写，并在数字的右上角相应地画上角度单位的度、分、秒符号。标注圆弧的弧长时，其尺寸线应是该弧的同心圆弧，尺寸界线应垂直于该圆弧的弦，起止符号应以箭头表示，弧长数字的上方应加“⌒”符号。标注圆弧的弦长时，其尺寸线应是平行于该弦的直线，尺寸界线则垂直于该弦，起止符号应以中粗斜短线表示。

2.2 绘图的一般步骤

2.2.1 绘图仪器简介

CAD时代学习工程制图，也应适当掌握传统制图工具和仪器的使用方法，因为它是将来使用CAD软件提高制图质量和速度的重要前提条件之一。

绘图仪器包括分规、圆规、墨线笔、绘图墨水笔等。绘图工具包括画图板、丁字尺、三角板、比例尺、曲线板和绘图铅笔等。常用绘图用品有橡皮、裁纸刀、胶带纸、砂纸、擦线片和建筑模板等。

丁字尺是画水平线用的，三角板和丁字尺配合使用时，可以画出竖直线或15°、30°、45°、60°、75°、105°等角倾斜线，如图2－9所示。

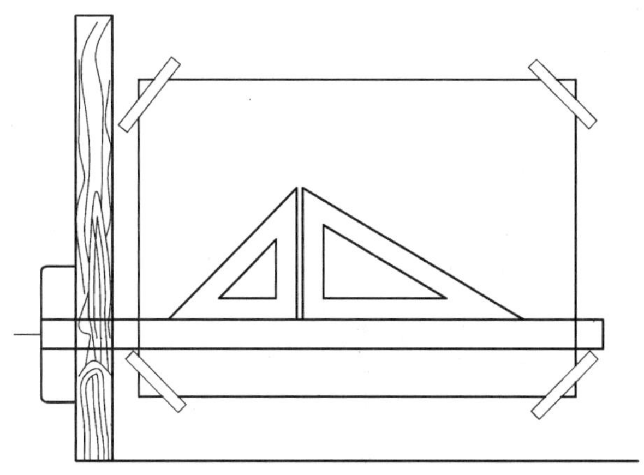

图2-9　丁字尺、三角板的使用

2.2.2 绘图程序和方法

为了保证图样的质量和提高绘图的速度，除了正确使用绘图工具和仪器外，还必须掌握正确的绘图程序和方法。

1. 绘图前的准备工作

①准备好要用的绘图仪器和工具(包括绘图桌)并擦拭干净，磨削好铅笔及圆规上的铅芯。

②安排工作地点使光线从图板的左前方射入，将需要的工具放在方便之处，以便于绘图。

③图纸必须固定在图板上。一般应将图纸固定在图板的左下方，使图纸的左边离图板左边缘约5 cm，图纸下边离图板下边缘的距离大于丁字尺的宽度。

2. 画底稿的方法和步骤

画底稿时，宜用削尖的 H 或 2H 铅笔轻淡地画出，并经常磨削铅笔。

绘图的步骤和方法随图的内容及绘图者的习惯不同而不同。建议：

①考虑图形布局，一般图形应布置在图画的中间位置，并考虑到注写尺寸、文字等的地方和位置，务必使图纸中的图安排得疏密匀称。

②根据图形的类别和内容来考虑先画哪一个图。画图时，先画轴线、中心线，再画轮廓线，然后画细部的图线。

③画尺寸界线、尺寸线、尺寸起止符号、注写尺寸数字及其他符号。

④最后书写图名、注释等文字。

3. 铅笔加深的方法和步骤

画完底稿后，应仔细校对，改正错误和缺点，擦净多余图线，方可用铅笔加深。加深直线可用 HB 铅笔，圆规的铅芯应比画直线的铅芯软一级。加深图线时，用力要均匀，同时要注意使图线均匀地分布在底稿线的两侧，并且要做到线型正确、粗细分明、连接光滑、图面整洁。

2.3 徒手绘图

2.3.1 徒手绘图的方法和步骤

徒手绘图是 CAD 时代最需要传承和训练的绘图技术，CAD 和徒手绘图之间有强烈的互补性。徒手绘图常被应用于记录新的构思、草拟设计方案、现场参观记录以及创作交流等各个方面。因此，工程技术人员应熟练掌握徒手绘图的技能。

徒手画出的图通称草图，但绝非指潦草的图。它同样有一定的图面质量要求，即幅面布置、图样画法、图线、比例、尺寸等尽可能合理、正确、齐全，不得潦草。草图上的线条也要粗细分明，基本平直，方向正确，长短大致符合比例，线型符合国家标准。

1. 直线的画法

画草图时，执笔的位置应高一些，手腕放松一些，执笔力求自然。画长线时手腕不要转动，而是整个手臂运动，要手眼并用，眼睛应看向终点，画出的线条要尽量平直。一条线尽可能一次画成，不要来回重复描绘。画短线时，用手腕抵住纸面，速度均匀地移动手腕。图 2－10 为徒手画的各种线型直线。

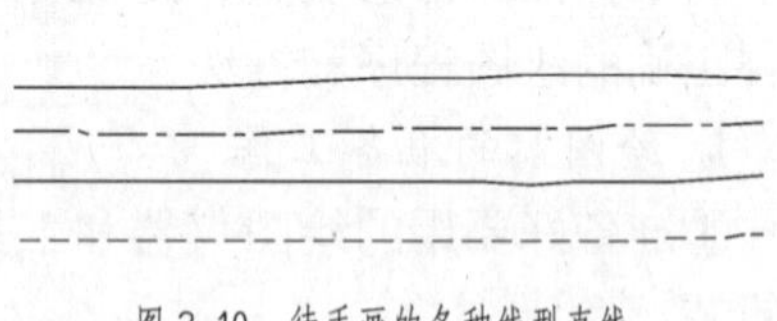

图 2-10 徒手画的各种线型直线

2. 徒手画斜线

徒手画与水平线成 30°、45°、60°等特殊角度的斜线，可利用该角度的正切即对边与邻边的比例关系近似画出，如图 2－11a、图 2－11b 所示。也可以先画出 90°角，以适当半径画出一段圆弧，将该圆弧作若干等分，通过这些等分点画的射线，就是所求的相应角度的斜线，如图 2－11c 所示。

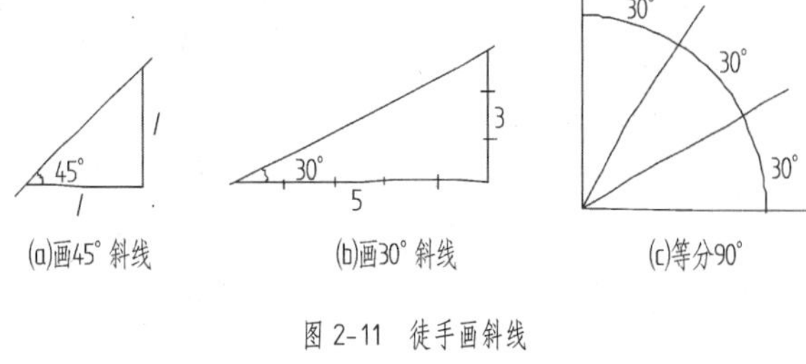

图 2-11 徒手画斜线

3. 等分线段

徒手等分线段通常利用目测进行。若作偶数等分(例如六等分、八等分)，最好是依次作二等分，如图 2－12a 所示。若为奇数等分，例如五等分，则可用目测先去掉一个等份，而把剩余部分作四等分，如图 2－12b 所示。图 2－12 中图线下方的数字表示等分线段时的作图顺序。

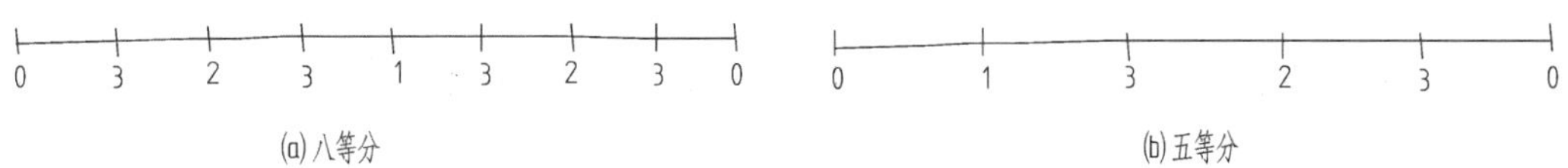

图 2-12 徒手等分线段

4. 徒手画圆

画直径较小的圆时，可在中心线上按圆的半径凭目测定出四个点之后徒手连接而成如图 2－13a 所示；画直径较大的圆时，可通过圆心画几条不同方向的射线，同样凭目测按圆的半径在其上定点，再徒手把它们连接起来，如图 2－13b 所示 。

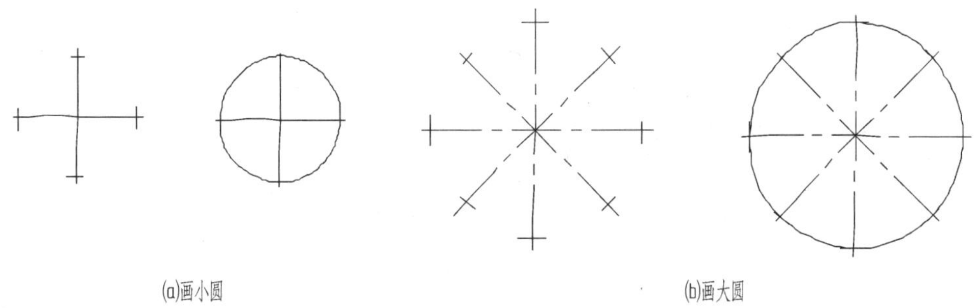

图 2-13 徒手画圆

5. 徒手画椭圆

徒手画椭圆时，应尽可能准确地定出它的长、短轴，然后通过长、短轴的端点画出一个矩形，并画出该矩形的对角线，再在对角线上凭目测按椭圆曲线变化的趋势定出四个点，最后徒手将上述各点依次连接起来，如图 2－14 所示。

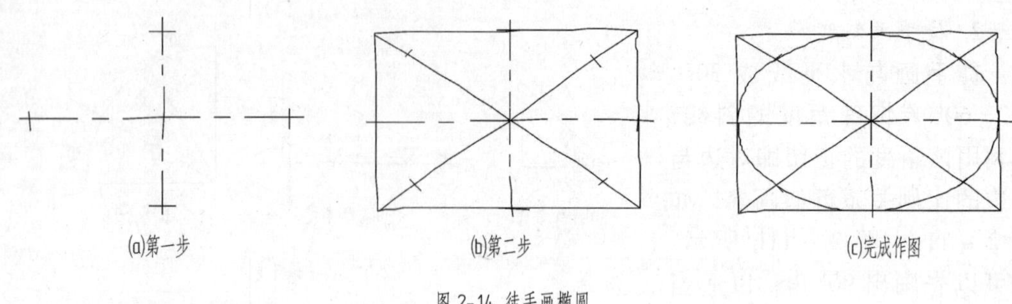

图 2-14 徒手画椭圆

2.4 组合体投影图的画法与识读

由若干基本几何形体经过叠加、截切、相交综合等方式构成的形体称为组合体。

将组合体假想分解成若干个基本几何体，对其形状、大小、相对位置、组合方式等进行分析，此种方法称为形体分析法。形体分析是画图、读图和尺寸标注的依据。

组合体的三面投影，无论是总体还是局部细节都满足“长对正，高平齐，宽相等”的投影规律(九字口诀)，如图 2 – 15 所示。

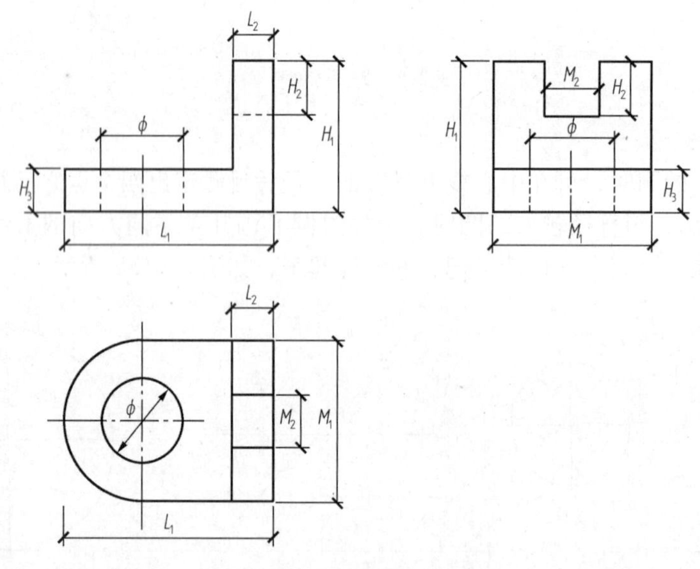

图 2-15 组合体投影规则

2.4.1 组合体投影图的画法

1. 形体分析

在画组合体的投影之前，首先要运用形体分析法将复杂形体分解为若干基本几何体，并分析各基本几何体的形状及它们之间的相对位置和表面间的连接方式。

2. 正面投影的选择

根据人们的观察习惯，正面投影图通常作为形体的主要投影图。正面投影方向的选择实际上就是形体对正立投影面（V 面）相对位置的选择。其原则是使正面投影能反映形体的形状特征，较清楚地表达出各部分的结构形状。

如图 2－16 所示，对房屋建筑来说，常选用主要出入口所在立面平行于正立投影面（V 面）。该建筑物的三面投影图见图 2－17。

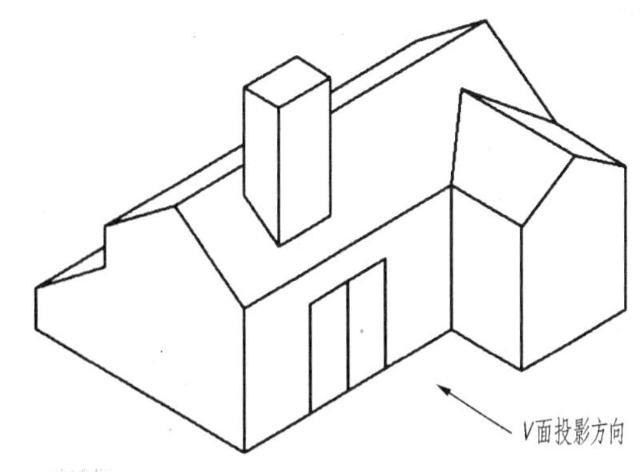

图 2-16　房屋建筑的V面投影方向的确定

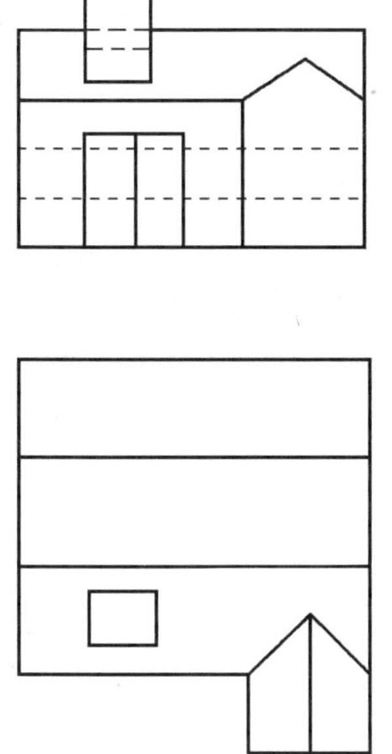

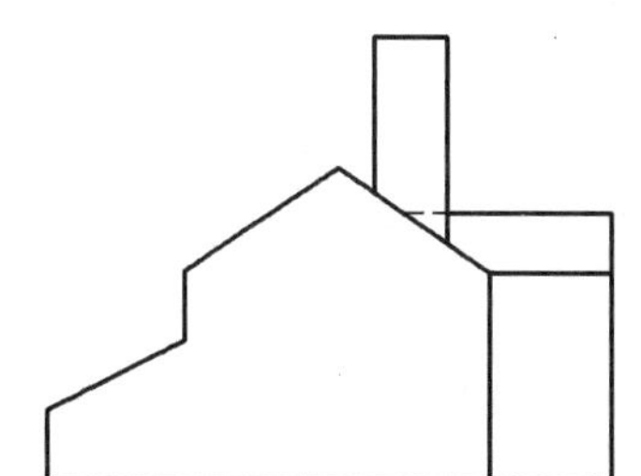

图 2-17　房屋建筑的三面投影图

3. 绘图举例

现以图 2－18 所示的建筑构件为例，说明组合体的绘图步骤。

①形体分析。如图 2－18 所示，该建筑构件由带四个圆柱孔的底板四棱柱、中部四棱柱、前后三棱柱肋板、左右多棱柱肋板四部分组成。

②投影选择。该建筑构件底板底面与 H 面平行，符合正常施工中的放置位置（自然位置）。选择能反映该建筑构件各组成部分形状特征及相对位置的方向作为 V 面投影图的方向，如图 2－18a 所示。根据以上的形体分析，要完整表达该建筑构件还必须画出它的 H 面和 W 面投影，如图 2－19 所示。

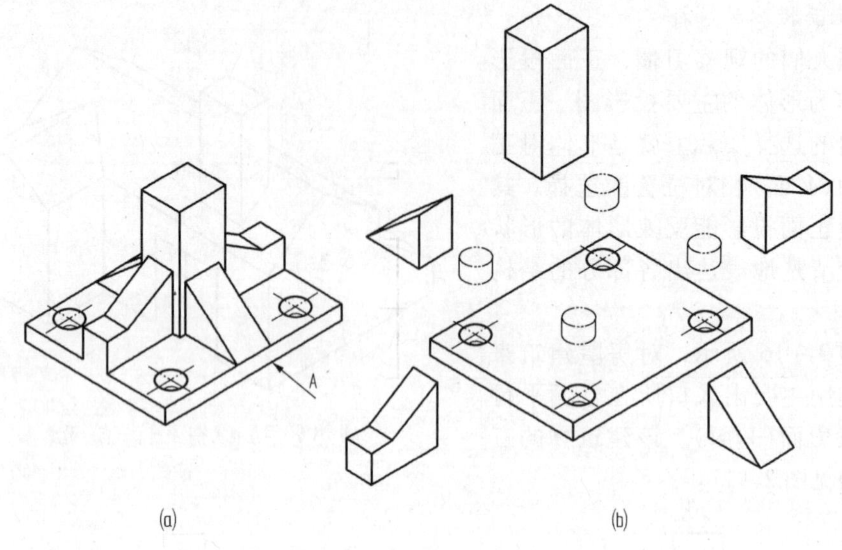

图 2-18　建筑构件形体分析

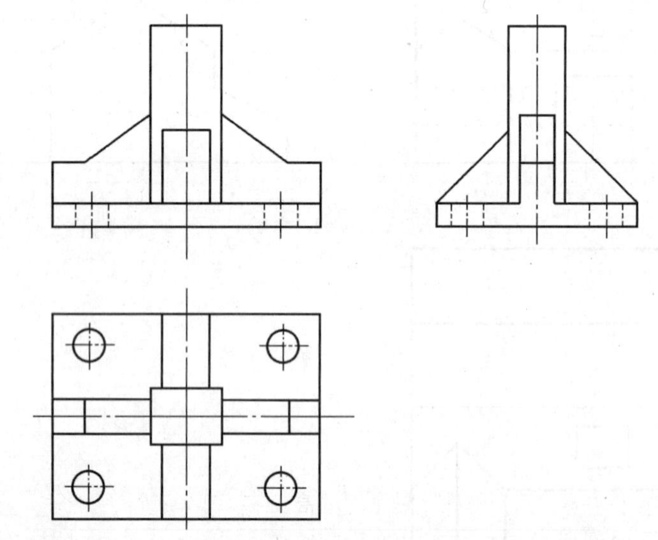

图 2-19　建筑构件的三面投影

③选比例、定图幅。根据该建筑构件的大小和复杂程度，选择合适比例，确定图纸幅面。

④画底稿。按形体分析法分析的各基本几何体及相对位置，依先主后次、先大后小、先整体后局部的顺序，逐个画出各基本几何体的三面投影，如图 2－20 所示。注意，在逐个画基本几何体时，应同时画出其对应的三个投影，以保证各基本几何体之间的相对位置和投影关系。

⑤校核、加深图线。对整个图线校检查核，清理图面，按规定线型加深图线，完成组合体的全图，如图 2－20d 所示。

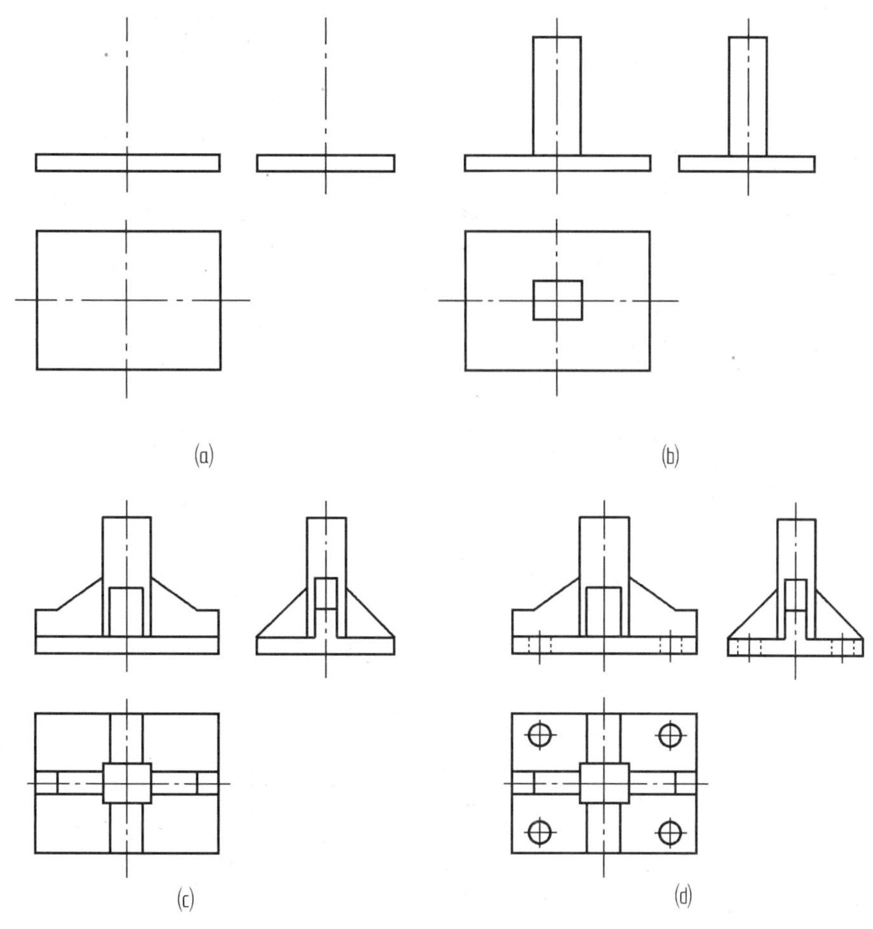

图 2-20 建筑构件绘图步骤

2.4.2 组合体投影图的识读

读图是画图的逆过程，即运用“长对正，高平齐，宽相等”的投影规律，由二维平面图形(正投影图)想像出三维空间形体的形状。组合体三面正投影图的识读(读图)与画图一样，主要采用形体分析法，必要时还需采用线面分析法。

1. 形体分析法读图

根据已知投影图把形体分解成若干部分，由每个组成部分的三面投影想像出对应单体的形状，再根据“长对正，高平齐，宽相等”及各组成部分的相对位置关系，综合起来想像出整体形状，即为形体分析法读图。

如图 2－21 所示，用形体分析法分析该组合体的步骤为：

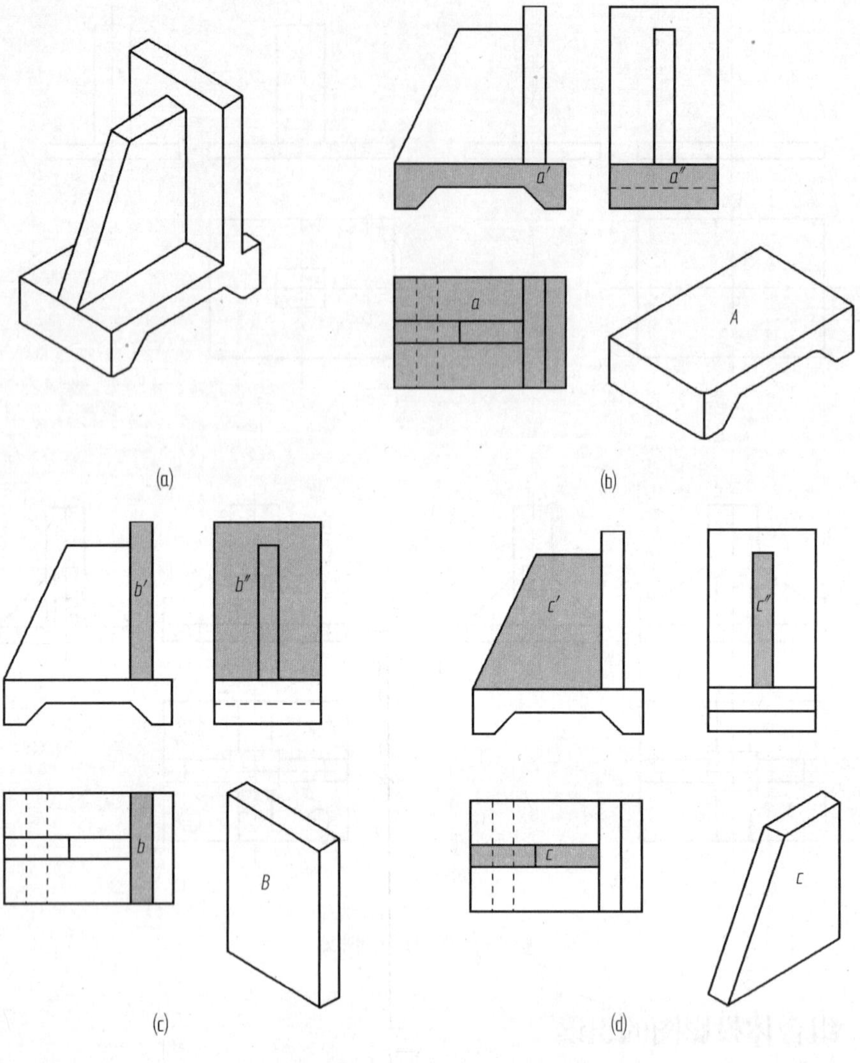

图 2-21 形体分析法读图

①由特征投影“化整为零”。通常以正面投影作为特征投影，将该投影图的三个封闭图形用1′、2′、3′标记。

②由对应投影想像单体。根据“长对正，高平齐，宽相等”分别找出对应的 a、b、c 和 a''、b''、c''，由三面投影图想像出各部分所反映的单体形状。

③综合想像“积零为整”。根据各单体的形状及相对位置，想像出组合体的整体形状。

2. 线面分析法

在对组合体的整体轮廓进行形体分析的基础上，对投影图中较难看懂的局部，可根据各种位置线、面投影特性——积聚性、实形性、类似性，分析其对应形状和空间位置，从而想像出完整的组合体形状。这种分析方法称为线面分析法。通常线面分析法是对形体分析法的补充。

下面以图 2－22 为例，说明形体分析法和线面分析法在读图中的综合应用。

①进行整体分析。依据组合体的投影图和基本几何体的投影特征，由形体分析法想像出该形体的大体轮廓。

由图 2－22c 给出的三面投影图，可想像出该组合体的雏形是一个四棱柱。

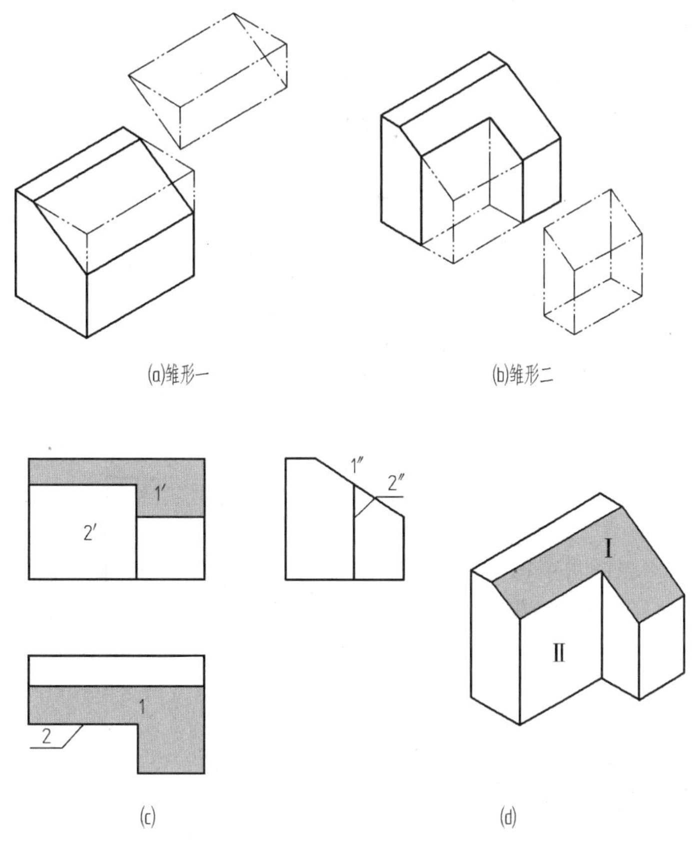

图 2-22 综合分析法及线面分析法读图

②用线面分析法对较难看懂的局部进行分析。由 V 面投影的封闭图形 1′，依“长对正，高平齐，宽相等”在 H 面投影图有一封闭图形 1 与之对应，在 W 面投影图有一段直线 1″与之对应，并且 1″与 1 宽相等，可断定这是一个侧垂面。因此可判定是四棱柱被一个侧垂面切去一角。再由 2′有线段 2、2″与之对应，由此可断定是四棱柱再被一个正平面截去左边的一部分。

③将三面投影图进行综合分析想像，最后可得出该组合体的整体形状，如图 2－22d 所示。

2.4.3 “二补三”

“二补三”，即已知形体的两面投影图，补全第三面投影图。“二补三”的前提条件是已知的两面投影图应能确定该组合体的形状。

下面以图 2－23a 所示的两视图为例，介绍二补三作图的一般步骤。

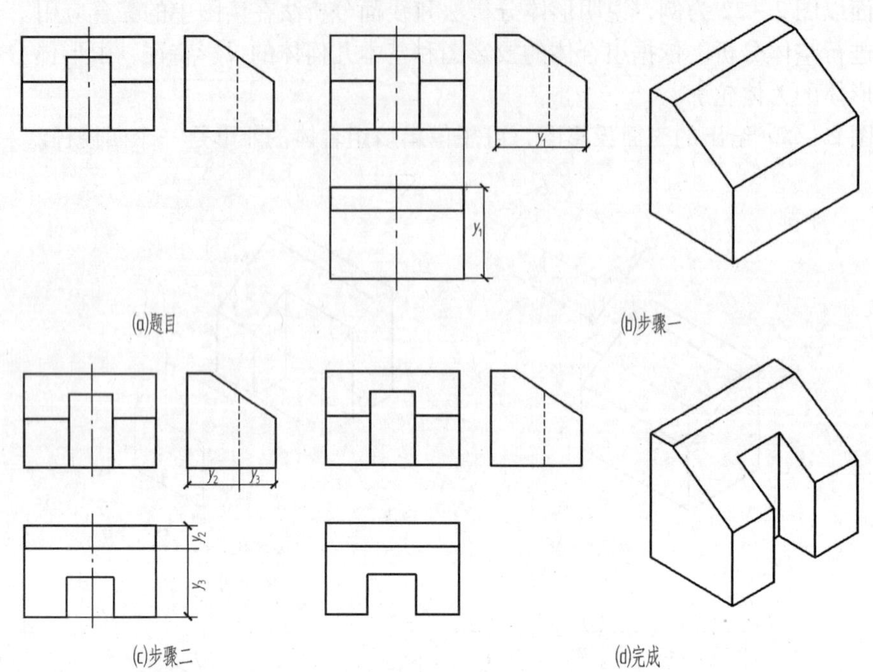

图 2-23 已知 V、W面投影，补 H面投影

①对已知的投影进行形体分析，大致想像出该形体的基本体的雏形，依据“长对正，高平齐，宽相等”的投影规律，用底稿线画出基本体的雏形轮廓，如图 2－23b 所示。

②对于较难读懂部位，用线面分析法，补画出该部位的投影，如图 2－23c 所示。

③整理后加深图线，得出形体的第三面投影。

2.5 组合体尺寸标注

组合体的投影图只能反映出组合体的形状和各个基本组合体之间的组合关系，组合体的实际大小和各部分之间的相对位置必须通过标注尺寸来确定。

2.5.1 基本几何体的尺寸注法

任何几何体的尺寸都包括长、宽、高三个向度，故在其投影图上标注尺寸时，要把反映这三个方向的尺寸标注出来。

平面立体一般要标注长、宽、高三个方向的尺寸，如图 2－24a、图 2－24b、图 2－24c、图 2－24d 所示。

回转体只需标注两个尺寸，即直径和轴线尺寸，如图 2－24e、图 2－24f、图 2－24g、图 2－24h所示。圆柱标注上符号“ϕ”后，可省略投影为圆的投影图；圆球在标注直径并注上符号“S ϕ”后，画一个投影图即可完整表达其形状和大小。

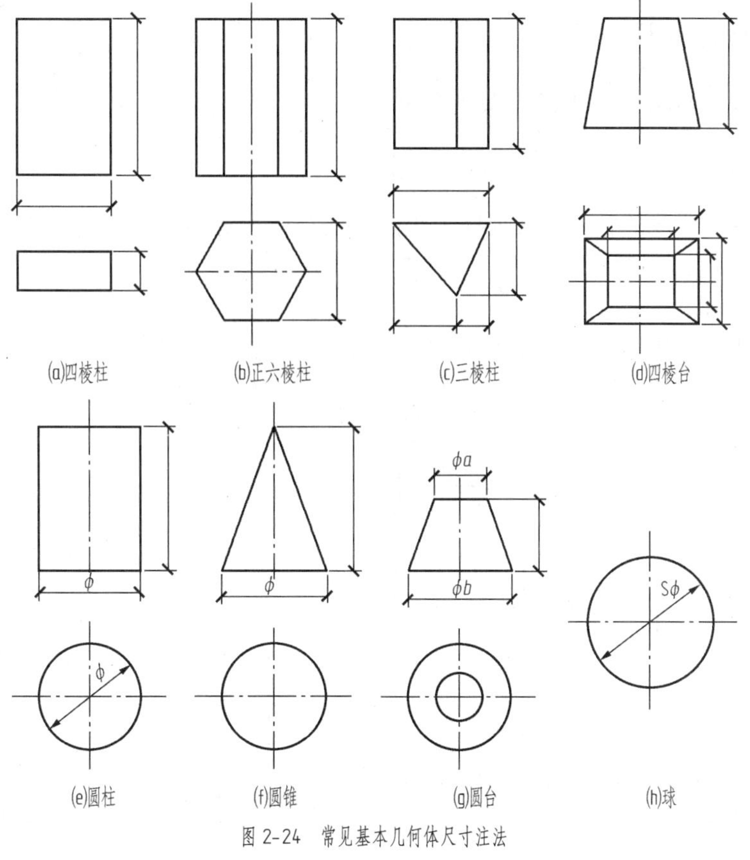

图 2-24 常见基本几何体尺寸注法

2.5.2 带切口形体的尺寸注法

当基本几何体被平面截断后，除标注基本几何体的尺寸外，还应标注出截平面的定位尺寸。因形体与截平面的相对位置确定后，其切口的交线也已确定，故不应再标注切口交线的尺寸，如图 2－25 所示。

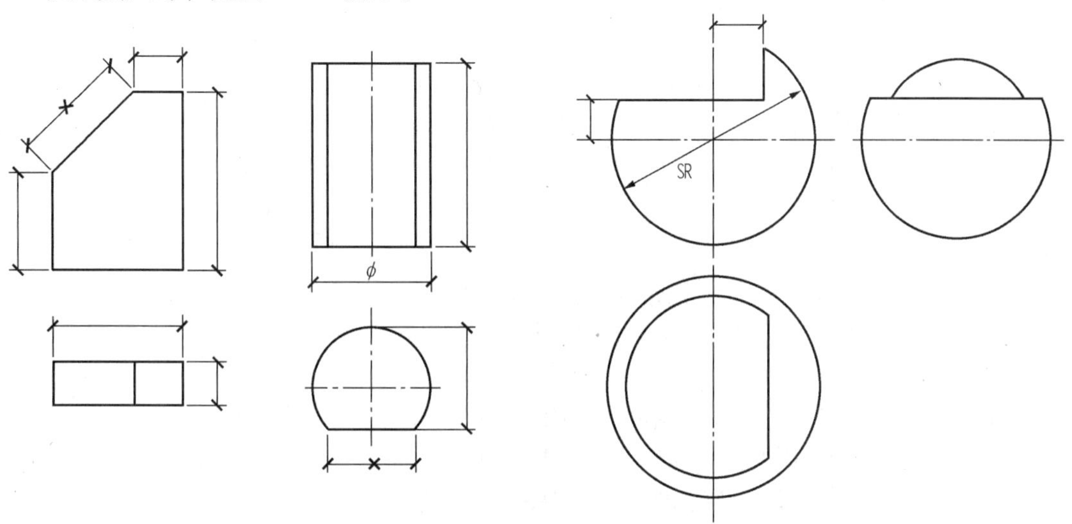

图 2-25 带切口形体的尺寸标注（打 × 处不标）

2.5.3 组合体的尺寸注法

形体分析是标注组合体尺寸的基本依据。组合体尺寸可以分为定形尺寸、定位尺寸、总体尺寸三类。

1. 定形尺寸

确定构成组合体的各基本几何体大小的尺寸，称为定形尺寸。常见基本几何体的尺寸标注见2.5.1。

2. 定位尺寸

确定各基本几何体在组合体中相对位置的尺寸，称为定位尺寸。

标注定位尺寸要选好基准。通常以形体的底面、左右侧面、中心线、对称轴线等作为定位尺寸的基准。

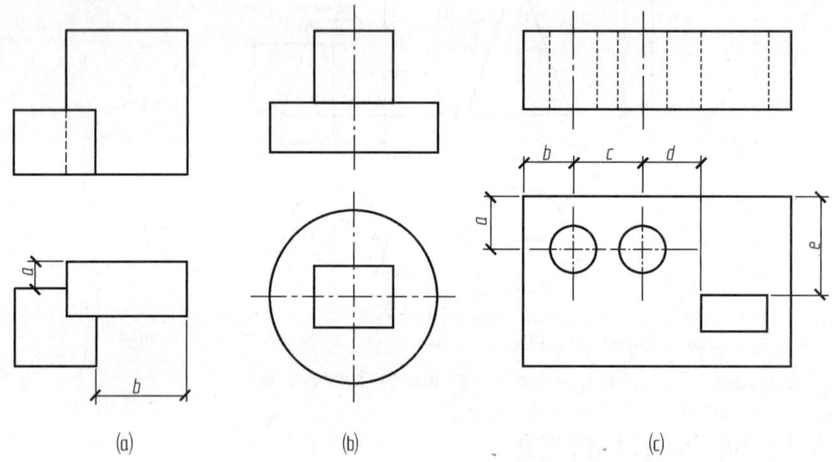

图 2-26　常见几何形体定位尺寸标注

在图2－26a中，形体由两长方体组合而成。因为底部平齐，所以 Z 方向(高度)不须标注定位尺寸，但必须标注 Y 向(前后)和 X 向(左右)两个方向的定位尺寸 a 和 b。其中，a 以长方体的后面为基准，b 以长方体的右侧面为基准。

在图2－26b中，形体由圆柱和长方体叠加而成。因其前后、左右均对称，相对位置可由两中心线确定，故不必标注定位尺寸。

在图2－26c中，形体由长方体切割出两个圆柱孔和一个长方形孔而成。因此必须标注出三个孔在长方体上 Y 向(前后)、X 向(左右)的相对位置。左边圆孔以左端面为基准 X 向定位尺寸为 b，以长方体的后面为基准 Y 向定位尺寸为 a；中部圆孔以左边圆孔垂直中心线为基准 X 向定位尺寸为 c，Y 向定位尺寸也为 a；长方形孔以中部圆孔垂直中心线为基准 X 向定位尺寸为 d，Y 向以长方体的后面为基准定位尺寸为 e。

回转体的定位尺寸一般应标注到回转体的轴线上。

3. 总体尺寸

确定组合体总长、总宽、总高的尺寸称为总体尺寸。

下面对图2－26c中的尺寸标注作进一步分析。

如图2－27所示，该构件底板上的两圆孔的定型尺寸是 $\Phi 80$，方孔的定型尺寸为

110×60，高度都为130，底板的定型尺寸为450×280×130；定位尺寸 a、b、c、d、e（图2－26c），$a=90$，$b=80$，$c=120$，$d=100$，$e=160$；总尺寸为450×280×130。

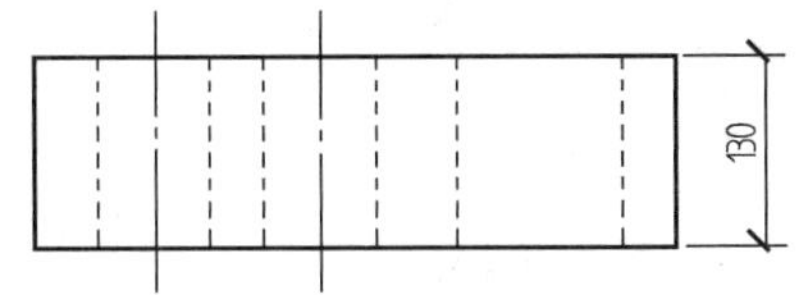

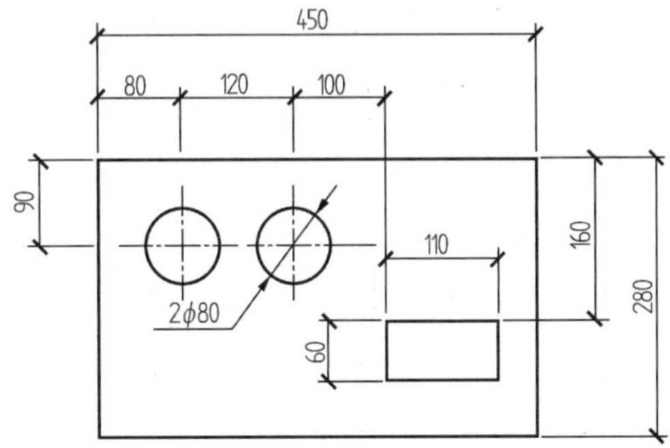

图2-27 组合体的尺寸标注

注意，当基本几何体的定型尺寸与组合体的总体尺寸相同时，可共用同一尺寸，不必重复标注。如图2－27中的 Z 向130，既是各圆孔和方孔 Z 向的定型尺寸，也是底板的总高尺寸。

2.5.4 尺寸标注的步骤及注意事项

尺寸标注的基本步骤为：形体分析，标注定形尺寸、定位尺寸、总体尺寸。

尺寸标注的基本要求为：正确、完整、清晰。

具体尺寸配置原则：

(1)定形尺寸应标注在能反映形体特征的投影图上，并尽量将表示同一部分的尺寸集中在同一投影图上。如图2－27中，圆孔、方孔的定型尺寸均在反映其形体特征的水平投影图上标注。

(2)同一方向的几个连续的尺寸应尽量标注在同一条尺寸线上。如图2－26c所示的 b、c、d 定位尺寸。

(3)与两投影有关的尺寸尽量标注在两投影图之间。如图2－27中的底板总长450标注在正面投影图和水平投影图之间。

(4)尽量避免在虚线上标注尺寸。

(5)除某些细部尺寸外，尽量把尺寸标注在轮廓线外，但又要靠近被标注的对象。

(6)同一尺寸一般只标注一次，但在房屋建筑工程图中，必要时可以重复。

2.5.5 尺寸标注示例

例2－1 如图2－28所示。

该建筑构件的形体分析见图 2－18，尺寸标注要领请参照前文所述自行分析。

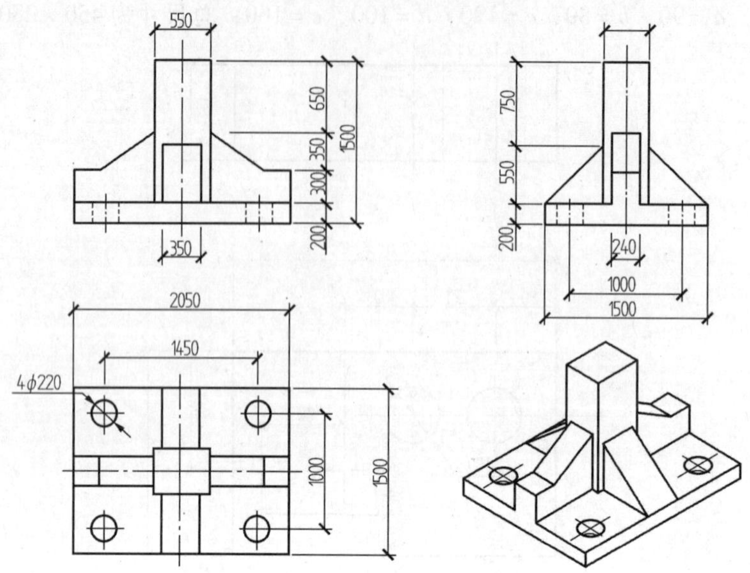

图 2-28 建筑构件尺寸标注示例

例 2－2 如图 2－29 所示。

该组合体ϕ 150 圆孔的定位尺寸以右端为基准，标至中心线处为 240。该组合体左端为与ϕ 150 圆孔同一轴线的 *R*140 圆弧面，其总长尺寸应是 240 + 140，不必再注出 380。

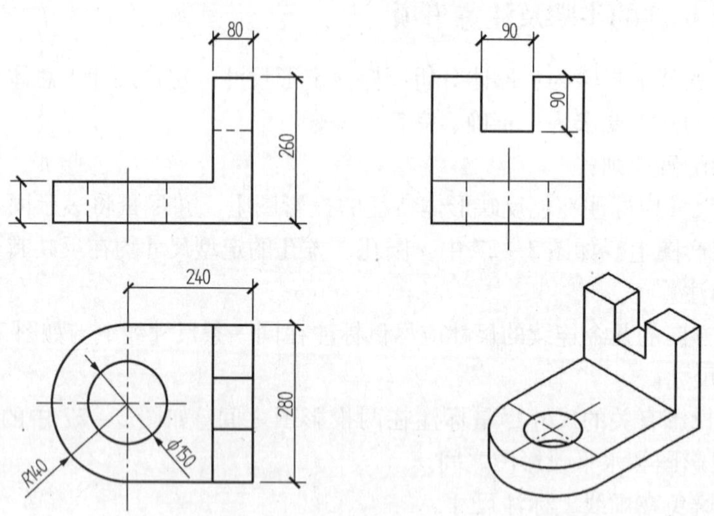

图 2-29 组合体的尺寸标注示例 1

例 2－3 如图 2－30 所示。

标注尺寸时要注意带切口位置、凹槽位置的标注方式。其中，组合体上部四棱柱的高度定位，由其与下部形体的斜面相贯后自行生成，无须标注。注意：尽量不在虚线上标注尺寸；确有必要时，形体尺寸方可标注在图形内且以轮廓线为尺寸界线，如下部中间的通槽高度 110。

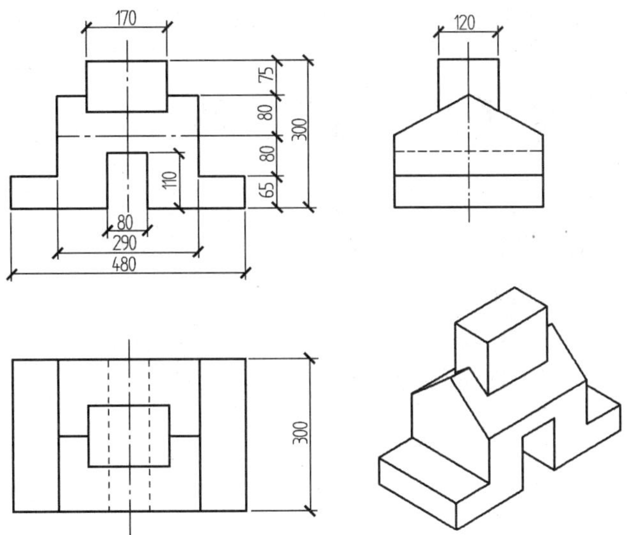

图 2-30　组合体的尺寸标注示例 2

3 工程形体的图样画法

本章将在前两章投影的基础知识和制图基本规则与组合体投影的基础上，说明在工程制图中如何用图形来表达工程形体，讨论用图形表达工程形体的方法，包括图形的画法和读法，为用图表达工程建筑物打好基础。以后几章将进一步研究工程上的具体建筑物，例如房屋和其他土建工程建筑物的制图内容和表达方法。

3.1 视　图

3.1.1　三视图

1. 三视图的形成和图样的布置

将工程形体向三个互相垂直的投影面 H（水平投影面）、V（正立投影面）、W（侧立投影面）作正投影，并将三个互相垂直的投影面保持如图 3－1a 的展开方式，就得到工程形体的三面视图，简称三视图。如图 3－1a 所示，将某一台阶向 H、V、W 面作从上向下、从前向后、从左向右正投影，得到如图 3－1b 所示三视图。按国标规定，将工程形体向 H 面作正投影所得的图称为平面图，向 V 面作正投影所得的图称为正立面图，向 W 面作正投影所得的图称为左侧立面图。各视图间的距离通常根据绘图的比例、标注尺寸所需要的位置并结合图纸幅面等因素确定。

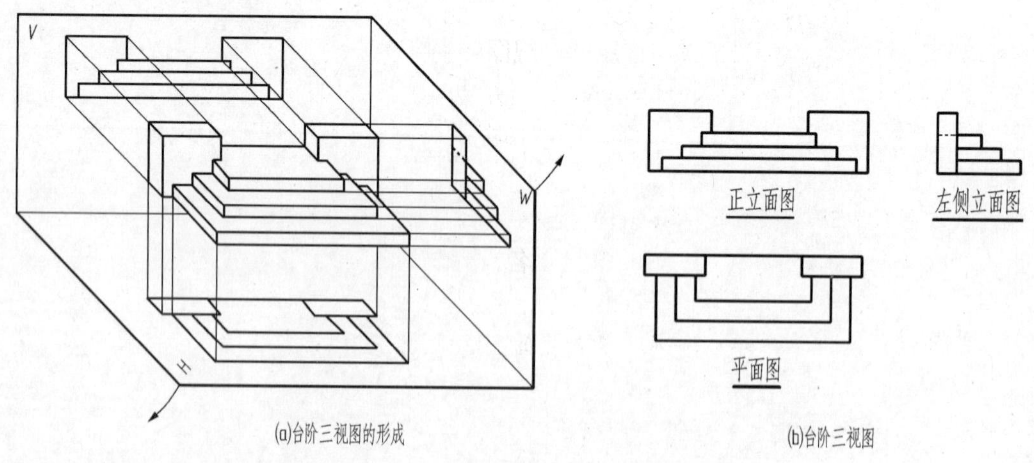

(a)台阶三视图的形成　　(b)台阶三视图

图 3-1　台阶三视图的形成和图样布置

2. 三视图的投影规律

如图 3－2 台阶的三视图所示：正立面图反映台阶的上下、左右的位置关系，即高度和长度；平面图反映台阶的左右、前后的位置关系，即长度和宽度；左侧立面图反映台阶的上下、前后的位置关系，即高度和宽度。虽然在三视图中不画各投影间的投影连线，但三视图仍然保持各投影之间的投影关系和“长对正，高平齐，宽相等”的三等投影规律。

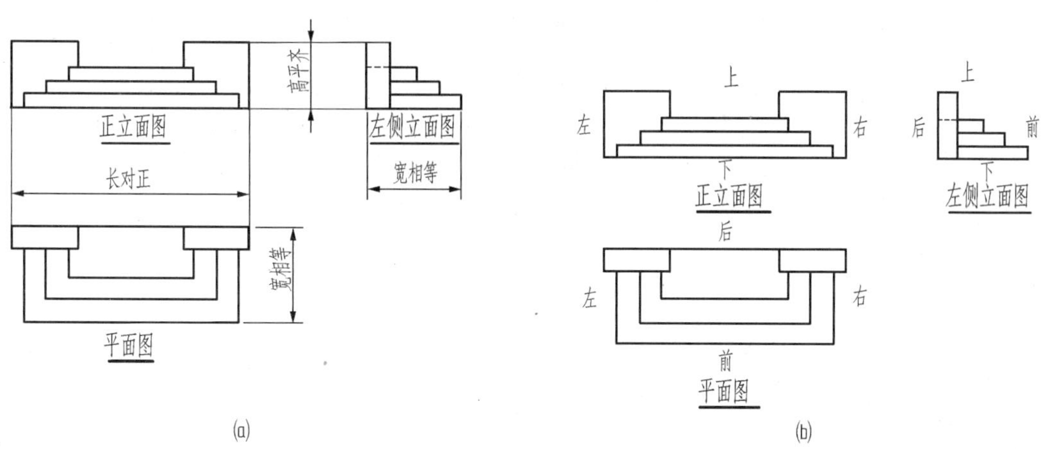

图 3-2　三视图的投影规律

3.1.2　六面基本视图

三视图在工程实际中往往不能满足需要。对于某些物体，须要画出从物体的下方、后方或右侧观看而得到的视图。如图 3－3 所示，就是增设 3 个分别平行于 H、V 和 W 面的新投影面，并在它们上面分别形成从下向上、从后向前和从右向左观看时所得到的视图，分别称为底面图、背立面图和右侧立面图。这样，总共有 6 个投影图，称作六面视图。然后将它们都展平到 V 面所在的平面上，便得到如图 3－4 所示的按投影面展开结果配置的 6 个视图的排列位置。图中每个视图的下方均标注了图名。

一般情况下，如果 6 个视图在一张图纸内并且按图 3－4 所示的位置排列时，可不注明视图的名称；如不能按图 3－4 配置视图时，则应标注出视图的名称，如图 3－5 所示。

对于建筑物，由于被表达对象较复杂，一般很难在同一张图纸上安排开所有的视图，因此在工程实际中均标注出各视图的图名，如图 3－5 所示。在房屋建筑工程图样的绘制中，有时把左右两个侧立面对换位置，便于就近对照。即当正立面图和两侧立面图同时画在一张图纸上时，常把左侧立面图画在正立面图的左边，把右侧立面图画在正立面图的右边。

底面图
正立面图
左侧立面图
右侧立面图
平面图
背立面图

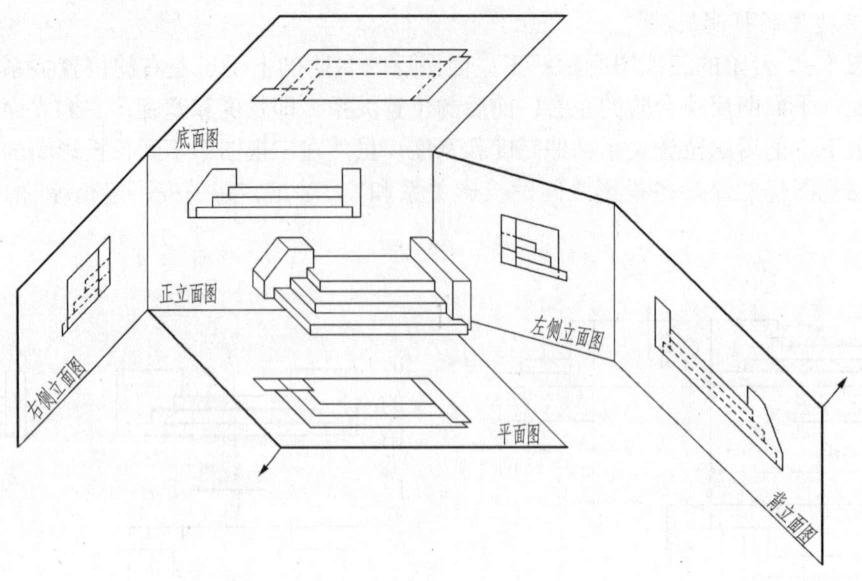

图 3-3　六面基本视图空间展开状况

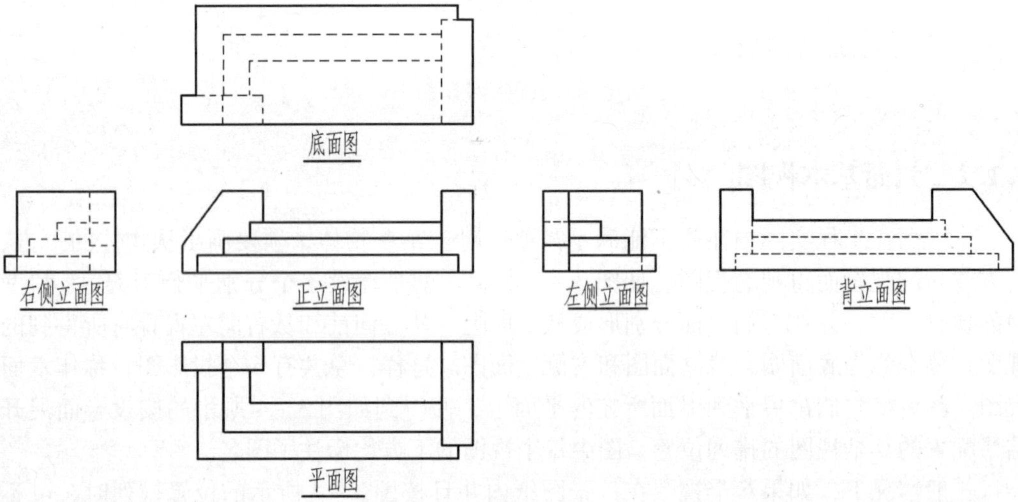

底面图
右侧立面图
正立面图
左侧立面图
背立面图
平面图

图 3-4　六面基本视图

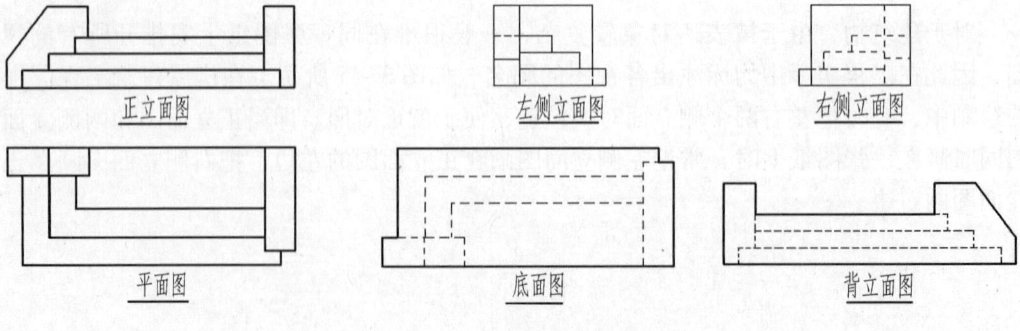

正立面图
左侧立面图
右侧立面图
平面图
底面图
背立面图

图 3-5　六面视图布置

如果受图幅限制，房屋的各立面图不能同时画在同一张图纸上时，就不存在上述的排列问题。由于视图下面均注有图名，所以并不会混淆。

为了区别以后要引入的其他视图，特把上述6个视图称为基本视图，并相应地称上述6个投影面为基本投影面。

3.2 剖面图

基本视图能够把物体的外部形状特征表达清楚。但是，形体上不可见的结构在投影图中需用虚线画出。许多工程物体不仅有复杂的外部形状，而且也常常伴随复杂的内部结构，按前述的表达方法，其内部轮廓在视图中要用虚线表示。

对于内部复杂的建筑物，例如一套房子，内部有各种房间、走廊、楼梯、门窗、基础等，如果这些看不见的部分都用虚线表示，必然形成图面虚线实线交错，混淆不清，既不便于标注尺寸，又容易产生差错。解决这个问题的好办法是假想将形体剖开，让它的内部构造显露出来，使看不见的部分变成看得见，然后用实线画出这些内部构造的投影图。这种表达方法就是下面介绍的剖面图与断面图。

3.2.1 剖面图的形成

1. 剖面图的概念

假想用一个剖切面在形体的适当位置将其剖开，移去观察者与剖切面之间的那部分形体，画出剩余部分的投影，并且在剖面区域内画上材料符号，这种视图称为剖面图，简称剖面。所谓剖面区域是指剖切面与形体的接触部分(剖切到的实体轮廓)。

2. 剖切实例

图3-6所示的工程设备形体，由于内部结构比较复杂，在主视图、左视图(图3-8a所示)上都出现了较多的虚线。为使内部结构表达清楚，假想采用一个与V面平行的剖切面P沿着形体宽度方向的对称面将其剖开，然后将剖切面P连同它前面的半个形体移去，再将剩余的半个形体投影到V面，就得到了如图3-7a所示的剖面图。

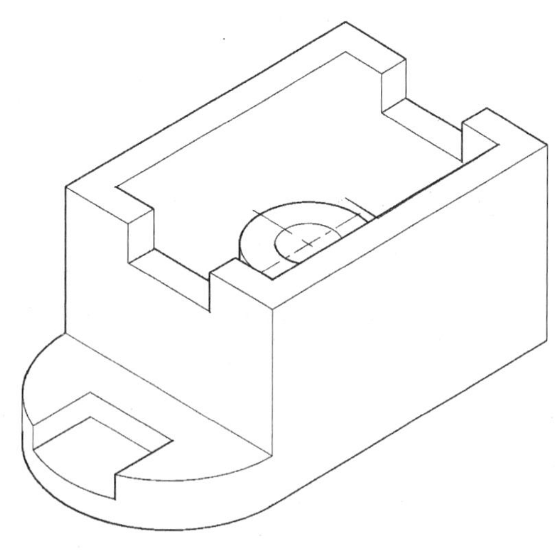

图3-6 工程设备形体

假设同样也采用一个侧平面R沿形体中部凹槽的圆柱凸台的轴线剖切，移去剖切平面R及左边的部分形体，然后把右边部分的形体向W面投影，就得到了如图3-7b所示的形体另一方向的剖面图。用这个剖面图代替原来的正立面图、左侧立面图，与平面图一起，可以比较清楚地表达出工程设备形体的内外结构，如图 3 - 8b 所示。

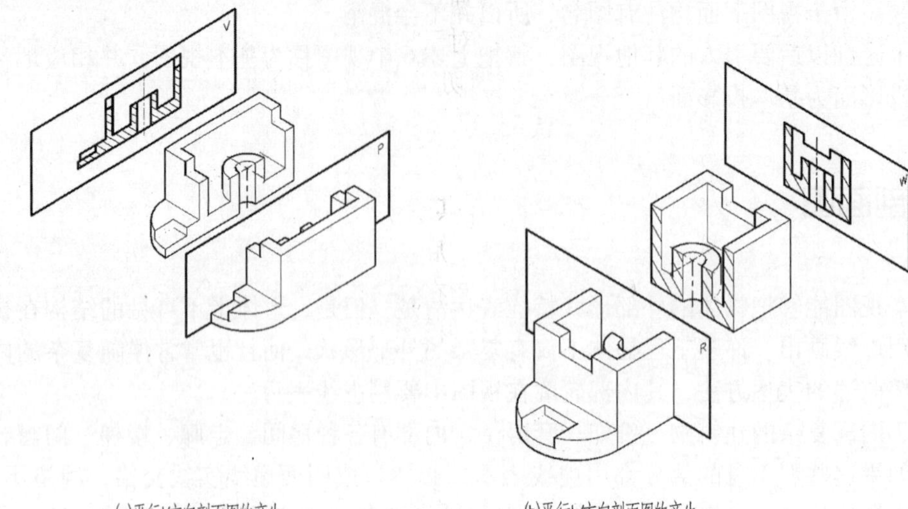

(a)平行V方向剖面图的产生　　(b)平行W方向剖面图的产生

图 3-7　剖面图的形成

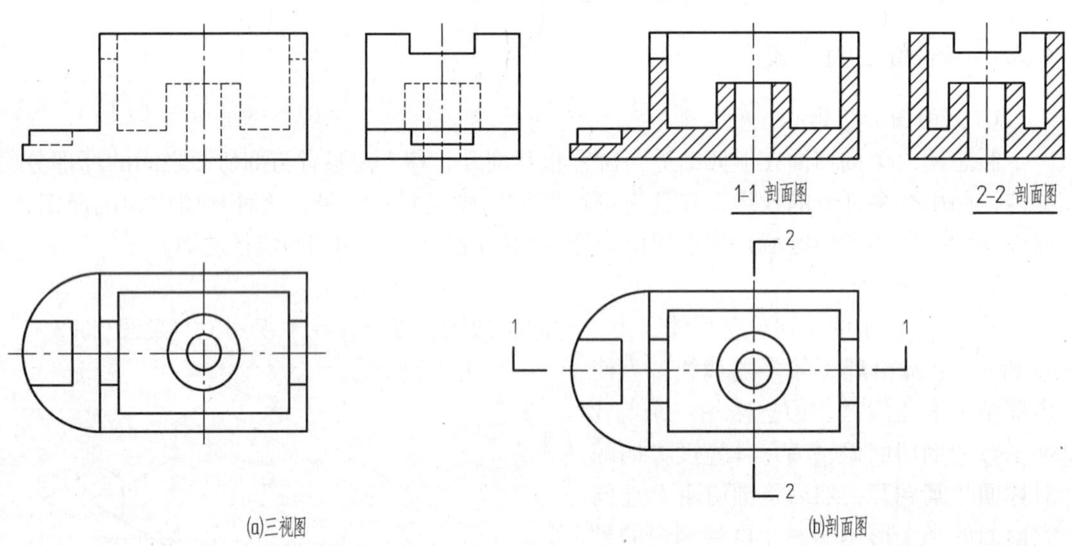

(a)三视图　　(b)剖面图

图 3-8　工程形体的剖面图

3.2.2　剖面图的画法

1. 剖面图作图时应注意的几点

(1)相关图样的处理。由于剖切是假想的，所以只有在画剖面图时才假想将形体切去一部分，而在画另一个投影时，还应按完整的形体处理。如图 3 - 7a 所示，虽然在画 *V* 面的剖面图时已将形体剖去了前半部，但是在画 *W* 面的剖面图时，仍然要按完整的形体剖开，*H* 面视图也要按完整的形体画出。

（2）剖切平面的选择。作剖面图时，选择的剖切平面应平行于投影面，从而使断面的投影反映实形。同时，剖切平面还应尽量通过形体上的孔、洞、槽等隐蔽结构的中心线，使形体的内部情形尽量表达得更清楚。对于土建专业图，剖切面尽量通过房屋出入口、楼梯间等。同一个形体，选择不同的剖切平面及剖切位置，得到的剖面图一般也不同。

2. 作图步骤

仍以图 3－6 中的工程设备形体为例，在其给定的三视图基础上改画成剖面图。

①擦去被切掉的可见轮廓线。形体被剖切后，剖切平面与观察者之间的部分形体被移走，原来视图上的外表轮廓线就不存在。当在原视图上改画剖面图时，应首先擦去被切掉部分的可见轮廓线，如图 3－9a 所示画“ ×”的线条。

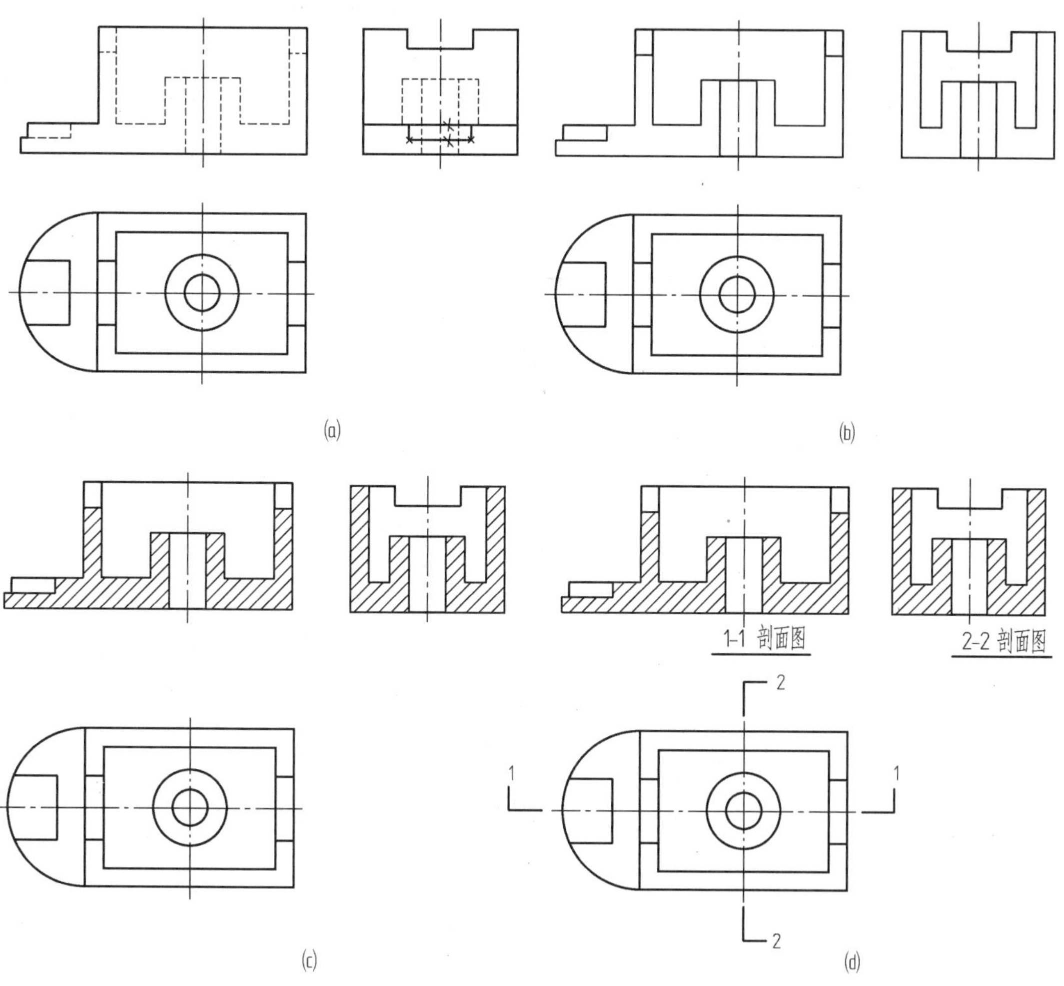

图 3-9 剖面图的作图步骤

②将内部的虚线改画成实线。剖开形体后，形体内部结构显露出来，原来视图内部的不可见轮廓线变为可见的轮廓线，所以内部虚线应改画成实线，如图 3－9b 所示。

剩余虚线的处理（剖面区域后的轮廓线）：按剖面的定义，形体剖切后，应画出剩余部分的投影。剩余部分的投影应分为两部分，一部分是剖面区域的投影，另一部分是剖面区域后可见轮廓线的投影。而剖面区域后不可见部分的投影，若不影响读图，不必画出，即剖面图原则上尽量不画虚线。

③画材料图例符号。为使图样层次分明，并表现形体的材质，在剖面区域内应画“国标”规定的材料图例符号，以区分被剖切到的实体和剖切后看到的投影轮廓。如后面图 3－13 所示剖面图，按杯形基础的材料在剖面区域内填充钢筋混凝土图例。在不指明材料时，可采用通用剖面线（等距离的 45°方向细实线）代替材料符号，如图 3－9c 剖面图所示。

④保持形体的完整。由于剖切是假想的，一个视图采用剖面剖切后，其他视图还必须按完整的形体画出。图 3－9 主视图和左视图均采用了全剖面，但平面图仍然画出整个形体的投影。

⑤按图线要求描深底图，并对剖面图标注后得完整的剖面图，如图 3－9d 所示。

3. 剖面图的标注

为了读图方便，需要用剖切符号把剖面图的剖切位置和剖视方向在图样上表示出来，同时还要给每一个剖面图加上编号，以免产生混乱。表示剖切面的剖切位置及投射方向均用粗实线（线宽 $1b\sim1.5b$）绘制，如图 3－10 所示。

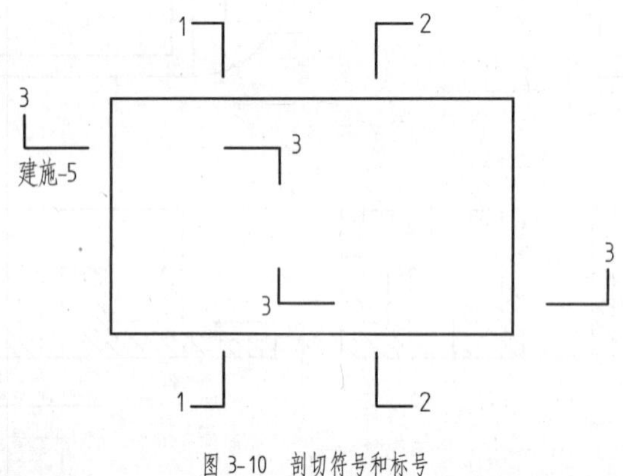

图 3-10　剖切符号和标号

对剖面图的标注方法规定如下：

（1）剖切符号。用剖切位置线表示剖切平面的剖切位置，剖切位置线就是剖切平面的积聚投影（只画出其两端）。剖切位置线的长度宜为 6～10 mm，尽量不与形体的轮廓线相交。剖切符号不应与其他图线接触。

（2）剖视方向。剖视方向线应垂直于剖切位置线，长度应短于剖切位置线，宜为 4～6 mm，如图 3－10 所示。

（3）编号。剖切编号采用阿拉伯数字，按顺序由左至右，由下至上连续编排，并注写在剖视方向线的端部。对于需要转折的剖切位置线（如阶梯剖、旋转剖），一般应在转角的外侧加注与该符号相同的编号，如图 3－10 所示的“3－3”。建构筑物剖面图的剖切符号应注在 ±0.000 标高的平面图或首层平面图上，局部剖面图（不含首层）的剖切符号应注在包含剖切部位的最下面一层的平面图上。

(4)省略。当剖切面通过形体的对称面，且剖面图处在基本视图位置上时，可省略其标注。习惯性用的剖切位置(如房屋平面图中通过门、窗洞的剖切)符号和通过构件对称平面的剖切符号，可以省略标注。

(5)图名。在剖面图的下方和一侧，写上与该图相对应的剖切符号的编号，作为该图的图名，如“1－1”“2－2”……并在图名下方画上一条与图名等长的粗实线，如图3－9b中的1－1剖面图和2－2剖面图。

4. 材料图例

在剖面图中，规定要在剖切平面截切形体形成的断面上画出建筑材料图例，以区分断面(剖到的)和非断面(未剖到的)部分。各种建筑材料图例的绘制必须遵照国家标准的规定，不同的材料用不同的图例。部分材料图例如表3－1所示。

表3－1　常用建筑材料图例

序号	名称	图例	备注
1	自然土壤		包括各种自然土壤
2	夯实土壤		
3	沙、灰土		
4	沙砾石、碎砖三合土		
5	石材		
6	毛石		
7	普通砖		包括实心砖、多孔砖、砌块等砌体，断面较窄不易绘出图例线时，可涂红，并在图纸备注中加注说明，画出该材料图例
8	耐火砖		包括耐酸砖等砌体
9	空心砖		指非承重砖砌体
10	饰面砖		包括铺地砖、马赛克、陶瓷锦砖、人造大理石等
11	混凝土		(1)本图例指能承重的混凝土 (2)包括各种强度等级、骨料、添加剂的混凝土 (3)在剖面图上画出钢筋时，不画图例线 (4)断面图形小，不易画出图例线时，可涂黑
12	钢筋混凝土		
13	多孔材料		包括水泥珍珠岩、沥青珍珠岩、泡沫混凝土、非承重加气混凝土、软木、蛭石制品等
14	纤维材料		包括矿棉、岩棉、玻璃棉、麻丝、木丝板、纤维板等

续表3-1

序号	名称	图例	备注
15	木材		(1)上图为断面，上面左图为垫木、木砖或木龙骨 (2)下图为纵断面
16	金属		(1)包括各种金属 (2)图形小时，可涂黑
17	玻璃		包括平板玻璃、磨砂玻璃、钢化玻璃、中空玻璃、夹层玻璃、镀膜玻璃等
18	防水材料		构造层次多或比例尺寸大时，采用上面图例
19	石膏板		包括圆孔、方孔石膏板，防水石膏板、硅钙板、防火板等

注：序号1、2、5、7、8、12、13、15 、19 图例中的斜线、短斜线、交叉斜线等的倾斜角均为45°。

常用建筑材料的图例画法，在使用时应根据图样大小而定，并应注意下列事项：图例线应间隔均匀，疏密适度，做到图例正确，表示清楚；不同品种的同类材料使用同一图例时(如某些特定部位的石膏板必须注明是防水石膏板时)，应在图上附加必要的说明；两个相同的图例相接时，图例线宜错开或使倾斜方向相反，两个相邻的涂黑图例间应留有空隙(其净宽度不得小于0.5 mm)。

画出材料图例，还可以使人们从剖面图就知道建筑物使用的是哪种材料。如图3-13和图3-17断面上所画的是钢筋混凝土的图例。在不需要指明材料时，可以用等间距同方向的45°细斜线来表示断面。

3.2.3 剖面图的种类

国家标准规定：按形体被剖切的范围与方式不同，剖面可分为全剖面、半剖面、局部剖面三种形式。画剖面图时，应针对建筑形体的不同特点要求，采用不同的剖切形式及剖切范围。

1. 全剖

剖切面完全地剖开形体所得剖面图称为全剖面图，如图3-7所示。

全剖面图主要用于表达内部形状复杂且不对称的形体，或形体内外形状对称但外形简单的形体，如图3-8b所示。

当形体内部结构比较复杂，层次较多，用单一剖切面不能同时表现形体内部的所有结构时，全剖面图还可以采用两个或两个以上互相平行的剖切面，或两个及两个以上相交的剖切面完全剖开形体。图3-16为采用两个互相平行的剖切面剖切形体获得的全剖面图。

2. 半剖

当形体的内外部结构都具有对称性(左右或前后或上下)时，在垂直于对称平面的投影面上，可以画出由半个外形投影图和半个内部剖面图拼成的图形，同时表示形体的外形和内部构造。这种剖面图称为半剖面图。例如图3-11b所示的基础，画出了半个正面投影以表示基础的外形轮廓线，另一半画成剖面图表示基础的内部构造。

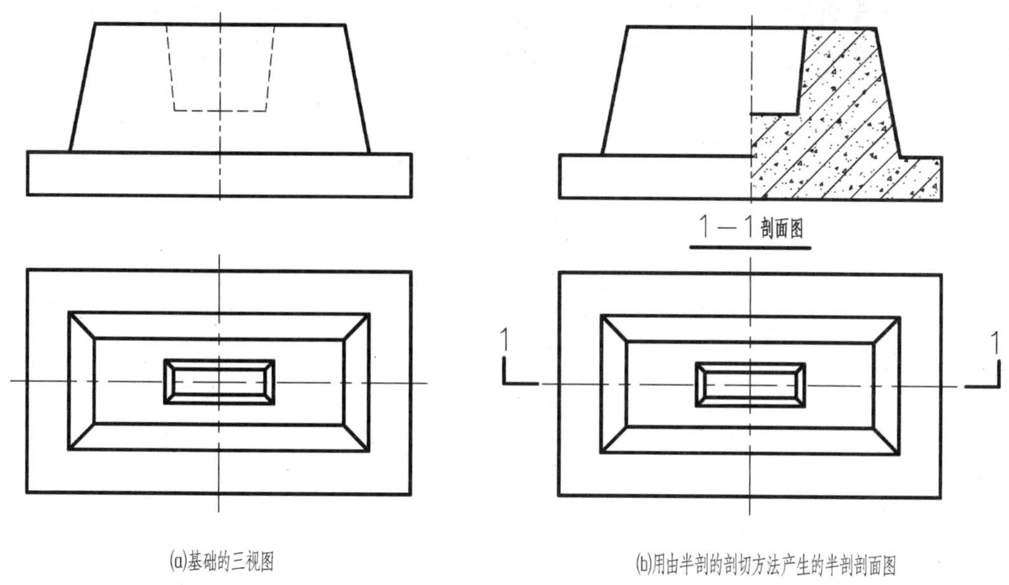

图 3-11 基础的半剖剖面图

图 3-6 所示的工程设备形体由于前后对称，可以画成半剖面图 2-2，如图 3-12 所示。

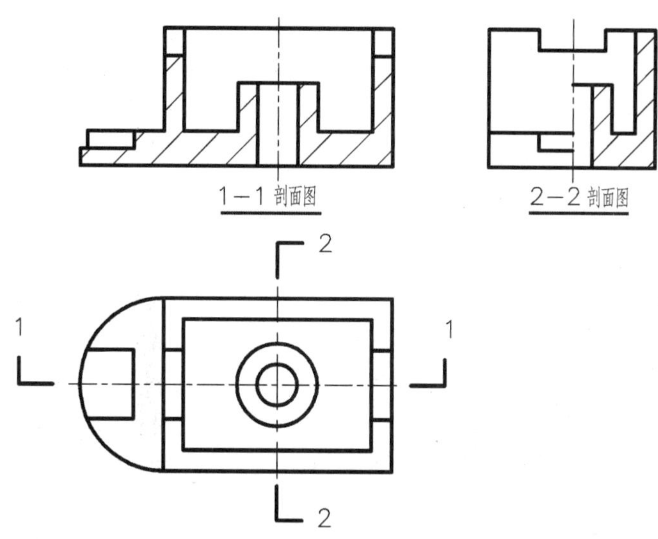

图 3-12 工程形体的剖面图（含半剖）

画半剖面要注意以下几点：

(1) 国家标准规定：半个剖面与半个视图的分界线应画点画线，如果作为分界线的点画线刚好与图形轮廓重合，则应避免采用半剖面而采用局部剖面。

(2) 由于半剖面的图形对称，形体的内部结构在半个剖面上已经表达清楚，则表示外形的半个视图上不再画表示内部结构的虚线。

(3)国家标准规定：半个视图可放在对称线以左，半个剖面放在对称线以右；如果形体的前后有对称面，平面图采用半剖面，可将半个剖面放在对称线之前，半个视图放在对称线之后。

(4)如果形体具有两个方向对称平面时，半剖面的标注可以省略，如图 3－13b 所示。如果形体只有一个方向的对称面时，半剖面必须标注，标注方法同全剖面图，如图 3－13b、2－2 剖面图所示。

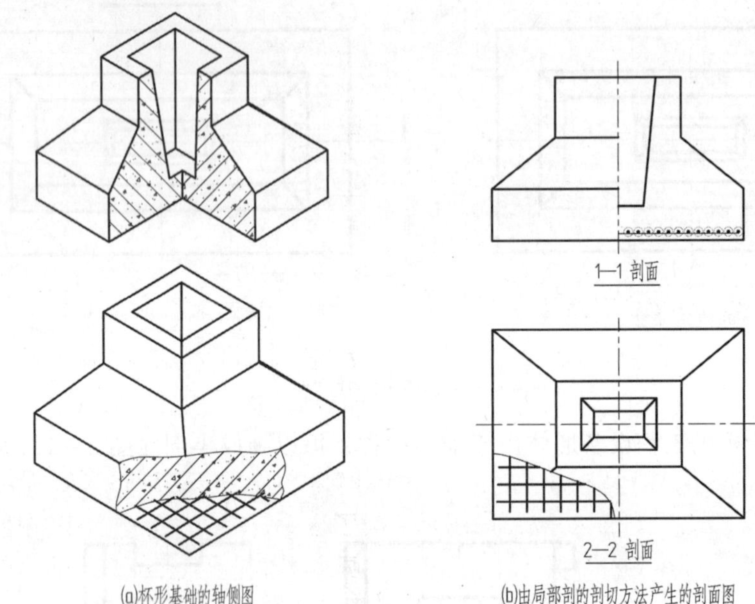

(a)杯形基础的轴侧图 (b)由局部剖的剖切方法产生的剖面图

图 3-13 杯形基础的局部剖面图

3. *局部剖*

用剖切面剖开形体的局部所得的剖面图称为局部剖面图。

如图 3－13 所示，在不影响杯形基础外形表达的情况下，将它的水平投影的一个角落画成剖面图，表示基础内部钢筋的配置情况。

按国家标准规定，外形投影图与局部剖面之间，要用徒手画的波浪线分界。由于局部剖面的大部分仍为表示外形的视图，且又放在基本视图的位置上，一般不需另行标注。

局部剖面在建筑专业图中常用来表示多层结构所用材料和构造的做法。局部剖面按结构层次逐层用波浪线分开，这种局部剖面称为分层局部剖面。分层局部剖面多用于表达楼面、地面和屋面各层所用的材料和构造的做法，如图 3－14 所示。

三种剖面图综合比较：全剖面图能清楚地表达形体内部结构，但同时影响了外部形状的表达。半剖面弥补了全剖面的不足，能同时表达形体的内外形状，但半剖面必须用于对称形体，也有很大的局限性。无论形体是否对称，无论剖切面通过什么位置、剖切多大范围，均可根据需要灵活运用局部剖面来同时表达形体的内外形状，但过多地使用会影响图形的整体性。总而言之，正确使用剖面，将使形体的表达更清晰、合理，并方便读图。

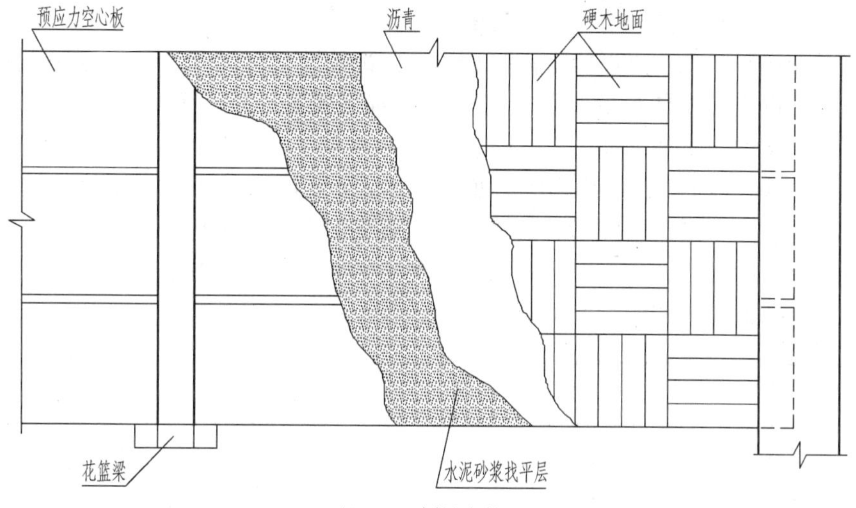

图 3-14　分层局部剖面

3.2.4　几种常用的剖切方法

无论是全剖面图、半剖面图还是局部剖面图，它们都是用剖切的方法形成的。如果按剖切平面数量的多少和相对位置来分，剖切方法可分为单一剖、旋转剖和阶梯剖三种。

1. 单一剖切面剖切

只用一个剖切平面（但必要时对同一个形体可作多次剖切）剖开形体的方法，称为单一剖。如图 3－15 1—1 剖切位置线所示，为了表示它的内部布置，假想用一水平的剖切平面通过门、窗洞将整栋房屋剖开，然后画出其整体的剖面图。水平剖切的剖面图，在房屋建筑图中称为平面图，1—1 剖切位置线一般不标注。

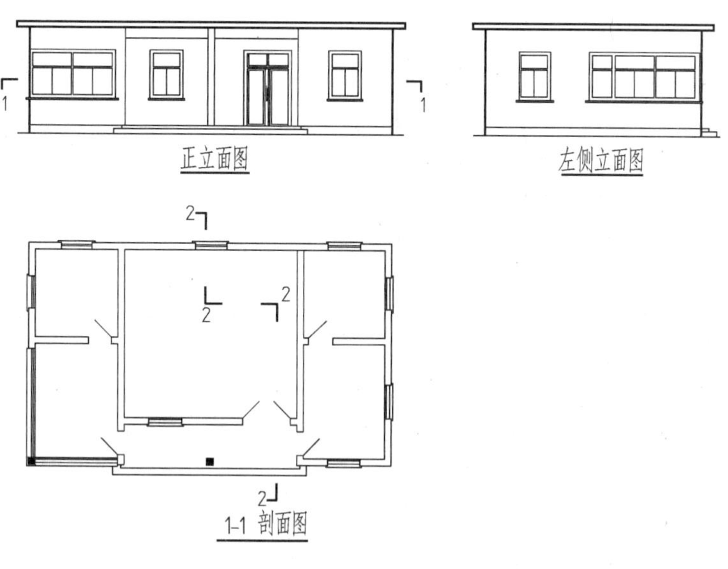

图 3-15　房屋剖面图

2. 几个平行的平面剖切——阶梯剖

若一个剖切平面不能将形体上需要表达的内部构造一起剖开时，可将剖切平面转折成两个或两个以上互相平行的平面，将形体沿着需要表达的位置剖开，然后画出剖面图。这种剖面图称为阶梯剖面。

如图 3－16 底盘的 1—1 剖面图，如果只用一个平行于 V 面的剖切平面，就不能同时剖开底盘前后方不同位置和形状的孔。这时可将剖切平面转折一次，使一个剖切平面剖开底盘左后方的方孔，另一个与其平行的剖切平面剖开底盘右前方的圆孔。这样，底盘底部的两个孔的大小和深度都得到了表达。

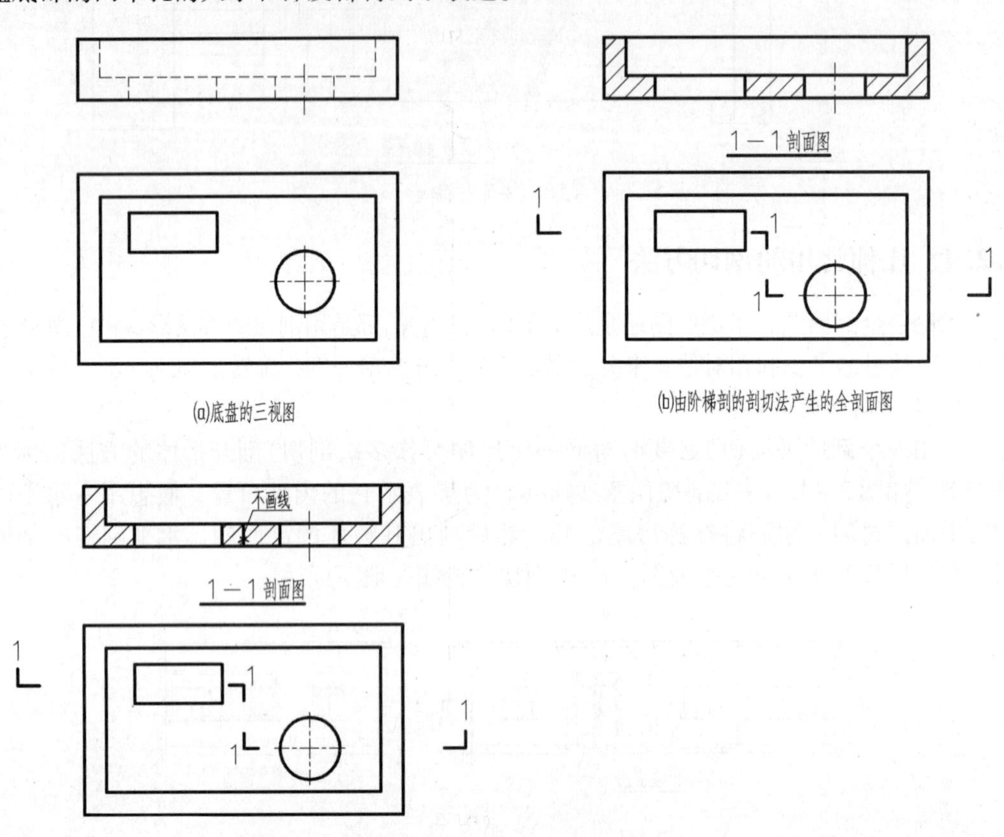

图 3-16　由阶梯剖产生的全剖面图

采用两个以上剖切平面时，要标注剖切面与转折面的位置，并标注与图名对应的编号。转折位置的编号标注在转角处，如图 3－16b 所示。采用两个以上剖切平面剖切形体时，应避免剖切后出现不完整形体。剖切面的转折位置也应避免与轮廓线重合。

采用两个互相平行的剖切平面剖切形体，剖面图仍按单一剖切面完全剖开形体来对待，即在剖面图不画转折平面的投影。

3.3 断面图

3.3.1 断面图的形成

1. 基本概念

假想用剖切面将形体的某处切断，仅画出该剖切面与形体接触部分的图形(剖面区域)，并在其内画上材料图例符号。这种图形称为断面图，简称断面，如图 3-17b 所示。

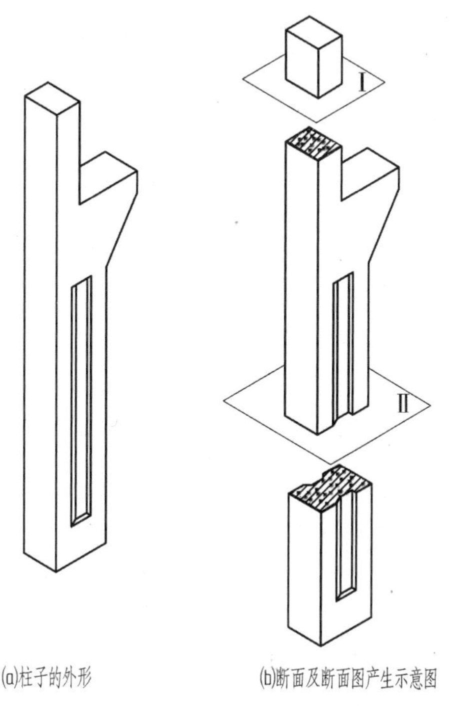

(a)柱子的外形　(b)断面及断面图产生示意图

图 3-17　断面图的产生过程

2. 断面图与剖面图的区别

(1)断面图只画出形体被剖开后断面的实形，如图 3-18a 的 1—1 断面、2—2 断面所示；而剖面图要画出形体被剖开后整个余下部分的投影，除了画出断面外，还画出牛腿的投影(1—1 剖面)和柱脚部分投影(2—2 剖面)，如图 3-18b 所示。

(2)剖面图是被剖开形体的投影，是体的投影，而断面图只是一个断面(平面)的投影，是面的投影。被剖开的形体必有一个断面，所以剖面图必然包含断面图在内。

(3)剖切符号的标注不同。断面图的剖切符号只画出剖切位置线，不画剖视投射方向线，而用编号的注写位置来表示投射方向。

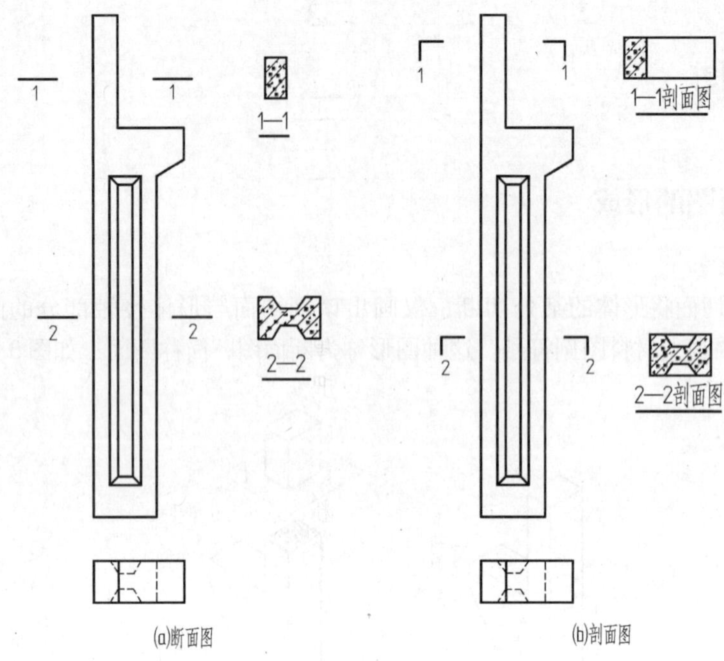

图 3-18 断面图与剖面图

3.3.2 断面图的标注

断面的剖切符号应符合下列规定：

(1) 断面的剖切符号应只用剖切位置线表示，用粗实线，长度宜为 6～10mm。

(2) 断面剖切符号的编号宜采用阿拉伯数字，按顺序连续编排，并应注写在剖切位置线的一侧；编号所在的一侧应为该断面的剖视方向，如注写在剖切位置线的下方就表示向下投影，如图 3－18 所示。

(3) 剖面图或断面图如与被剖切图样不在同一张图内，应在剖切位置线的另一侧注明其所在图纸的编号。

3.3.3 断面图的种类与画法

断面图根据布置位置的不同可分为移出断面图、重合断面图、中断断面图。

1. 移出断面

位于基本视图之外的断面图，称为移出断面图。如果移出断面图是对称的、它的位置又紧靠原来视图而并无其他视图隔开，即断面图的对称线为剖切位置线的延长线时，也可省略剖切符号和编号，如图 3－19 所示。

当构件比较长，断面形状比较复杂，如梁、柱等常采用移出断面。一个形体需要同时画几个断面图表达时，可将断面图整齐地排列在视图的周围，并可用较大比例画出。

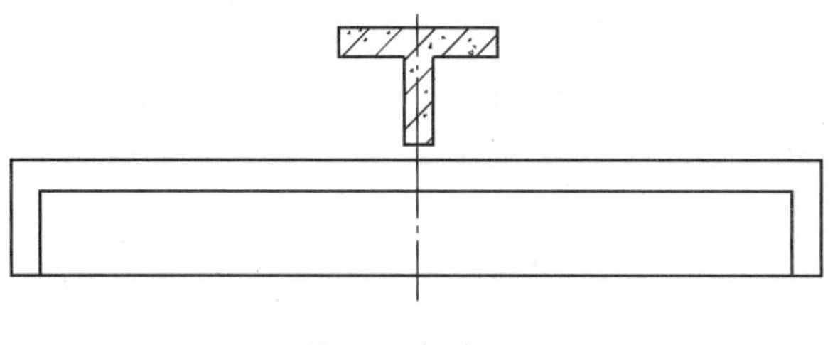

图 3-19 移出断面图

2. 重合断面

重叠在基本视图轮廓之内的断面图，称为重合断面图。图 3－20 所示的角钢是平放的。图 3－20 由假想把切得的断面图绕铅垂线从左向右旋转后重合在视图内而成。

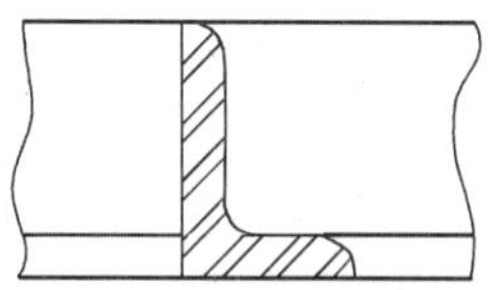

图 3-20 重合断面图 一

图 3－20 重合断面表达了角钢的断面形状；图 3－21 重合断面表达了立柱的横截面形状；图 3－22 重合断面表达了墙面装修效果；图 3－23 重合断面表达了钢筋混凝土屋顶结构的横截面形状。

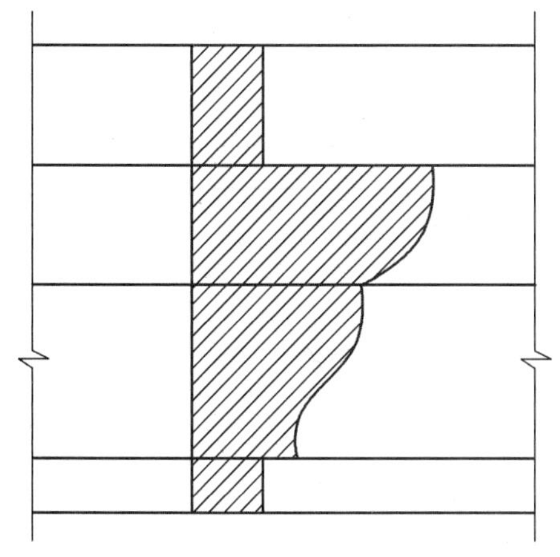

图 3-21 重合断面图 二

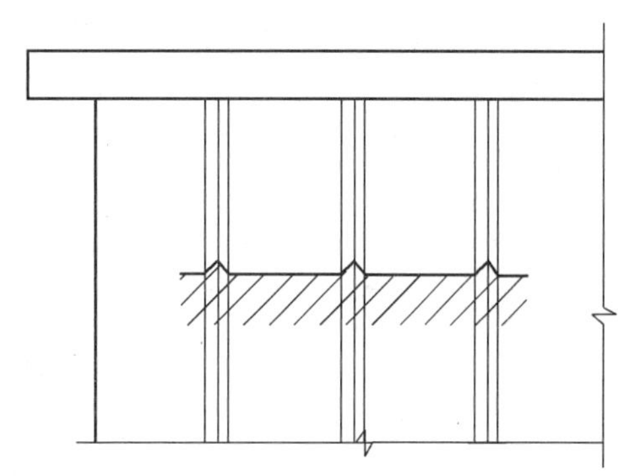

图 3-22 重合断面图 三

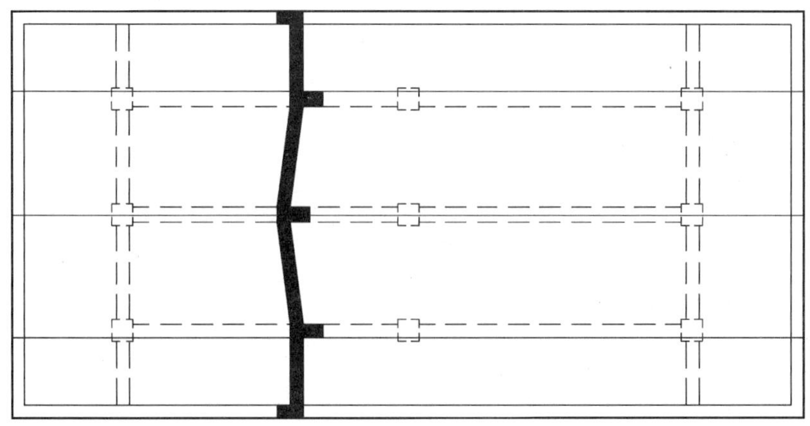

图 3-23 重合断面图 四

断面形状比较简单，可采用重合断面。重合断面比例要与基本视图一致。重合断面不需要标注。在土建图中表示重合断面的轮廓线应画粗一些，如图 3－22 所示。为了表达明显，机械图中表示断面的轮廓线应画细一些，其重合断面图轮廓线用细实线画出，以区别于基本视图的轮廓线。如图 3－20 所示，原来视图中的轮廓线与重合断面图的图形重合时，视图中的轮廓线仍应完整画出，不应间断，角钢的断面部分画上钢材的图例。

重合断面的断面轮廓有闭合的（图 3－20 和图 3－21 所示），也有不闭合的（图3－22 所示），但均应在断面轮廓内侧加画通用剖面线（45°方向的斜线）。也有些重合断面的尺寸比较小，其轮廓内可以涂黑，如图 3－23 所示。

3. 中断断面

布置在视图中断处的断面图，称为中断断面图。绘制细长构件时，常把视图断开，并把断面图画在中间断开处。

如图 3－24 所示的较长杆件，其断面形状相同，可假想在杆件的基本视图中间截去一段后，再把断面布置在视图的中断处。这种断面适用于较长杆件的表达。中断断面图是直接画在视图内的中断位置处，因此也省略剖切符号及其标注，且比例应与基本视图一致。

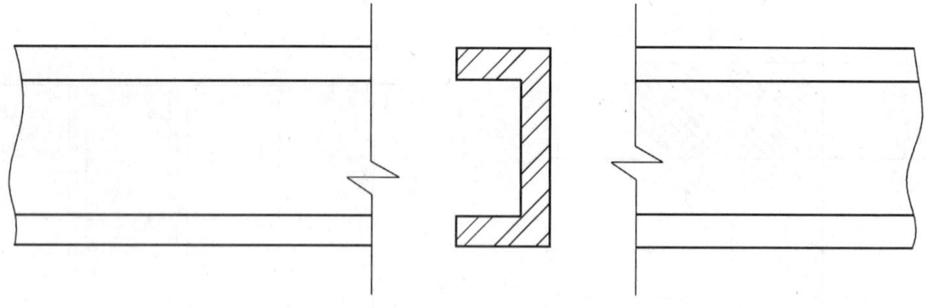

图 3-24　中断断面图

第二篇　AutoCAD 绘图基础

4 CAD 技术

“科学系统与技术系统要素的交集将继续增大。相互作用面将不断扩大，科学技术化和技术科学化将越来越增强。未来技术的主体是科学化的技术，越是凝聚着最新最多科学成就的技术，越将引起社会生产和生活方式的巨大变化，最终引起新的产业革命。未来科学是高度技术化的科学，特别是实验科学更是依靠于实验技术的新进展。只有科学技术化，才能使科学能力产生巨大的飞跃。总之，科学与技术的相互渗透、转化和协同发展将形成21世纪的潮流。”而计算机科学和计算机技术在这方面最具有代表性。

4.1 CAD 技术的概念

CAD 是英文“Computer Aided Design”的缩写，是“计算机辅助设计”的意思。CAD 是计算机科学技术的重要分支，是一门重要的计算机应用技术。CAD 技术利用计算机高速及高度精确的计算，结合强大的图文处理功能辅助工程技术人员进行规划、设计、绘图和各种数据管理。它是公司、工厂、科研部门等提高产品设计质量及缩短设计周期等必不可少的关键现代技术。

AutoCAD 2016 中文版是 AutoCAD 计算机辅助设计系列软件中的新版本，是美国 Autodesk 公司在继承原有版本的基础上推出的新产品。

AutoCAD 具有易掌握、使用方便、绘图精确、功能强大、应用广泛、二次开发性能好等特点。同其他专业化的大型 CAD 设计软件比较，AutoCAD 对计算机系统的要求标准较低，易于推广。它能精确绘制二维平面图形和三维图形，并具有尺寸标注、图形渲染、打印输出等功能。

AutoCAD 已广泛用于机械、建筑、服装、电子、航空、航天、造船、纺织、园林、广告、轻工、装饰装潢等行业。

4.1.1 CAD 系统

CAD 系统由计算机硬件系统和软件系统组成，软件系统是 CAD 系统的核心，计算机硬件系统为 CAD 系统的正常运行提供保障和环境。

1. 计算机硬件系统

计算机硬件系统由计算机主机和外部设备组成，如图 4 - 1 所示。

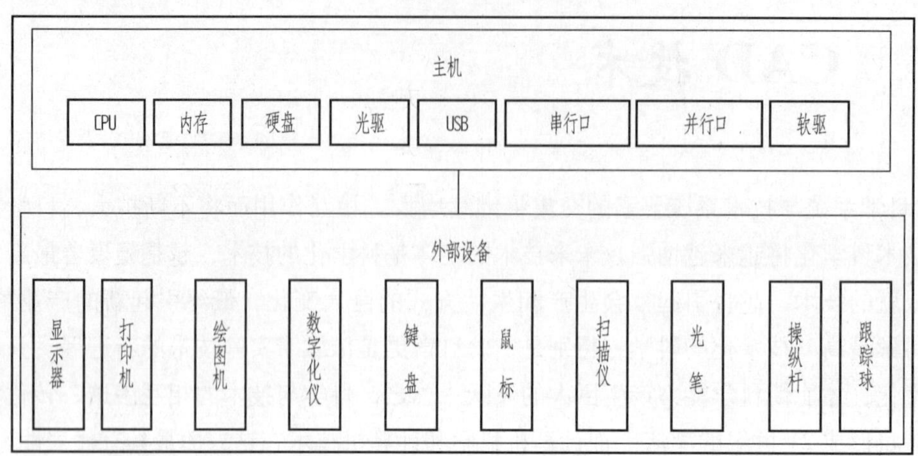

图 4-1 计算机硬件系统组成

2. 软件系统

软件系统一般指由系统软件和专业应用软件组成的系统。

系统软件是 CAD 系统的重要组成部分，它为 CAD 提供运行平台，其功能大小和性能的优劣直接影响到 CAD 的运行效率。其中，最重要的系统软件就是操作系统，例如 Windows 7，它指挥和控制计算机的所有软件和硬件资源。此外还应安装相应的专业对口的应用软件、支撑软件、工具软件等。

作为专业应用软件，AutoCAD 2016 一般使用 Windows 7 及其以上操作系统，可用于二维、三维设计，具有良好的操作界面，通过交互菜单或命令行方式进行各种操作。它的多文档设计环境让非专业人员也能学会使用。

AutoCAD 2016 有以下特点：

(1)精简多余组件，保留必需的 VB、VC、. Net、DirectX 组件运行库。

(2)保留 Express 扩展工具；可以选择安装；安装完成默认进入 AutoCAD 经典空间。

(3)默认布局的背景颜色为黑色，调整鼠标指针为全屏，不启动欢迎界面以加快启动速度。

(4)屏蔽并删除 AutoCAD 通信中心，防止 AutoCAD 给 Autodesk 服务器发送你的 IP 地址及机器信息。

(5)屏蔽 AutoCAD FTP 中心，防崩溃。

(6)完善一些字体库，避免打开文件找不到字体。

(7)体积大幅缩减，64 位版本 467M，32 位版本 409M。

(8)快捷方式名为“AutoCAD 2016”。

(9)默认保存格式为 DWG 文件。

(10)保留设置迁移。

(11)不启动开始界面。

3. AutoCAD 2016 启动向导

启动 AutoCAD 2016 有多种方法。最常有的方法是:

• 双击桌面"AutoCAD 2016"图标。图 4－2 是 AutoCAD 2016 启动过程中的画面。

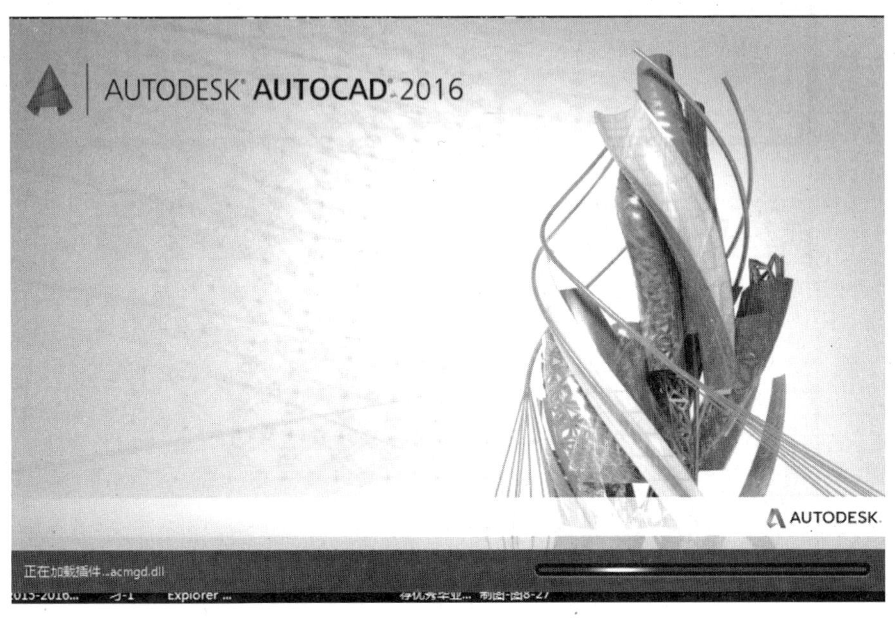

图 4-2 AutoCAD 2016 启动过程

• 单击"开始"下拉菜单,选择"所有程序"→"Autodesk"→"AutoCAD 2016 Simplified Chinese"→"AutoCAD 2016"子菜单项。

4. AutoCAD 2016 的工作界面

打开"AutoCAD 经典"工作空间,可看到其界面主要由菜单栏、工具栏、工具选项板、绘图窗口、文本及命令行窗口、状态栏等组成,如图 4－3a 所示。

AutoCAD 2016 的工作空间在默认状态下为"二维草图与注释"工作空间,这也是最常用的模型空间,如图 4－3b 所示。AutoCAD 2016 的工作空间还有"三维建模""三维基础"两个界面,如图 4－3c 所示。新版 AutoCAD 2016 仍保留了"AutoCAD 经典"空间,将所有功能键混排在一起,没有功能分区,如图 4－3a 所示。

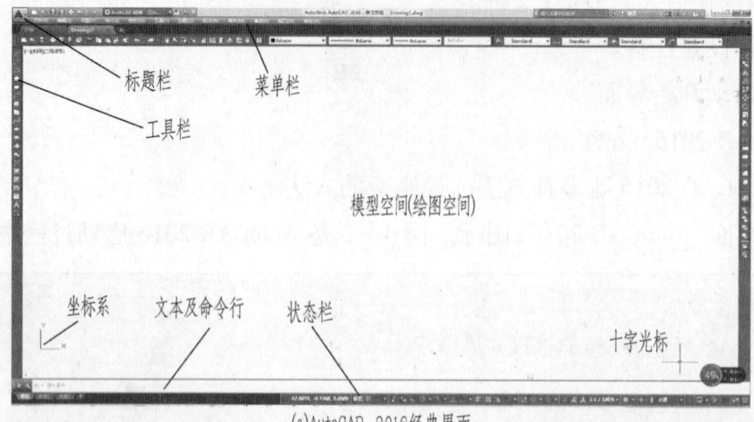

(a)AutoCAD 2016经典界面

(b)AutoCAD 2016二维草图与注释界面

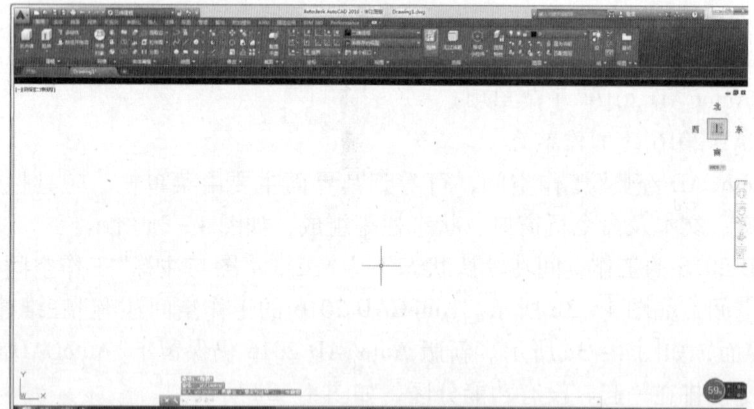
(c)AutoCAD 2016三维建模界面

图 4-3 AutoCAD 2016 主窗口

(1)标题栏

标题栏在主窗口最上边显示的是"Autodesk AutoCAD 2016"的系统名称和 AutoCAD 2016 默认的图形文件名"Drawing1. dwg",如图 4-4 所示。右上角是管理窗口按钮,即最小化、最大化(还原)及关闭按钮。

图 4-4　AutoCAD 2016 主窗口中的标题栏

AutoCAD 2016 的操作与 Windows 窗口的操作一样,单击左上角小图标会弹出 AutoCAD 2016 窗口控制下拉菜单,同样可用于执行管理窗口的任务,如图 4-5 所示。

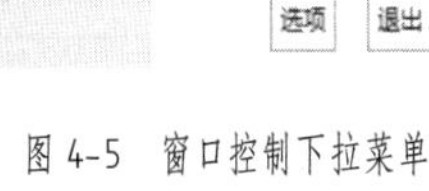

图 4-5　窗口控制下拉菜单

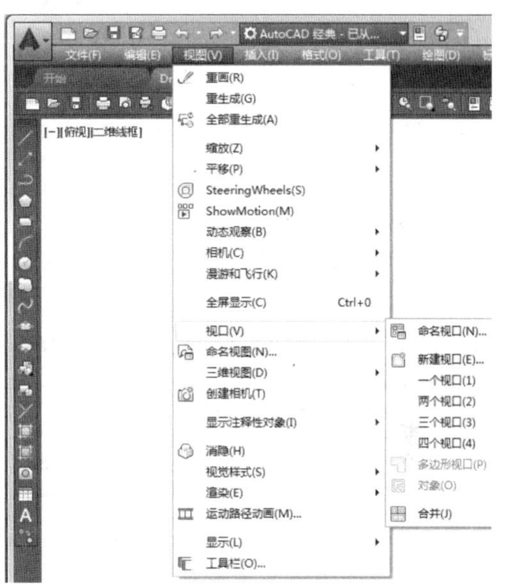

图 4-6　"视图"下拉菜单

(2)菜单栏

AutoCAD 2016 的菜单栏由"文件""编辑""视图""插入"等 12 个下拉菜单组成,这些菜单基本包括了 AutoCAD 2016 中的全部功能和命令。图 4-6 为 AutoCAD 2016 的"视图"下拉菜单。

(3)选项板

选项板用于显示与工作空间基于任务关联的按钮和控制件。AutoCAD 2016 增强了该功能。如图 4-7、图 4-8 所示,选项板均可以在标准工具条和"工具"下拉菜单中获取。

图 4-7　标准工具条

图 4-8　"工具"下拉菜单中的选项板

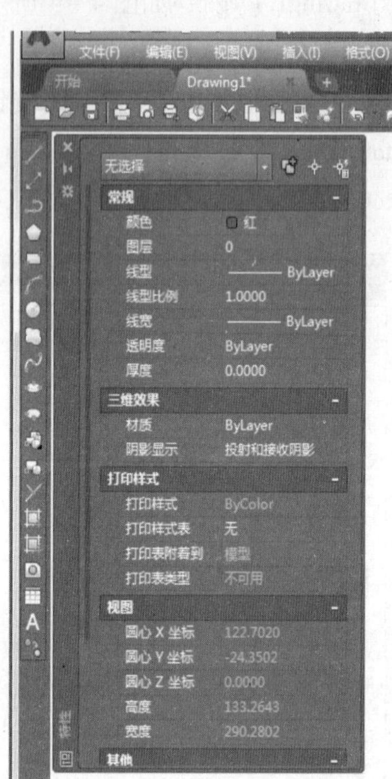

图 4-9　特性面板

AutoCAD 2016 的特性面板，如图 4－9 所示。

(4)工具栏

工具栏是 AutoCAD 调用命令的另外一种形式。为了方便用户使用，AutoCAD 将一些常用命令按类别组织到一起，在工具栏上用形象化的图标按钮表示相应的命令。当鼠标指到某个按钮略停片刻，鼠标旁就会显示对应的命令提示，如图 4－10所示。这样的工具栏 AutoCAD 提供了 30 多个。默认情况下，"工作空间 "和"标准注释"工具栏处于打开状态。图 4－11 为AutoCAD 2016 的部分工具栏。

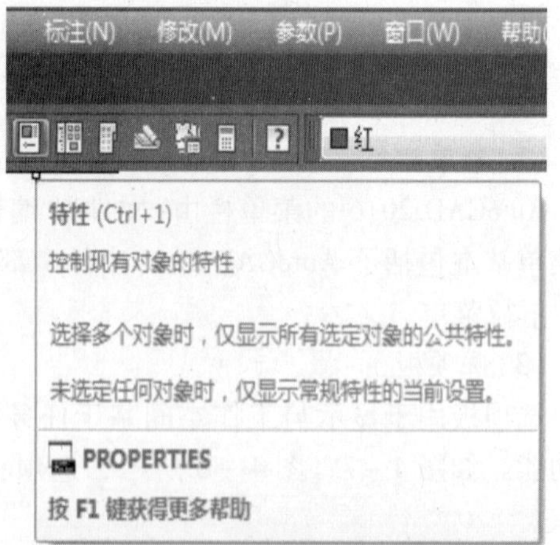

图 4-10　"特性"图标按钮的命令提示

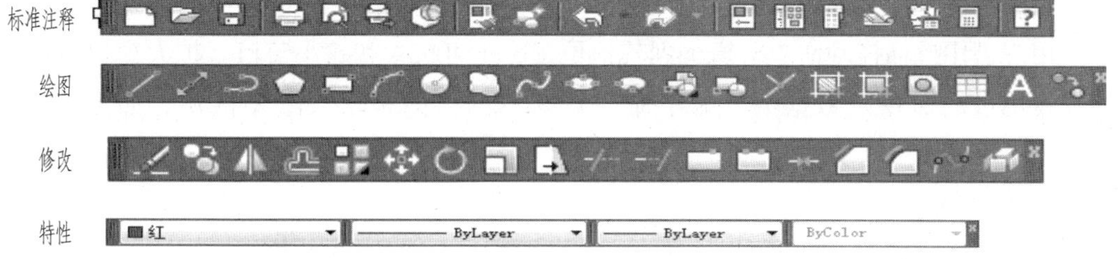

图 4-11　AutoCAD 2016 部分工具栏

注意：在任何一个工具栏的空白处点击鼠标右键，会弹出管理常用工具栏的快捷菜单。这是一个经常用到的快捷菜单，可以打开关闭的工具栏、打开“自定义”用户界面对话框等，如图 4-12 所示。

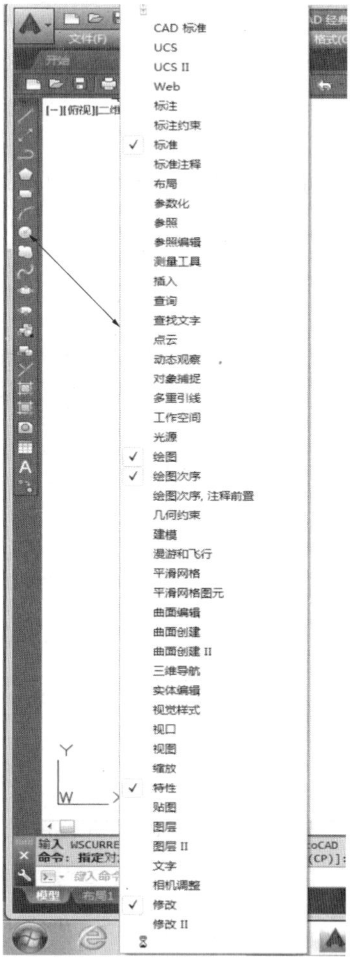

图 4-12　管理常用工具栏的快捷菜单

(5)绘图窗口

绘图窗口是绘图的工作区域，该区域是没有边界的。用户可以在此进行图形绘制、编辑、显示等操作，并且可以通过“工具”下拉菜单→“选项板”→“显示”选项卡→“颜色”按钮→“图形窗口”→“颜色”操作过程，改变区域的背景颜色。

在绘图窗口中，除了显示绘图结果外，还显示当前坐标系类型、坐标原点及 X、Y、Z 轴的方向。默认状态下坐标系为世界坐标系(WCS)。

绘图窗口的下方有“模型”和“布局”选项卡，供切换使用。“模型”空间主要用于图形绘制和编辑；“布局”空间主要用于图纸的布局、图形位置的调整，以便打印出图。

(6)十字光标

十字光标是 AutoCAD 在绘图区域中显示的光标，是绘图最重要最活跃的成分，它主要是在绘制图形时指定位置和对象。光标为十字线时，其交点为绘图区域的坐标点位置，该位置实时显示在状态栏坐标区中。

(7)命令行

命令行窗口位于绘图窗口的下方，是 AutoCAD 输入与显示命令、显示提示信息和出错信息的窗口。绘图时应经常观看这个窗口的指令和提示，以免盲目操作。所谓命令行，实际也是一个交互区域。

用户可用鼠标拖动命令行窗口到其他位置，也可扩大和缩小窗口。扩大窗口可以方便查找用过的命令及数据等。缩小命令行窗口的目的是增大绘图区域，如图4－13所示。

图4-13　AutoCAD 2016 的命令行窗口

(8)状态栏

状态栏用来显示当前绘图状态或相关信息，如当前光标的坐标、命令提示和功能按钮等信息，如图4－14所示。

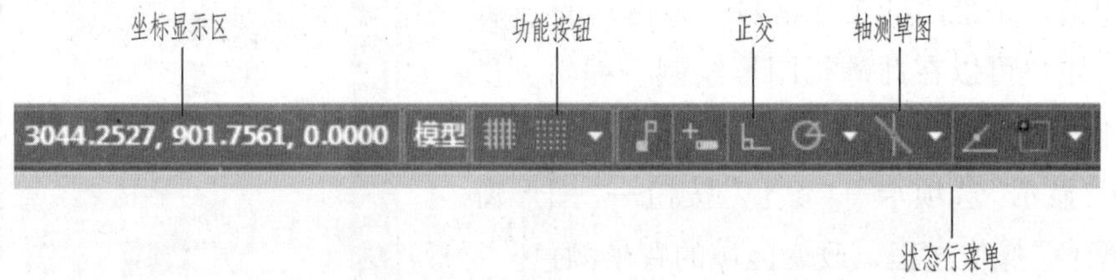

图4-14　AutoCAD 2016 状态栏

在绘图窗口移动光标，坐标显示区会实时显示当前光标中心点的坐标值。坐标的显示方式与所选的坐标显示模式和程序中运行的命令有关。坐标显示模式有“绝对”“相对”“无”三种模式。

• 功能按钮。状态栏共有十几个功能按钮，分别是“捕捉”“栅格”等。UCS 按钮可以允许或禁止动态 UCS。DYN 按钮是动态输入按钮。

• 锁定按钮。锁定按钮🔒用于锁定工具栏和选项板窗口的位置和大小。要解锁时，右击该按钮弹出锁定快捷菜单选择解锁进行操作。

• 状态栏菜单。单击状态栏中黑三角可打开状态行若干菜单，如图4－15所示。用户可在该菜单中选择取消状态栏中坐标或各功能按钮的显示。当选择“对象捕捉设置二维参照点”选项时，将打开二维捕捉选项板，如图4－15所示。

图 4-15 状态栏若干常用工具

4.1.2 设置必要的 AutoCAD 2016 绘图环境

AutoCAD 2016 启动后经常需要对绘图环境的某些参数进行设置。

1. 自定义工具栏

AutoCAD 2016 工具栏设置的内容很多，每一个工具栏一般由若干个图标按钮组成。为使用户在短时间内熟悉并能使用，AutoCAD 2016 提供了一套自定义工具栏命令，加快了工作流程，消除屏幕上不必要的干扰。自定义工具栏的方法是：选择"视图"→"工具栏"命令，打开"自定义用户界面"对话框，如图 4－16 所示。

图 4-16 “自定义用户界面”对话框

建立个性化工具栏的方法是：在“自定义”选项卡选项区域的列表框中右击“工具栏”节点，在弹出的快捷菜单中选择“新建工具栏”命令。在对话框右侧的“特性”选项区域“名称”文本框内输入个性化工具栏名称，在左侧“命令列表”选项区“按类别”下拉列表框中选“所有命令”选项，然后在下方对应的列表框中选中某项，将其拖动到个性化工具栏中，如图 4－17 所示。

图 4-17 个性化工具栏

2.“选项”对话框的使用

在 AutoCAD 2016 中，“选项”对话框中的内容十分重要。打开“工具”下拉菜单→“选项(N)”打开“选项”对话框，如图 4－18 所示。许多实用的必要的操作都可在这里实现，比如图形窗口颜色(绘图区域背景色)的选择等等。建议初学者对“选项”对话框中的每一项都多做尝试和了解。

图 4-18 “选项”对话框

4.1.3 命令和系统变量的使用

1. 命令的调用

在 AutoCAD 中，执行任何操作都需要调用相关的命令，而同一命令的使用又往往有多种不同的方式。用户可用以下方式调用命令。

(1)用鼠标操作执行命令

当光标移至菜单、工具选项、对话框内进行选择时，它的图案会变成箭头(图 4-19a)。在绘图区，二维状态下执行任务时通常显示为十字光标(图 4-19b)，在等待执行任务时通常显示为中心带靶框的十字光标(图4-19c)。

图 4-19 在二维状态下，用鼠标操作执行命令时光标的几种形式

鼠标上的键是按照下述规则定义的：

• 弹出菜单：使用 Shift 键和鼠标右键组合时，系统弹出一个快捷菜单，用于设置捕捉的方法，如图 4-20 所示。当带靶框的十字光标停留在绘图区时，按下鼠标右键则弹

出刚刚用过的一些命令，以方便操作者选择，如图 4－21 所示。

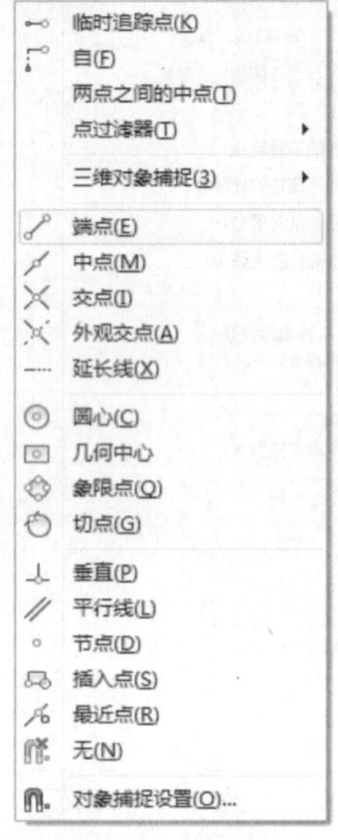

图 4-20 使用组合键弹出的菜单

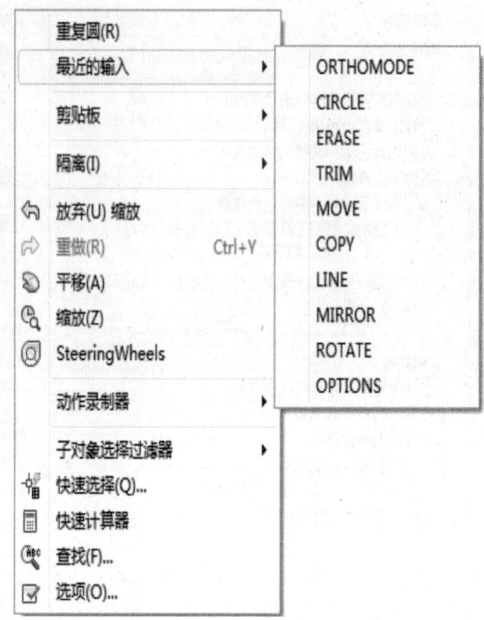

图 4-21 刚刚用过的一些命令记录

• 如果鼠标上有三个键，通常用中间键进行组合、放大、缩小。

• 拾取键：为鼠标左键，用于指定绘图区域中的点或选择 AutoCAD 的对象、工具栏按钮和菜单命令等。

• 回车键：单击鼠标右键，它相当于 Enter 键的功能，用以结束当前使用的命令。系统将根据绘图状态弹出不同的快捷菜单供选择。

(2) 使用键盘输入命令

在 AutoCAD 中，大部分的绘图、编辑等都需要使用键盘输入来完成。键盘可以输入命令、系统变量、文本对象、数值、各种坐标、参数选择等。所以，键盘是主要的输入设备。

(3) 使用命令行窗口

在 AutoCAD 中，默认情况下，命令行窗口是一个可固定的窗口。命令行可以显示执行完的两条命令，可以称作命令历史。而对于一些输出命令如 TIME、LIST 等，则需要在放大的命令行窗口中显示。

在命令行窗口右击，调出命令行快捷菜单，如图 4－22 所示。通过它可以选择最近使用的 6 个命令、复制选定的文字或全部命令历史、粘贴文字、打开“选项”对话框。

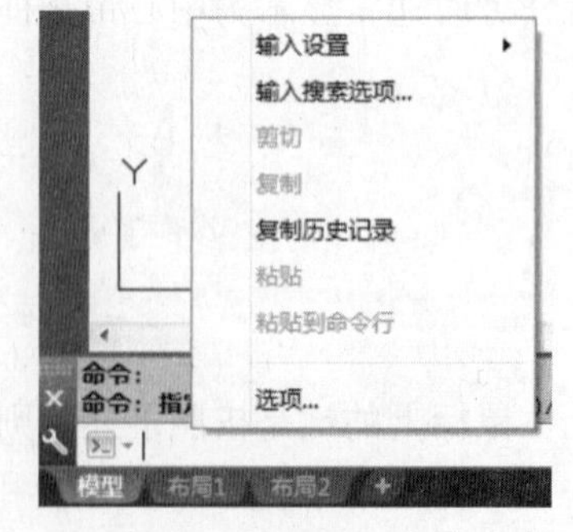

图 4-22 命令行快捷菜单

2. 系统变量的设置

系统变量可控制某些命令的状态和工作形式，可以设置填充图案的默认比例，可以存储关于当前图形和程序配置的信息，可以打开或关闭捕捉、栅格、正交等绘图模式。

可以在对话框中修改系统变量，也可直接在命令行中修改系统变量。例如要使用 ISOLINES 系统变量修改曲面线框的密度，首先应在命令行里输入系统变量名称即 ISOLINES，按 Enter 键，提示如图 4 – 23 所示。

```
命令: ISOLINES
输入 ISOLINES 的新值 <36>: 60(输入新值60)
```

图 4-23

然后输入新的系统变量值。

3. 重复命令、终止命令、撤销命令

掌握这些基本操作可提高绘图速度。

直接按 Enter 键或鼠标右键或空格键，均继续执行上次任务。

用鼠标在绘图区右击，在弹出的快捷菜单中选择“重复”。

用鼠标在命令行右击，从显示的快捷菜单中选择“最近使用的命令”子菜单中的一个。

如果要终止命令，可随时直接按 Esc 键终止任何命令。

如果要撤销一个或多个命令，简单的方法是在命令的提示下输入“UNDO”命令，然后在命令行中输入要放弃的数目。

4.1.4 坐标系的使用

使用 AutoCAD 软件绘图时，往往需要参照某个坐标系来拾取点的位置，精确定位。

AutoCAD 2016 采用笛卡儿直角坐标系，并按右手定则确定三根坐标轴的方向。具体规定如下：右手的拇指、食指和中指呈互相垂直的造型，拇指代表 X 轴的正方向，食指代表 Y 轴的正方向，中指代表 Z 轴的正方向，如图 4 – 24a 所示。确定对象旋转方向的右手定则是：张开右手假想握住指定的旋转轴，拇指的指向为指定的旋转轴的正方向，其余四手指的弯曲方向为旋转方向，如图 4 – 24b 所示(此图将一支笔作为旋转轴)。

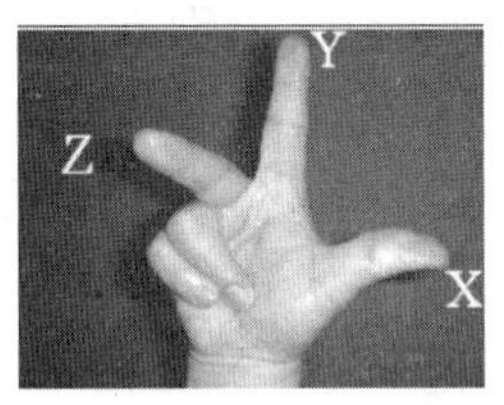

(a)右手确定三个轴的方向

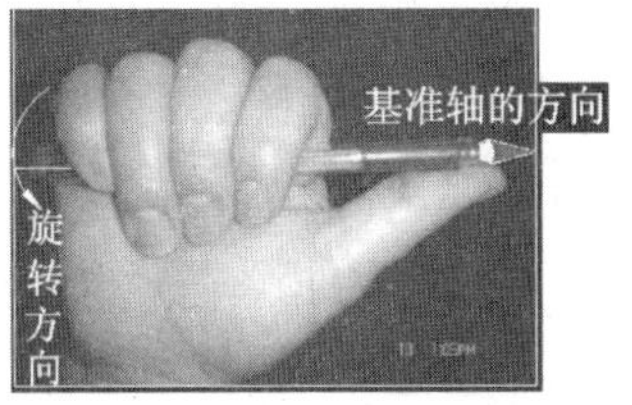

(b)右手确定图形的旋转方向

图 4 – 24

1. 坐标系的调整

在 AutoCAD 中，坐标系分为通用坐标系也称世界坐标系(WCS)和用户坐标系

(UCS)。这两种坐标系都可以精确定位 X、Y 及 X、Y、Z 坐标。

在默认状态下，坐标系为世界坐标系(WCS)，它包含 X 轴和 Y 轴，或 X、Y、Z 轴。WCS 坐标系中的两或三坐标轴的交汇处显示出一个"□"标记，也可以称为靶框，如图 4－25所示。坐标原点在绘图窗口的左下角。所有的位移都是相对原点进行的。显然，WCS 坐标系不具有绘图的普遍性，有时会给某种绘图任务带来不便，这时则需要将 WCS 坐标系改为用户坐标系(UCS)。用户坐标系(UCS)的原点及 X、Y、Z 轴的轴向都可以移动或旋转，并可由用户指定一个合适的位置。用户坐标系(UCS)轴的交汇处的设计有别于 WCS 坐标系，它无"□"标记，如图 4－26 所示。绘图时用户坐标系选项更多。

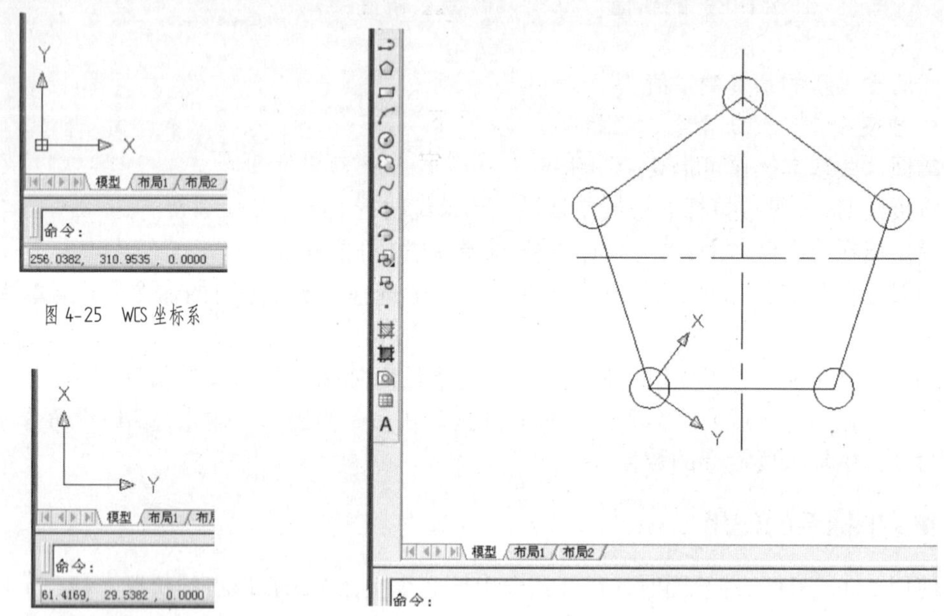

图 4-25 WCS 坐标系

图 4-26 UCS 坐标系

图 4-27 调整后的 UCS 坐标系

通过"工具"下拉菜单→"新建 UCS"→"原点"命令，就可以将用户坐标系(UCS)从左下角或某处调入所需要的位置，如图 4－27 所示。这时的坐标原点也随之改变。

2. 坐标的表示法

在 AutoCAD 2016 中，坐标点的确定有以下四种方法，分别是：

• 绝对直角坐标系。以绘图区左下角(0,0)或(0,0,0)为基准点，如图 4－28 所示。矩形右上角点 b 的坐标为(262，162)，根据矩形尺寸，显然是以绘图区左下角(0，0)为基准点。

• 相对直角坐标系。相对坐标是指相对前一点的坐标值，在输入新点坐标时，把前一点的坐标值当作其坐标原点。所以，相对直角坐标系的原点是用户确定的。图 4－29 中，矩形右上角点 b 的坐标为(@172,62)，是以矩形左下角(90,100)为基准点，即视前一点坐标(90，100)为(0，0)。输入相对坐标值时一定要在坐标值前加上"@"。绝对直角坐标系和相对直角坐标系根据用户的需要确定。在绘图实践中相对直角坐标系使用比较灵活、方便。

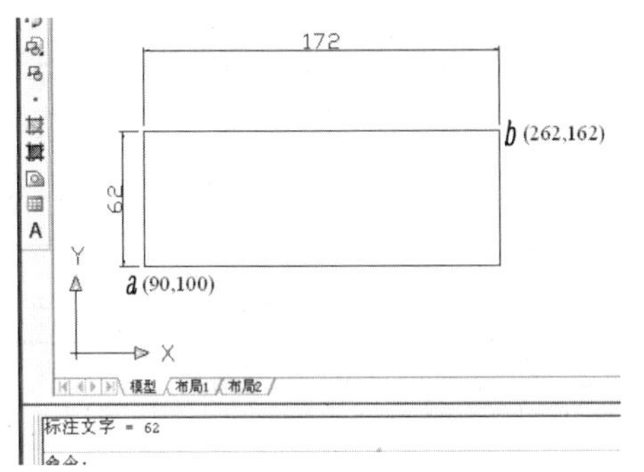

图 4-28 用绝对直角坐标系绘矩形

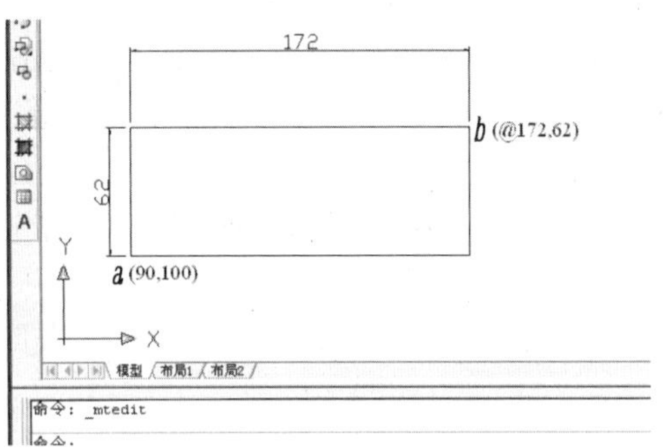

图 4-29 用相对直角坐标系绘矩形

• 绝对极坐标。绝对极坐标是以绘图区左下角(0, 0)或(0, 0, 0)为基准点，给定距离和角度，而距离和角度用“<”分开，并规定 X 轴的正方向为0°，Y 轴的正方向为90°。如图 4－30 所示，例如坐标点 b 的绝对极坐标值(566<45)，其中“566”表示从原点到点 b 的线长，“45”表示该线与 X 轴的夹角。

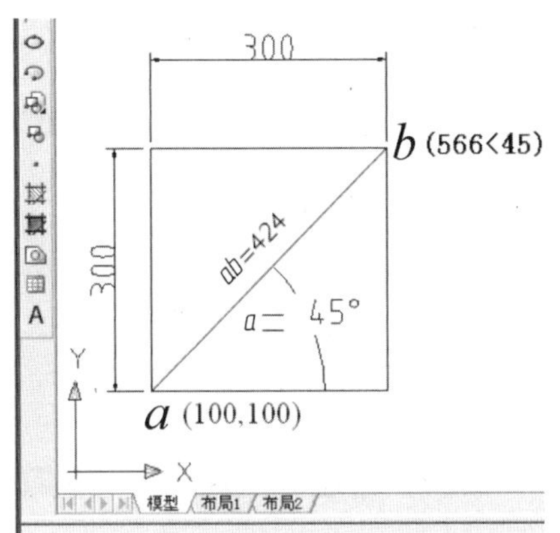

图 4-30 用绝对极坐标绘正方形

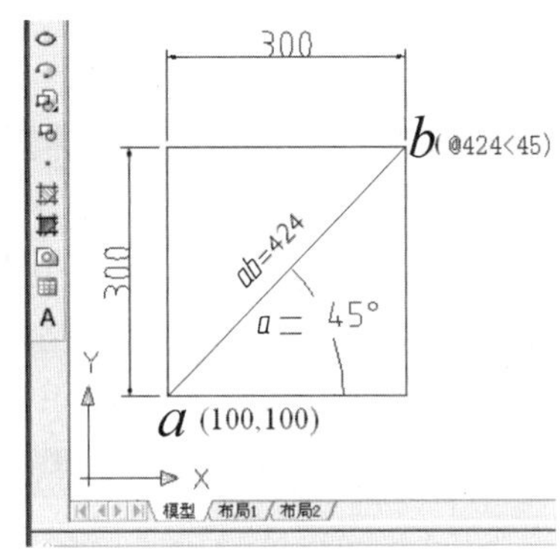

图 4-31 用相对极坐标绘正方形

• 相对极坐标。相对极坐标中新点的坐标数值是相对前一点的线长，以及新点和前一点连线与 X 轴的夹角。如图 4－31 所示，点 b 的相对极坐标值(@424<45)，其中“424”表示从点 a 到点 b 的线长，“45”表示新点 b 和前一点 a 连线与 X 轴的夹角，也就是对角线 ab 与 X 轴的夹角。

3. 关于坐标的显示

在状态栏坐标显示区域，坐标数值是否显示，以什么方式显示？这取决于状态栏坐标显示模式。可以根据需要按下 F6 键、Ctrl＋D 组合键或单击状态栏坐标显示区域，在以下三种方式之间切换，如图 4－32 所示。

(1)将鼠标移到状态栏坐标显示区域，单击左键，即关闭状态栏坐标显示，状态栏坐标显示区域为灰色，指针坐标将不再动态更新，只有在拾取一个新点时，才会更新显示。

(2)打开 AutoCAD，默认状态下状态栏坐标处于显示方式。指针坐标将动态更新。

以上两种方式都是在状态栏坐标显示区域单击左键切换实现。

(3)将鼠标移到状态栏“极轴”按钮上左击(打开)，系统将显示光标所在位置对于上一个点的距离和角度。当鼠标离开拾取点状态时，系统恢复到方式2。

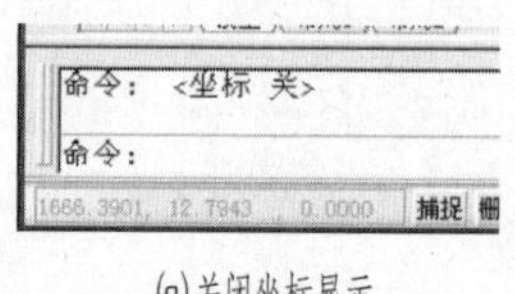

(a)关闭坐标显示

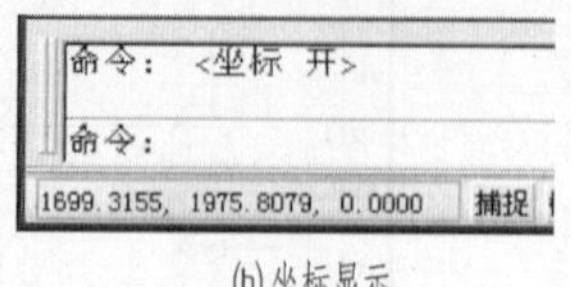

(b)坐标显示

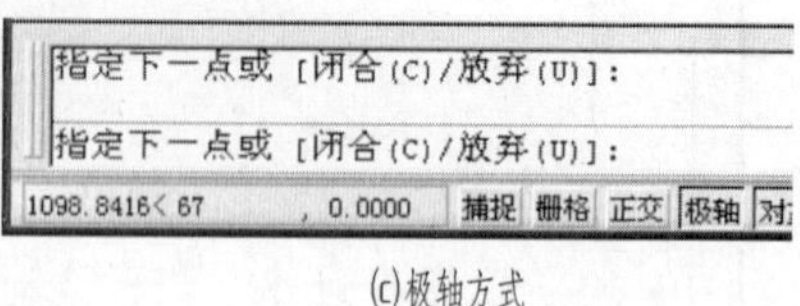

(c)极轴方式

图 4-32　坐标的3种显示方式

4. 坐标在正交状态下的输入模式和动态跟踪(DYNMODE)显示

将鼠标移到状态栏“正交”按钮上左击。起用“正交”输入后，用户可按鼠标移动方向输入一个数据确定坐标点，无论是二维状态还是三维状态都不必输入一组数据。但这种状态下所画的图线之间的夹角都是90°，鼠标移动方向代表正数值。

将鼠标移到状态栏动态跟踪按钮上左击激活动态跟踪(DYN)，此后的坐标输入将在输入点附近及时反映与前一点的相对距离、角度数据，如图4－33所示。

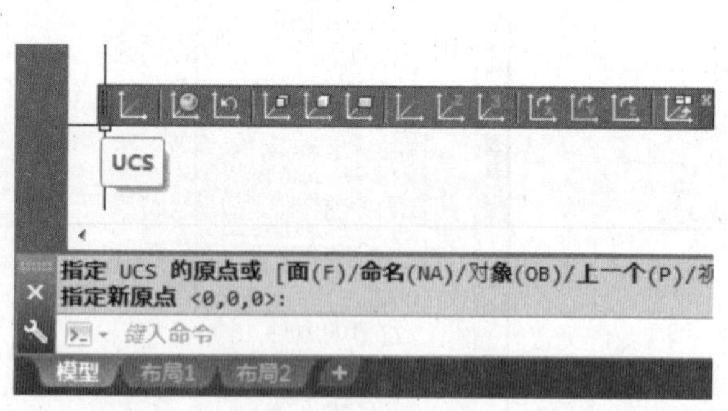

图 4-33　动态跟踪(DYN)显示

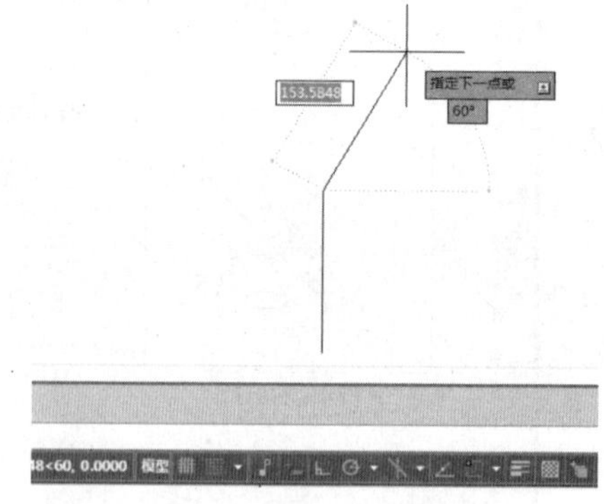

图 4-34　用户坐标系工具条

5. 创建用户坐标系

在AutoCAD 2016中，选择“工具”下拉菜单→“新建UCS”选项进入其子菜单，子菜单中有13个有关创建用户坐标系的选项供选择。创建用户坐标系如图4－34所示。

6. “工具选项板”的使用

“工具选项板”包含了“二维、三维绘图”“图层”“注释缩放”“尺寸标注”“文字”“多重引线”“渲染”等多种控制台，单击这些控制台的按钮就可以实现相应的绘制或编辑任务。打开“工具选项板”的步骤：“工具”→“选项板”→“工具选项板”，如图4－35所示。

打开“工具”下拉菜单，选择“选项板”，在它的子菜单上部有若干个选项，如“特性”“工具选项板”“快速计算器”等。

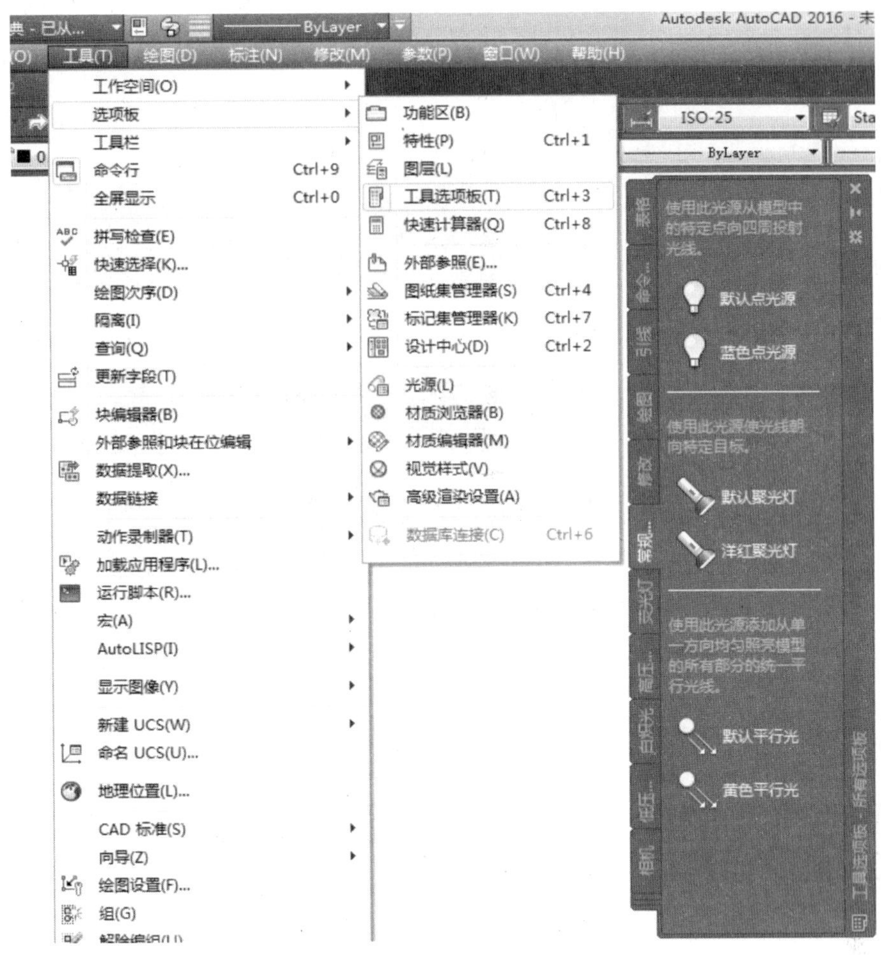

图 4-35 选项板

4.2 AutoCAD 2016 新功能

AutoCAD 2016 为用户提供了许多强大而新颖的功能，使图形设计和操作更加高效和方便。初学者可以从菜单栏“帮助”下拉菜单中通过左击“帮助”进入“帮助”窗口，如图 4－36 所示。

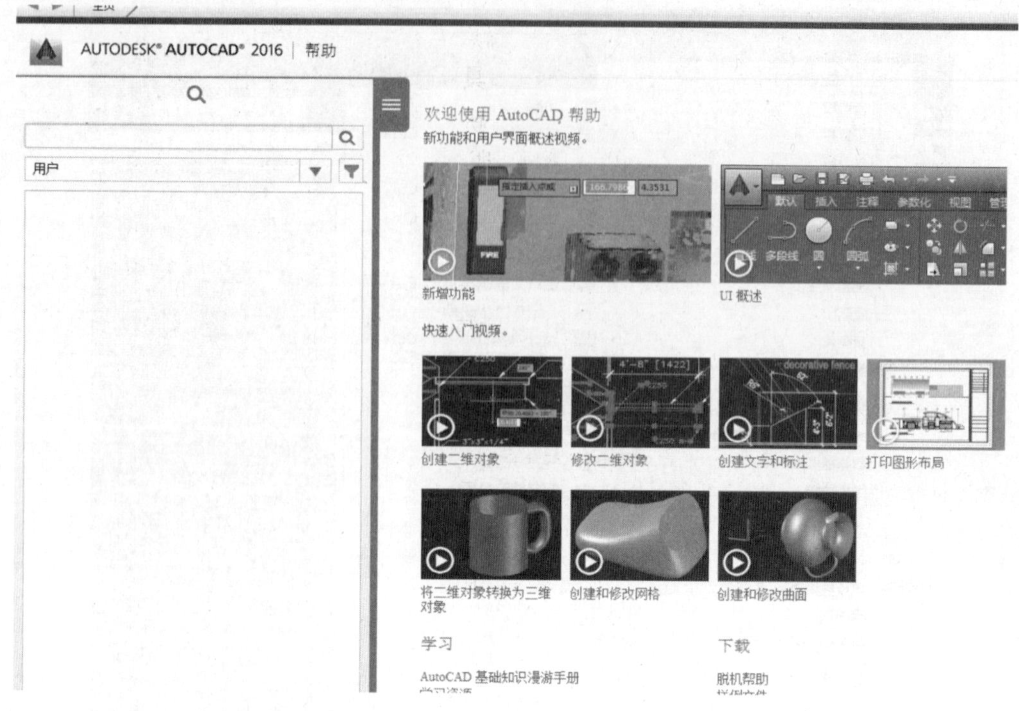

图 4-36 "欢迎使用 AutoCAD 帮助"对话框

4.3 二维图形绘制

无论多复杂的图形对象都是由最基本的点、直线、曲线等基本图形构成的。在 AutoCAD 中，这些基本图形对象都可以通过"绘图"菜单在命令提示下输入坐标值来绘制。在 AutoCAD 2016 中，可直接绘制的基本图形有点、直线、多段线、矩形、多边形、多线、圆、椭圆、圆弧、样条曲线、构造线等，也可用徒手画功能绘制任意图形对象。

4.3.1 绘制直线

1. 启动命令方式

工具栏："绘图"。

菜单："绘图"→"直线"。

命令行：line (l)。

2. 操作步骤与选项说明

启动直线 line 命令后，AutoCAD 2016 给出如下提示(见图 4－37)：

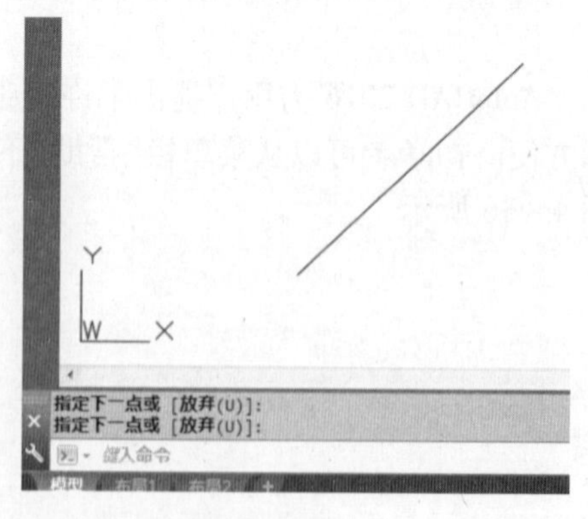

图 4-37 直线

①命令：_line

指定第一个点：(指定起点，可以使用定点设备，也可以在命令行上输入坐标值。)

②指定下一点或［放弃(U)］：　(指定端点以完成第一条线段。要在执行 LINE 命令期间放弃前一条直线段，请输入 U 或单击工具栏上的“放弃”。)

③要以绘制完的直线段的端点为起点绘制新直线段。请再次启动 LINE 命令，在出现“LINE 指定第一个点:”提示后，按 ENTER 键，将继续完成新的直线段绘制。

4.3.2 绘制多段线

1. 作用

多段线是作为单个对象创建的首尾相连的序列线段。构成多段线的线段可以是直线段，也可以是弧线段或两者的组合线段，如图 4－38。

多段线与直线不同，组成一条多段线的每一线段不可以单独选择，当选择组成多段线的一个线段时，整条多段线都会被选中，并且只在每个序列线段的首尾各出现一个夹持点。直线或曲线被选中时，在中点位置还会显示一个夹持点。

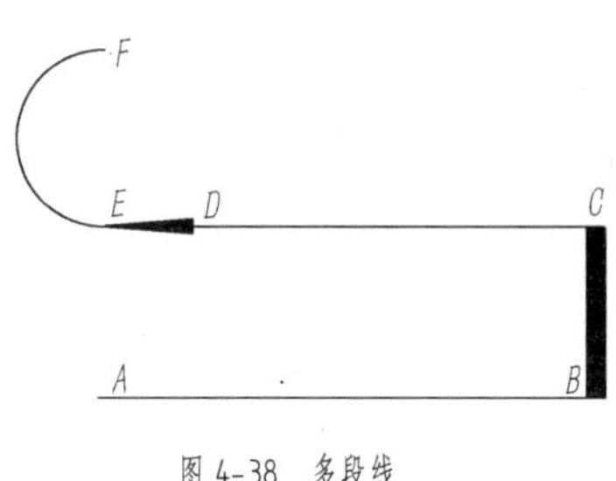

图 4-38　多段线

2. 启动命令方式

工具栏：单击多段线图标按钮 。

菜单：“绘图”→“多段线”。

命令行：pline (pl)。

3. 操作步骤与选项说明

启动多段线(pline)命令后，AutoCAD 2016 给出如下提示(图 4－39)：

①指定起点。指定起点后，命令行提示如下信息：如当前线宽为 0.0000。此时，要调整线宽则输入 W，若需绘制圆弧则输入 A，如图 4－39 所示。

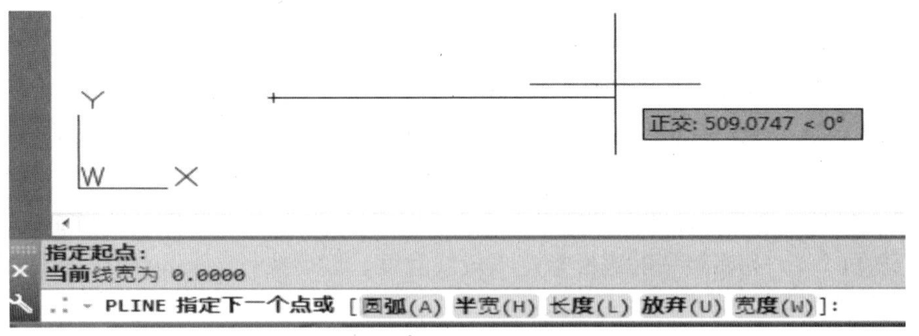

图 4-39　多段线交互

②绘制圆弧，输入 A(或 a)。命令行将弹出绘制圆弧的相关选项，如圆弧(A)、圆心(CE)、半宽等等。

- 圆弧(A)：指定弧线段从起点开始的包含角。

• 圆心(CE)：指定弧线段的圆心。

• 半宽(H)：指定从宽多段线线段的中心到其一边的宽度。起点半宽将成为默认的端点半宽。端点半宽在再次修改半宽之前将作为所有后续线段的统一半宽。宽线线段的起点和端点位于宽线的中心。

• 长度(L)：在与上一线段相同的角度方向上绘制指定长度的直线段。如果上一线段是圆弧，程序将绘制与该弧线段相切的新直线段。

• 放弃(U)：删除最近一次添加到多段线上的直线段。

• 宽度(W)：与“圆弧(A)”选择中的“宽度(W)”意思相同。

4.3.3 绘制矩形

1. 作用

在 AutoCAD 中，矩形的本质是矩形形状的闭合多段线。此命令可以创建矩形，并指定长度、宽度、面积和旋转参数。还可以控制矩形上角点的类型(圆角、倒角或直角)。

2. 启动命令方式

工具栏：“绘图”→ 矩形▭。

菜单：“绘图”→“矩形”。

命令行：rectang (rec)。

3. 操作步骤与选项说明

启动矩形(rectangle)命令后，AutoCAD 2016 给出如图 4-40 提示：

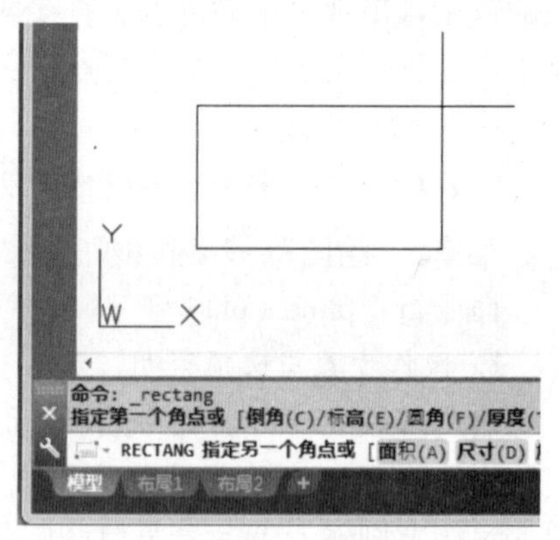

图 4-40 绘制矩形

①命令：_rectang。

②指定第一个角点或[倒角(C)/标高(E)/圆角(F)/厚度(T)/宽度(W)]

各选项功能如下：

• 倒角(C)：设置矩形的倒角距离。以后执行矩形(rectangle)命令时此值将成为当前倒角距离。

• 标高(E)：指定矩形的标高。以后执行 rectangle 命令时此值将成为当前标高。

• 圆角(F)：指定矩形的圆角半径。

• 厚度(T)：指定矩形的厚度。以后执行 rectangle 命令时此值将成为当前厚度。

• 宽度(W)：为要绘制的矩形指定多段线宽度。以后执行 rectangle 命令时此值将成为当前多段线宽度。

③指定另一个角点或[面积(A)/尺寸(D)/旋转(R)]：

各选项功能如下：

• 角点：使用指定的点作为对角点创建矩形。

• 面积(A)：使用面积与长度或宽度创建矩形。如果“倒角”或“圆角”选项被激活，则区域将包括倒角或圆角在矩形角点上产生的效果。

- 尺寸(D)：使用长和宽创建矩形。
- 旋转(R)：按指定的旋转角度创建矩形。

4.3.4 绘制多边形

1. 作用

在 AutoCAD 中，多边形与矩形一样，其本质是闭合多段线。使用创建多边形命令可创建具有 3 至 1024 条等长边的闭合多段线。

2. 启动命令方式

工具栏："绘图"→ ⬠。

菜单："绘图"→"多边形"。

命令行：polygon 。

3. 操作步骤与选项说明

命令提供了三种画正多边形的方法(图 4 -41)：

①指定外接圆的半径来定义正多边形。指定外接圆的圆心(正多边形的中心点)、半径和多边形的边数，正多边形的所有顶点都在此圆周上(图 4 -41a)。

②指定从正多边形中心到各边中点的距离来定义正多边形。指定正多边形的中心、中心到各边中点的距离(外切圆的半径)和多边形的边数，正多边形各边均与圆相切(图 4 -41b)。

③通过指定第一条边的端点来定义正多边形。由某两端点确定的正多边形的某一边，并指定正多边形的边数(图 4 -41c)。

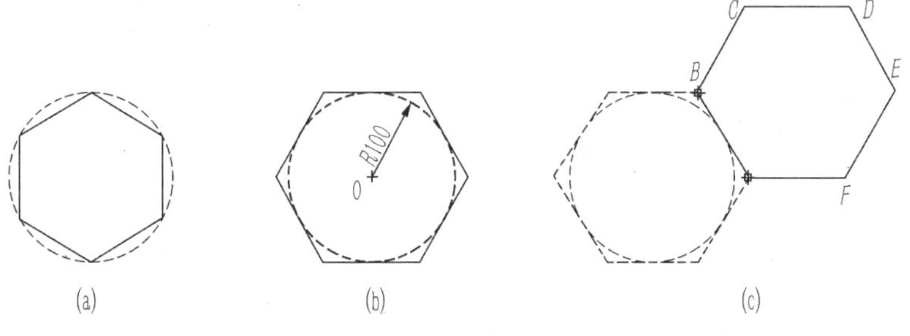

图 4-41 绘制正多边形

4.3.5 绘制圆

1. 作用

圆是 AutoCAD 的一种基本对象，circle 命令提供多种绘制圆的方法。

2. 启动命令方式

工具栏："绘图"→ ⊙。

菜单："绘图"→"圆"。

命令行：circle (c)。

3. 操作步骤与选项说明

要创建圆，可以指定圆心、半径、直径、圆周上的点和其他对象上的点进行不同组合。AutoCAD 2016 提供了 6 种画圆的方法，如图 4－42 所示。

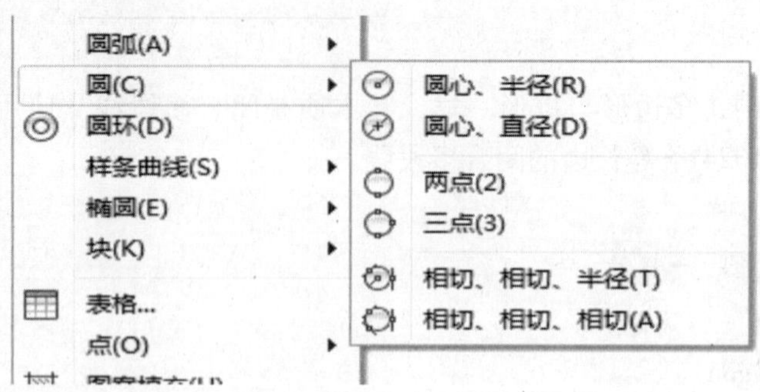

图 4-42 "圆"子菜单

• 圆心、半径：基于圆心和半径绘制圆。这是画圆命令的默认方法(图 4－43a)。

• 圆心、直径：基于圆心和直径绘制圆(图 4－43b)。

• 两点：基于圆直径上的两个端点绘制圆(图 4－43c)。

• 三点：基于圆周上的三点绘制圆。这三点应不在同一条直线上(图 4－43d)。

• 相切、相切、半径：基于指定半径和两个相切对象绘制圆(图 4－43e)。

• 相切、相切、相切：基于三个相切对象绘制圆。这种绘图方式不能在命令行实现，只能在菜单栏中实现(图 4－43f)。

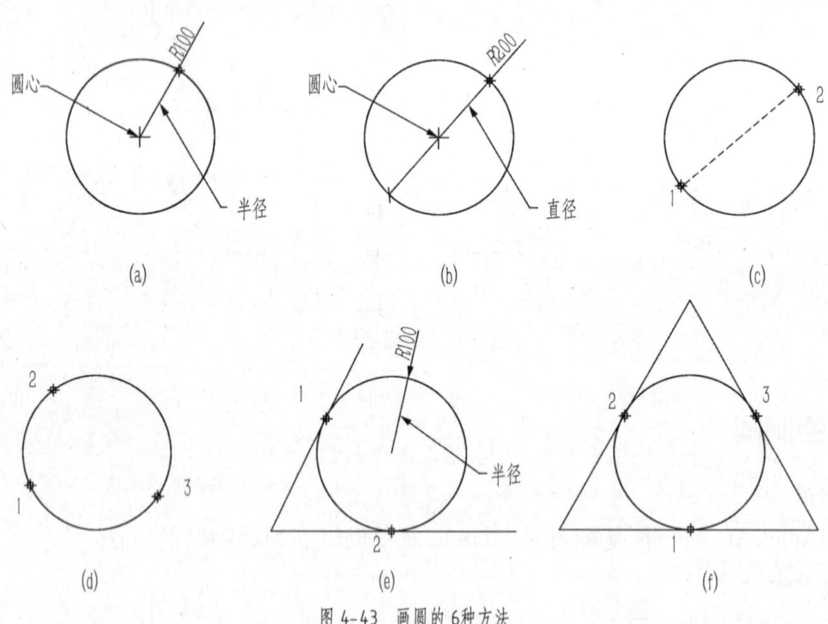

图 4-43 画圆的 6种方法

4.3.6 绘制圆弧

1. 作用

圆弧 arc 命令用于绘制圆弧。圆弧是圆的一部分，它所包含的角度在0～360°之间。

2. 启动命令方式

工具栏："绘图"→[图标]。

菜单："绘图"→"圆弧"。

命令行：arc（a）。

3. 操作步骤与选项说明

要绘制圆弧，可以指定圆心、端点、起点、半径、角度、弦长和方向值的各种组合形式。AutoCAD 2016 提供了 11 种画圆弧的方法，如图 4－44 所示。

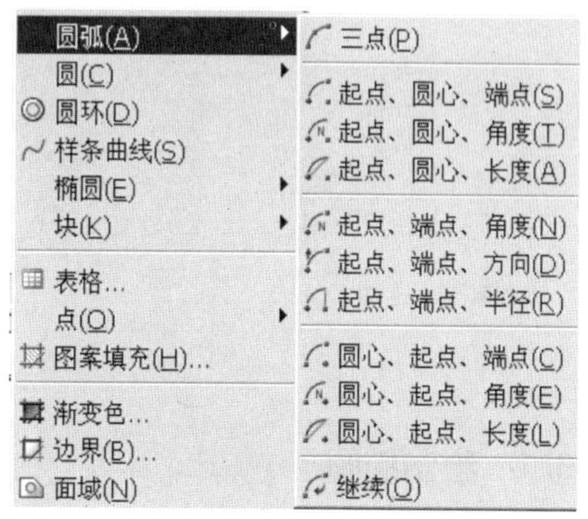

图 4-44 "圆弧"子菜单

• 三点：通过指定三点绘制圆弧（图 4－45a）；

• 起点、圆心、端点：如果已知起点、圆弧所在圆的圆心和端点，就可以通过首先指定起点或圆心来绘制圆弧（图 4－45b、图 4－45h）。

• 起点、圆心、角度：如果存在可以捕捉到的起点和圆心，并且已知包含角度，可以使用"起点、圆心、角度"或"圆心、起点、角度"画圆弧（图 4－45c、图 4－45i）。

• 起点、圆心、长度：如果存在可以捕捉到的起点和圆心，并且已知弦长，可以使用"起点、圆心、长度"或"圆心、起点、长度"画圆弧（图 4－45d、图 4－45j）。

• 起点、端点、角度：如果已知两个端点但不能捕捉到圆心，可以使用本方法（图 4－45e）。

• 起点、端点、方向：如果存在起点和端点，并可确定起点切线，可以使用本方法（图 4－45f）。

• 起点、端点、半径：如果存在起点、端点和圆弧所在圆的半径，可以使用本方法（图 4－44g）。

• 继续：完成圆弧或直线的绘制后，通过菜单栏中的"绘图"→"圆弧"→"继续 "，可以立即绘制一端与原圆弧或直线相切的圆弧（图 4－45k）。

除第一种方法外，其他方法都是从起点到端点逆时针绘制圆弧。

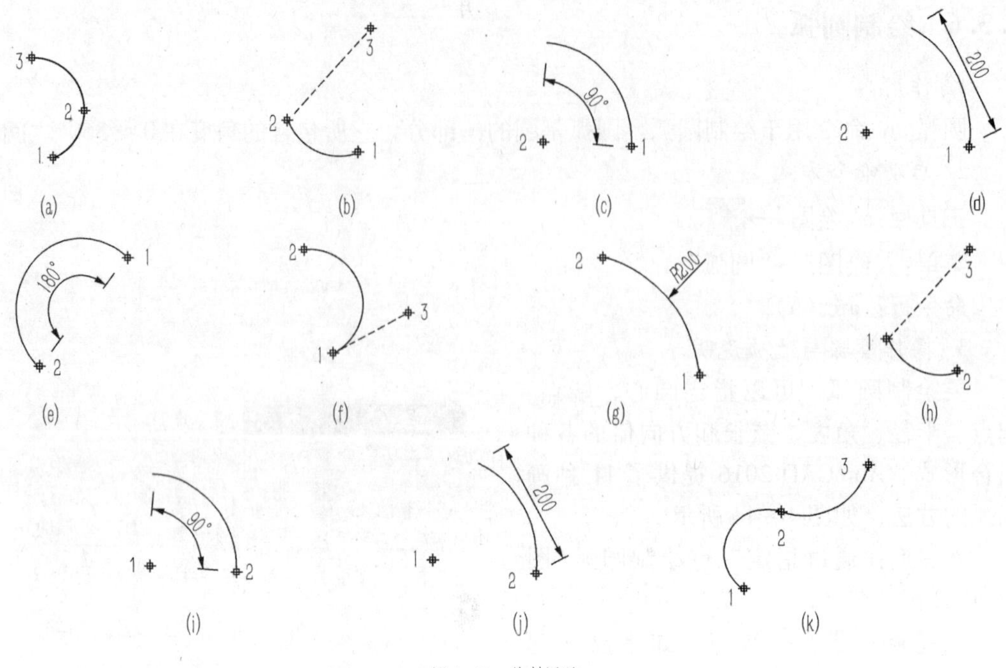

图 4-45　绘制圆弧

4.3.7　绘制椭圆

1. 作用

椭圆 ellipse 命令用于绘制椭圆。椭圆由定义其的长轴和短轴决定。

2. 启动命令方式

工具栏："绘图"→ 。

菜单："绘图"→"椭圆"。

命令行：ellipse（el）。

3. 操作步骤与选项说明

创建椭圆的关键是确定中心点、长轴和短轴。AutoCAD 2016 提供了多种画椭圆的方法，如图 4－46 所示。

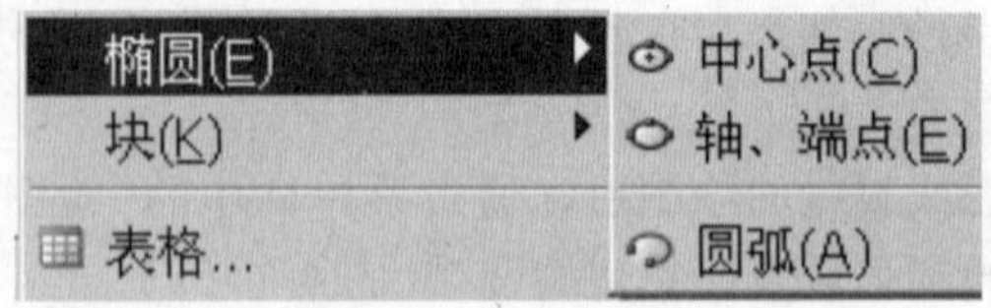

图 4-46　椭圆子菜单

- 通过指定椭圆的中心点、一轴端点和另一轴长度定义椭圆（图 4－47a）。
- 通过指定一轴的两端点和另一轴长度定义椭圆（图 4－47b）。

- 在上述两种画椭圆的基础上再增加一个角度定义椭圆弧(图 4 -47c)。

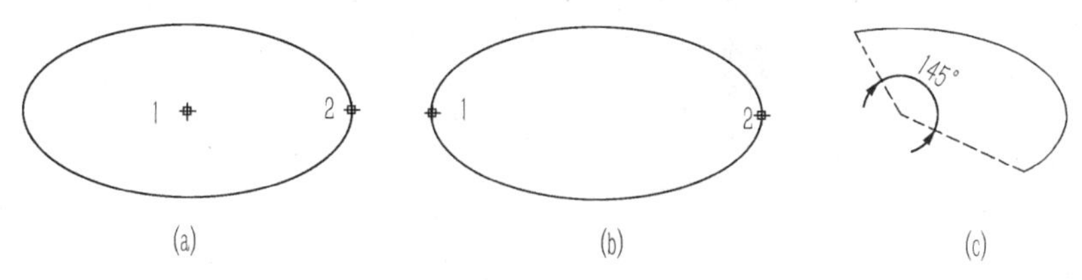

图 4-47　椭圆的不同画法

4.3.8　绘制点对象

点可以作为捕捉对象的节点。可以指定点的全部三维坐标。如果省略 *Z* 坐标值，则假定为当前标高。作为节点或参照几何图形的点对象可用于对象捕捉和相对偏移。更重要的是，利用点命令可以将指定的线段定数等分或定距等分。

在菜单栏中的“绘图”→“点”中，提供了 4 种画点的方法(图 4 -48)。

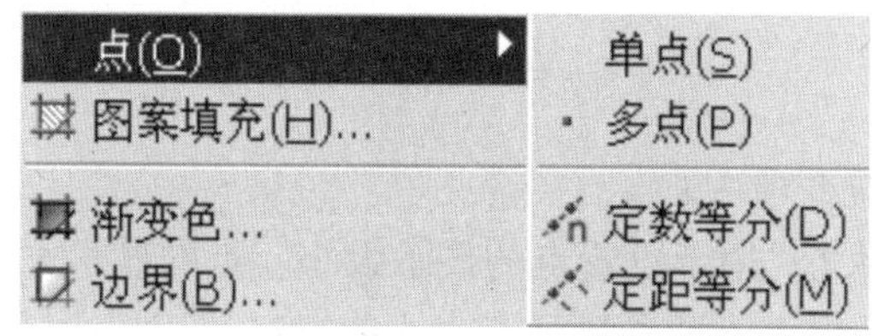

图 4-48　“点”子菜单

- 单点：画单个点，命令自行结束。
- 多点：连续画多个点。
- 定数等分：将所选对象等分为指定数目的相等长度。
- 定距等分：将所选对象按指定的长度进行等分。

4.3.8.1　单点和多点

1. 作用

单点 point 和多点 point(po)命令分别用于绘制单个点和连续多个点。

2. 启动命令方式

工具栏：“绘图”→ 。

菜单：“绘图”→“点”→“单点”或“多点”。

命令行：point (po)。

点对象的外观由 PDMODE 和 PDSIZE 系统变量控制。PDMODE 控制点的显示样式，PDSIZE 控制点图形的大小。用下列两种方式之一可以调出“点样式”对话框(图 4 -49)。

在菜单栏中，选择“格式”→“点样式”；

在“命令”提示下，输入“ddptype”后按回车键。

“点样式”对话框各部分说明如下：

(1)点样式图标。对话框上部的点样式图标用于指定点对象在工作区的样式。点样

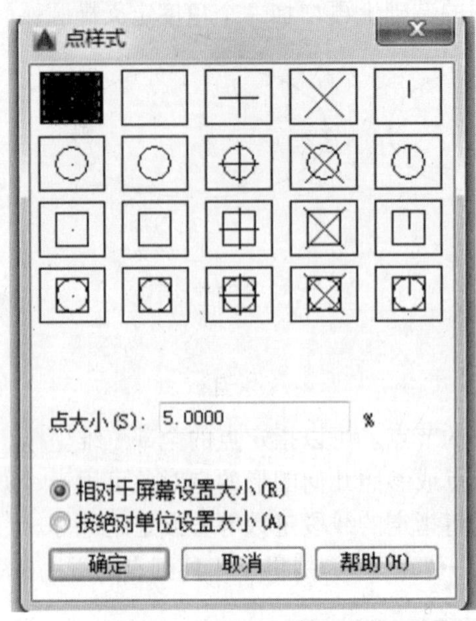

图 4-49 “点样式”对话框

式存储在 PDMODE 系统变量中。

(2)点大小 。“点大小”用于设置点的显示大小。点的显示大小存储在 PDSIZE 系统变量中。AutoCAD 2016 提供了两种显示点大小的方法：

①“相对于屏幕设置大小”：按屏幕尺寸的百分比设置点的显示大小。当进行缩放时，点的显示大小并不改变。

②“按绝对单位设置大小”：按“点大小”下指定的实际单位设置点显示的大小。进行缩放时，显示的点大小随之改变。

4.3.8.2 定数等分

1. 作用

“定数等分”命令可以将所选对象等分为指定数目的相等长度。在对象上按指定数目等间距创建点或插入块。这个操作并不将对象实际等分为单独的对象，它仅仅是标明定数等分的位置，以便将它们作为几何参考点。

2. 启动命令方式

菜单：“绘图”→“点”→“定数等分”。

命令行：divide (div)。

3. 操作步骤与选项说明

执行定数等分后，命令行显示如下提示：

①选择要定数等分的对象:(使用对象选择方法选定对象。)

②输入线段数目或［块(B)］:(选择输入线段数目或放置块。)

4. 示例

绘制如图 4 - 50 所示的直线，用“定数等分”命令将其分成 5 等分。操作步骤如下：

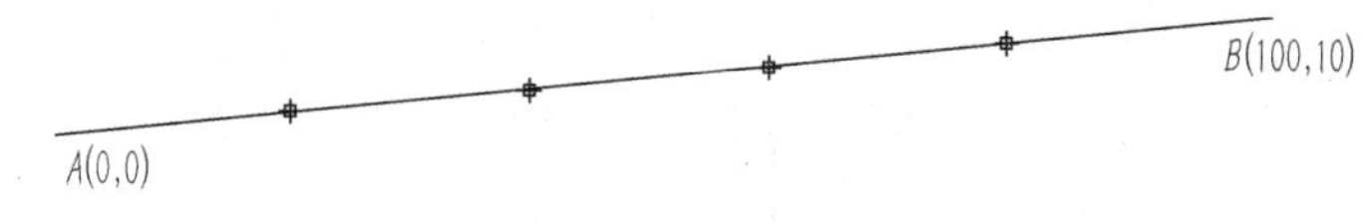

图 4-50 定数等分直线

①按图 4 – 50 所示坐标画直线。

②命令：_divide

③选择要定数等分的对象：（执行“绘图”→“点”→“定数等分”命令后，再选择直线。）

④输入线段数目或［块(B)］：5 （命令自行结束。）

4.3.8.3 定距等分(measure)

1. 作用

“定距等分”命令可以在所选对象上按指定长度等间距创建点或插入块。

2. 启动命令方式

菜单：“绘图”→“点”→“定距等分”。

命令行：measure（me）。

3. 操作步骤与选项说明

执行“定距等分”命令后，命令行显示如下提示：

①选择要定距等分的对象：（使用对象选择方法选定对象。）

②输入线段长度或［块(B)］：（选择输入线段长度或放置块。）

4.3.9 绘制构造线和射线

构造线和射线均是无限延伸的直线，但构造线向两个方向无限延伸，射线向一个方向无限延伸，两者均可用作创建其他对象的参照。如构造线可用于查找三角形的中心、准备同一个项目的多个视图或创建临时交点用于对象捕捉。

1. 作用

创建向两端无限延伸的构造线。构造线可以放在三维空间的任何地方。

2. 启动命令方式

工具栏：“绘图”→ 。

菜单：“绘图”→“构造线”。

命令行：xline（xl）。

3. 操作步骤与选项说明

启动构造线命令后，AutoCAD 2016 给出如下提示：

命令：_xline

指定点或［水平(H)/垂直(V)/角度(A)/二等分(B)/偏移(O)］：（可选择指定点或输入选项）

各选项功能如下：

- “指定点”：用无限长直线所通过的两点定义构造线的位置。

●“水平”：创建一条通过选定点与当前 UCS 的 *X* 轴平行的参照线。

●“垂直”：创建一条通过选定点与当前 UCS 的 *Y* 轴垂直的参照线。

●“角度”：按指定角度创建一条参照线。该选项提供两种方法创建构造线。选择一条参考线，指定该条直线与构造线的角度；或者通过指定角度和构造线必经的点来创建与水平轴成指定角度的构造线。

●“二等分”：创建一条参照线，它经过选定的角顶点，并且将选定的两条线之间的夹角平分。

●“偏移”：创建平行于指定基线的构造线。指定偏移距离，选择基线，然后指明构造线位于基线的哪一侧。

构造线对缩放没有影响，并被显示图形范围的命令所忽略。和其他对象一样，无限长线也可以移动、旋转和复制。

4. 示例

绘制如图 4－51 所示的直线 *AB* 和 *BC*，再用构造线命令绘其角平分线。操作步骤如下：

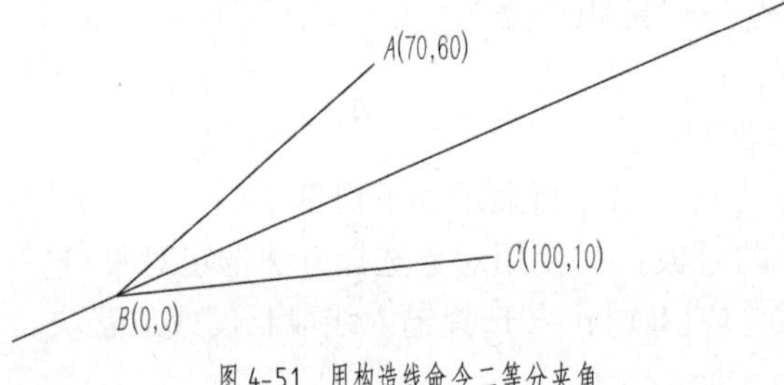

图 4-51　用构造线命令二等分夹角

①绘制直线 *AB* 和 *BC*.

②命令：_ xline

指定点或［水平(H)/垂直(V)/角度(A)/二等分(B)/偏移(O)］：（启动构造线命令后，输入选择“二等分”选项。）

③指定角的顶点：(指定角顶点 B)。

④指定角的起点：(指定角起点 C)。

⑤指定角的端点：(指定角端点 A)。

⑥指定角的端点：(直接回车结束命令)。

4.3.10　创建修订云线

1. 作用

修订云线是由连续圆弧组成的多段线，用于在检查阶段提醒用户注意图形的某个部分(图 4－52)。

2. 启动命令方式

工具栏：“绘图”→ 。

菜单：“绘图”→“修订云线”。

命令行：revcloud 。

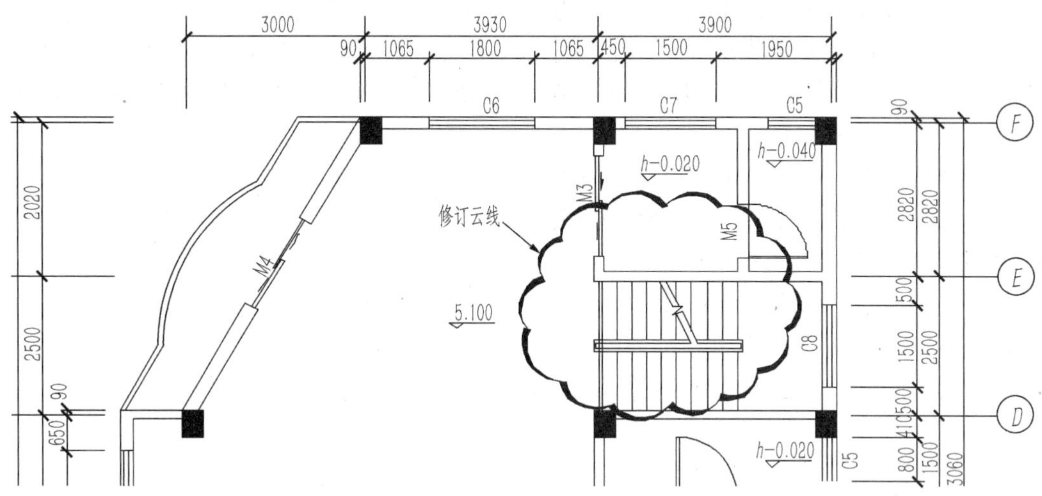

图 4-52 修订云线应用

3. 操作步骤与选项说明

启动修订云线命令后，命令行给出如下提示：

①命令：_ revcloud

最小弧长：15　最大弧长：15　样式：手绘

②指定起点或［弧长(A)/对象(O)/样式(S)］〈对象〉：（可选择指定云线起点或输入选项）

各选项功能如下：

•“弧长”：分别指定云线中最小弧长和最大弧长的长度。最大弧长不能大于最小弧长的三倍。

•“对象”：指定要转换为云线的某一闭合对象(圆、椭圆、多段线或样条曲线)，可以将闭合对象转换为修订云线。

•“样式”：指定修订云线的样式，包括普通(图 4－53a)和手绘(图 4－53b)。

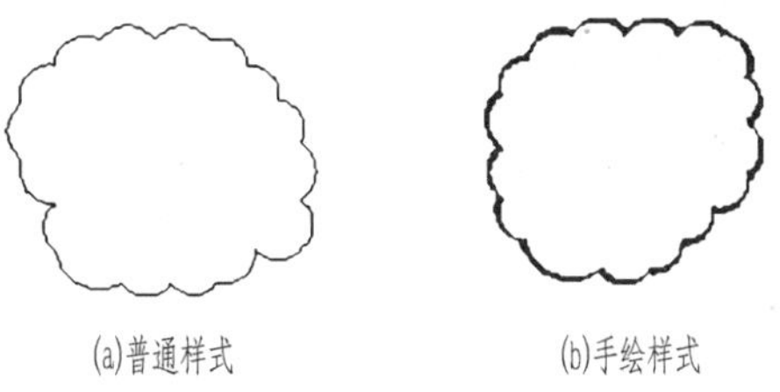

图 4-53 修订云线的样式

4.3.11 徒手画

1. 作用

徒手画(sketch)命令用于创建自由的线条，如图 4－54 所示。徒手画由许多条线段组成。每条线段都可以是独立的对象或多段线。可以设置线段的最小长度或增量。线段越短精度越高，但会明显增加图形文件的大小，建议尽量少使用徒手画命令画图。sketch 命令对于创建不规则边界或使用数字化仪追踪非常有用。绘图空间常用绘图工具条里没有这个图标按钮。

徒手绘图时，定点设备(如鼠标)就像画笔一样。单击定点设备将把“画笔”放到屏幕上，这时可以进行绘图，再次单击将提起画笔并停止绘图。

图 4-54　徒手画 sketch 命令的应用

2. 启动命令方式

命令行：sketch。

3. 操作步骤与选项说明

启动“徒手画”命令后，命令行给出如下提示：

①记录增量〈1.0000〉：（指定距离或按 ENTER 键选用默认值 1.0000。）

②徒手画。[画笔(P)/退出(X)/结束(Q)/记录(R)/删除(E)/连接(C)]：（在工作区单击鼠标开始徒手画，或输入选项。）

各选项含义如下：

•“记录增量”：记录的增量值定义直线段的长度。定点设备移动的距离必须大于记录增量才能生成线段。

•“画笔(P)”：(拾取按钮)提笔和落笔。在用定点设备选取菜单项前必须提笔。

•“退出(X)”：记录及报告临时徒手画线段数并结束命令。

•“结束(Q)”：放弃从开始调用“徒手画”命令或上一次使用“记录”选项时所有徒手画临时线段，并结束命令。

•“记录(R)”：永久记录临时线段，不改变画笔的位置，也不退出“徒手画”命令。

•“删除(E)”：删除临时线段的所有部分，如果画笔已落下则提起画笔。

•“连接(C)”：落笔，继续从上次所画的线段的端点或上次删除的线段的端点开始画线。

•“.”：(句点) 落笔，从上次所画的直线的端点到画笔的当前位置绘制一条直线，然后提笔。

4.3.12　绘制二维填充

1. 作用

“二维填充”命令用于创建实体填充的三角形和四边形。

2. 启动命令方式

菜单：“绘图”→“建模”→“二维填充”。

命令行：solid。

3. 操作步骤与选项说明

启动“二维填充”命令后，AutoCAD 2016 给出如下提示：

①命令：_ solid 指定第一点。

②指定第二点。

③指定第三点。

④指定第四点或〈退出〉。

依次指定多边形的角点。如果在“指定第四点”提示下按回车键将提示创建一个填充三角形；在“指定第四点”提示下指定第四点，程序将创建一个四边形。

4. 示例

用“二维填充”命令绘制如图 4－55 所示的图形。操作步骤如下：

①命令：SOLID。

②指定第一点：（指定点 1。）

③指定第二点：（指定点 2。）

④指定第三点：（指定点 3。）

⑤指定第四点或〈退出〉：（指定点 4。）

⑥指定第三点：（指定点 5。）

⑦指定第四点或〈退出〉：（指定点 6）

⑧指定第三点：（指定点 7。）

⑨指定第四点或〈退出〉：（按回车键画三角形。）

⑩指定第三点：（按回车键结束命令。）

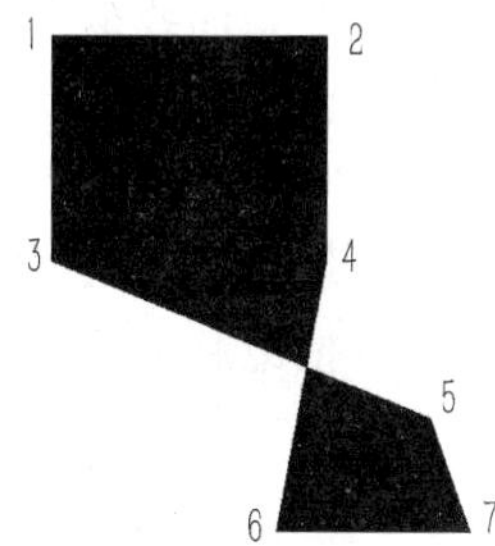

图 4-55　二维填充

4.3.13　绘制样条曲线

1. 作用

样条曲线 PEDIT 命令用于创建样条曲线。样条曲线是经过或接近一系列给定点的光滑曲线，可以控制曲线与点的拟合程度。可以使用以下两种方法创建样条曲线。

(1)使用样条曲线命令创建样条曲线，即 NURBS 曲线(非一致有理 B 样条曲线)。

(2)使用 PEDIT 命令的“样条曲线”选项创建样条曲线。

样条曲线 PEDIT 命令在指定的公差范围内把光滑曲线拟合成一系列的点。还可以将样条曲线拟合多段线转换为真正的样条曲线。

2. 启动命令方式

工具栏：“绘图”→ 。

菜单：“绘图”→“样条曲线”。

命令行：spline(spl)。

3. 操作步骤与选项说明

启动“样条曲线”命令后，命令行给出如下提示：

　　指定第一个点或[对象(O)]：

该命令各选项含义如下：

“指定第一点”：执行“指定第一个点”选项，命令行给出如下提示：

指定下一点：

输入点直到完成样条曲线的定义为止。输入两点后，显示以下提示：

指定下一点或［闭合(C)/拟合公差(F)］〈起点切向〉：

上述提示中各选项含义如下：

•“指定下一点 ”：连续地输入点将增加附加样条曲线线段，直到选定其他选项。直接按回车键将执行“起点切向”选项。

•“闭合”：将最后一点定义为与第一点一致并使它在连接处相切，闭合样条曲线。命令行将提示用户指定一点来定义切向矢量。

•“拟合公差”：公差表示样条曲线拟合所指定的拟合点集时的拟合精度。公差越小，样条曲线与拟合点越接近。公差为 0，样条曲线将通过该点。在绘制样条曲线时，可以改变样条曲线拟合公差以查看效果。“拟合公差”选项可修改拟合当前样条曲线的公差，根据新公差以及现有点重新定义样条曲线。不管选定的是哪个控制点，被修改的公差会影响所有控制点。

•“起点切向”：用于定义样条曲线的第一点的切向。执行该选项后，将提示用户：

指定起点切向：

指定点或按回车键确定起点切向后，将提示用户：

指定端点切向：

端点切向提示指定样条曲线最后一点的切向。指定点或按回车键确定端点切向，命令结束。

•“对象”：“对象”选项用于将二维或三维的二次或三次样条拟合多段线转换成等价的样条曲线并删除多段线(取决于 DELOBJ 系统变量的设置)。

4. 示例

用“样条曲线”命令绘制如图 4－56 所示雨伞，操作步骤如下：

①用“圆弧”命令绘制半圆弧；用“样条曲线”命令绘制如图 4－56a 所示的样条曲线(图中所标数字为选定点的顺序)。“拟合公差”设置为 0。

②用“样条曲线”命令绘制如图 4－56b 所示的样条线。此处要用到“对象捕捉”中的“捕捉到最近点”，以保证新建的竖向样条曲线相交于横向样条曲线。

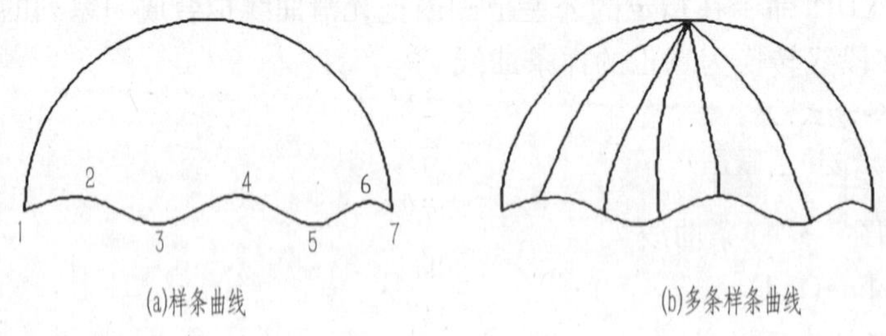

图 4-56　雨伞伞蓬的绘制

4.3.14　绘制多线

多线由 1 至 16 条平行线组成。这些平行线称为元素。

1. 启动命令方式

菜单："绘图"→"多线"。

命令行：mline(ml)。

2. 操作步骤与选项说明

启动"多线"命令后，显示如下提示：

当前设置：对正 = 上，比例 = 20.00，样式 = STANDARD。

指定起点或［对正(J)/比例(S)/样式(ST)］：

各选项含义如下：

①"指定起点"：用于指定多线的顶点。执行该选项后，显示如下提示：

指定下一点：

多线命令的操作与"直线"命令相似，如果指定两点，则提示将包括"放弃(U)"选项，如果指定了两点以上，提示将包括"闭合(C)/放弃(U)"选项，即：

指定下一点或［闭合(C)/放弃(U)］：

②"对正"：用于确定将在光标的哪一侧绘制多线，或者是否位于光标的中心上。提供"上/无/下"三种对正方式。

- "上"是在光标下方绘制多线，因此在指定点处将会出现具有最大正偏移值的直线，如图 4-57a 所示。
- "无"是将光标作为原点绘制多线，"多线样式"命令中"元素特性"的偏移(0.0)将在指定点处，如图 4-57 所示。
- "下"是在光标上方绘制多线，因此在指定点处将出现具有最大负偏移值的直线，如图 4-57 所示。

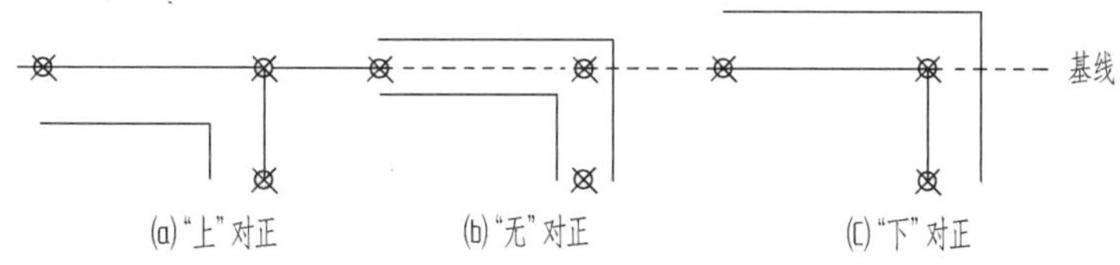

图 4-57 多线的对正方式

③"比例"：用于控制多线的全局宽度。这个比例基于在多线样式定义中建立的宽度。如当比例因子为 2 时，绘制多线的宽度是样式定义的宽度的两倍。从右向左绘制多线时，偏移最小的多线绘制在底部；从左至右绘制多线时，偏移最小的多线绘制在顶部(图 4-58)。如果比例因子为负数时，将翻转偏移线的次序。负比例因子的绝对值也会影响比例。比例因子为 0 将使多线变为单一的直线。

④"样式"：用于指定多线的样式(多线样式见下节)。执行该选项后，给出如下提示：

输入多线样式名或［?］：

样式名用于指定已加载的样式名或创建的多线库文件中已定义的样式名。"?"选项用于列出已加载的多线样式名。

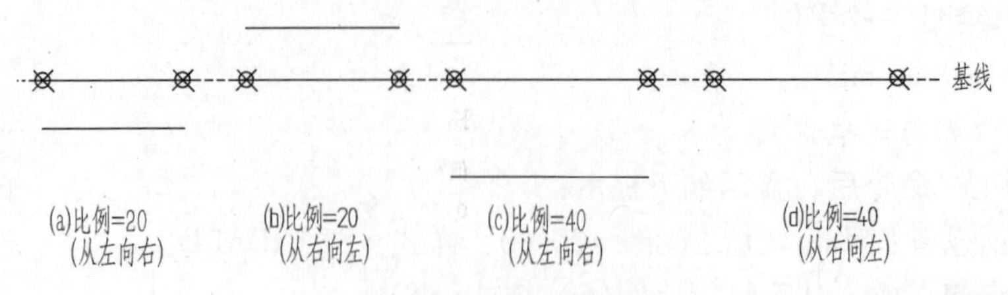

图 4-58 比例和绘图方向对多线的影响（对正 =上）

3. 多线样式

“多线样式”命令用于控制多线元素的数目和每个元素的特性，还控制背景色和每条多线的端点封口。在“格式”下拉菜单中选取“多线样式”选项弹出如图 4 – 59 所示“多线样式”对话框。

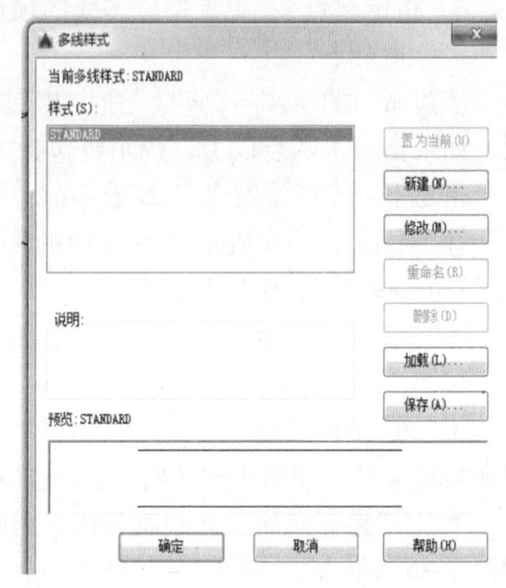

图 4-59 “多线样式”对话框

“多线样式”各选项含义如下：

●“当前多线样式”：显示当前多线样式的名称。在创建多线中用到的默认样式即为 STANDARD 样式。

●“样式(s)”：显示已加载到图形中的多线样式列表。列表中可以包含外部参照的多线样式，即存在于外部参照图形中的多线样式。

●“说明”：显示选定多线样式的说明。

●“预览”：显示选定的多线样式的名称和图像。

●“置为当前”：“置为当前”按钮用于设置创建多线时用到的样式。从“样式”列表中选择一个名称，然后单击 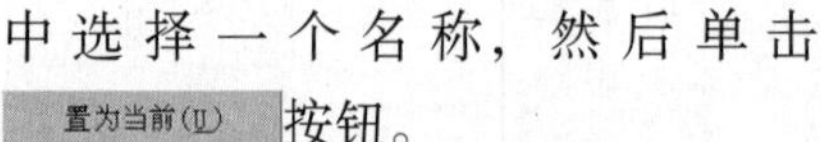 按钮。

●“新建”：可以创建多线的命名样式，以控制元素的数量和每个元素的特性。单击 新建(N)... 按钮，显示“创建新的多线样式”对话框，从中可以创建新的多线样式，如图 4 – 60 所示。

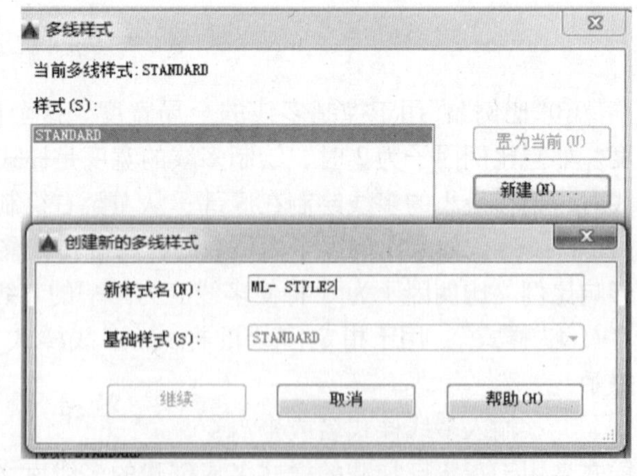

图 4-60 “创建新的多线样式”对话框

在“新样式名”中输入名称，在下拉列表框中选定“基础样式”，按“继续”弹出“修改多线样式”对话框(图 4 – 61)。

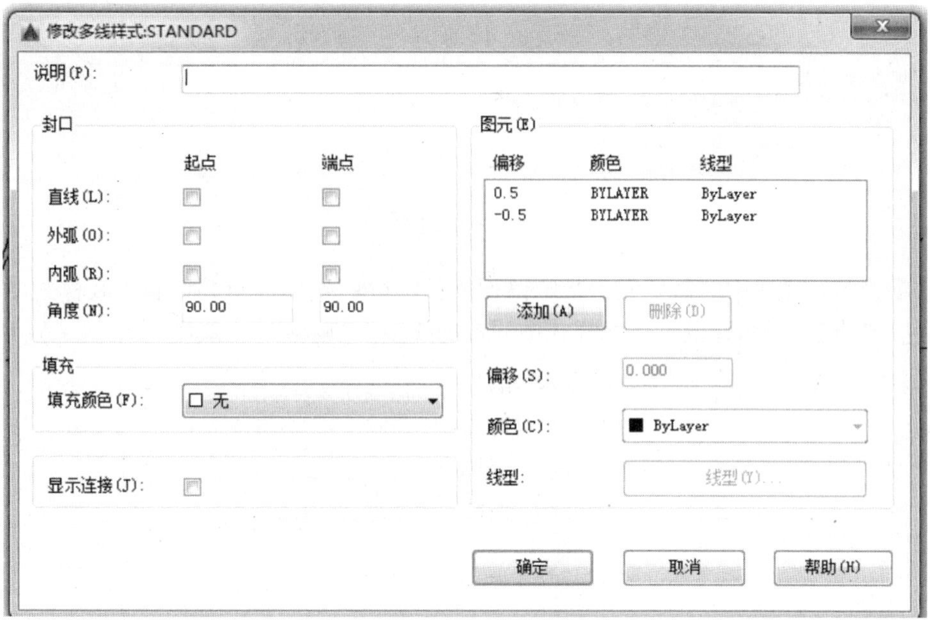

图 4-61 "修改多线样式"对话框

本对话框各选项含义如下：

- "说明"：为多线样式添加说明。最多可以输入255个字符(包括空格)。
- "封口"：用于控制多线起点和端点封口。"直线"显示穿过多线每一端的直线段(图4－62a)；"外弧"显示多线最外端元素之间的圆弧(图4－62b)；"内弧"显示成对内部元素之间的圆弧(图4－62c)；"角度"用于指定端点封口的角度(图4－62d)。

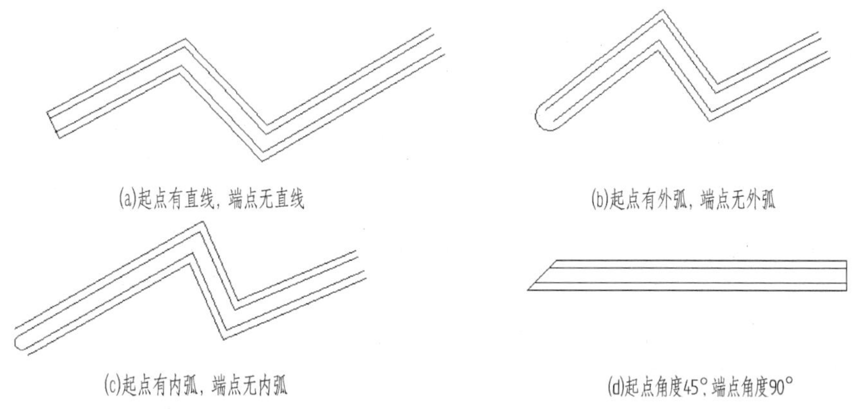

(a)起点有直线，端点无直线

(b)起点有外弧，端点无外弧

(c)起点有内弧，端点无内弧

(d)起点角度45°，端点角度90°

图 4-62 多线封口形式

- "填充"：用于控制多线的背景填充颜色。
- "显示连接"：控制每条多线线段顶点处连接的显示(图4－63)。
- "图元"：用于设置新的和现有的多线元素的偏移、颜色和线型等元素特性。"偏

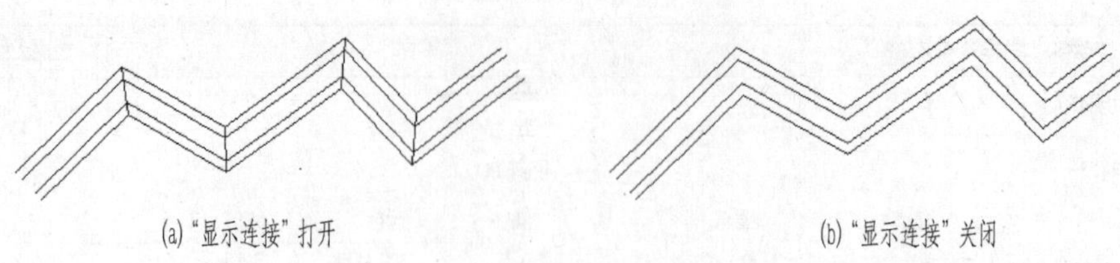

(a)"显示连接"打开　　(b)"显示连接"关闭

图 4-63　显示连接

移"选项为多线样式中的每个元素指定偏移值；"颜色"选项显示并设置多线样式中元素的颜色；"线型"显示并设置多线样式中元素的线型。"偏移"和"线型"如图 4－64 所示。

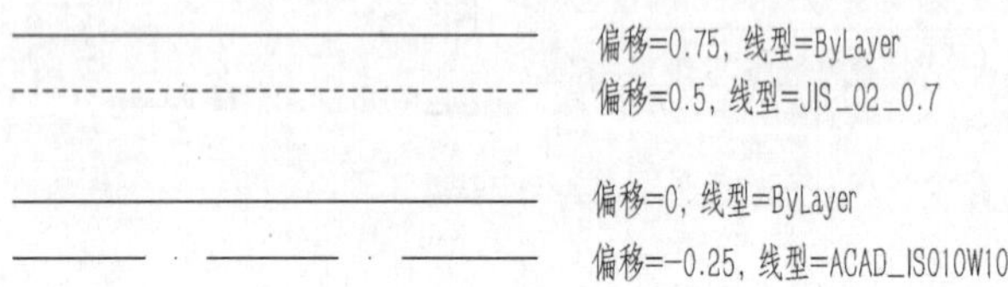

图 4-64　偏移和线型

最多可以为一个多线样式添加 16 个元素。带有正偏移的元素出现在多线段中间的一条线的一侧，带有负偏移的元素出现在该中线的另一侧。

- "修改"：显示"修改多线样式"对话框，从中可以修改选定的多线样式。"修改多线样式"对话框和"新建多线样式"对话框基本相同。
- "重命名"：重命名当前选定的多线样式。
- "删除"：从"样式"列表中删除当前选定的多线样式。此操作并不会删除多线库（MLN）文件中的样式。

4.4　绘图环境设置

设置绘图环境是指在绘制图形前设置决定绘图结果的一些重要参数，比如图形的绘制范围、单位以及一些加快绘图速度的辅助功能等。

为了提高绘图的效率，用户在绘图前可根据绘图的需求、个人的绘图习惯对绘图环境进行设置。

4.4.1　设置绘图区的背景颜色

在 AutoCAD 中，图形绘图区的背景色默认为黑色的。但此颜色是可以改变的，通常我们使用的有黑、白两色。改变背景颜色的步骤如下：

①单击"工具"→"选项"，打开"选项"对话框，切换到"显示"选项卡，如图 4－65 所示。

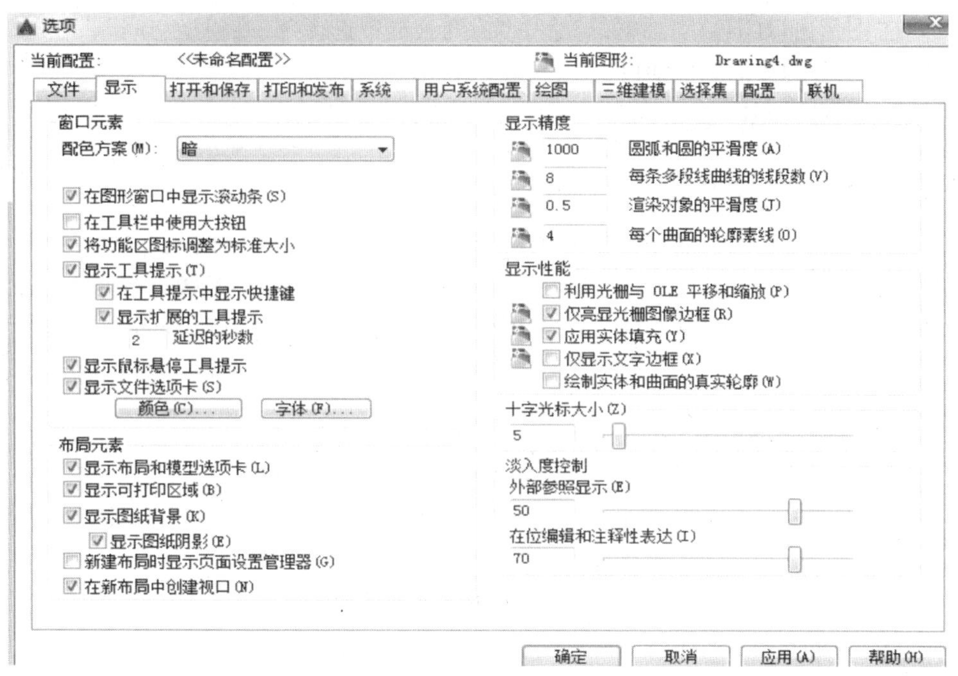

图 4-65 "选项"对话框

②在"窗口元素"选项组中点击［颜色(C)...］按钮弹出"图形窗口颜色"对话框，如图4－66所示。

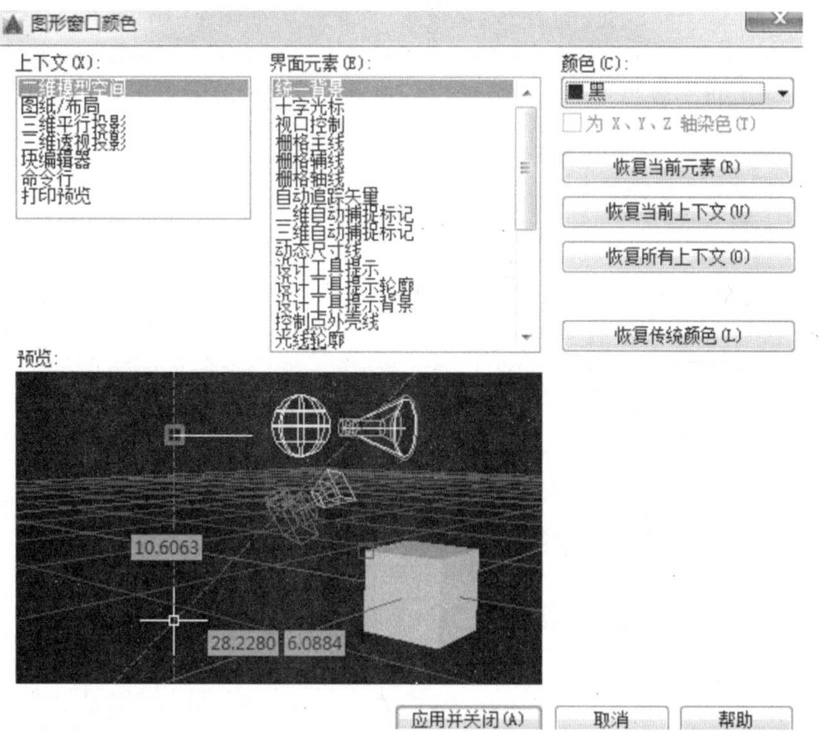

图 4-66 "图形窗口颜色"对话框

③在“图形窗口颜色”对话框的“上下文”列表框中选择“二维模型空间”，在“颜色”下拉列表中选择想要的颜色即可。

④单击 应用并关闭(A) 按钮，完成绘图区背景色的设置。

4.4.2 设置显示的线宽

在工程制图中，图形的线宽是有相应的国家标准的。为了使我们在 AutoCAD 中绘制的图形效果更接近真实效果，可以在 AutoCAD 中对显示的线宽参数进行修改。

如当前线宽为 0.25 mm(如图 4－67 所示)，要修改线宽为 0.5mm，其操作步骤如下：

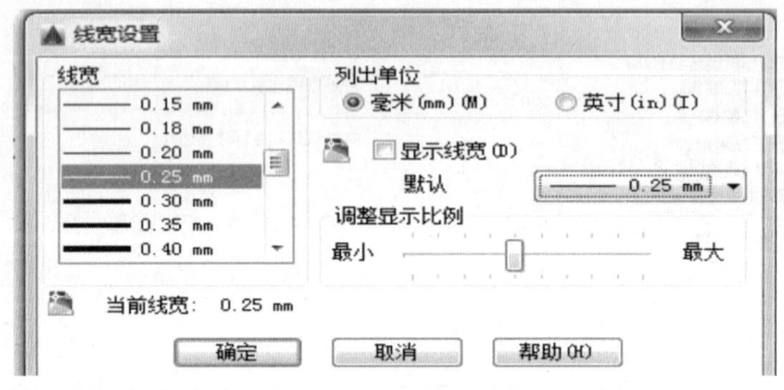

图 4-67 “线宽设置”对话框(“修改前不显示线宽”)

①单击“格式”→“线宽”打开“线宽设置”对话框，如图 4－67 所示。

②选中“显示线宽”复选框，选择所要的线宽，拖动“调整显示比例”到合适位置，单击“确定”按钮完成设置，如图 4－68 所示。这时，绘图空间所有线宽都显示为0.5 mm。

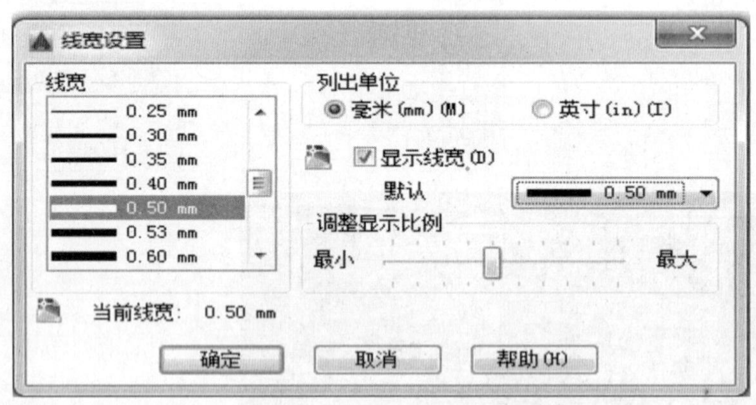

图 4-68 “线宽设置”对话框(修改后)

4.4.3　设置图形单位

在默认状态下，AutoCAD 的图形单位为十进制单位。用户可以根据绘图需要重新设置单位类型和数据精度。

1. 启动命令方式

“格式”菜单→“单位”。

命令行：Units。

2. 操作步骤

启动“图形单位”命令后，出现“图形单位”对话框，如图 4 – 69a 所示。

在该对话框中，用户可以选择当前图形的长度、角度类型以及精度，分别在对话框的“长度”“角度”及其精度下拉列表中选取。

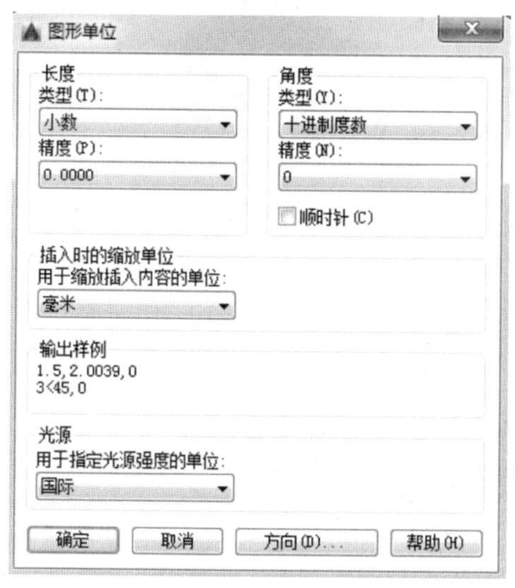

(a)“图形单位”对话框

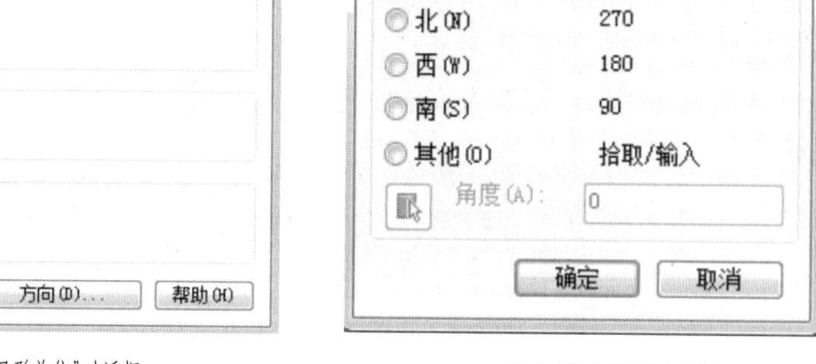

(b)“方向控制”对话框

图4-69

(1)设置长度单位时，“类型”下拉列表框中有如下五个选项可供选择：

- “科学”：科学计数。
- “小数”：十进制单位。这是系统默认的设置。
- “工程”：工程单位。数值单位为英尺、英寸，英寸用小数表示。
- “建筑”：建筑单位。数值单位为英尺、英寸，英寸用分数表示。
- “分数”：分数单位。小数部分用分数表示。

(2)设置角度单位时，“类型”下拉列表框有如下五个选项可供选择：

- “十进制度数”：是系统的默认单位，如 90°、270°等。
- “度/分/秒”：按六十进制划分。
- “弧度”：用弧度表示，180° = π 。
- “勘测单位”：勘测角度。角度从正北方向开始测量。

• “百分度”：AutoCAD 规定在百分度格式中，直角为 100°。

(3)在“精度”下拉列表框，设置长度或角度的精度。当我们对长度、角度单位及其精度进行设置之后，状态栏上的坐标值会发生相应的变化。

(4)在“图形单位”对话框下部有一个“方向”按钮，单击它可以打开“方向控制”对话框，如图4－69b 所示。用户可以在此设置角度测量的起始位置。

4.4.4 设置栅格和捕捉

在工程制图中，一般要求图形的尺寸准确。AutoCAD 所提供的捕捉模式、栅格显示、正交模式、对象捕捉及对象捕捉追踪等一些绘图辅助功能就是帮助我们精确绘制图形的有力工具。

栅格是一种可见的位置参考图标，它类似于坐标纸，是用户可以调整控制但不能打印出来的一些点所构成的精确的网络，如图 4－70 所示。把栅格和捕捉结合起来使用，能大大加快我们绘图的速度和精度。

图 4-70　栅格的显示

1. 栅格的显示

AutoCAD 只在绘图界限内显示栅格，所以栅格的显示和我们设置的图形界限的大小有关。使用栅格可以很直观地显示对象之间的间距，如图 4－71 所示。在绘图过程中可以随时打开或关闭栅格。当放大或缩小图形时，需要重新调整栅格的间距，以适合新的缩放比例。

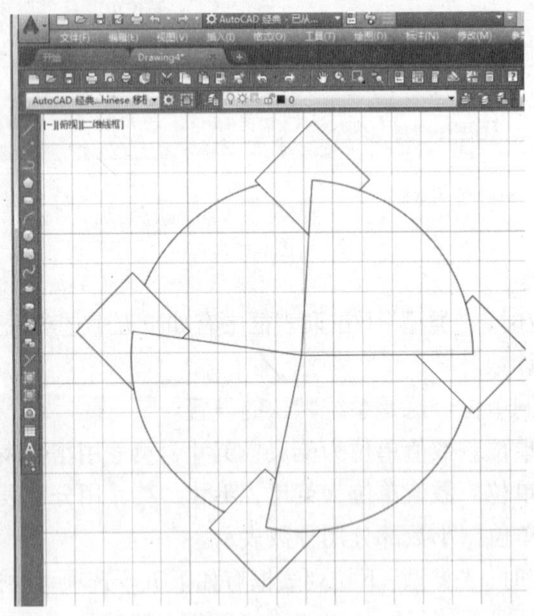

图 4-71　显示栅格

打开栅格显示的方法有以下几种：

• 单击状态栏上的“栅格”按钮，如图4－70 所示。如果“栅格”按钮为蓝色，表示已打开栅格显示，再次单击可以关闭栅格显示。

- 按下快捷键 F7，可以在显示与关闭栅格之间切换。
- “工具”→“绘图设置”，在“草图设置”对话框的“捕捉和栅格”选项卡中，选中“启用栅格”复选框，然后单击“确定”按钮。
- 使用 Ctrl + G 组合键。
- 在命令行输入 Grid 命令，在提示下输入“ON”显示栅格，输入“OFF”则关闭栅格。
- 在命令行中输入 Gridmode 命令，在提示下输入变量值 1 显示栅格，0 则不显示栅格。

2. 栅格间距的设置

栅格间距可以调整。栅格就像一张坐标纸，我们可以调整它的间距，以方便作图，达到精确绘图的目的。栅格间距设置操作见图 4 - 72“草图设置”对话框中“栅格间距”调整区。

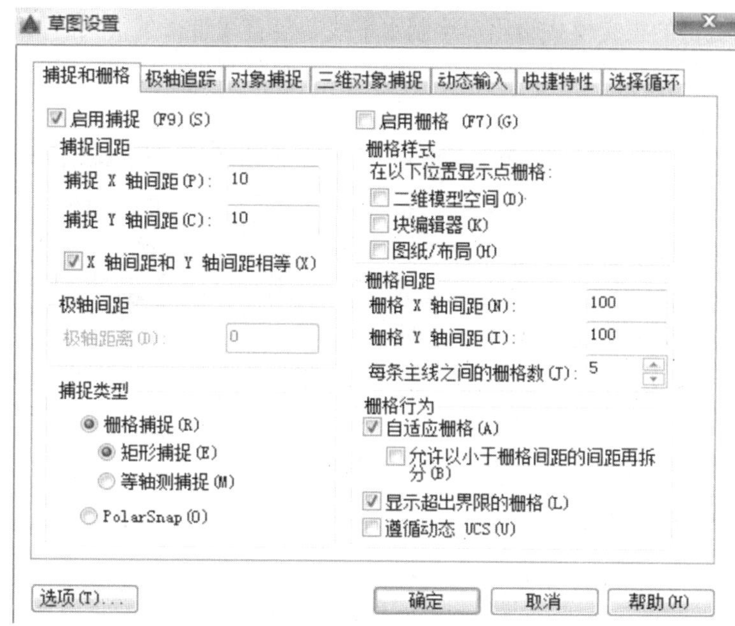

图 4-72 “草图设置”对话框

“草图设置”对话框左下部的“捕捉类型”选项组用来设置捕捉类型：

“栅格捕捉”单选按钮用来控制栅格捕捉的类别。其中：

- “矩形捕捉” 设置平面图栅格捕捉方式。
- “等轴测捕捉” 设置等轴测图栅格捕捉方式。
- “PolarSnap”单选按钮用来控制极坐标捕捉。

3. 设置栅格捕捉

栅格只是提供给我们一个作图的坐标背景，而捕捉(Snap)则是控制鼠标移动的工具。捕捉功能用来设定鼠标移动的步长值，从而使光标在绘图区中 X 方向或 Y 方向的移动总是成步长的倍数，从而提高我们作图的精确度和效率。

一般情况下，栅格和捕捉是配合使用的，捕捉和栅格的值设置是成倍数的。例如：栅格的 X 轴值设为 10，那捕捉的 X 值一般设为 5、10、20 等，以便鼠标能精确捕捉到相应的坐标。

当我们把捕捉打开时，就会发现鼠标的移动是有规律的，只会落在我们设置的捕捉间距相应的坐标上。

捕捉间距的设置也在“草图设置”对话框中完成，设置的方式与栅格的设置相同。

完成捕捉间距的设置后就可以使用捕捉了。打开或关闭捕捉方式的方法有：

- 单击状态栏上的捕捉按钮。系统默认捕捉是关闭的，当按钮陷下时为打开捕捉状态。
- 按 F9 功能键在开/关捕捉状态下切换。

4.4.5 正交模式的设置

AutoCAD 提供的正交模式给用户绘制水平线、竖直线带来了很大的便利。在正交模式下绘制的直线不是水平的就是竖直的，绘制起来十分简单。

启动正交模式的方法：

- 单击状态栏上的正交模式按钮，按钮变蓝色为正交模式被打开，若为白色则关闭，如图 4－73 所示。

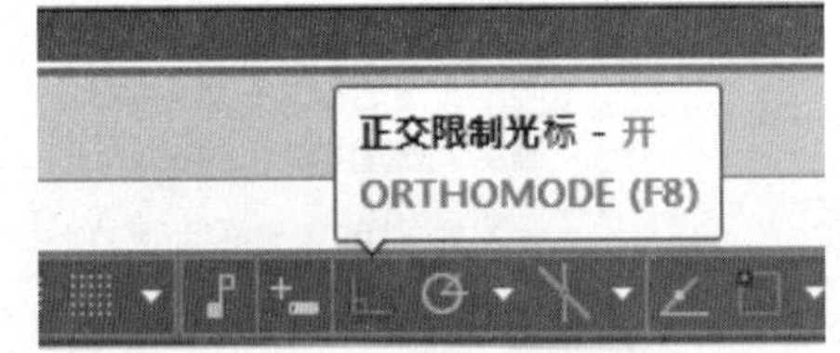

图 4-73 正交显示

- 在命令提示区中输入命令 Ortho 并回车，在提示中输入 ON 为打开正交模式，输入 OFF 为关闭正交模式。
- 按下功能键 F8，循环改变正交打开或关闭状态。
- 修改系统变量 Orthomode 的值，0 是正交模式关闭状态，1 为打开状态。

4.4.6 线型的设置

线型是指在绘图时所使用的线型。在绘图过程中要用到不同的线型，例如虚线、点画线等。默认状态下线型为“Continuous”（实线型），因此我们要根据实际情况修改线型，还可设置线型比例以显示虚线和点画线。

设置线型的具体步骤如下：

①从菜单中选择“格式”下“线型”命令，弹出“线型管理器”对话框，如图 4－74 所示。

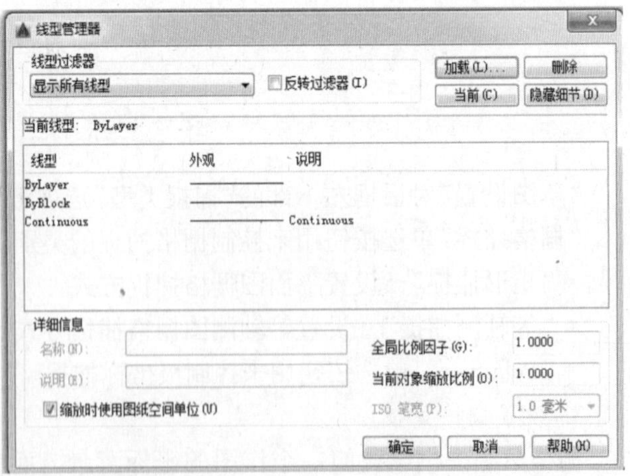

图 4-74 “线型管理器”对话框

单击该对话框右上角的“显示细节”按钮可将线型设置的参数显示出来。

②在“线型管理器”对话框中单击“加载”按钮弹出“加载或重载线型”对话框，如图4－75所示。

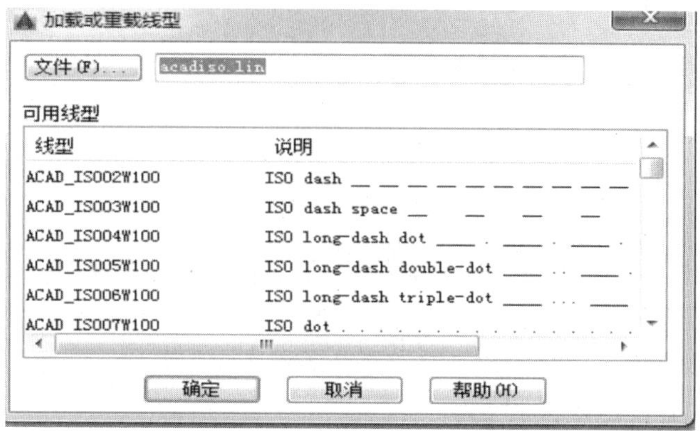

图4-75　“加载或重载线型”对话框

③在对话框的列表中可选择需要的线型，选择完成后按“确定”按钮完成选择，回到“线型管理器”对话框。

④“线型管理器”在对话框右下角的“全局比例因子”文本框中可输入线型的缩放比例值。此比例值用于调整虚线和点画线的线段长度与空格的比例(注意，在此对话框中要点开“显示细节”对话框，“全局比例因子”文本框才可见)。

⑤单击“确定”按钮完成线型的设置。

4.4.7　图层的管理

在绘制较复杂的图形时，用户应使用图层来管理、组织图形。在绘制图形前先设置好图层，不同的对象放置在不同的图层中，对象的所有的属性都随当前的图层，以方便对图形的管理与修改。

1. 认识图层

一个图形对象除了具备几何特性外，还包括一些非几何的特性，例如对象的颜色、线型、线宽等。AutoCAD要存储这些特性信息都必须占用一定的存储空间。如果在一张图纸上含有大量具有相同颜色、线型的对象时，AutoCAD就会重复存储这些数据，从而使图形占用空间急剧膨胀。

为了解决这个问题就引入了图层这个概念。我们把图层想像成一张张透明的图纸，可以在不同的透明纸上分别绘制不同的实体，然后将这些透明的图层叠加起来，从而得到最终所要的图形。图4－76就是假想在不同的图层上绘制了两个图形，图4－77就是这两个图层上的图形叠加之后的效果。

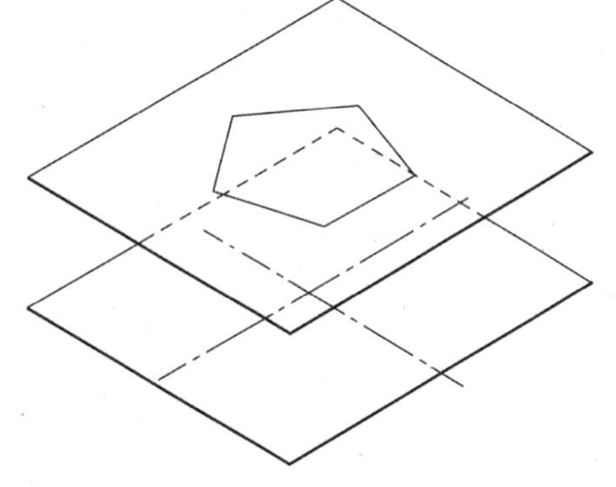

图4-76　假想在不同图层上绘制图形

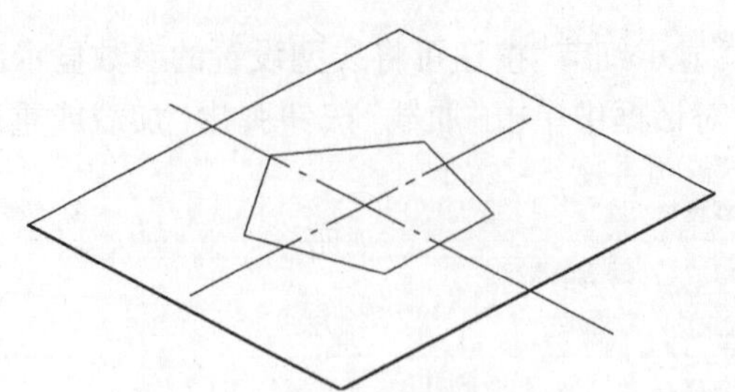

图 4-77　图形叠加之后的效果

在 AutoCAD 中，图层是用图层名来标识的。在同一个文件中，图层名是唯一的，在不同的图层中设置不同的颜色有助于区分图形中的对象。AutoCAD 允许建立无限多个图层。用户可以根据需要建立图层，并给每个图层相应的名称、线型、颜色等。图层的运用可以大大提高作图的质量和效率。

2. 图层的控制

在 AutoCAD 中，对图层的控制包括设置建立新图层、删除已有的图层、设置当前图层、为图层设置相应的属性、控制图层的状态等。

在 AutoCAD 中，正在使用的图层称为当前图层。我们所绘制的图形都在当前图层。如果想在别的图层上绘制图形，必须更换当前图层。

如需对图层进行控制，可通过“图层特性管理器”对话框进行。打开“图层特性管理器”对话框的方法有：

- 单击“图层”工具栏中的“图层”按钮 。
- 选择“格式”→“图层”命令。
- 在命令行中输入命令 Layer，并回车。

命令执行之后，将打开如图 4－78 所示的“图层特性管理器”对话框。

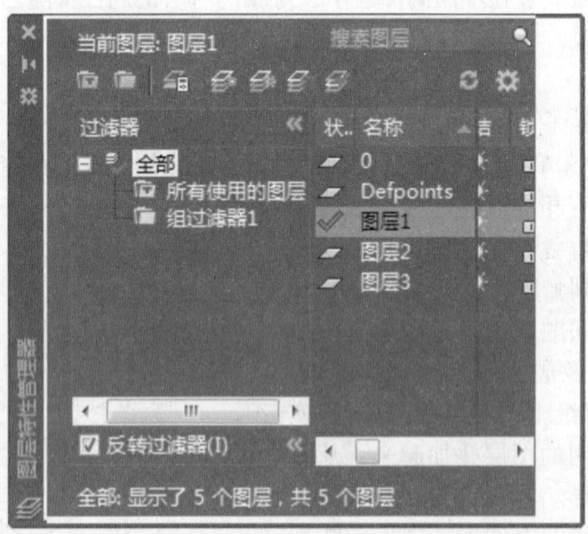

图 4-78　“图层特性管理器”对话框

在此“图层特性管理器”对话框中，用户可以建立新的图层、删除已有的图层、转换当前图层及有关图层属性的设置。

此对话框中各按钮的作用如下：

“新建特性过滤器”按钮：如图4－79所示。单击后显示“图层过滤器特性”对话框，从中可以基于一个或多个图层特性创建图层过滤器。

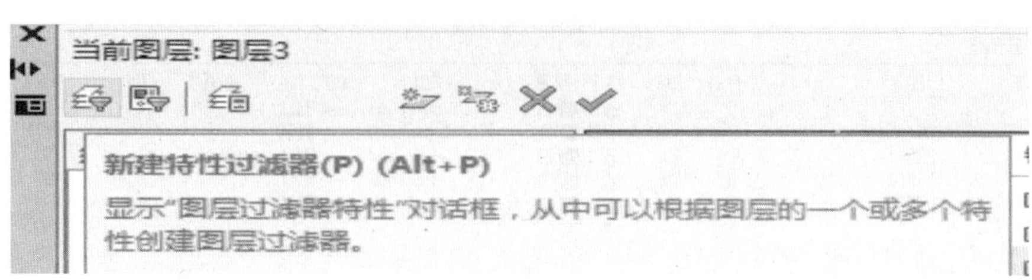

图4-79　图层特性管理器中“新建特性过滤器”按钮

• “创建一个图层过滤器”按钮：在此，用户将选定的图层添加到过滤器中从而创建一个新的图层过滤器。

• “图层状态管理器”按钮：单击后出现“图层状态管理器”对话框。在此对话框中用户可以将图层当前的属性设置保存到命名图层状态中，以后可以再恢复这些设置。

• “创建新图层”按钮：单击后用户将创建一个新的图层。我们可以将该图层命名（系统支持中文图层名）。新图层将继承图层列表中当前选定的图层的特性（包括颜色、线型等）。

• “冻结视窗”按钮：单击该按钮，将创建在所有视口中都被冻结的新图层视口。

• “删除图层”按钮：单击该按钮将删除当前选定的图层。

• “置为当前”按钮：单击该按钮，将当前选定的图层设置为当前图层。

3. “图层过滤器特性”对话框

单击“图层特性管理器”中的“新建特性过滤器”图标按钮，会出现如图4－80所示的“图层过滤器特性”对话框。该对话框各选项的功能如下：

• “过滤器名称”：用户在此输入新的图层过滤器的名称。

• “过滤器定义”：在此设置过滤器所包含图层的属性，如显示所有正在使用的且颜色为黄色的图层。各项的含义：

状态：在此可以选择“正在使用”图标或“未使用”图标。

名称：输入所要选择的图层。在此可以使用通配符，例如，输入 * anno * ，即所有包含了“anno”的图层。

开：选择“开”或“关”图标。

冻结：可选择“冻结”或“解冻”图标。

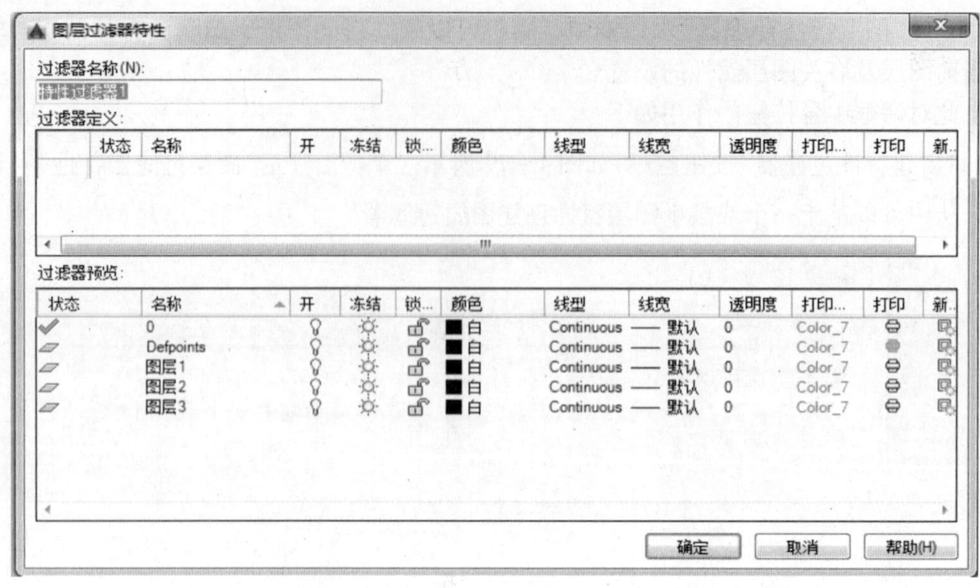

图 4-80 "图层过滤器特性"对话框

锁定：可选择"锁定"或"解锁"图标。

颜色：可选择图层的颜色。

线型：可选择图层的线型。

4. 新建图层与设置当前图层

(1)新建图层。在绘图过程中，可以随时建立新的图层，并可改变图层的属性。创立新图层：单击"图层特性管理器"中的"创建新图层"按钮，在"图层特性管理器"中就会产生一个新的图层，如图 4－81 所示。

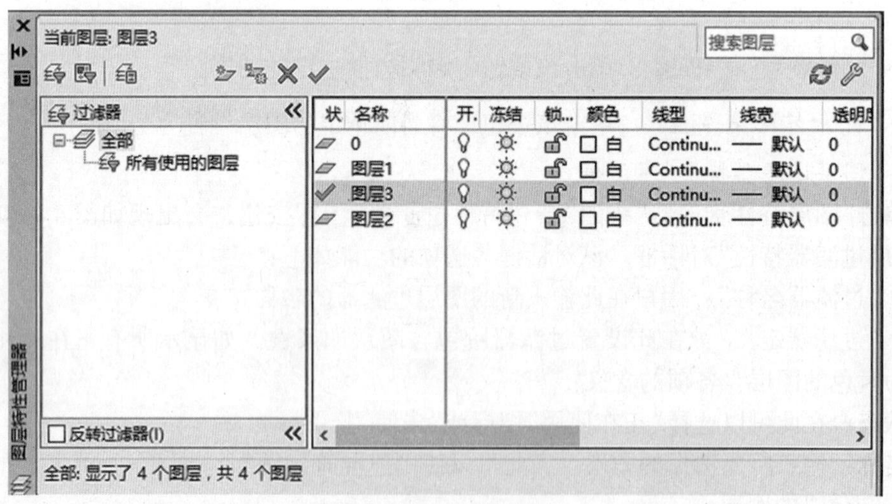

图 4-81 "图层特性管理器"对话框

(2)设置当前图层。用户只能在当前图层中绘制图形，在绘图过程中可以随时变化当前图层，如图 4 - 82 所示。设置当前图层的方法有：

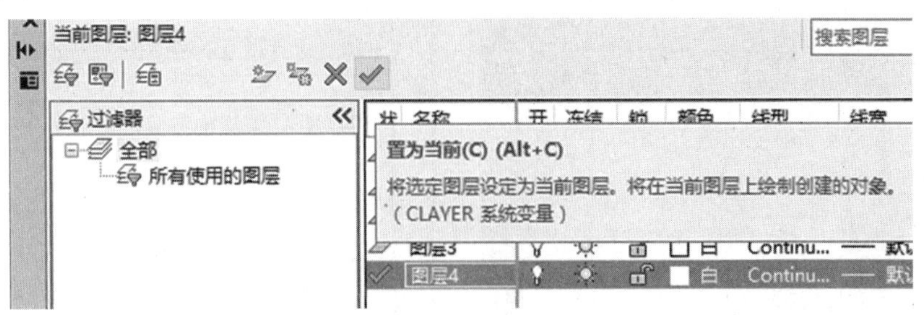

图 4-82　设置当前图层

• 在“图层特性管理器”对话框图层列表中，选择要置为当前的图层，然后点击“置为当前”图标。

• 单击“图层”工具栏中将对象置为当前的按钮，然后选择某个图形对象，即可把该对象所在的图层设为当前层。

(3)图层属性设置

• 颜色的设置：为了方便图形的编辑，建议用户将不同的图层设置为不同的颜色。图层颜色的设置方法如下：

①在“图层特性管理器”对话框的图层列表中选择要设置颜色的图层。

②点击“图层特性管理器”中的“颜色”图标，可打开“选择颜色”对话框，选择所需的颜色再按“确定”按钮即可。

• 线型的设置：在默认的情况下，图层的线型为实线。AutoCAD 允许用户为图层设置不同的线型。AutoCAD 提供了多种线型，全部存放在 acad. lin 和 acadiso. lin 文件中。用户使用之前必须将所需的线型加载到当前的图形中以便使用。加载线型的方法如下：

在“图层特性管理器”对话框线型列中选择任一个图层都会弹出“选择线型”对话框，如图4 - 83 所示。同样，在“图层特性管理器”对话框线宽列中任选一个图层都会弹出“线宽”对话框，如图 4 - 84 所示。

图 4-83　“选择线型”对话框

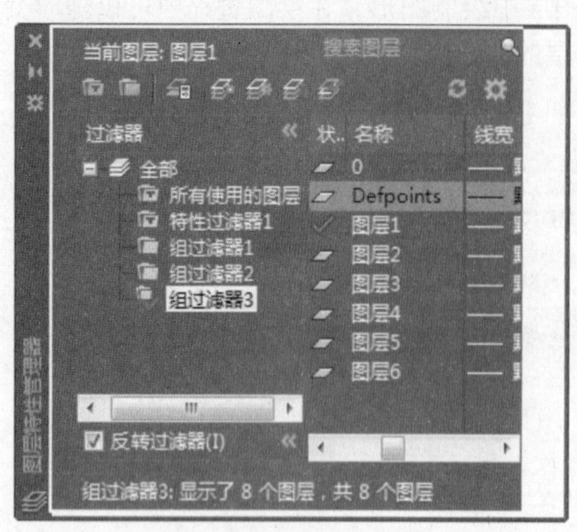

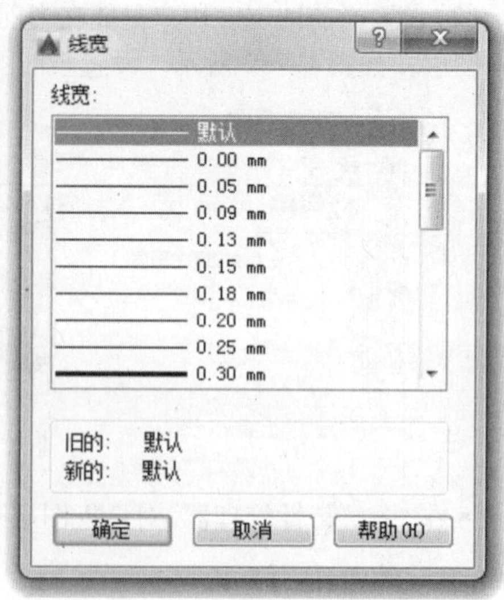

图 4-84 “线宽”对话框

(4)图层状态的控制

打开“格式”下拉菜单，在“图层工具”子菜单里选取所需的选项，如图4－85所示。

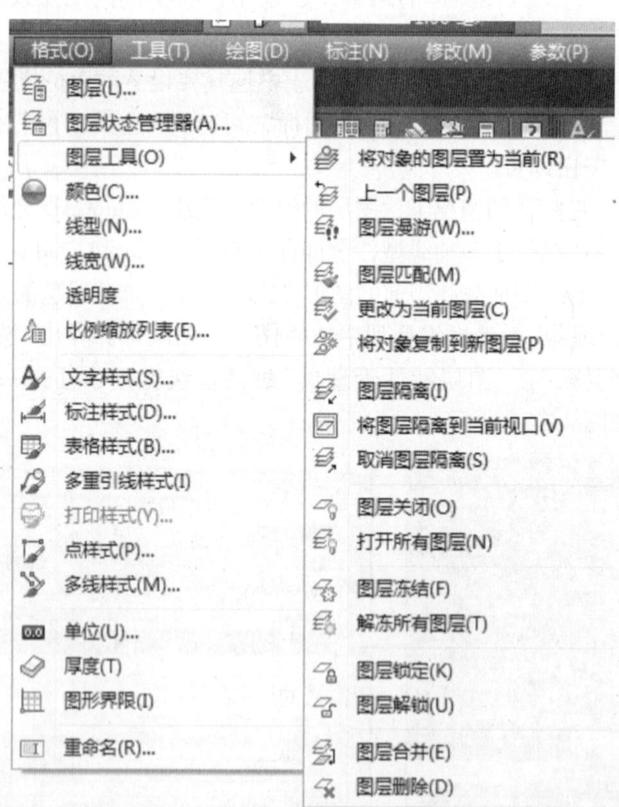

图 4-85 图层状态的控制

4.5　目标对象的捕捉与自动追踪

使用 AutoCAD 能够绘制出精确度很高的图形。这是 AutoCAD 绘图的优点之一。为了绘制出高精确度的图形，我们可采用目标对象的捕捉功能及自动追踪功能。

在作图过程中为了方便绘图，常常要将某部分绘图区放大或缩小以便作图，AutoCAD 采用了视图缩放和平移来方便此类操作。

4.5.1　目标对象的捕捉

在绘制工程图时，常常碰到要找寻某个对象的中点、圆心、交点等特殊点的情况。AutoCAD 提供了目标对象捕捉功能，使用户很方便地完成此类操作。

目标对象的捕捉在 AutoCAD 绘图中是一个十分有用的功能，在绘图中时常要用到。它的作用就是利用十字鼠标指针准确定位已存在的实体上的某个特定位置或特定点。例如，我们要找出一个圆的圆心，只要将鼠标靠近圆周，就可以准确定位出圆心来。

1. 设置单一对象捕捉方式

设置单一对象捕捉可以在工具栏上单击鼠标右键，在弹出的菜单中选择 AutoCAD→“对象捕捉”命令打开“对象捕捉”工具栏，如图 4－86 所示。

图 4-86　“对象捕捉”工具栏

“对象捕捉”工具栏的功能如下：

临时追踪点图标按钮：创建对象捕捉时使用的临时捕捉点。

捕捉自图标按钮：从临时参考点偏移到所要捕捉的地方。

捕捉到端点图标按钮：捕捉直线或圆弧等对象的端点。

捕捉到中点图标按钮：捕捉直线或圆弧等对象的中点。

捕捉到交点图标按钮：捕捉直线、圆等实体相交的点。

捕捉到外观交点图标按钮：捕捉在当前视图上看起来相交的点，但实际上两个实体不在同一平面上。

捕捉到延长线图标按钮：捕捉延长线上的点。

捕捉到圆心图标按钮：捕捉圆或圆弧的圆心。

捕捉到象限点图标按钮：捕捉圆或圆弧上的象限点。

捕捉到切点图标按钮：捕捉圆或圆弧的切点。

捕捉到垂足图标按钮：捕捉垂直于直线、圆、圆弧上的点。

捕捉到平行线图标按钮：捕捉与指定线平行的线上的点。

捕捉到插入点图标按钮：捕捉块、文字、外部引用等的插入点。

捕捉到节点图标按钮：捕捉由 POINT 等命令绘制的点。

捕捉到最近点图标按钮：捕捉直线、圆、圆弧等对象上最靠近光标方框中心的点。

无捕捉图标按钮：关闭单一捕捉方式。

对象捕捉设置图标按钮：设置自动捕捉方式。

当命令行中要求输入点时，也可以在绘图区中同时按下 Shift + 鼠标右键打开“对象捕捉”快捷菜单，如图 4 - 87 所示，设置单一的对象捕捉。此快捷菜单上的各功能同上所述。

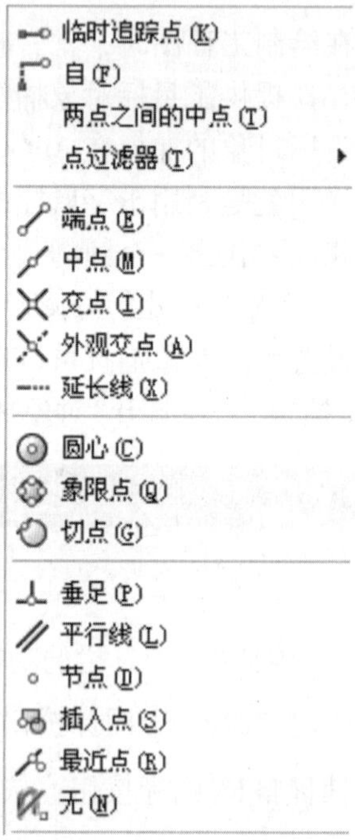

临时追踪点(K)
自(F)
两点之间的中点(T)
点过滤器(T)
端点(E)
中点(M)
交点(I)
外观交点(A)
延长线(X)
圆心(C)
象限点(Q)
切点(G)
垂足(P)
平行线(L)
节点(D)
插入点(S)
最近点(R)
无(N)

图 4-87 “对象捕捉”快捷菜单

2. 设置自动对象捕捉方式

在 AutoCAD 中，使用最方便的捕捉模式是自动捕捉。也即事先设置好一些捕捉模式，当光标移动到符合捕捉模式的对象上时，屏幕上会显示出相应的标记和提示，实现自动捕捉。这样无须再输入命令或者再设置捕捉，可以大大加快绘图速度。

自动对象捕捉可以一次设置多种捕捉方式。但为了制图方便，建议用户一次不要设置太多种捕捉方式，以免在制图中无法显示所需要的那种捕捉方式。

自动对象捕捉的方式可以通过以下几种方式完成：通过“草图设置”对话框来设置；鼠标右键单击状态栏上的“对象捕捉”，然后选择“设置”打开“草图设置”对话框进行设置；单击状态栏上的“对象捕捉”；功能键 F3，此键在开/关自动捕捉模式之间切换；在“草图设置”对话框中的“对象捕捉”选项卡上进行设置，如图 4 - 88、图 4 - 89 所示；将“启用对象捕捉”复选框勾上；设置系统变量 Osmode 的值，当值为 1 时打开自动捕捉功能，当值为 0 时关闭自动捕捉功能。

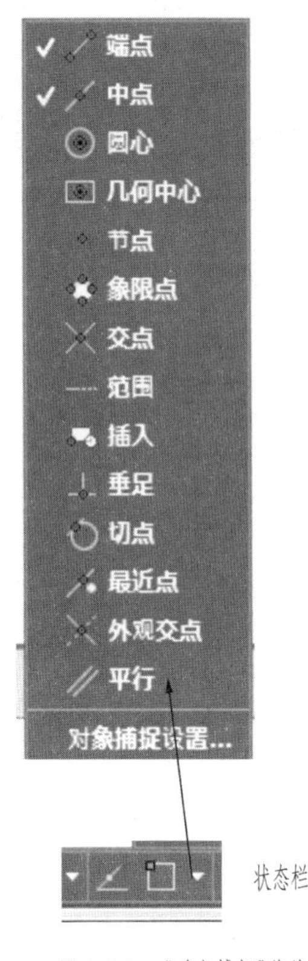

图 4-88　“对象捕捉”菜单

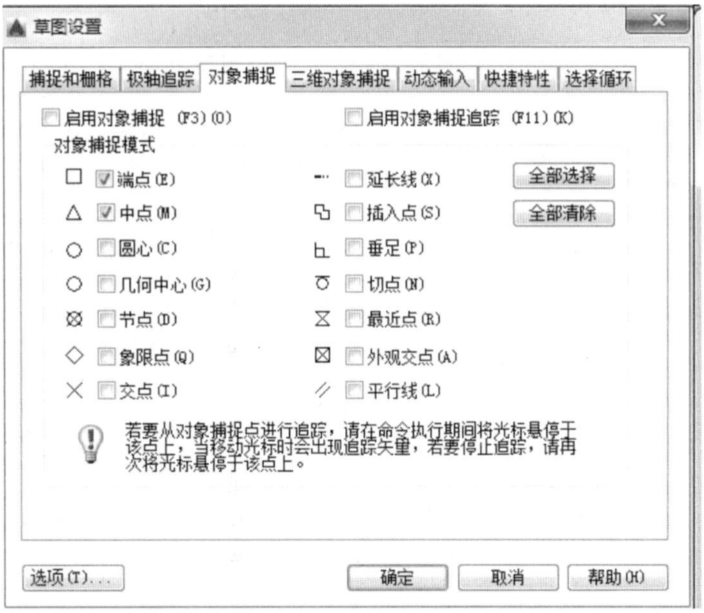

图 4-89　“对象捕捉”选项卡

4.5.2　自动追踪功能

自动追踪功能是绘图中常常用到的一个十分有力的工具。所谓自动追踪，就是自动追踪同一命令执行过程中鼠标指针所经过的捕捉点，以其中的某一捕捉点的 X 或 Y 坐标控制用户所需要选择的定位点。

AutoCAD 提供了两种自动追踪功能：对象捕捉追踪和极轴追踪。

使用自动追踪功能可以指定角度绘制对象，或者绘制与其他对象有特定关系的对象。

1. 对象捕捉追踪功能

启动对象捕捉追踪功能：

- 按下 F11 功能键；
- 单击状态栏上的“对象捕捉追踪”按钮 ∠ ； 
- 在“草图设置”对话框的“对象捕捉”选项卡中选定“启用对象捕捉追踪”复选框。

对象捕捉追踪是指从对象的捕捉点进行追踪，它必须与“对象捕捉”一起使用。

用户启动对象捕捉功能后，可以执行一个绘图命令或编辑命令，然后把鼠标指针移到一个对象捕捉点处作为临时定位点（注意：不要单击它），只要停顿片刻就可以获取。已获取的点显示一个小加号“+”。一次最多可以获取七个点。

2. 极轴追踪

使用极轴追踪，光标将按指定角度、指定增量进行移动。

极轴追踪的极轴角增量可以在“草图设置”对话框的“极轴追踪”选项卡中设置，如图4－90所示。

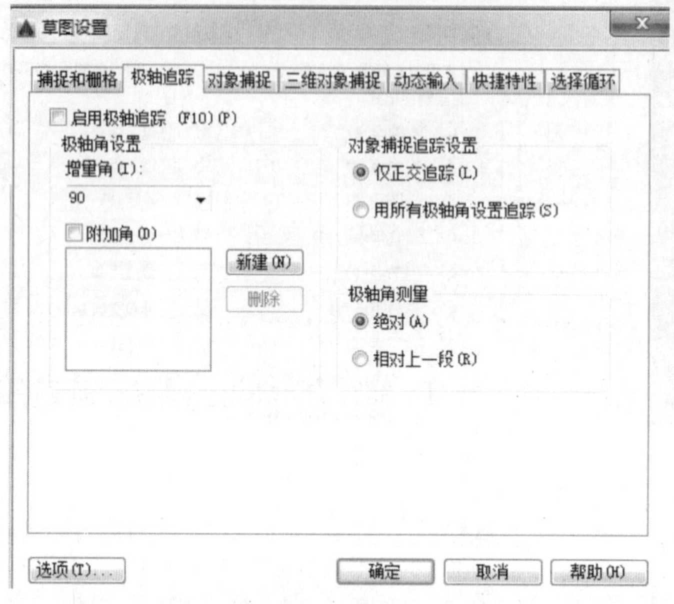

图4-90 “草图设置”对话框的“极轴追踪”选项卡

在“增量角”下拉列表中，我们可以选择90°、60°、45°、30°、22.5°、18°、15°、10°和5°的极轴角增量进行极轴追踪。例如，要画一条与水平线夹角成18°的直线，首先在增量角上设置18°，点取直线的起始点后，AutoCAD将显示对齐路径(如图4－91所示)和工具栏提示。

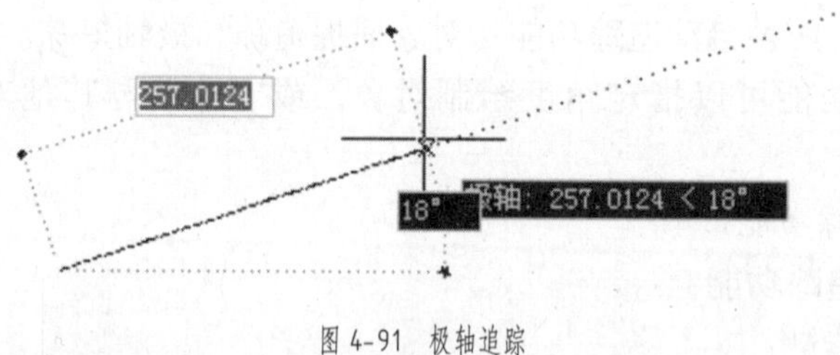

图4-91 极轴追踪

(1)打开极轴追踪的方法：

- 单击状态栏下的“极轴”追踪按钮；
- 按下功能键F10，可以在打开或关闭极轴追踪之间切换；
- 在“草图设置”对话框的“极轴追踪”选项卡中进行设置。

(2)使用自动追踪绘制图形。例如用户要绘制如图4－92a所示的图形，其步骤如下：

①打开“极轴追踪”，增加一个附加角123°(90°＋33°)，如图4－92b所示。

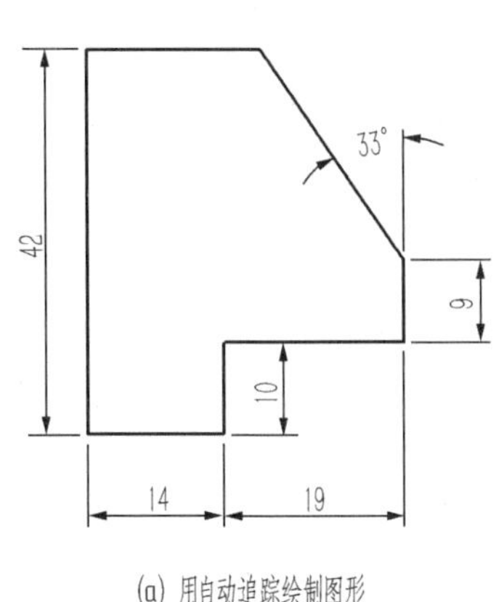

(a) 用自动追踪绘制图形

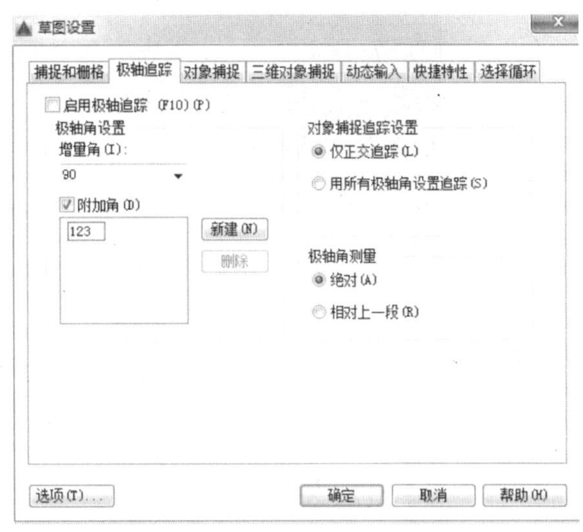

(b) 增加附加角

图 4-92

②打开正交模式。

③命令：L(绘直线命令)，回车。

指定第一个点：（点取左上角为第一个点，回车。）

指定下一个点：42 （向下垂直移动鼠标，输入长度为42，回车。）

指点下一个点：14 （向右水平移动鼠标，输入长度为14，回车。）

指定下一个点：10 （向上垂直移动鼠标，输入长度为10，回车。）

指点下一个点：19 （向右水平移动鼠标，输入长度为19，回车。）

指定下一个点：9 （向上垂直移动鼠标，输入长度为9，回车。）

指定下一个点： 将鼠标移动到起始点捕捉到第一个点，然后鼠标向右水平移动，当移动到极轴角显示为123°时，单击，如图4－93所示。

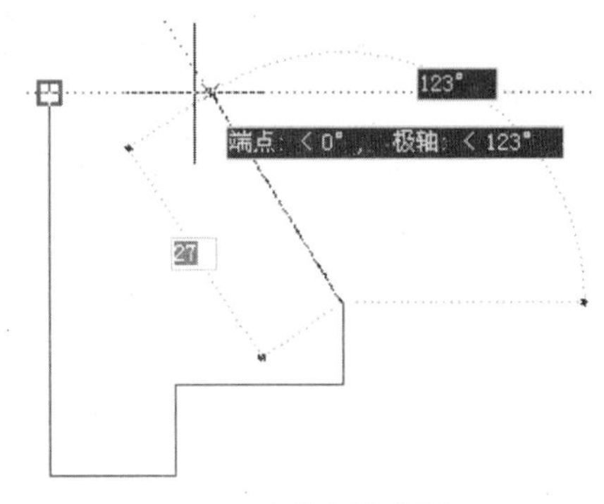

图 4-93 极轴追踪绘制直线

指定下一个点：C （回车，完成整个图形的绘制。）

4.5.3 视图缩放

在绘图中所能看到的图形都处于视图中。利用 AutoCAD 的视图缩放功能可以改变对象在视窗中显示的大小，从而方便用户观察图形，方便作图。

如图4－94所示，可以通过放大和缩小操作改变视图的比例，类似于使用相机进行缩放。视图缩放不改变图形中对象的绝对大小，只改变视图的比例。

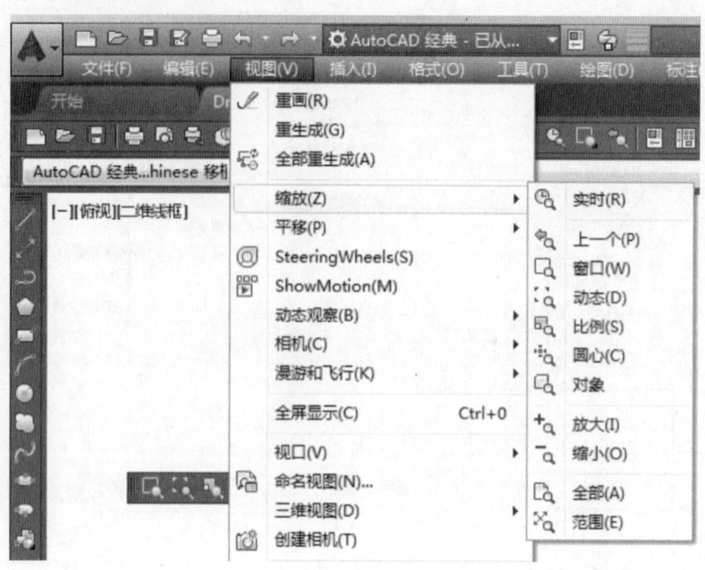

图 4-94　视图缩放菜单

启动缩放视图命令：

• 从菜单中选择"视图"→"缩放"命令，再选择其中的命令。

• 打开"缩放"工具栏，如图 4－95、图 4－96 所示。

图 4-95　缩放工具条

缩放

放大或缩小选定对象，缩放后保持对象的比例不变

要缩放对象，请指定基点和比例因子。基点将作为缩放操作的中心，并保持静止。比例因子大于 1 时将放大对象，比例因子介于 0 和 1 之间时将缩小对象。

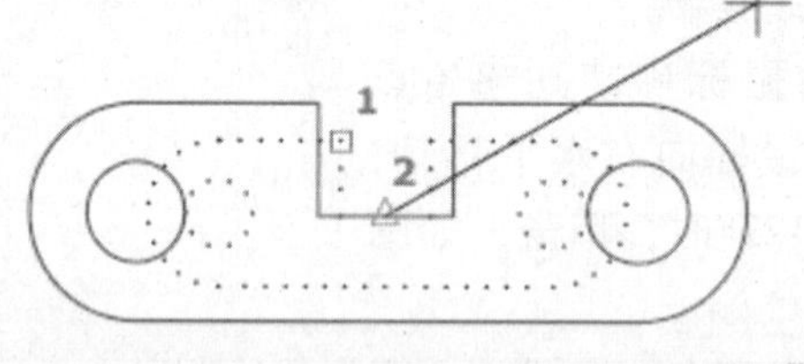

图 4-96　缩放样式

• 在命令行中输入 Zoom(简化命令：Z)，回车。

缩放工具栏中各图标按钮功能如下。

窗口缩放：放大或缩小显示当前视口中对象的外观尺寸。

动态缩放：缩放显示图形的生成部分。

比例缩放：按指定的比例缩放显示。

中心缩放：位于当前视口中心点的部分，在改变放大率后仍然位于中心点。

缩放对象：缩放为显示对象的范围。

放大：放大显示对象的外观尺寸。

缩小：缩小显示对象的外观尺寸。

全部缩放：缩放以显示所有可见对象和视觉辅助工具图形。

范围缩放：显示图形范围。

4.5.4 视图平移

与使用相机平移镜头一样，平移视图只是把图纸在屏幕上的显示位置移动一下，而不改变图形中对象的位置或大小。使用视图平移可以方便地观看图纸的其他部分。

进行视图平移的方法：

- 从菜单中选择“视图”→“平移”→“实时”。
- 单击“标准”工具栏中的“实时平移”按钮。
- 在命令行中输入命令 Pan(简化命令：P)，回车。

以上命令执行后，在屏幕上的鼠标会变成一个小手，拖动就会发现屏幕上的图形随着小手的移动而移动了。平移操作方法如图 4－97 所示，移动操作示意如图 4－98 所示。

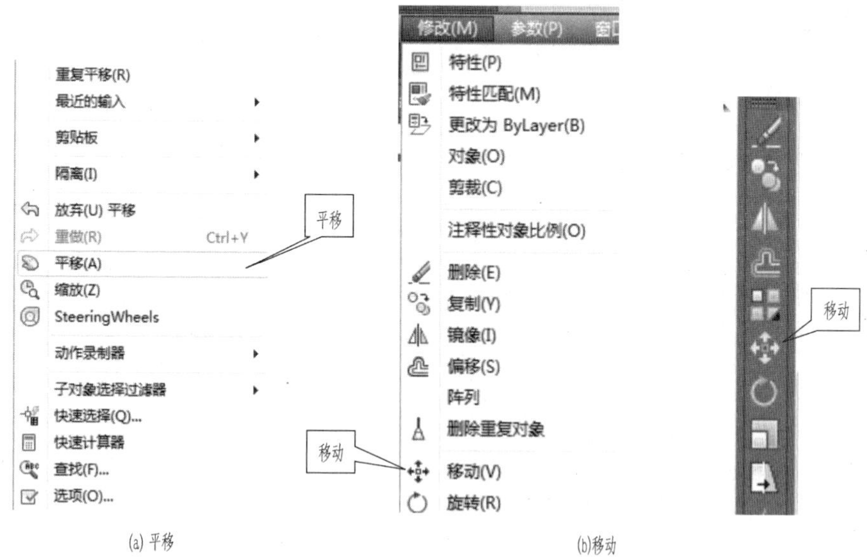

(a) 平移　　(b)移动

图 4-97　平移操作方法

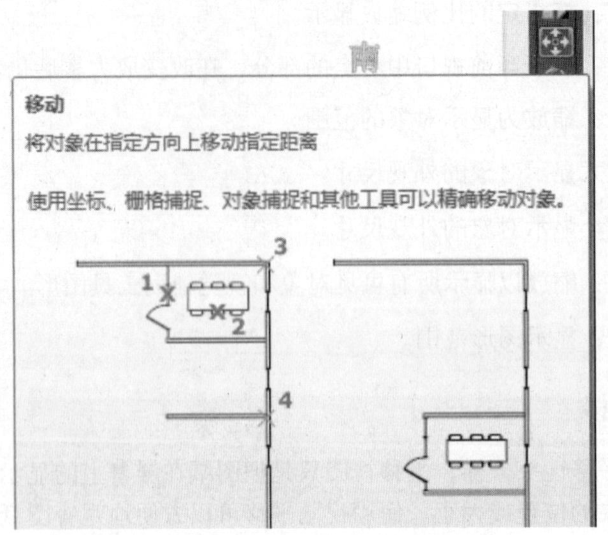

图4-98　移动操作示意

缩放与平移命令皆为透明命令。透明命令是指在执行一个命令时可以同时执行的命令。比如输入 line 时，再输入 end，就可以捕捉端点。

4.5.5　重画视图

使用 AutoCAD 绘图，屏幕上会留下一些标志，利用 redraw（重画）命令可以删除某些编辑操作留在显示区域中的加号形状的标志（点标志）。

激活重画命令的方式：

- 在命令行中输入命令 Redraw（R），回车。
- 单击菜单“视图”→“重画”。

4.5.6　重新生成图形

在 AutoCAD 中，所有图形对象的数据是以浮点值的形式保存的。有时在绘图过程中，必须重新计算或重新生成浮点数据，并将浮点值转换成相应的屏幕坐标。有些命令执行后自动重新生成图形，但有些命令执行后，必须执行重新生成命令。才能显示出命令执行后的结果。例如，当我们打开或关闭“填充”模式后，必须执行重新生成命令才能看到改变的效果。再例如绘制球体时，如果用户认为原来设置的绘制精度不够，而重新设置了“每个曲面轮廓索线”的个数后，也必须执行重新生成命令才能看到新效果。

激活重新生成命令的方式有：

- 在命令行中输入命令 Regen。
- 单击菜单“视图”→“重生成”。

重画命令：清除已有命令，执行重新绘制命令，之前所画的图没了；而重生成命令可以说是“刷新”。

4.6　二维图形的编辑

高速、精确、灵活地绘制图形，是 AutoCAD 绘图的根本。要想达到这个目的，灵活、熟练地进行图形编辑是关键。这节主要介绍编辑图形的基本方法。

4.6.1　对象选择方式

AutoCAD 图形的编辑都是针对对象而言的，所以在执行编辑命令前一般都要选择对象。正确快速地选择对象是进行图形编辑的基础。

AutoCAD 提供了多种对象选择方式。当用户选择了实体之后，组成实体的边界线变成虚线表示。

1. 利用对话框设置选择方式

对于复杂的图形，往往要同时对多个实体进行编辑操作。利用“对象选择设置”对话框设置恰当的选择方式即可实现这种操作。打开“选项”对话框“选择集”选项卡的方式有：

- 打开“工具”→“选项”菜单项→“选择集”选项卡，如图 4－99 所示。
- 在命令行输入“DDSelect”并回车，或键入简捷命令“SE”并回车。
- 在状态栏的对象捕捉按钮上右击，选择“设置”可打开“草图设置”对话框，再单击“选项”按钮可打开“选项”对话框，然后单击“选择集”选项卡。

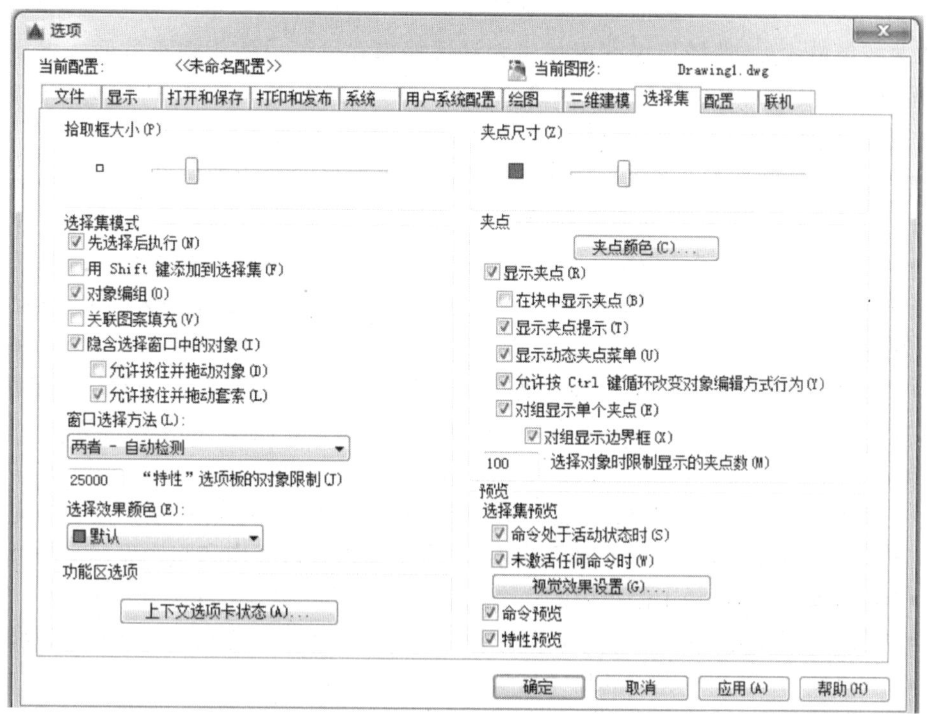

图 4-99　“选择集”选项卡

利用“选择集”选项卡可以进行与对象选择方式相关的设置，如设置拾取框的大小、颜色等。“选择集”选项卡主要由三部分组成，如图4－99所示。

“拾取框大小”。拖动滑块可调整拾取框的大小。

“视觉效果设置”。点击按钮打开如图4－100所示的“视觉效果设置”对话框，在此可以对视觉效果进行设置。

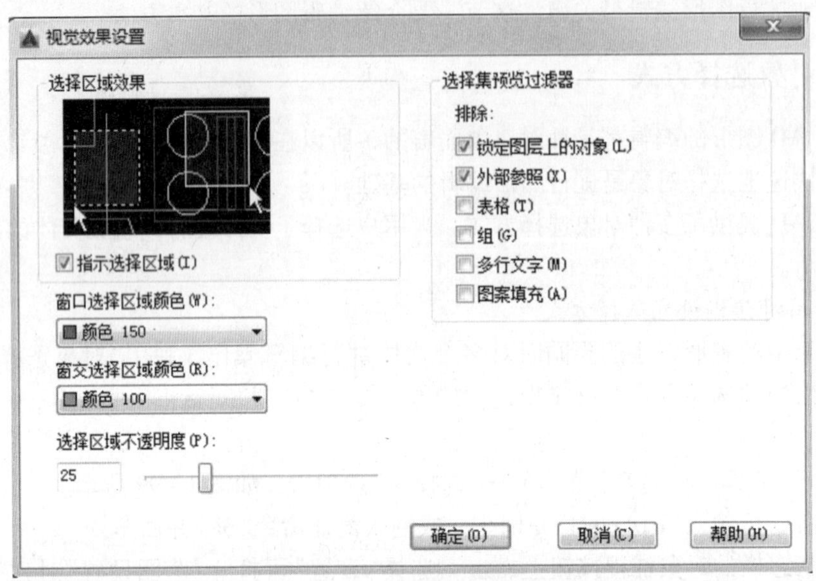

图4-100 “视觉效果设置”对话框

“选择集模式”。选择集模式提供了六种选择模式，可以使用户更方便、更灵活地选择对象。可以任意组合打开或关闭选择模式下提供的设置，其中的“先选择后执行”“隐含选择窗口中的对象”和“对象编组”三个选项是默认设置。

● “先选择后执行”：选中该选项，允许用户先选择对象再执行命令。但要注意的是，不是所有命令都可以先选择后执行的。

● “用shift键添加到选择集”：按Shift键并选择对象，向选择集中添加或从选择集中删除对象。若选择了此选项，用户一次选择一个实体。如果要选择多个实体，必须按着Shift键进行选择。

● “允许按住并拖动套索”：如果选中此选项，此后要通过选择一点然后拖动鼠标至第二点来选择窗口。而不选此选项，只要点了第一点，再到第二点单击就行了，无须拖动鼠标。

● “隐含选择窗口中的对象”：从左到右地创建选择窗口中的对象，可选择完全位于窗口内的对象。而从右向左创建靠近窗口，可选择窗口边界内和与边界相交的对象。

● “对象编组”：选择了编组中的一个对象即选择了该编组中的所有对象。

● “关联图案填充”：如果选中该复选框，那么选择关联填充时也选定边界对象。

● “夹点”：用于调整夹点的尺寸与颜色。

4.6.2 删除对象

在绘图过程中常要删掉一些辅助图形或绘制有问题的图形。要完成这个工作，就要运用删除命令。

启动删除命令的方法有：

- 在“修改”工具栏上单击“删除”图标按钮。
- 在命令提示行中输入 Erase(简化命令为 E)并回车。
- 选择“修改”→“删除”命令。

启动删除命令后，AutoCAD 会在命令提示区中提示用户选择要删除的对象，用户可以按前面讲到的各种选择方式选择要删除的实体。选择完毕后，回车确认，刚被选择的实体集则从图形中删除掉了。

4.6.3 复制对象

在绘图过程中，对于有一些要重复绘制的图形，或只是在原实体稍做修改的图形，AutoCAD 提供的复制命令能使我们很轻松地完成这些重复工作。

启动复制命令的方式：

- 在“修改”工具栏上单击“复制”图标按钮。
- 在命令提示行中输入 Copy(简化命令为 Cp)并回车。
- 选择“修改”→“复制”命令。

复制过程如图 4－101 所示。

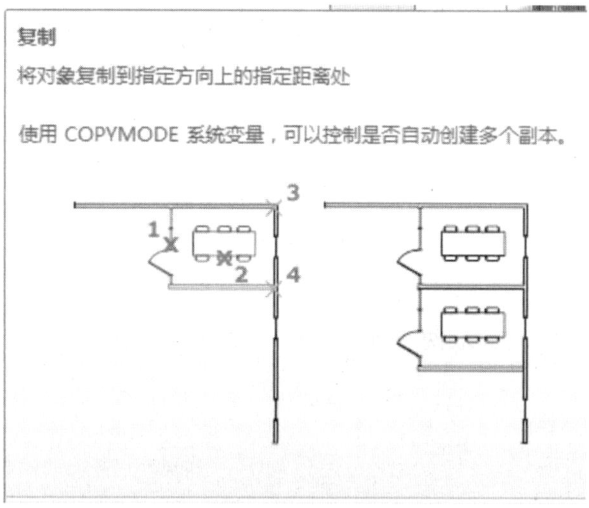

图 4-101 复制完成后的图形

4.6.4 镜像对象

在绘图过程中，有些图形是对称的或基本对称的，AutoCAD 提供了镜像命令，用户只需绘制一半的图形，另一半通过镜像命令复制出来即可。

启动镜像命令的方式：

• 在“修改”工具栏上单击“镜像”图标按钮。

• 在命令提示行中输入 Mirror（简化命令为 MI）并回车。

• 选择“修改”→“镜像”命令。

镜像命令的执行过程如下：

①启动命令：mi。

②选择要镜像的对象：（指定镜像线的第一点、第二点。由此两点确定镜像对称线，镜像时以此线为轴进行复制。）

③要删除源对象吗？[是(Y)/否(N)]：（确定源实体是否保留。）

镜像效果如图 4－102 所示。

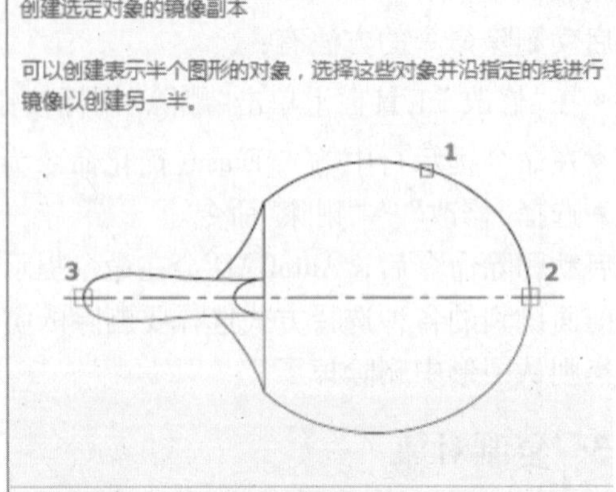

图 4-102　镜像效果

4.6.5　偏移对象

使用“偏移”命令可以对圆、圆弧、椭圆、用矩形命令绘制的矩形、用多边形命令绘制的多边形、用多线段命令绘制的闭合图形做同心偏移复制，也可以对直线等做平行偏移复制。利用“偏移”命令复制图形的效果如图 4－103 所示。

启动命令的方式：

• 在“修改”工具栏上单击“偏移”图标按钮。

• 在命令提示行中输入 Offset 并回车。

• 选择“修改”→“偏移”命令。

命令操作如下：

①启动命令。

②给定偏移的距离：（可以直接给距离，也可以在图形上选取两点作为距离。）

③选择要偏移的对象：

④给出偏移的方向：

偏移

创建同心圆、平行线和等距曲线

可以在指定距离或通过一个点偏移对象。偏移对象后，可以使用修剪和延伸这种有效的方式来创建包含多条平行线和曲线的图形。

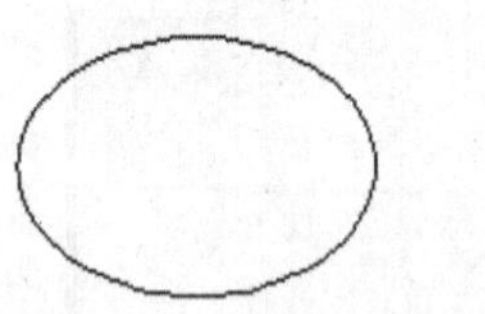
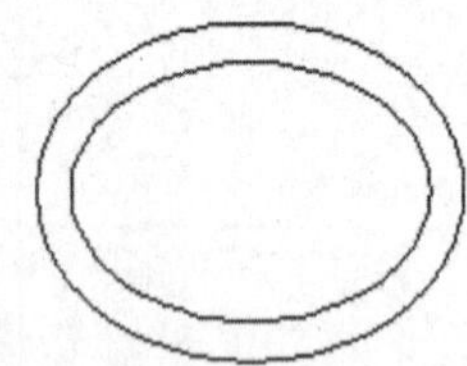

图 4-103　利用“偏移”命令复制图形

4.6.6　阵列对象

阵列也是 AutoCAD 复制的一种形式，在进行有规律的多重复制时，阵列往往比单纯的复制更实用。AutoCAD 的阵列命令使用户要复制规律分布的实体对象变得十分方便。

启动阵列对象命令的方式：

- 在“修改”工具栏上单击按钮。
- 在命令提示行中输入 Array(简化命令为 Ar)并回车。
- 选择“修改”→“阵列”命令。

三种阵列示意如图 4-104 所示。

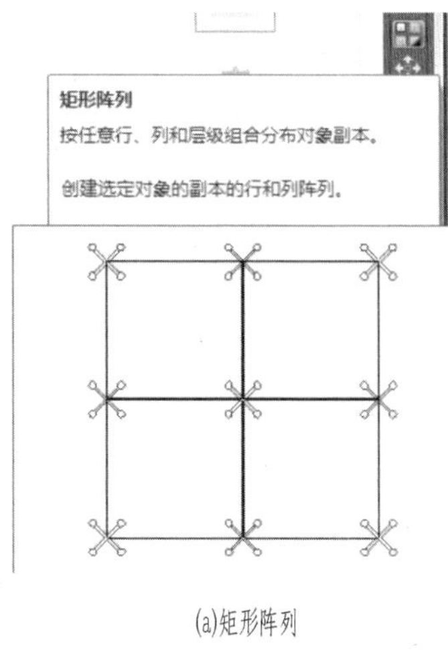

(a)矩形阵列

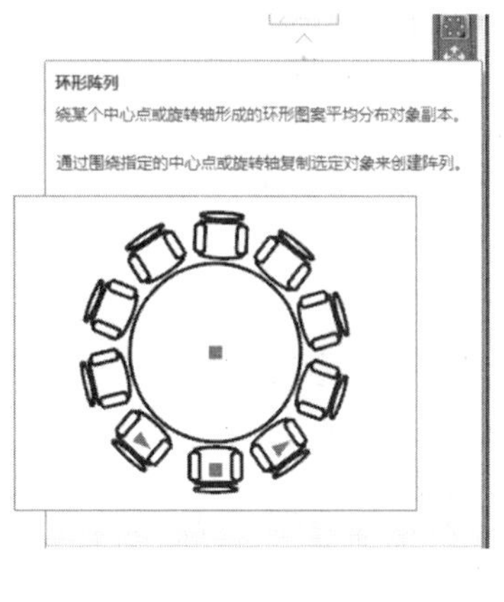

(b)环形阵列

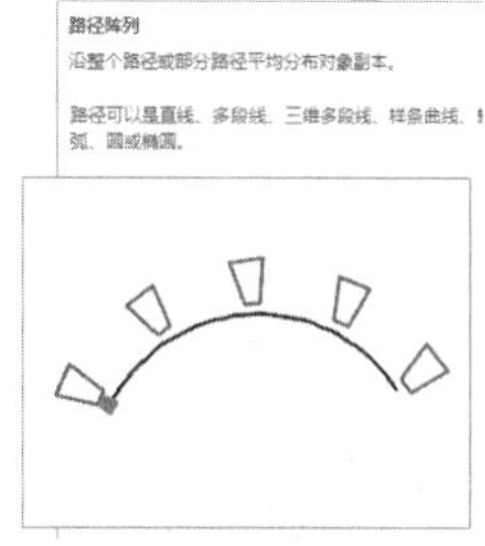

(c)路径阵列

图 4-104　三种阵列示意

4.6.7　移动对象

移动命令可以将用户选择的一个或多个对象平移到其他位置，但不改变对象的方向和大小。

启动命令的方式：

- 在“修改”工具栏上单击“移动”图标按钮。
- 在命令提示行中输入 Move(简化命令为 M)并回车。
- 选择菜单“修改”→“移动”命令。

移动对象如图 4-105 所示。

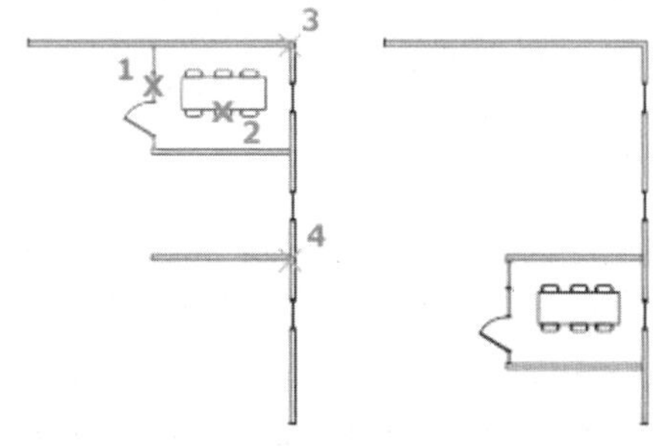

图 4-105　移动对象

4.6.8　旋转对象

旋转命令可以改变用户所选择的一个或多个对象的方向(位置)。用户可通过指定一个基点和一个相对或绝对的旋转角来对选择对象进行旋转。

启动旋转命令的方式如下：

- 在“修改”工具栏上单击“旋转”图标按钮。
- 在命令行输入 rotate 并回车。

• 选择菜单“修改”→“旋转”命令。

旋转命令的执行过程如下：

①启动 rotate 命令。调用该命令后，系统首先提示 UCS 当前的正角方向，并提示用户选择对象：

②UCS 当前的正角方向：ANGDIR = 逆时针 ANGBASE = 0

选择对象：（用户可在此提示下构造要旋转的对象的选择集，并回车确定。）

系统进一步提示：

③指定基点：（用户首先需要指定一个基点，即旋转对象时的中心点。）

系统进一步提示：

④指定旋转角度，或［复制(C)/参照(R)］〈0〉：

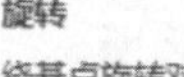
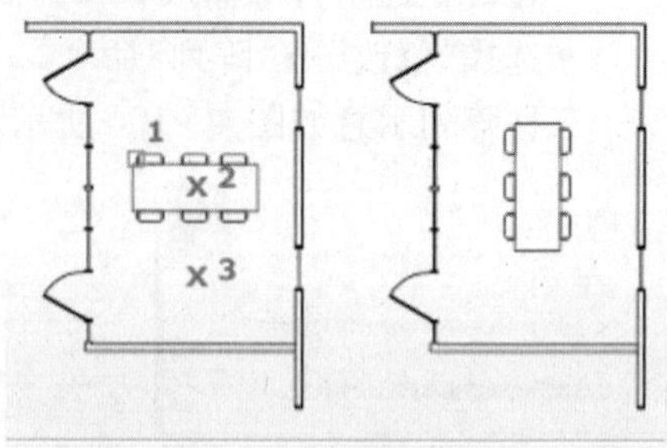

图 4-106　旋转对象

指定旋转的角度有两种方式可供选择：

• 直接指定旋转角度。即以当前的正角方向为基准，按用户指定的角度进行旋转。

• 选择参照。选择“参照”选项后，系统首先提示用户指定一个参照角，然后再指定以参照角为基准的新角度。

旋转对象后如图 4 – 106 所示。

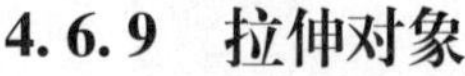

4.6.9　拉伸对象

拉伸命令可以使用户方便地对图形进行拉伸或压缩。

启动拉伸对象命令的方式：

• 在“修改”工具栏上单击“拉伸”图标按钮。

• 在命令提示行中输入 Stretch(简化命令为 S)并回车。

• 选择菜单“修改”→“拉伸”命令。

命令的执行过程如下：

①启动命令。

②调用拉伸命令后，系统首先告诉用户该命令只能用交叉窗口或交叉多边形来选择要拉伸的对象。按其要求选择对象。

③ 指定基点或［位移(D)］〈位移〉：（用户首先需要指定一个基点，即进行拉伸时的开始点。）

④指定第二个点或〈使用第一个点作为位移〉：（用户在此给出拉伸的终点，即对象拉伸到的位置。）

用 Stretch 命令拉伸实体的过程如图 4 – 107 所示。

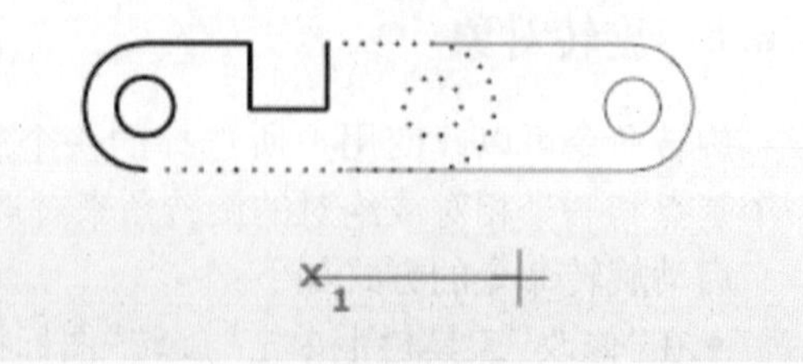

图 4-107　拉伸对象

4.6.10 拉长对象

AutoCAD 的拉长命令可以方便用户修改对象的长度和圆弧的包含角。该命令只能用点取的方式选择对象，且一次只能选择一个对象。

拉长命令可以调整对象大小使其在一个方向上或是按比例增大或缩小，还可以通过移动端点、顶点或控制点来拉长某些对象。

启动拉长命令的方式：

- 在“修改”工具栏上单击“拉长”图标按钮。
- 在命令提示行中输入 LENGTHEN(简化命令 Len)并回车。
- 选择菜单“修改”→“拉长”命令。

启动命令后，AutoCAD 给出以下提示：

选择对象或［增量(DE)/百分数(P)/全部(T)/动态(DY)］:

其中各选项的含义为：

“增量”：以指定的增量修改对象的长度，该增量从距离选择点最近的端点处开始测量。该值还以指定的增量修改弧的角度，该增量从距离选择点最近的端点处开始测量。正值扩展对象，负值修剪对象。

“百分数”：通过指定对象总长度的百分数来设置对象长度。

“全部”：通过指定从固定端点测量的总长度的绝对值来设置选定对象的长度。“全部”选项也按照指定的总角度设置选定圆弧的包含角。

如图 4－108 所示，想将一条直线段加长 100。修改的过程如下：

①激活命令。

②在系统提示“选择对象或［增量(DE)/百分数(P)/全部(T)/动态(DY)］:”下选择增量“DE”并回车。

③在系统提示“输入长度增量或［角度(A)］〈50.0000〉:”下输入要增加的量 100，回车。

④选取直线，完成拉长操作。

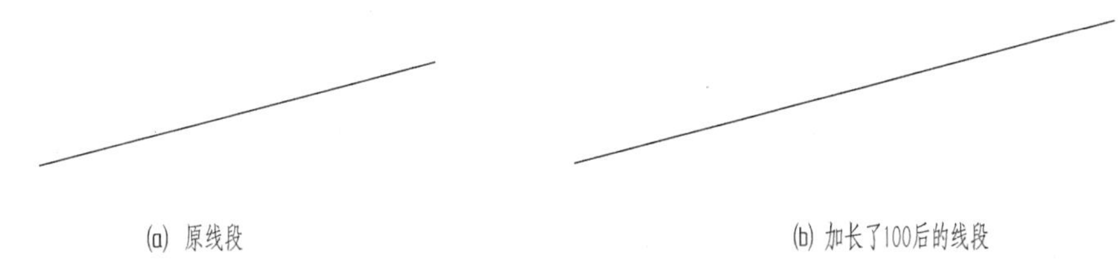

图 4-108 拉长对象

4.6.11 修剪对象

AutoCAD 提供的修剪命令使用户可以方便地利用边界对图形进行快速修剪，使线段等精确地终止于由其他对象定义的边界。

对象既可以作为剪切边，也可以是被修剪的对象。

可以修剪的对象包括圆弧、圆、椭圆弧、直线、开放的二维和三维多段线、射线、样条曲线和参照线。

有效的剪切边对象包括二维和三维多段线、圆弧、圆、椭圆、布局视口、直线、射线、面域、样条曲线、文字和构造线。TRIM 将剪切边和待修剪的对象投影到当前用户坐标系（UCS）的 *XY* 平面上。

启动修剪命令的方式：

- 在“修改”工具栏上单击“修剪”图标按钮 -/。
- 在命令提示行中输入 TRIM（简化命令 TR）并回车。
- 选择菜单“修改”→“修剪”命令。

启动命令后，命令行出现如下提示：

当前设置：投影 = UCS　边 = 无

选择剪切边：

选择对象：（此时用户可以选择一个或多个对象作为剪切边。）

选择剪切边完成后，系统会进一步提示：

选择要修剪的对象，或［投影(P)/边(E)/放弃(U)］：

选择修剪对象，按 Shift 键的同时选择延伸对象，或输入选项。

各选项的功能如下：

- “投影(P)”：确定命令执行的投影空间。输入 P，执行该选项后，系统提示：

输入投影选项［无(N)/UCS(U)/视图(V)］〈UCS〉：

选择适当的修剪方式。

- “边(E)”：该选项用来确定修剪边的方式。执行该选项后，系统提示：

输入隐含边延伸模式［延伸(E)/不延伸(N)］〈不延伸〉：

选择适当的修剪方式。

- “放弃(U)”：取消最近由 TRIM 命令完成的操作。

当 AutoCAD 提示选择边界的边时，可以按 Enter 键或空格键，然后选择要修剪的对象。AutoCAD 以最近的候选对象作为剪切边来修剪该对象，如图 4－109 所示。

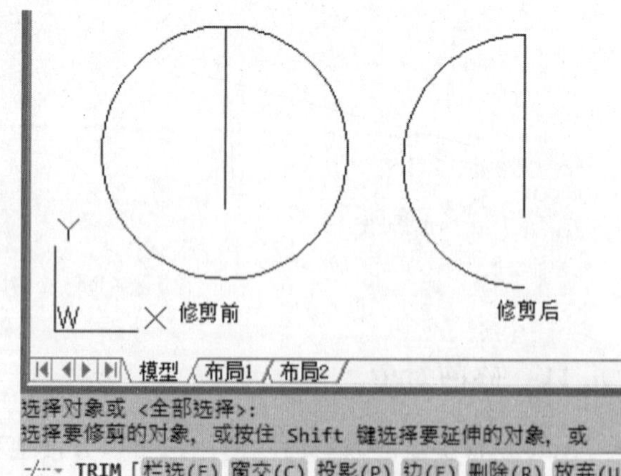

图 4-109　利用“修剪”命令修剪的图形

修剪的过程如图 4 – 110 所示。

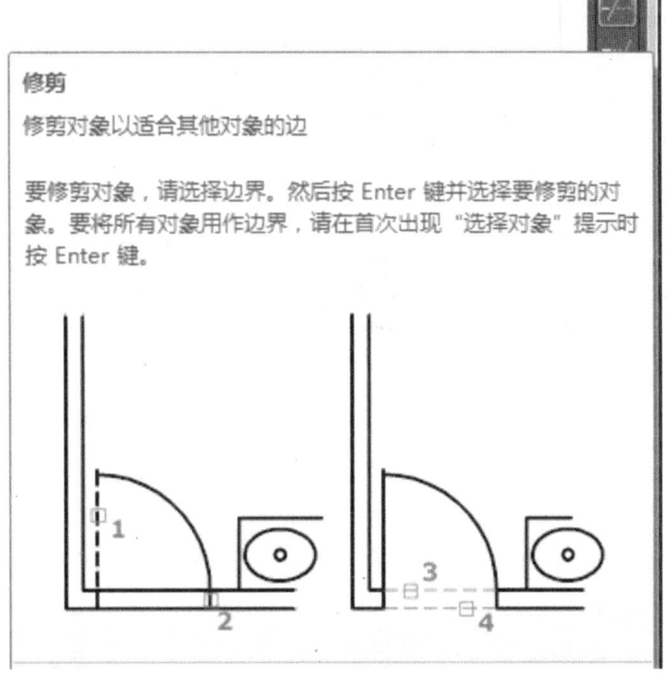

图 4-110　修剪的过程

4.6.12　延伸对象

延伸(EXTEND)命令用于将指定的对象延伸到指定的边界上。通常能用延伸命令延伸的对象有圆弧、椭圆弧、直线、非封闭的二维和三维多段线、射线等。如果以一定宽度的二维多段线作为延伸边界，AutoCAD 会忽略其宽度，直接将延伸对象延伸到多段线的中心线上。

启动延伸命令的方法有以下 3 种：

- 在“修改”工具栏上单击“延伸”图标按钮。
- 在命令提示行中输入 EXTEND(简化命令 EX)并回车。
- 选择菜单“修改”→“延伸”命令。

延伸的过程如图 4 – 111 所示。

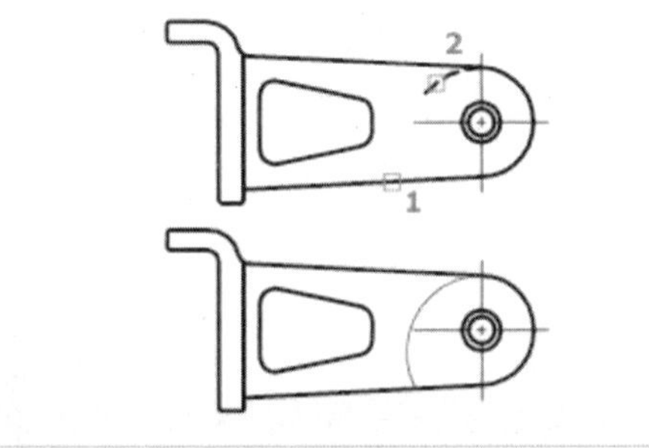

图 4-111　延伸的过程

4.6.13　打断对象

在绘图过程中，有时需要把某条直线或圆从某点断开，或者从中截掉一部分。这时就要用到打断命令。

打断命令可以把对象上指定两点之间的部分删除。当指定的两点相同时，则对象分解为两个部分。这些对象包括直线、圆弧、圆、多段线、椭圆、样条曲线和圆环等。

启动打断命令的方法有以下三种：

- 在“修改”工具栏上单击“打断”按钮或者“打断于点”按钮。
- 在命令提示行中输入 BREAK(简化命令 BR)并回车。
- 选择菜单“修改”→“打断”命令。

打断示例如图 4－112 所示。

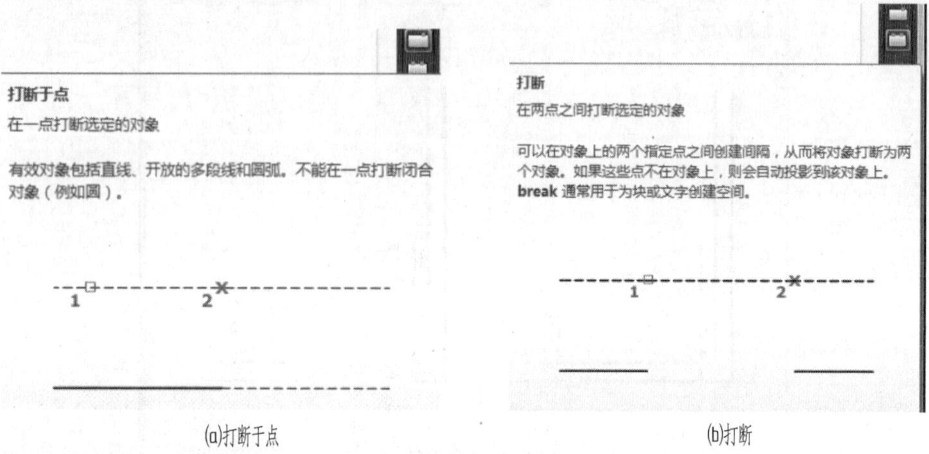

(a)打断于点 (b)打断

图 4-112 打断示例

4.6.14 倒角与倒圆

在工程制图中，经常要对某个实体进行倒角或倒圆处理。在 AutoCAD 中相应提供了这两个命令。

对于两条相交的直线(或它们的延长线可相交的直线)，用户可以用 Chamfer(倒角)命令对这两条直线倒角。

启动倒角命令的方法有以下 3 种：

- 在“修改”工具栏上单击“倒角”按钮或“倒圆”按钮 。
- 在命令提示行中输入 CHAMFER(简化命令 CHA，倒角)或 FILLET(简化命令 F，倒圆)，并回车。
- 选择菜单“修改”→“倒角”或“倒圆”命令。

倒角、倒圆示例如图 4－113 所示。

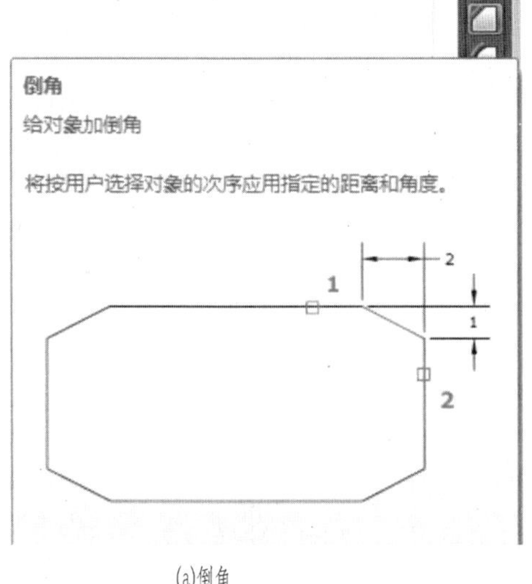

(a)倒角

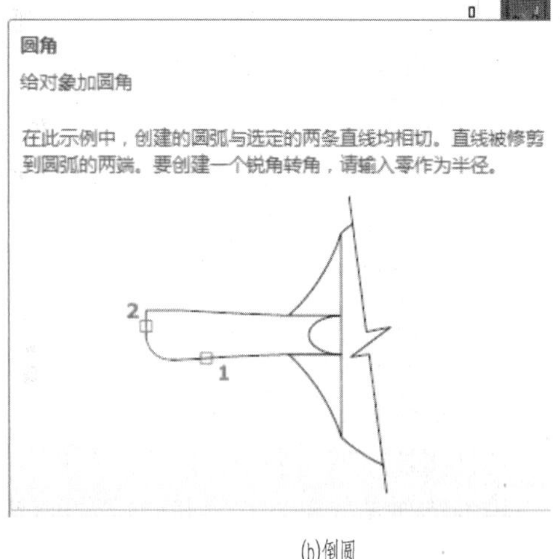

(b)倒圆

图 4-113　倒角、倒圆示例

4.6.15　分解对象

在 AutoCAD 中，某些对象(例如图块)是一个整体时，用户无法对其中的某个组成对象进行编辑。AutoCAD 提供了分解(Explode)命令来分解这些对象。

启动分解命令的方法有以下 3 种：

- 在“修改”工具栏上单击“分解”按钮。
- 在命令提示行中输入 Explode(简化命令 X)并回车。
- 选择菜单“修改”→“分解”命令。

分解复合对象示例如图 4-114 所示。

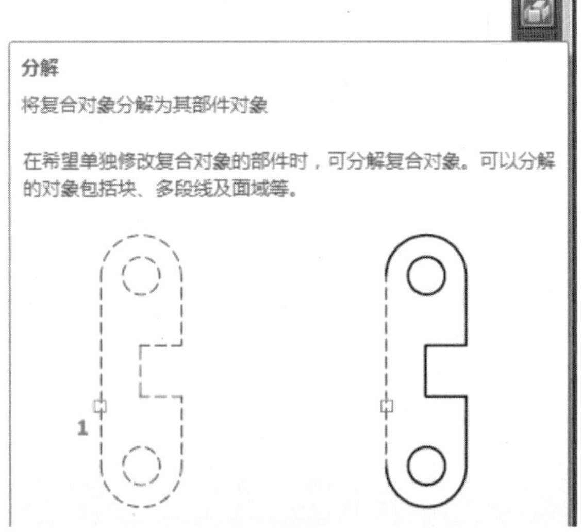

图 4-114　分解示例

4.6.16 编辑二维多段线

多段线是一种特殊的线条，它是集直线、弧于一身的整体。在我们的工程制图中，大部分图形是由直线和弧组成的，所以熟练地运用多段线可以使工作达到事半功倍的效果。

启动该命令的方法有以下三种：

- 在“修改Ⅱ”工具栏上单击“分解”图标按钮。
- 在命令提示行中输入 Pedit(简化命令 PE)并回车。
- 选择菜单“修改”→“对象”→“多段线”命令。

激活命令后，系统提示：

选择多段线或［多条(M)］：（用户在此选择要编辑的多段线。）

输入选项［闭合(C)/合并(J)/宽度(W)/编辑顶点(E)/拟合(F)/样条曲线(S)/非曲线化(D)/线型生成(L)/放弃(U)］：

各选项的作用如下：

“闭合”：如果用户正在编辑的多段线是非闭合的，那么可以用此选项使多段线闭合。

“合并”：利用此选项用户可以把其他的多段线、直线或圆弧连接到正在编辑的多段线上，合并成一条新的多段线。

“宽度”：为整个多段线重新设置一个宽度。

“拟合”：该选项创建连接每一对顶点的平滑圆弧曲线。曲线经过多段线的所有顶点并使用任何指定的切线方向。要注意的是，在此选项中用户自己不能控制多段线的拟合方式。

拟合示例如图 4－115 所示。

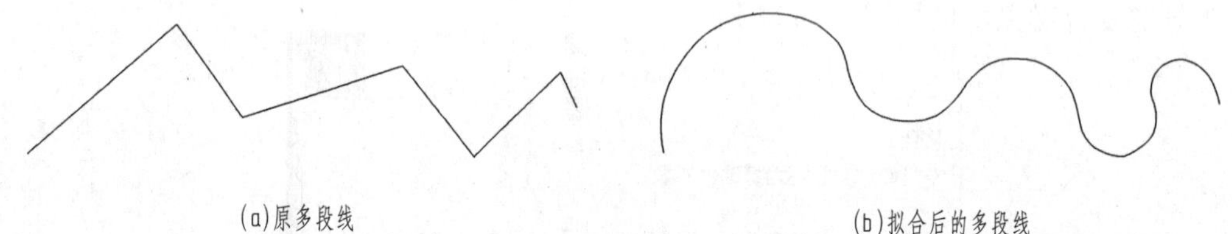

(a)原多段线　　(b)拟合后的多段线

图 4-115　拟合示例

“样条曲线”：使用选定多段线的顶点作为近似样条曲线的曲线控制点或控制框架。该曲线(称为样条曲线拟合多段线)将通过第一个和最后一个控制点，除非原多段线是闭合的。曲线将会被拉向其他控制点但并不一定通过它们。在框架特定部分指定的控制点越多，曲线上这种拉拽的倾向就越大。可以生成二次和三次拟合样条曲线多段线。

样条曲线示例如图 4－116 所示。

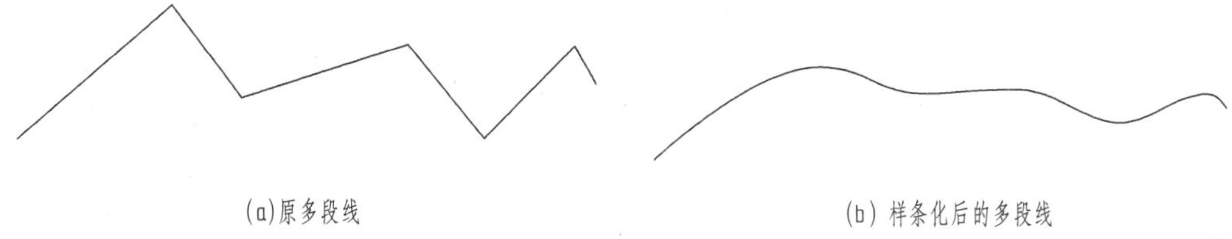

图 4-116　样条曲线示例

“非曲线化”：该选项删除由拟合曲线或样条曲线插入的多余顶点，拉直多段线的所有线段，保留指定给多段线顶点的切向信息，用于随后的曲线拟合。

“线型生成”：该选项生成经过多段线顶点的连续图案线型。

4.6.17　编辑绘制样条曲线

在 AutoCAD 中，可以通过 splinedit 命令编辑绘制样条曲线。可以通过以下方法激活 splinedit 命令。

- 在“修改Ⅱ”工具栏上单击“编辑样条曲线”按钮。
- 在命令提示行中输入 splinedit(简化命令 SPE)并回车。
- 选择菜单“修改”→“对象”→“样条曲线”命令。

启动命令后，命令提示区显示如下提示：

选择样条曲线：

用户在这里选择要编辑的样条曲线。选择之后，拟合点出现夹点。

输入所需要的选项［拟合数据(F)/闭合(C)/移动顶点(M)/精度(R)/反转(E)/放弃(U)］：

编辑绘制样条曲线示例如图 4－117 所示。

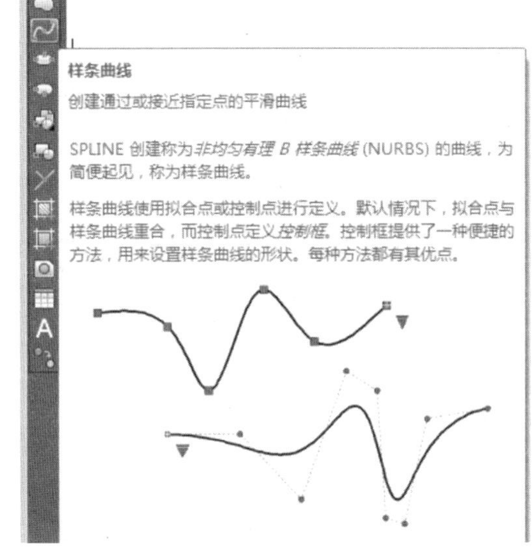

图 4-117　编辑绘制样条曲线示例

4.6.18　多线编辑

AutoCAD 提供的多线编辑只有固定的十二种，如图 4－118 所示。

可以通过以下方法激活多线编辑命令。

- 在命令提示行中输入 mledit 并回车。
- 选择菜单“修改”→“对象”→“多线”命令。

激活命令后，AutoCAD 打开“多线编辑工具”对话框。

用户在对话框中选择绘图所需的编辑工具后，再回到绘图区选择要编辑的多线即可。

在此用户要注意选择多线的顺序，它决定了多线编辑的最后结果。

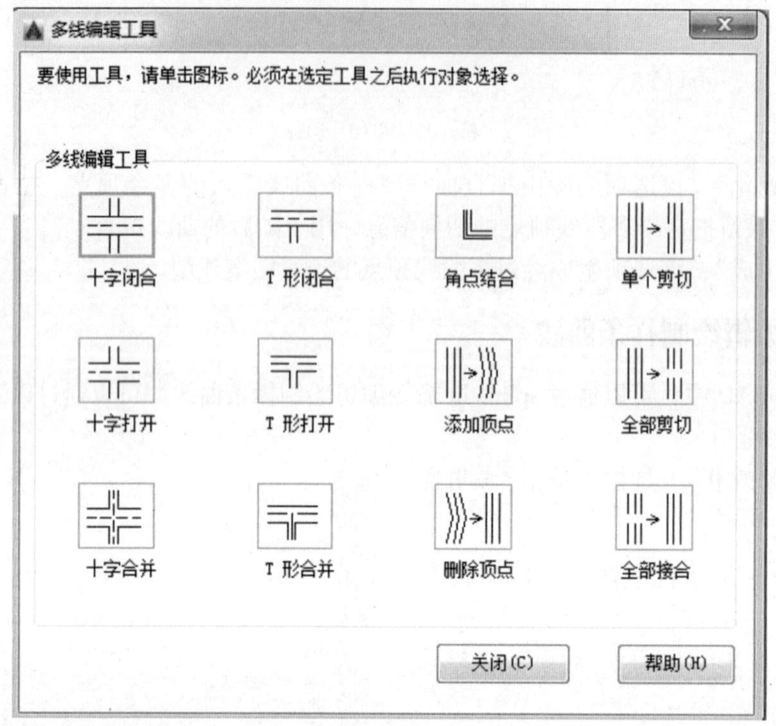

图 4-118 “多线编辑工具”对话框

4.6.19 修改对象

修改 CHANGE 命令可以修改所选择对象的点的位置以及图层、颜色等。

在命令提示区输入 Change，并回车即启动了命令。

命令启动后，命令提示区显示如下提示：

选择对象：（用户选择好要修改的对象。）

指定修改点或［特性(P)］：

如果用户在屏幕上选择一点，则将距离修改点最近的选定直线的端点移到新点。

如果选择 P 选项，系统进一步提示：

输入要更改的特性［颜色(C)/标高(E)/图层(LA)/线型(LT)/线型比例(S)/线宽(LW)/厚度(T)/材质(M)/注释性(A)］：

各选项的功能如下：

“颜色”：改变对象显示的颜色。用户可以用各种颜色的英文名，也可以输入颜色代码，从 1～255 色。

“标高”：修改二维对象的 Z 向标高。

“图层”：改变对象所处的图层。

“线型”：改变对象的线型(要在图形中已加载了的线型才能使用)。

“线型比例”：重新设置线型比例因子。

“线宽”：给对象重新设置一个宽度。

“厚度”：修改二维对象的 Z 向厚度。

“材质”：如果附着材质，将会更改选定对象的材质。

“注释性”：修改选定对象的注释特性。

4.6.20 使用对象特性编辑对象

AutoCAD 提供了“特性”选项板给用户查看和修改对象的属性。能够利用特性修改的对象包括各种图形、尺寸、文字、图块、面域等。如果用户只选择了一个对象，那么“特性”选项板显示的是该对象的特有属性，但如果用户选择了多个对象，则“特性”选项板显示的是这些对象的共有属性。

打开“特性”选项板的方法有：

- 在命令提示行中输入 Properties 并回车。
- 选择菜单“修改”→“特性”命令。
- 选择标准工具栏“对象特性”按钮。
- 选择菜单“工具”→“选项板”→“特性”命令。

如果用户在绘图区选择了对象，“特性”选项板就会显示该对象的属性。图 4－119“特性”选项板显示了所选择的对象(五边形)的所有特性，包括五边形所处的图形、颜色、几何坐标等。这些特性有些可以在“特性”选项板编辑，有些不可以。

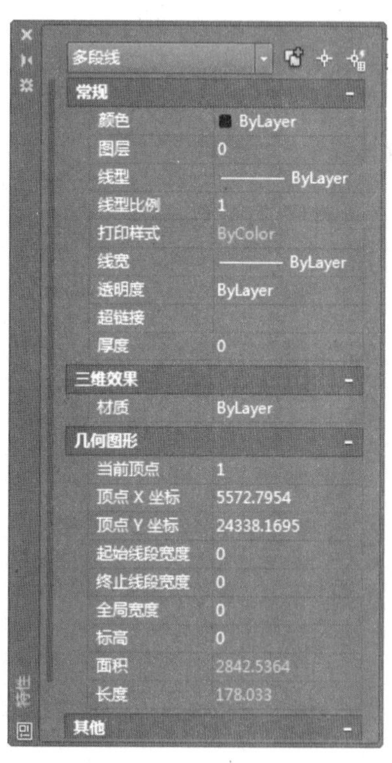

图 4-119 “特性”选项板

要修改对象的特性，首先要选择要修改的对象，使其特性显示在“特性”选项板中。修改的方法有：

- 直接在相应的位置输入新值。
- 从列表中选择值(比如修改图层)。
- 在对话框中修改特性值。
- 可以用在绘图区中选择点再修改其坐标值。

“特性”选项板分为四个主要部分：

“常规”：在此列出了对象的一些基本属性，包括颜色、图层、线型等，对这部分属性的修改用户只要选取了要修改的属性，比如颜色，就会出现一个下拉列表的箭头，用户可以在此选择所需的颜色。

“三维效果”：在此给出对象的材质。同样，点取“材质”也会出现下拉列表供用户选择。

“几何图形”：用户可以在此修改对象的坐标点等属性，以改变对象的形状。选择顶点，会出现向左或向右的箭头。用户可以在此选择要修改的顶点。

“其他部分”：这部分有些实体是没有的，如直线。

下面举例说明如何用“特性”选项板修改对象的特性。

如图 4－120 所示的图形中的填充，原来在图层 3 中，现在要将它所处的图层改为图层 1，同时改变填充的图案。首先要选择填充图案，然后在“特性”选项板进行有关的修改，修改后数据如图 4－121 所示。

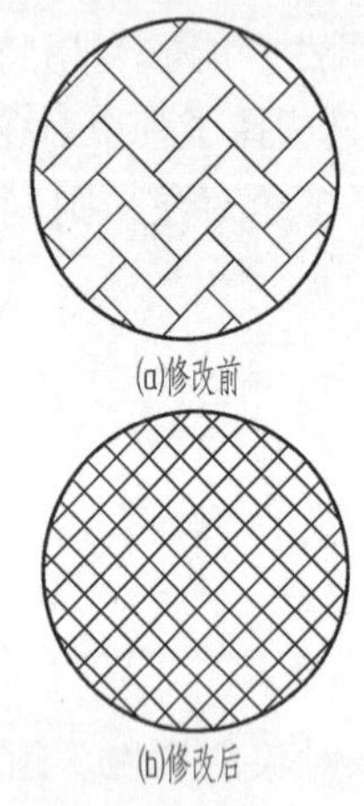

图 4-120 修改图案填充的属性

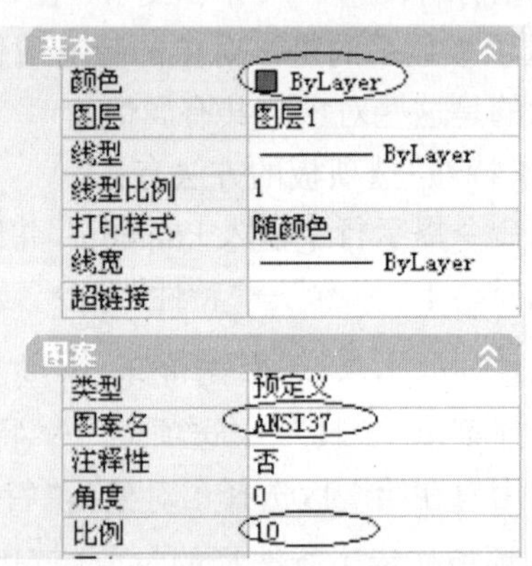

图 4-121 修改图案时填充的参数

4.6.21 特性匹配

特性匹配就是把所选择的对象的属性应用于其他对象上去。它能快速方便地改变对象的属性。

打开特性匹配的方法有：

- 在命令提示行中输入 matchprop（或 painter）并回车。
- 选择菜单“修改”→“特性匹配”命令。
- 选择标准工具栏“特性匹配”按钮。

启动命令之后，系统给出以下的提示：

选择源对象：（在此用户选择要复制其特性的对象。）

当前活动设置：颜色 图层 线型 线型比例 线宽 厚度 打印样式 标注文字 图案填充 多段线 视口 表格 材质 阴影显示 多重引线

选择目标对象或［设置(S)］：（在此用户选择要复制的一个或多个目标对象。）

如在上面的选项中选择 S，会出现一个“特性设置”对话框，如图 4－122 所示。

图 4-122 “特性设置”对话框

4.6.22 使用夹点功能编辑对象

AutoCAD 提供了夹点编辑模式，集移动、复制、拉伸、旋转与镜像五个编辑命令于一身，大大方便了用户的操作。

所谓的夹点，就是一个小方框，它出现在用鼠标指定的对象的关键点上。

启动命令的方式：

- 在命令提示行中输入 ddgrips 并回车。
- 选择菜单“工具”→“选项”命令。

启动命令后会出现“选项”对话框，在此可以对夹点的有关属性进行设置，如图 4-123 所示。

在“选项”对话框中，用户可以设置夹点的大小、夹点在各种状态下的颜色等。这在前面已有介绍。

在不输入任何命令的时候，用户选择对象，在对象上就会显示其夹点，然后单击其中一个夹点作为编辑的基点，这时就进入了拉伸编辑状态，系统提示：

＊＊ 拉伸 ＊＊

指定拉伸点或[基点(B)/复制(C)/放弃(U)/退出(X)]：

以上各参数说明如下：

“基点”：重新确定拉伸的基点。

“复制”：允许用户确定一系列的拉伸点，以实现多次拉伸。

这种夹点编辑方式可以快速拉伸对象。

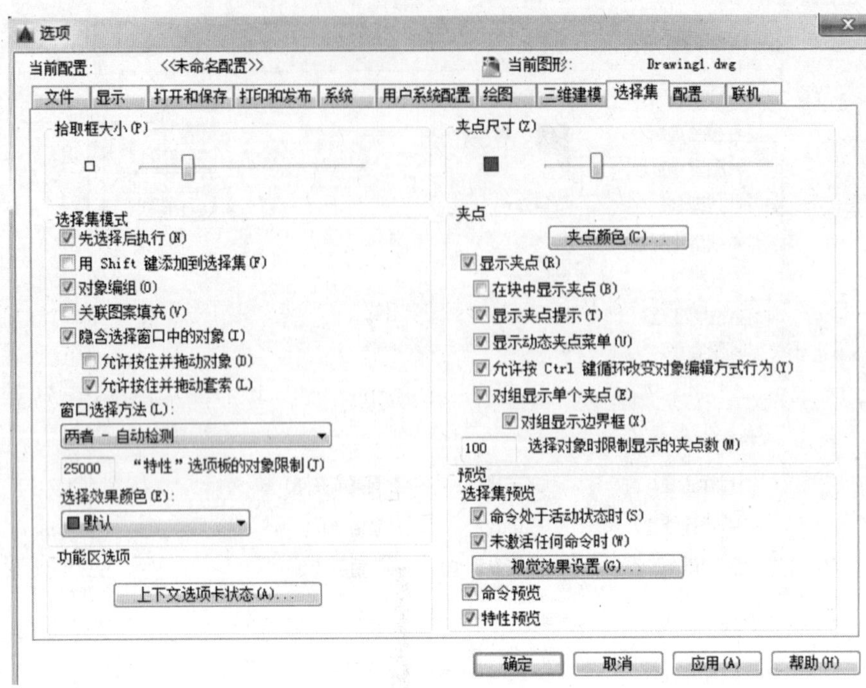

图 4-123 "选项"对话框

如图 4－124 所示，用户可以单击并拖动圆的象限点来调整圆的半径，并可以对其进行同心圆的复制，操作过程如下：

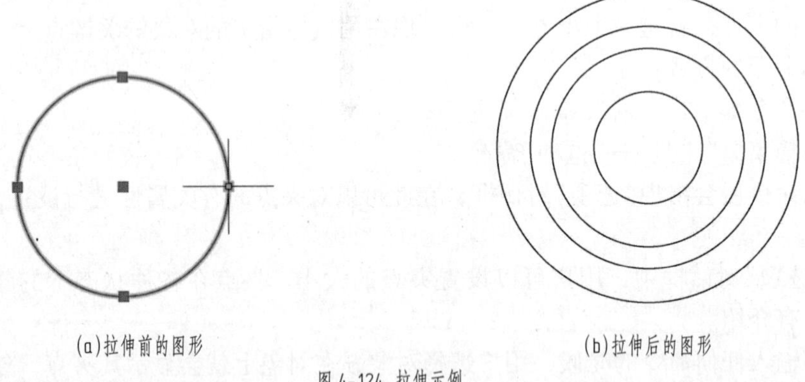

(a)拉伸前的图形　　(b)拉伸后的图形

图 4-124 拉伸示例

①选择圆。这时圆出现夹点。

②点选任一个夹点(该点选中后颜色为红色，其他未选中的夹点为蓝色)。

③命令行提示：

＊＊ 拉伸 ＊＊

指定拉伸点或［基点(B)/复制(C)/放弃(U)/退出(X)］：

用户按下 Ctrl 键或选择 C 选项，同时拖动鼠标指定拉伸到的位置。

＊＊ 多重拉伸 ＊＊

指定拉伸点或［基点(B)/复制(C)/放弃(U)/退出(X)］：

完成拉伸后按回车键结束命令。

用夹点编辑不但可以拉伸，还可以移动对象、镜像对象、旋转对象、缩放对象。

4.7 图案填充

AutoCAD 提供了图案填充功能，用选定的图案或颜色填充指定的区域。用于填充的图案包括：预定义填充图案、使用当前线型定义简单的线图案、自定义更复杂的图案。另外还可以使用渐变填充，在一种颜色的不同灰度之间渐变或两种颜色之间渐变过渡，如图4－125 所示。

图案填充还可以创建区域覆盖对象来使指定的区域变为空白。

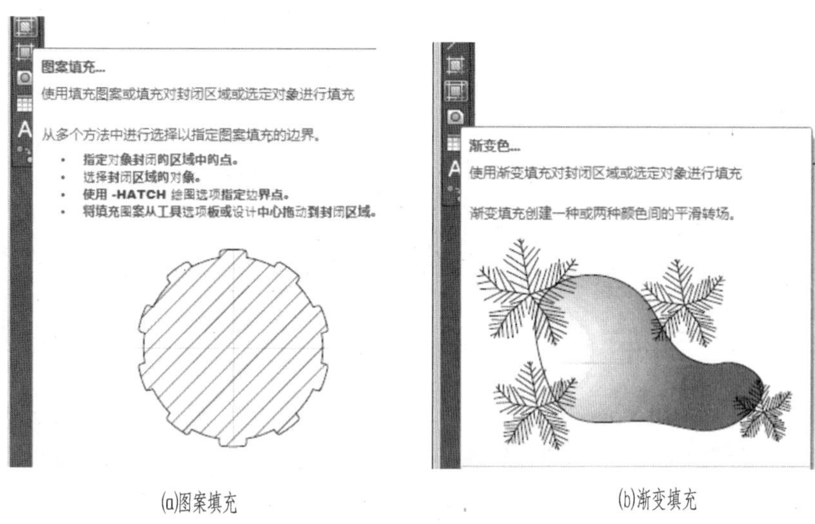

(a)图案填充　　(b)渐变填充

图 4-125　图案填充

4.7.1 添加填充图案

AutoCAD 提供了如下几种方法向图形中填充图案：

- 使用图案填充 hatch 命令。
- 从工具选项板拖动图案填充。
- 使用设计中心进行填充。
- 在“绘图”工具栏上单击“图案填充”命令按钮。
- 在菜单栏中选择“绘图(D)”→“图案填充(H)”。
- 在命令行提示行输入 hatch 或 bhatch 后，按回车键。

可按下列步骤完成图案填充操作：

①选择上述方法之一启动图案填充命令。

②在弹出的“图案填充和渐变色”对话框中选择“边界”项下“拾取点”或“选择对象”确定填充边界。

③选择需要的填充类型和图案。

④根据需要调整角度、比例、孤岛显示样式等填充参数。

⑤单击“预览”查看填充效果。按 ENTER 键或单击鼠标右键以返回对话框并进行调整。

⑥如果对调整结果满意，在“图案填充和渐变色”对话框中单击“确定”按钮，完成图案填充。

4.7.2 “图案填充和渐变色”对话框

启动图案填充命令后，弹出“图案填充和渐变色”对话框(图 4－126、图 4－127)。如果弹出的对话框中没有显示最右边一列，可按对话框右下角“更多选项”按钮展开对话框。下面介绍“图案填充和渐变色”对话框中各部分内容。

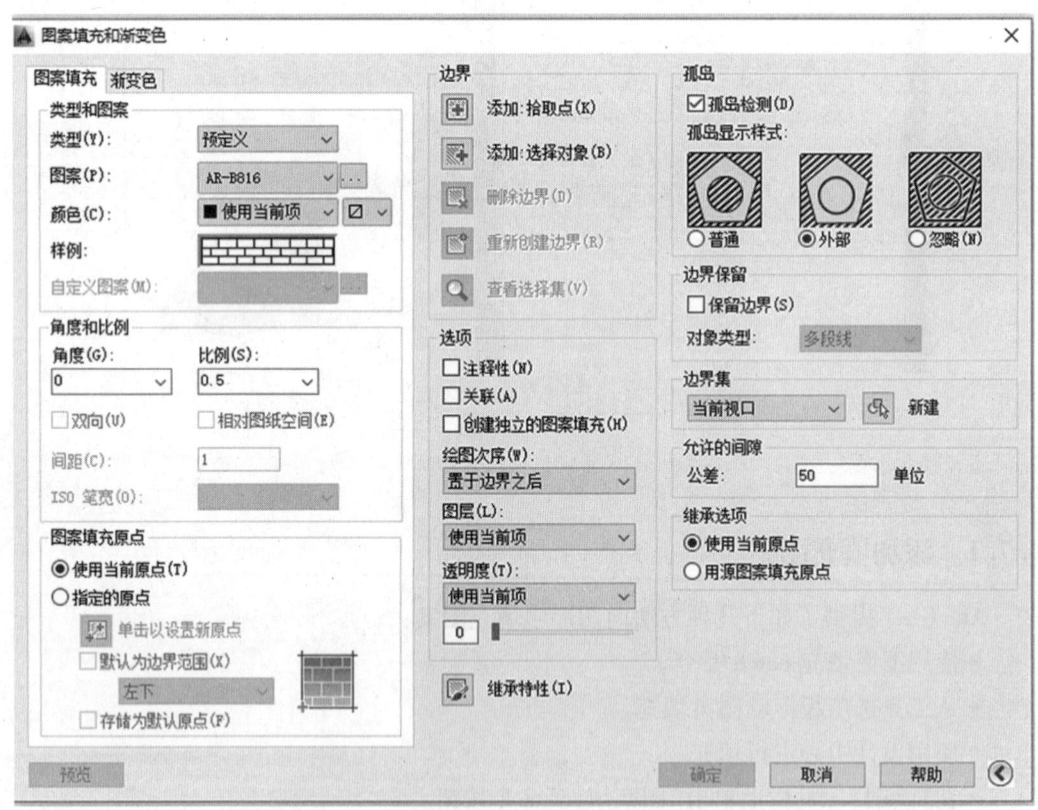

图 4-126 “图案填充和渐变色”对话框的“图案填充”选项卡

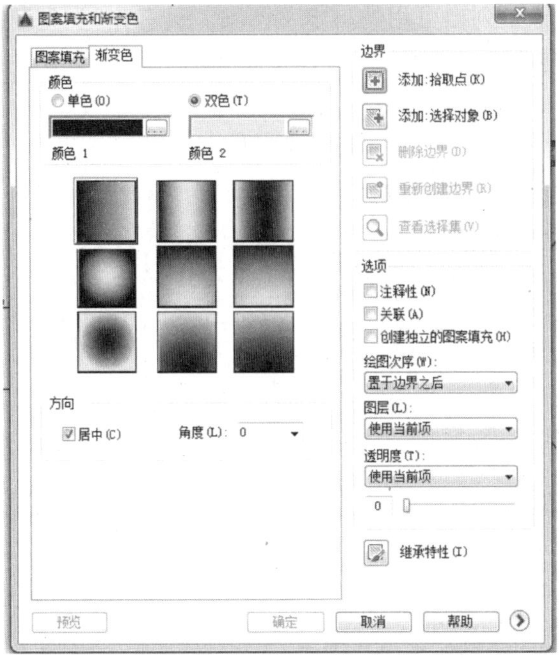

图 4-127 “渐变色”选项卡

图 4-128 类型和图案

1.“类型和图案”

“类型和图案”项目下有“类型”“图案”“颜色”“样例”和“自定义图案”等选项(图 4-128)。各选项功能介绍如下：

“类型”：用于设置图案类型。其下拉列表框中有“预定义”“用户定义”和“自定义”三种填充类型。

“图案”：其下拉列表框中列出可用的预定义图案，最近使用的若干个用户预定义图案出现在列表顶部。单击图案下拉列表框右边的图标按钮 会弹出“填充图案选项板”(图 4-129)，从中可以同时查看所有预定义图案，以便用户选择。

“颜色”：选择“渐变色”后进入“渐变色”选项卡，其中“颜色”中包含“单色”和“双色”选项，并可在其中自选新的颜色。

“样例”：“样例”显示选定图案的预览图像。单击“样例”右侧图形区 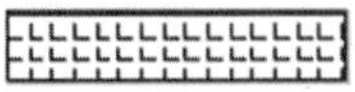 会弹出如图 4-129 所示填充图案选项板。

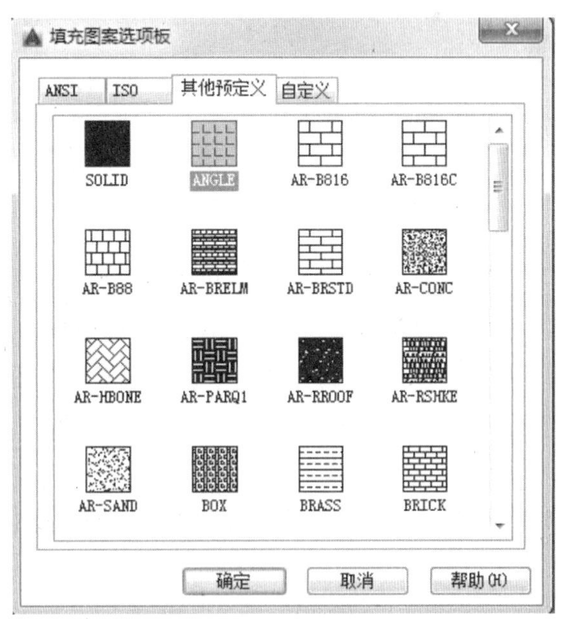

图 4-129 填充图案选项板

"自定义图案"："自定义图案"选项卡中列出可用的自定义图案。只有在"类型"中选择了"自定义"，"自定义图案"选项才可用。

2. "角度和比例"

"图案填充和渐变色"对话框中，"角度和比例"项目下的选项有：

"角度"：用于指定填充图案相对当前 UCS 坐标系的 *X* 轴的角度（图 4－130）。

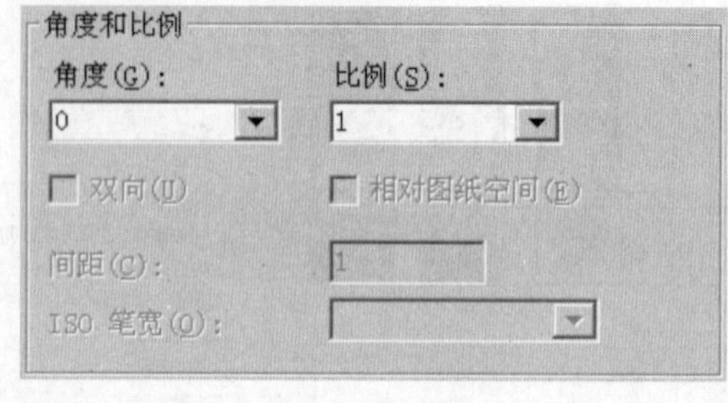

图 4-130　角度和比例

"比例"：用于指定放大或缩小预定义或自定义图案。只有将"类型"设置为"预定义"或"自定义"，"比例"选项才可用。

"双向"：只有将"图案填充"选项卡上的"类型"设置为"用户定义"时，此选项才可用。选用本项时，将以互为90°角的两组交叉直线填充对象。

"相对图纸空间"：该选项仅适用于布局。选用此项，则相对于图纸空间单位缩放填充图案，可很容易地做到以适合于布局的比例显示填充图案。

"间距"：只有将"图案填充"选项卡上的"类型"设置为"用户定义"，此选项才可用。用于指定用户定义图案中的直线间距。

"ISO 笔宽"：只有将"图案填充"选项卡上的"类型"设置为"预定义"，并将"图案"设置为可用的 ISO 图案的一种，此选项才可用。笔宽决定了 ISO 图案中的线宽。

3. "图案填充原点"

"图案填充原点"用于控制填充图案生成的起始位置（图 4－131）。某些图案填充（例如砖块图案）需要与图案填充边界上的一点对齐。

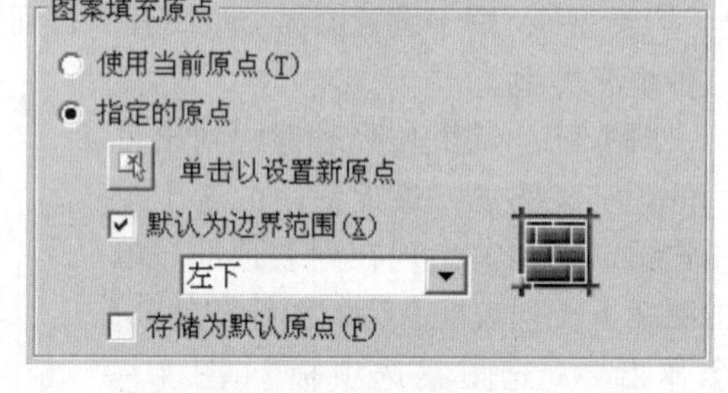

图 4-131　图案填充原点

"使用当前原点"：默认情况下，所有图案填充原点都对应于当前的 UCS 原点。

"指定的原点"：此选项提供为图案指定新的填充原点的方法。此选项被选中后，其下面的其他选项才可使用。单击"设置新原点"按钮，可在图形中直接指定新的图案填充原点；选择"默认为边界范围"选项后，可在其下方的下拉列表框中选择图案填充对象边界的矩形范围的四个角点及其中心。图 4－132 为分别使用"当前原点"和"设置左下原点"时，矩形区的填充效果。

(a)当前原点　　(b)设置左下原点

图 4-132　改变填充原点

“存储为默认原点”：此选项被选中，则将新图案填充原点的值存储在 HPORIGIN 系统变量中。

4.“边界”

AutoCAD 允许通过选择要填充的对象或通过定义边界，然后指定内部点来创建图案填充。“边界”可以是形成封闭区域的任意对象的组合，例如直线、圆弧、圆和多段线。

如图 4－133 所示，通过对“边界”下各选项的操作可确定要填充的区域。

图 4-133 边界

“添加：拾取点”：此选项提供根据围绕指定点构成封闭区域的现有对象确定边界的方法。单击该按钮后，暂时关闭“图案填充”对话框，命令行给出如下提示：

拾取内部点或［选择对象(S)/删除边界(B)］：

单击要进行填充的区域，或指定选项，或按 ENTER 键返回对话框。

“添加：选择对象”：此选项提供根据构成封闭区域的选定对象确定边界的方法。单击该按钮后暂时关闭“图案填充”对话框，命令行给出如下提示：

选择对象或［拾取内部点(K)/删除边界(B)］：

选择对象或指定选项，或按 ENTER 键返回对话框。使用“添加：选择对象”选项时，软件不自动检测内部对象。必须选择所选定的边界内的对象，以按照当前孤岛检测样式填充这些对象。每次单击“添加：选择对象”时，已经选定的用于填充的选择集将被清除。

“删除边界”：此选项提供从边界定义中删除以前添加到选择集的任何对象的方法。单击“删除边界”暂时关闭“图案填充”对话框，命令行给出如下提示：

选择对象或［添加边界(A)］：

选择图案填充或填充的临时边界对象将它们删除，或指定“添加边界”选项选择图案填充或填充的临时边界对象添加它们，或按 ENTER 键返回对话框。

“重新创建边界”：此选项提供围绕选定的图案填充或填充对象创建多段线或面域的方法。可使所创建多段线或面域与图案填充对象相关联（可选）。单击“重新创建边界”后暂时关闭“图案填充”对话框，命令行给出如下提示：

命令：_ hatchedit

输入边界对象的类型［面域(R)/多段线(P)］〈多段线〉：（输入 R 或 P 选择是创建面域还是创建多段线 。）

要重新关联图案填充与新边界吗？［是(Y)/否(N)］〈N〉：（输入 Y 或 N 选择确定是否关联图案填充与新边界。）

“查看选择集”：暂时关闭对话框，并使用当前的图案填充或填充设置显示当前定义的边界。如果未定义边界，则此选项不可用。注意：仅可以填充与当前 UCS 的 *XY* 平面平行的平面上的对象。

5.“选项”

“选项”提供了“注释性”“关联”“创建独立的图案填充”和“绘图次序”等控制图案填充的选项，如图 4－134 所示。

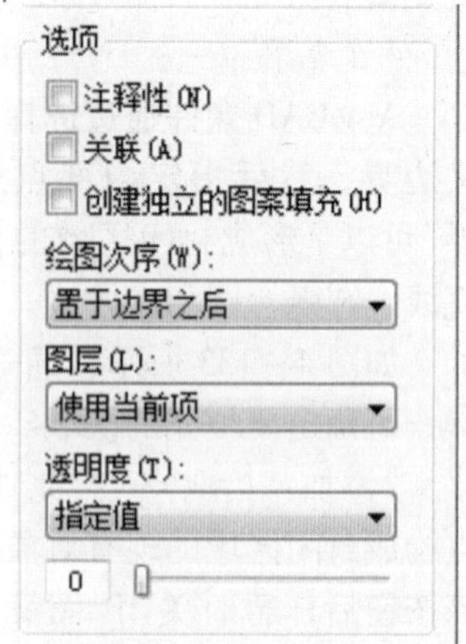

图 4-134 选项

“注释性”：用于创建单独的注释性填充对象，也可以创建注释性填充图案。使用注释性图案填充可象征性地表示材质(例如沙子、混凝土、钢铁、泥土等)。

“关联”：用于控制图案填充或填充的关联。关联的图案填充在用户修改其边界时将会更新。

“创建独立的图案填充”：用于控制当指定了几个单独的闭合边界时，是创建单个图案填充对象，还是创建多个图案填充对象。

“绘图次序”：提供了为图案填充指定绘图次序的方法。通过图案下拉列表式框可选择填充是放在所有其他对象之后，还是所有其他对象之前或图案填充边界之后或图案填充边界之前。

6.“孤岛”

孤岛是指图案填充边界中的封闭区域。用户可以选用如图 4－135 所示的三种填充样式之一填充孤岛。

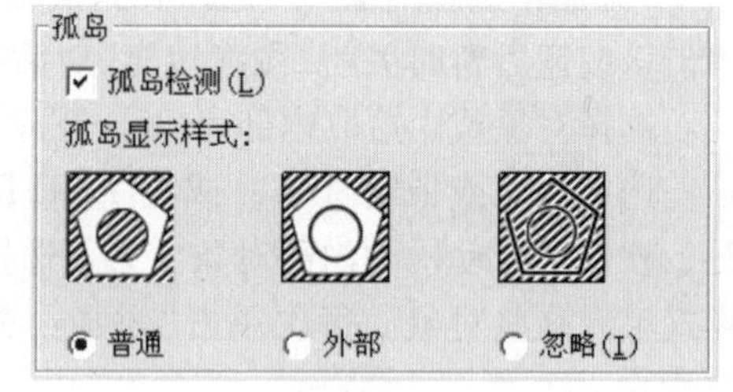

图 4-135 孤岛

“孤岛检测”选项控制是否检测内部闭合边界(孤岛)。

“普通”是 AutoCAD 的默认填充样式，将从外部边界向内填充。如果填充过程中遇到内部边界，填充将关闭，直到遇到另一边界为止，即孤岛中的孤岛将被填充。

“外部”填充样式也是从外部边界向内填充，并在下一个边界处停止。与“普通”填充样式不同的是，此选项只对结构的最外层进行填充，而结构内部保留空白。

“忽略”填充样式将忽略内部边界，填充整个闭合区域。

7.“边界保留”

此选项用于指定是否将边界保留为对象，并确定应用于这些对象的对象类型，如图 4－136 所示。“对象类型”提供“多段线”和“面域”两种边界类型供选择。

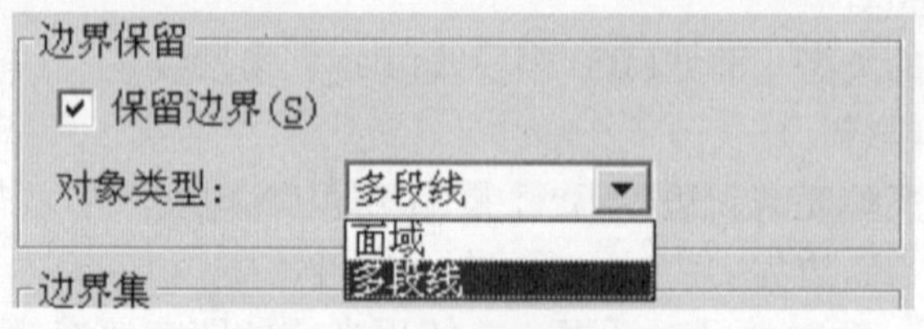

图 4-136 边界保留

8.“边界集”

默认情况下，使用“添加：拾取点”选项来定义边界时，“图案填充”命令通过分析当前视口范围内的所有闭合的对象来定义边界。

在复杂的图形中可能耗费大量时间。要填充复杂图形的小区域，可以在图形中定义一个对象集，称作边界集。“图案填充”不分析边界集中未包含的对象，这样，在该图形中填充小的区域可以节省时间。

下拉列表框中的“当前视口”项是默认选项，图案填充命令将根据当前视口范围中的所有对象定义边界集，选择此选项将放弃当前的任何边界集。

使用“边界集”下的“新建”按钮选定的对象定义边界集后，下拉列表框中就出现“现在集合”选项(图 4 - 137)。

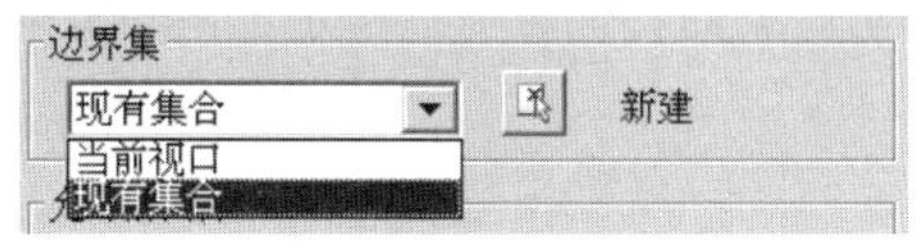

图 4-137 边界集

图 4-138 允许的间隙

9.“允许的间隙”

当要填充边界是未完全闭合的区域，该区域是否被填充由“允许的间隙”下“公差”的大小决定(图 4 - 138)。“公差”设置将对象用作图案填充边界时可以忽略的最大间隙。任何小于等于指定值的间隙都将被忽略，并将边界视为封闭(图 4 - 139)。

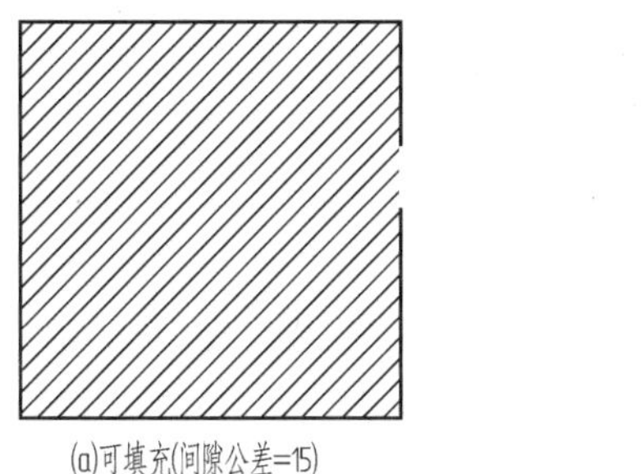

(a)可填充(间隙公差=15)　　(b)不可填充(间隙公差=30)

图 4-139 允许的间隙公差设为 20时的填充效果

10.“继承特性”和“继承选项”

“继承特性”提供了使用选定图案填充对象的图案填充特性对指定的边界进行图案填充的方法(图 4 - 140)。

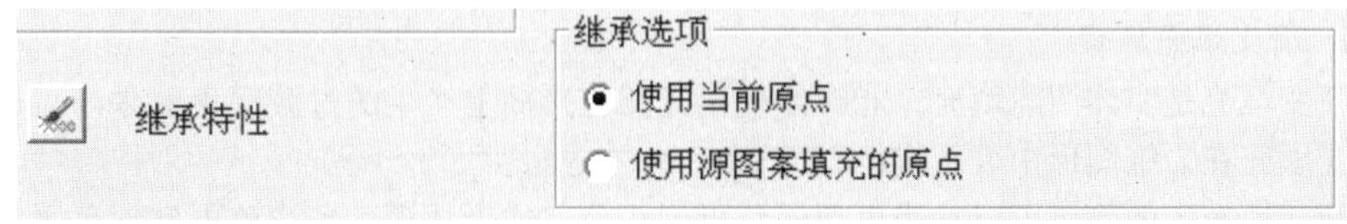

图 4-140 继承特性和继承选项

使用“继承特性”创建图案填充时，“继承选项”下的设置将控制图案填充原点的位置。“使用当前原点”被选中时，使用当前的图案填充原点设置；“使用源图案填充的原点”被选中时，使用源图案填充的原点。

11.“预览”

各参数设置好后，单击“预览”按钮，程序关闭“图案填充”对话框，并使用当前图案填充设置临时显示当前定义的边界。单击图形或按 ESC 键返回对话框；单击鼠标右键或按 ENTER 键接受图案填充。

4.7.3 修改图案填充

1. 更改现有图案填充的填充特性

可以使用几种不同的工具来更改现有图案填充对象的特性。一旦选定图案填充对象，可执行以下操作：

- 使用“图案填充编辑器”功能区中的控件。
- 将光标悬停在图案填充控制夹点上以显示动态菜单。用户可使用该动态菜单快速更改图案原点、角度和比例。
- 使用“特性”选项板。
- 单击鼠标右键以访问“图案填充编辑”和其他命令。

2. 修改填充边界

图案填充边界可以被复制、移动、拉伸和修剪等。与处理其他对象一样，使用夹点可以拉伸、移动、旋转、缩放和镜像填充边界以及和它们关联的填充图案。如果所做的编辑保持边界闭合，关联填充会自动更新。如果编辑中生成了开放边界，图案填充将失去任何边界关联性，并保持不变。

图案填充的关联性取决于是否在“图案填充和渐变色”和“图案填充编辑”对话框中选择了“关联”选项。当原边界被修改时，非关联图案填充将不被更新。

可以随时删除图案填充的关联。但一旦删除了现有图案填充的关联，就不能再重建。要恢复关联性，必须重新创建图案填充或者必须创建新的图案填充边界，并且边界与此图案填充关联。

要在非关联图案填充周围创建边界，需在“图案填充和渐变色”对话框的“渐变色”选项卡(图 4－127)中使用“重新创建边界”选项。也可以使用此选项指定新的边界与此图案填充关联。

4.7.4 渐变填充

1. 渐变填充区域

渐变填充是实体图案填充，能够体现出光照在平面上产生的过渡颜色效果。可以使用渐变填充在二维图形中表示实体。

渐变填充中的颜色可以从浅色到深色再到浅色，或者从深色到浅色再到深色平滑过渡。两种颜色的渐变填充是从一种颜色过渡到另一种颜色。

使用下列方法之一可以启动渐变色 Gradient 命令：

- 在“绘图”工具栏上单击“渐变色”命令按钮▦。
- 在菜单栏中选择“绘图(D)”→“渐变色…”。
- 在“命令”行中输入 gradient 后按回车键。

可按下列步骤完成渐变色填充：

①选择上述方法之一，启动渐变色命令打开“图案填充和渐变色”对话框，如图 4－127 所示。

②在“图案填充和渐变色”对话框“渐变色”选项卡中选择“边界”项下的“添加：拾取点”或“添加：选择对象”确定填充边界。

③在“图案填充和渐变色”对话框的“渐变色”选项卡中选择“单色”或“双色”，选择合适的颜色。

④根据需要调整角度、方向、孤岛显示样式等填充参数。

⑤单击“图案填充和渐变色”对话框右下方的“预览”按钮查看渐变填充的外观效果，按 ENTER 键或单击鼠标右键以返回对话框并进行调整。

⑥如果对调整结果满意，在“图案填充和渐变色”对话框中单击“确定”按钮创建渐变填充。

2.“渐变色”选项卡

启动渐变色命令后弹出“图案填充和渐变色”对话框(图 4－127)。“渐变色”选项卡定义要应用的渐变填充的外观。下面介绍“渐变色”选项卡的各部分。

(1)“颜色”。有“单色”和“双色”两种类型。“单色”指定使用从较深着色到较浅色调平滑过渡的单色填充。“双色”指定在两种颜色之间平滑过渡的双色渐变填充。可以选择索引（ACI）颜色、真彩色或配色系统颜色。

选择“单色”时，在选项卡中显示随着色染色滑块移动而变化的颜色样本。

选择“双色”时，在选项卡中显示“颜色 1”和“颜色 2”的颜色样本。

(2)渐变图案。“渐变色”选项卡中部显示用于渐变填充的线性扫掠状、球状和抛物面状三类共 9 种固定图案。

(3)“方向”。“方向”下的“居中”和“角度”选项用于指定渐变色的角度以及其是否对称。“居中”指定对称的渐变配置，如果没有选定此选项，渐变填充将朝左上方变化，创建光源在对象左边的图案。“角度”用于指定渐变填充相对当前 UCS 的角度。

4.7.5　区域覆盖

区域覆盖对象是一块多边形区域，它可以使用当前背景色屏蔽底层对象。使用区域覆盖命令可以在现有对象上生成一个空白区域，用于添加注释或蔽屏信息。区域覆盖对象由区域覆盖边框进行绑定，可以打开区域覆盖对象进行编辑，也可以关闭区域覆盖对象进行打印。

通过使用一系列点指定多边形的区域可以创建区域覆盖对象，也可以将闭合多段线转换成区域覆盖对象，其步骤示例如图 4－141 所示。

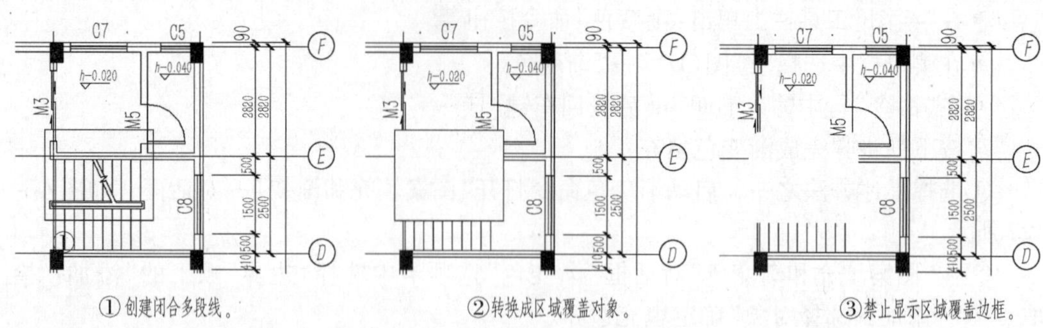

①创建闭合多段线。　②转换成区域覆盖对象。　③禁止显示区域覆盖边框。

图 4-141　闭合多段线转换成区域覆盖对象

要启动区域覆盖命令可以使用下列方法之一：

- 在菜单栏中选择“绘图(D)”→“区域覆盖(W)”。
- 在命令行输入 wipeout 后按回车键。

启动区域覆盖命令后，AutoCAD 给出如下提示：

指定第一点或［边框(F)/多段线(P)］〈多段线〉：

可选择指定第一点或输入选项。该命令各选项功能如下：

“第一点”：根据一系列点确定区域覆盖对象的多边形边界。选定第一点后，命令行提示“指定下一点：”，直至形成一封闭区域。

“边框”：确定是否显示所有区域覆盖对象的边。执行该选项后，命令行显示如下提示：

输入模式［开(ON)/关(OFF)］〈ON〉：

输入 on 将显示所有区域覆盖边框，输入 off 将禁止显示所有区域覆盖边框。

“多段线”：根据选定的多段线确定区域覆盖对象的多边形边界。执行该选项后，命令行给出如下提示：

选择闭合多段线：

选择一闭合多段线后提示：

是否要删除多段线？［是(Y)/否(N)］〈否〉：

输入 Y 将删除用于创建区域覆盖对象的多段线，输入 N 将保留多段线。

4.8　文字、字段和表格

一幅完整的工程图样除了有图形元素外，还可能出现文字、表格以及尺寸标注。比如，用文字表达图名、构配件的材料及做法、施工要求等；用表格来说明门窗、钢筋等的使用情况；用尺寸标注准确、清晰地表达出建筑物及细部的尺寸大小，作为施工的依据。以上内容都是工程图样的重要组成部分，AutoCAD 为此提供了强大且方便的支持功能。

4.8.1 设置文字样式

在 AutoCAD 中，标注文字前应先设置文字样式，所有的文字都是在当前文字样式下创建的。所谓的文字样式就是包含文字“字体”“高度”“宽度因子”“倾斜角度”等参数的文字格式。

1. *启动命令方式*

- 工具栏：“样式”或“文字”按钮A。
- 菜单：“格式”→“文字样式”。
- 命令行：style（st）。

启动命令后系统将弹出“文字样式”对话框，如图 4－142 所示。

图 4-142　“文字样式”对话框

2. *管理文字样式*

“文字样式”对话框各选项的功能如下：

“样式”：列出当前文件中所有已创建的文字样式。对于一个新文件，只有默认的一种样式：Standard。此样式名不能被修改。

“置为当前”：单击此按钮可以将选择的文字样式设置为当前使用的文字样式。

“新建”：单击该按钮将打开“新建文字样式”对话框，如图 4－143 所示。默认样式名为“样式 1”。可以根据需要修改此样式名。

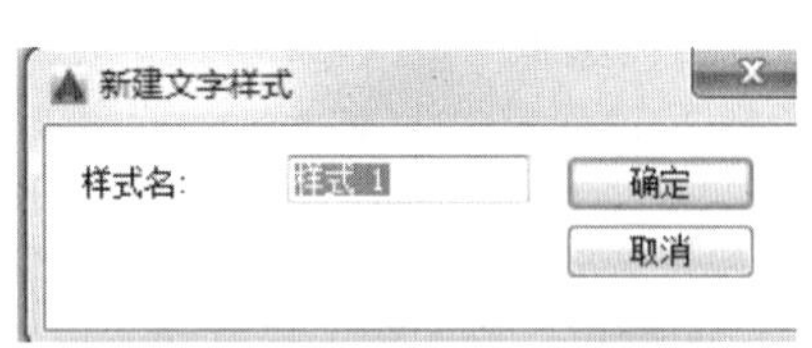

图 4-143　“新建文字样式”对话框

“删除”：单击该按钮可以删除所选文字样式。但当前样式和默认的 Standard 样式不能被删除。

3. *设置字体*

“字体名”：此下拉列表框用于选择字体。

按照国家标准，工程制图中所用汉字为长仿宋体，在 AutoCAD 中可选择“仿宋_GB2312”或大字体 gbcbig. shx，都能满足制图要求。西文标注还可选用 gbenor. shx、gbeitc. shx 两种字体。

“字体样式”：该下拉列表框可以设置当前字体的字体样式，它只对 TrueType 字体有效。不同的 TrueType 字体出现的样式是不同的。当选择某些 TrueType 字体如“Times New Roman”字体时，有四种样式可供选择：粗体、粗斜体、斜体和常规。而有的只有常规一种样式。

“大字体”：只有在“字体名”下拉列表框中指定了扩展名为“. shx”的字体时，此选项才能使用。钩选“使用大字体”后，“字体样式”将变为“大字体”，可以从下拉列表框中选中一种大字体。

“注释性”：选择此项，被选中文字样式将具有注释性，从而能通过调整文字的注释比例使其以正确的大小在图纸上显示或打印。

“高度”：设置文字的高度。

4. 设置文字效果

在“效果”栏可以为文字设置颠倒、反向、垂直等显示效果。改变这些选项在预览区可看到更改后的效果。

“颠倒”：使文字上下颠倒。

“反向”：使文字左右颠倒。

“垂直”：使文字垂直书写。

“宽度因子”：设置文字的宽度与高度之比。当输入大于 1 的值时，文字会变扁；而输入小于 1 的值时，文字会变窄。

工程制图中，使用“仿宋_ GB2312”时，宽度因子应设置为 0.7；而使用 gbcbig. shx、gbenor. shx、gbeitc. shx 等字体时，宽度因子设置为 1 即可，因为 AutoCAD 在设计这些字体时预先将其宽度因子设为 0.7。

4.8.2 创建与编辑单行文本

单行文本每行就是一个对象，主要用于创建简短的文字内容，并且可以对每行文字进行单独编辑。

1. 启动命令方式

- 工具栏：“文字”A̲I。
- 菜单：“绘图”→“文字”→“单行文字”。
- 命令行：text（dt）。

执行 text 命令后，命令窗口出现如下提示：

当前文字样式：“Standard”　文字高度：2.5000　注释性：否

指定文字的起点或［对正(J)/样式(S)］：

2. 指定文字的起点

文字起点是指文字对象的开始点。AutoCAD 对文字设定了 4 条假想的定位线：顶线、中线、基线、底线，如图 4－144 所示。默认情况下，开始点是指单行文本行基线的起点，而文字的对正方式为左对齐，其位置如图 4－145 中所示的默认点。指定一个点后，命令窗口继续出现如下提示：

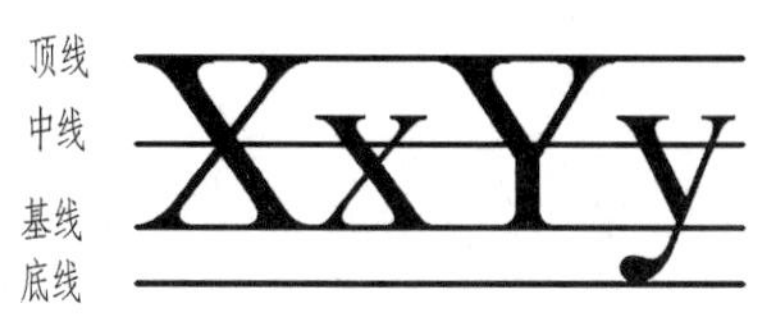

图 4-144　文字定位线

正中(MC)　中上(TC)
左上(TL)　右上(TR)
左中(ML)　右中(MR)
默认点，左(L)　右(R)
左下(BL)　右下(BR)
中心(C)　中下(BC)　中间(M)

图 4-145　文字对正方式

指定高度〈2.5000〉:

设置文字的高度，只有“文字样式”对话框中使用默认高度 0 时，才出现此提示。

指定文字的旋转角度〈0〉:

指整行文本对象绕对正点旋转的角度。

当指定以上内容后，将出现单行文本的“在位文字编辑器”，用户即可输入文字。输入完一行后可以按 ENTER 键继续下一行文本的输入，但每行文本是一个独立的对象。在输入单行文本的过程中，如果想改变后面输入文本的位置时，只需先将光标移到新位置并按左键，“在位文字编辑器”就会移到新位置，接着可继续输入文字。若要结束创建文本，可以按两次 ENTER 键。

3. 设置对正方式

如果在“指定文字的起点或［对正(J)/样式(S)］:”提示后输入 J，就可以设置文字的对正方式。进入该项后命令窗口会出现如下提示：

输入选项［对齐(A)/调整(F)/中心(C)/中间(M)/右(R)/左上(TL)/中上(TC)/右上(TR)/左中(ML)/正中(MC)/右中(MR)/左下(BL)/中下(BC)/右下(BR)］:

“对齐”：选择该项后，会要求指定首行文本基线上的两个端点，这两点间的距离将确定每行文本的宽度。当每行文本的字数不同时，将会自动调整文字的高度，但不改变文字的宽度因子，从而保证每行文本的宽度相同。

“调整”：选择该项后，也会要求指定首行文本基线上的两个端点，这两点间的距离同样将确定每行文本的宽度。另外还会要求指定文字高度。当每行文本的字数不同时，文字的高度仍保持不变，只改变文字的宽度因子，从而保证每行文本的宽度相同。

其他对正方式：选择其他选项后，会要求为首行文本指定相应的点，各种对正方式所对应的点如图 4－145 所示。其他行文本将会相应地左对齐、右对齐或中间对齐。

4. 设置当前文字样式

如果在“指定文字的起点或［对正(J)/样式(S)］:”提示后输入 S，就可以设置当前文字样式。进入该项后命令窗口会出现如下提示：

输入样式名或 [?] 〈Standard〉:

用户可以直接输入样式名称。当不清楚有哪些样式或样式名称是什么时，也可以输入"?"进行查询。

5. 编辑单行文本

可以选择"修改"→"对象"→"文字"子菜单中的命令进行单行文本的重新编辑，也可以打开对象特性框进行修改。

4.8.3 创建与编辑多行文本

多行文本也称为"段落文字"，整个段落就是一个对象，在工程制图中主要用于创建较为复杂的文字说明，如施工要求等。

1. 启动命令方式

- 工具栏："绘图"或"文字" A。
- 菜单："绘图"→"文字"→"多行文字"。
- 命令行：mtext (mt、t)。

执行该命令后，命令行窗口出现如下提示：

当前文字样式："Standard"　文字高度：2.5　注释性：否

指定第一角点：

此时通过指定两对角点来指定矩形区域，用于确定多行文本的位置。用户可以在绘图窗口中拖动鼠标来指定这个区域，然后系统会弹出"文字格式"工具栏和多行文本的"在位文本编辑器"，如图 4 - 146 所示。

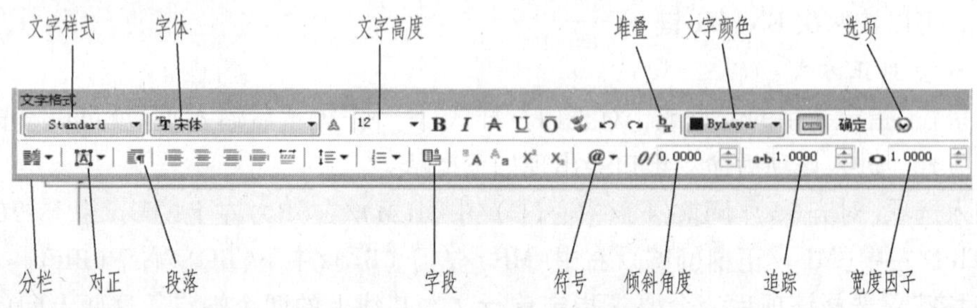

图 4-146 "文字格式"工具栏和多行文本"在位文本编辑器"

2. 使用"文字格式"工具栏

通过"文字格式"工具栏可以设置文字样式、字体、文字高度、加粗、斜体、颜色、分栏、对正等等，其含义与 Word 文本编辑软件类似。图 4 - 147 来自文字格式工具栏符号@▾，图 4 - 148 来自文字格式工具栏选项 。

度数(D)	%%d
正/负(P)	%%p
直径(I)	%%c
几乎相等	\U+2248
角度	\U+2220
边界线	\U+E100
中心线	\U+2104
差值	\U+0394
电相位	\U+0278
流线	\U+E101
标识	\U+2261
初始长度	\U+E200
界碑线	\U+E102
不相等	\U+2260
欧姆	\U+2126
欧米加	\U+03A9
地界线	\U+214A
下标 2	\U+2082
平方	\U+00B2
立方	\U+00B3
不间断空格(S)	Ctrl+Shift+Space
其他(O)...	

图 4-147 “符号”菜单

图 4-148 “字符映射表”对话框

3. 使用选项菜单

在“文字格式”工具栏中单击选项按钮，可以打开选项菜单对多行文本进行更多的设置，如图 4 – 149 所示。

图 4-149 多行文本选项菜单

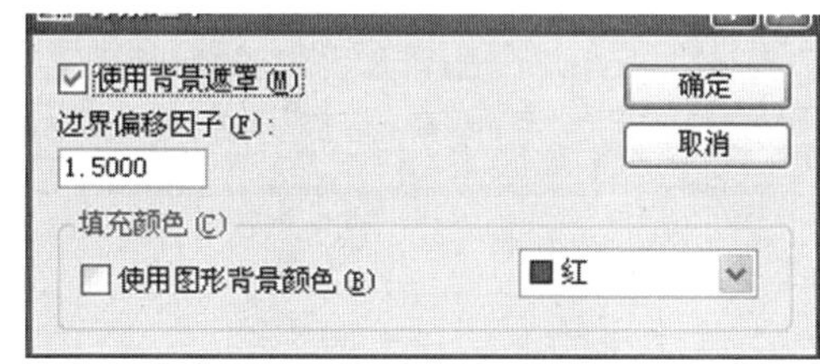

图 4-150 “背景遮罩”对话框

“输入文字”：用于将其他文字编辑程序中保存的扩展名为“. txt”或“. rtf”的文件导入到当前文本中。

“背景遮罩”：执行该选项将弹出如图 4 – 150 所示的对话框，可以为多行文本设置背景色，使其背景不透明。

4. 编辑多行文本

同单行文字的编辑一样，可以选择“修改”→“对象”→“文字”子菜单中的命令进行多行文本的重新编辑，也可以打开对象特性框进行修改。

4.8.4 创建字段

在工程制图和设计过程中经常遇到文字和数据发生变化的情况，如建筑图中修改设计后的建筑面积、重新编号后的图纸序号、更改后的出图尺寸和日期，以及公式的计算结果等。如果这些数据发生变化，需要做相应的手工修改。这不仅增加了工作量，而且往往容易漏改一些数据，造成工程图纸出现错误。所以，AutoCAD 引入了字段概念。字段也是文字，字段等价于可以自动更新的“智能文字”，就是可以在图形生命周期中修改更新的数据文字。设计人员在工程图中如果需要引用会变化的文字或数据，就可以采用字段。这样，当字段所代表的文字或数据发生变化时，不需要手工去修改它，字段会自动更新。如工程图中某处引用了“文件名”字段，那么这个字段的值就是该文件的名称，当该文件名称被修改了，字段更新时将显示新的文件名。

没有值的字段将显示连字符“----”。例如，在“图形特性”对话框中设置的“作者”字段可能为空。无效字段将显示井号“####”。例如，“当前图纸名”字段仅在图纸空间中有效，将它放置到模型空间中则显示井号。

字段可以作为一个独立对象插入到图形中，也可以作为多行文字的一部分插入到多行文字中，还可以插入到表单元、块属性中；还可以统计房屋建筑面积；创建表格等。

1. *启动命令方式*

- 菜单：“插入”→“字段”。
- 命令行输入 field。

启动多行文本命令，在弹出的“在位文本编辑器”中，点击“文字格式”工具栏中的“字段”按钮，或单击右键在弹出的快捷菜单中选择“插入字段”，如图 4－151 所示。在表格创建过程中，选中单元格后也可以按以上方法启动“字段”命令。

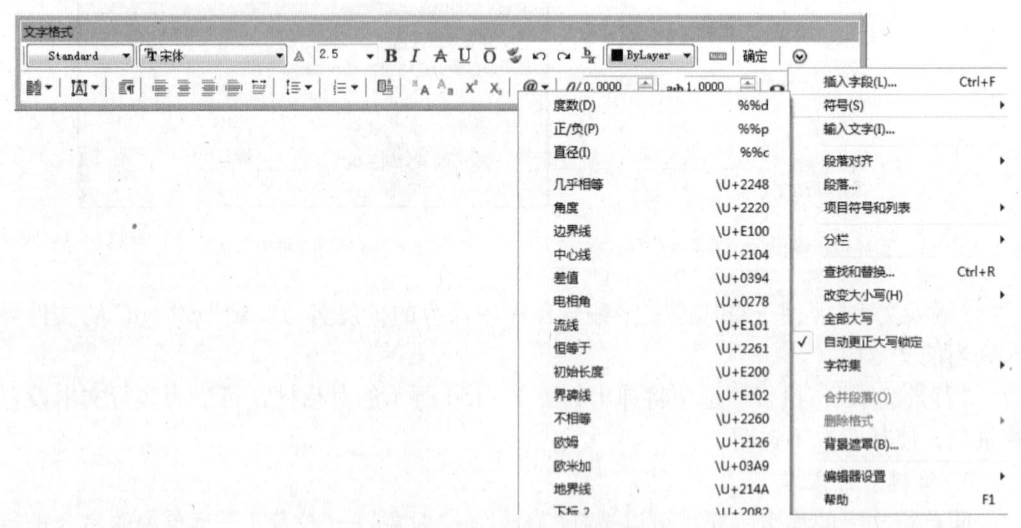

图 4-151 多行文本编辑器中启动字段命令

命令启动后系统将弹出“字段”对话框，如图4－152所示。

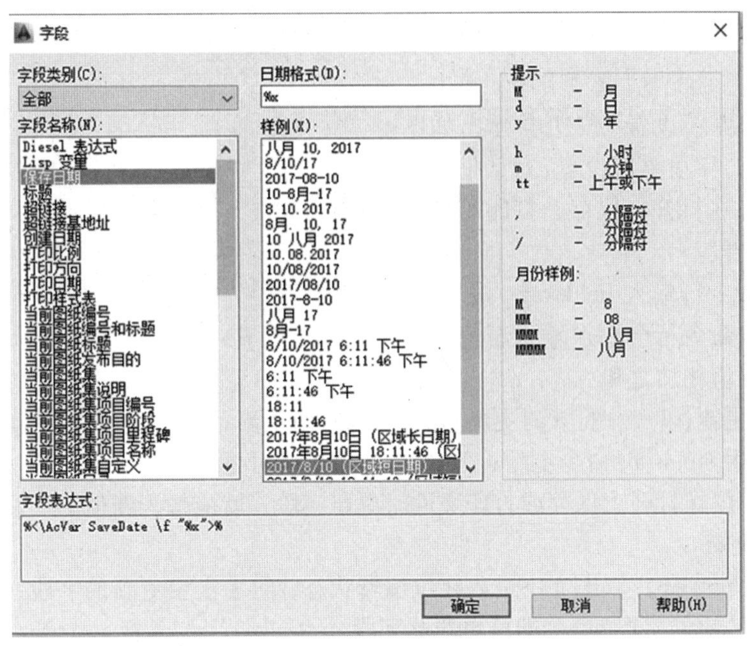

图4-152 “字段”对话框

2.“字段”设置

在“字段”对话框中，可以对“字段”进行设定。“字段”对话框各选项的功能分别介绍如下：

“字段类别”下拉列表框：可以选择字段的类别，有打印、对象、其他、全部、时间和日期、图纸集、文档、已链接。

“字段名称”：这里将显示所选类别包含的字段名称，用户可在此选择需要的字段。所选字段不同，该对话框右侧的设置也将相应发生变化。以选中字段名“保存日期”为例，如图4－152所示，对话框右侧“样例”会显示日期的不同表达样式，可以从中选择一种需要的样式。

“字段表达式”：显示说明字段的表达式。字段表达式无法编辑，但可以通过查看此部分了解字段的构造方式。

如果是创建的一个独立字段对象，点击“确定”按钮后命令行会继续出现以下提示：

当前文字样式：“Standard”　　文字高度：2.5000

指定起点或［高度(H)/对正(J)］：

各选项的含义与单行文本命令中的选项相同。

如果字段只是作为多行文字、表单元、块属性的一部分，字段将遵从它们的设置。

4.8.5 更新字段

字段对象创建之后，根据需要可及时对其进行更新。字段更新方式有两种：一种是自动更新，另一种是手动更新一个或多个字段。

1. 自动更新

• 通过“工具”菜单打开“选项”对话框，在“用户系统配置”选项卡中，单击左下角的“字段更新设置”按钮会弹出如图4－153所示的“字段更新设置”对话框。可以设置使文件在打开、保存、打印等情况下自动更新字段。

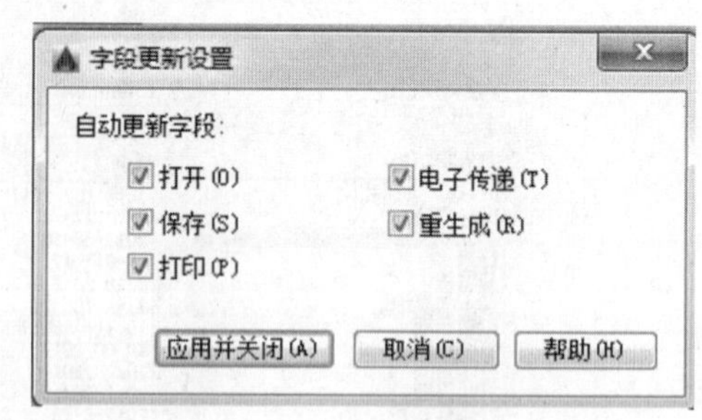

图4-153 “字段更新设置”对话框

• 通过命令行输入 fieldeval，按 Enter 键确定之后，命令行会要求输入新值，该值是以下任意值相加之和：

0——不更新；1——打开时更新；2——保存时更新；4——打印时更新；

8——使用 etransmit 命令更新； 16——重生成时更新

例如，要仅在打开、保存或打印文件时更新字段，就应输入新值7。

2. 手动更新

• 更新单个字段：双击文字进入在位编辑状态，再右击要更新的字段，在弹出的快捷菜单中选择“更新字段”命令即可更新此字段。

• 更新多个字段：在命令行中输入 updatefield，按 Enter 键确定之后，会要求“选择对象”，此时可选择多个包含要更新字段的对象并按 Enter 键确定，即可将这些字段更新。

4.9 图块、属性与外部参照

在绘图过程中常常会碰到一些重复使用的图形，比如在绘制建筑图时常要绘制的门、在电路图中常出现的电阻、机械图中出现的螺帽等，这些对象在一幅图中常常是多次重复出现，如果每个对象全要用户一笔一笔画出来，无疑会大大增加用户的工作量，造成工作效率低下。为了解决这个问题，AutoCAD 提供了一个十分完美的解决方案，这就是图块的引用。

块、属性和外部参照是 AutoCAD 特有的对图形中对象进行管理的高级模式。块即是将一些经常重复使用的对象组合起来，形成一个块对象，然后将其保存起来，这样在以后的绘图中就能够轻松地引用。它可以大大提高作图的精确度和速度，减小文件的大小。外部参照就是一个图形对另一个图形的引用。这种引用方式对目前大规模的多人合作绘图十分有用。

块是一个或多个对象结合在一起形成的对象体。在 AutoCAD 中，块是作为一个整体存在的，尽管在这一个对象中也许包含了在不同层中的实体。用户可以对块进行缩放、复制、移动等操作。例如图4－154所示的几种坐厕，只要用户画好一次后存成块文件，就可以在以后的绘图工作中重复使用。

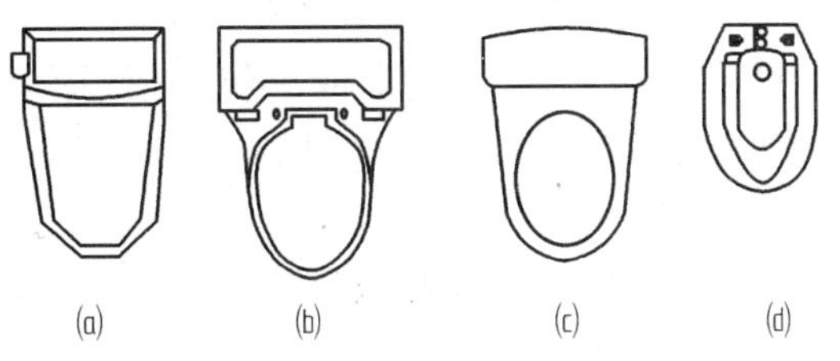

图 4-154　坐厕图块

4.9.1　定义块

在引用块之前，用户必须把对象定义成块。定义块的方式有两种：将块保存在当前图形中(这种方式定义的块只能在当前图形中使用)；将块单独以图形文件保存(这种方式定义的块可以在所有的图形中插入使用)。

1. 在当前图形中保存块

在定义块之前首先要把想要定义成块的对象绘制好。

在当前图形中保存块的方法有以下三种：

- 单击“绘图”工具栏上的“创建块”图标按钮。
- 在菜单栏选择“绘图”→“块”→“创建”命令。
- 在命令提示区输入 block(简化命令：B)。

启动命令后将打开“块定义”对话框，如图 4－155 所示。

图 4-155　“块定义”对话框

“块定义”对话框中各选项的意义如下：

“基点”：指定块的插入基点。默认插入点坐标值为(0,0,0)。

“在屏幕上指定”：关闭对话框时，将提示用户指定基点。

“拾取点”按钮：将暂时关闭块定义对话框，在当前图形中拾取插入基点。

• 对象：指定块中要包含的对象，以及当创建块之后是删除这些实体，还是保留或者转换成块。

“在屏幕上指定”：关闭对话框时，将提示用户指定对象。

“选择对象”按钮：单击“选择对象”按钮可以暂时关闭“块定义”对话框回到绘图区中选择要创建成块的对象。完成选择后回车又会回到“块定义”对话框。

快速选择按钮：单击快速选择按钮会弹出“快速选择”对话框，如图4－156所示。用户可以通过该对话框进行快速过滤来选择满足一定条件的实体。

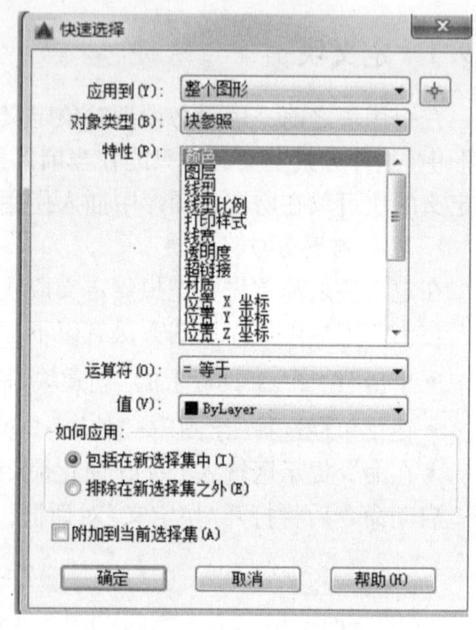

图4-156 “快速选择”对话框

“保留”：选中此选项，所选取的实体在生成块后仍保持原状。

“转换为块”：选中此选项，所选取的实体生成块后在原图形中也转换成块。

“删除”：选中此选项，所选取的实体在生成块后，原实体被删除。

• 设置：

“块单位”：在下拉菜单中可指定块参照的插入单位。

“超链接”：单击此按钮打开“插入超链接”对话框，可把某个超链接与块定义相关联。

“在块编辑器中打开”：选取该选项后，表示当单击“确定”按钮后在块编辑器中打开当前的块定义。

• 方式：

“注释性”：可以创建注释性块参照。

“使块方向与布局匹配”：指定在图纸空间视口中的块参照的方向与布局的方向相匹配。

“按统一比例缩放”：此选项指定块按统一比例缩放。

“允许分解”：该选项决定块是否允许分解。

下面建立一个洗面盆图块（绘制好的洗面盆样式如图4－157所示）：

打开“块定义”对话框，给块取名为“洗面盆”，选取图形左上角的交点为基点，生成块后删除原来的实体，各参数的设置如图4－158所示。

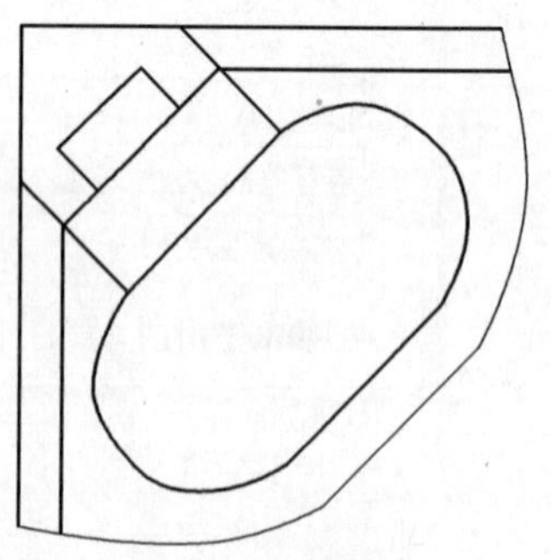

图4-157 洗面盆图块

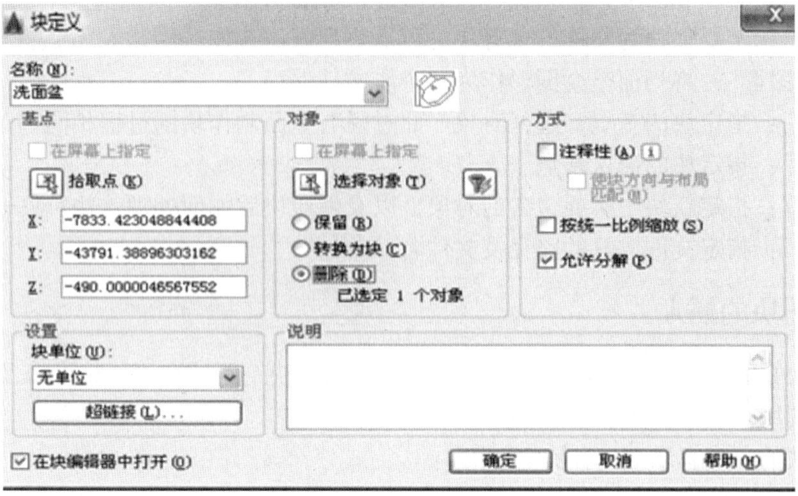

图 4-158 洗面盆块定义

单击"选择对象"按钮，在图中选择洗面盆图形，然后单击"确定"按钮，一个洗面盆块就定义好了。

2. 将块保存为单独的文件

用以上方法制作的块只能在当前图形中使用。如果用户希望在其他的图形中也能使用以上方法制作的块，必须将块作为一个单独的文件保存。

在命令提示行中输入 wblock，回车，将弹出如图 4－159 所示的"写块"对话框。

图 4-159 "写块"对话框

"写块"对话框中各功能如下：

"源"：指定块和对象，将其保存为文件并指定插入点。

"块"：指定要保存为文件的现有块。可从块列表中选取。

"整个图形"：将当前整个图形作为一个块文件保存。

"对象"：指定块的基点，选择对象。此过程与上面制作块的过程相同。

"基点"：指定块的插入基点。

"对象"：指定新块中所要包含的对象，以及创建块后如何处理这些对象。

"目标"：指定文件放置的路径及文件名。

4.9.2 图块的插入

制作块是为了在将来的绘图中使用这些块，以加快绘图的速度、精度以及图块的一致性。而调用块就要在图形中插入块。

插入块的方式有以下三种：

- 菜单"插入"→"块"。
- 单击"绘图"工具栏"插入"按钮。
- 在命令行中输入 insert，回车。

执行命令后，会出现"插入"对话框，如图 4－160 所示。

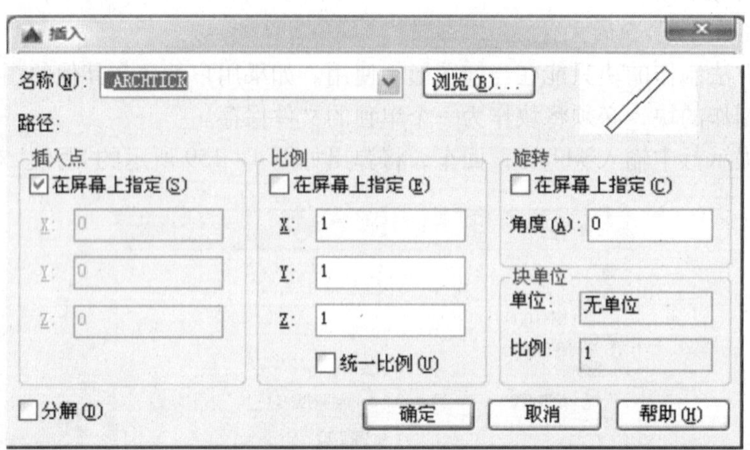

图 4-160 "插入"对话框

"插入"对话框各功能如下：

"名称"：指定要插入的图块名称，或通过浏览选择要作为块插入的文件名。

"路径"：要插入的块文件的路径。

"插入点"：在屏幕上指定块的插入点，如果不选择"在屏幕上指定"复选框，则可以用键盘输入插入点的坐标。

"比例"：输入块的插入比例。可以在屏幕上指定，也可以在对话框中给定。

"旋转"：输入块插入时的旋转角度。

"统一比例"：*X*、*Y*、*Z* 采用相同的比例因子插入。

4.9.3 创建属性

属性是附加在块上的文字说明。属性值可以是可变的，也可以是固定的。在插入一个带有属性的块时，AutoCAD 将把固定值随块加到图形文件中，并提示进去的是非固定的值。

开启“属性定义”对话框有两种方法：

- 选择菜单“绘图”→“块”→“定义属性”。
- 在命令行中输入 attdef 并回车。

启动命令后，可以打开“属性定义”对话框，如图 4－161 所示。

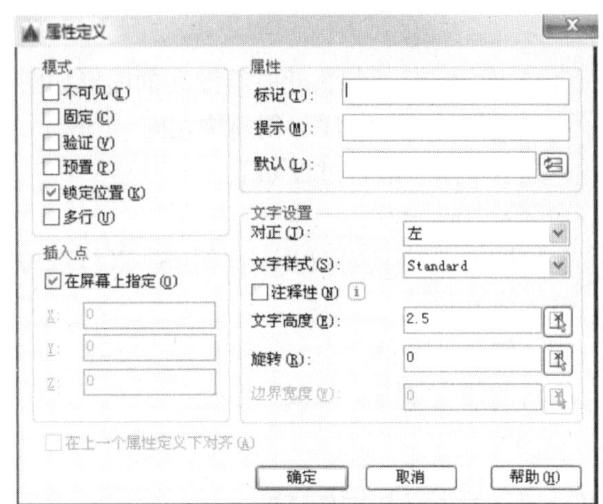

图 4-161 “属性定义”对话框

“属性定义”对话框各功能如下：

“模式”：在图形中插入块，设置与块有关的属性值选项。

“不可见”：指定插入的块不显示或不打印属性值。

“固定”：在插入块时，赋予块以固定的值。

“验证”：插入块时提示验证属性值是否正确。

“预置”：插入包含预置属性值的块时，将属性设置为默认值。

“锁定位置”：锁定块参照中属性的位置。

“多行”：指定属性值可以包含多行文字。

“属性”：在此设置属性数据。

“标记”：在图形中标记属性。属性标记可以包含除空格或惊叹号之外的任何字符。小写字符会自动转换成大写字符。

“提示”：指定在插入包含该属性定义的块时显示的提示。如果在模式中选择了“固定”模式则不显示此选项。

“默认”：指定默认值。指定在插入包含该属性定义的块时显示的提示。如果不输入提示，属性标记将用作提示。如果在模式中选择了“常数”模式，该选项将不可用。

“插入点”：指定属性的位置。

“文字设置”：设置属性文字的对齐方式、样式、高度和旋转角度。

给块创建属性的步骤举例说明如下：

①绘制如图 4－162a 所示的图形。

②选择“绘图”→“块”→“定义属性”打开“属性定义”对话框，设置成如图 4－162b 所示。

③单击“拾取点”按钮，在图形上选择一点。

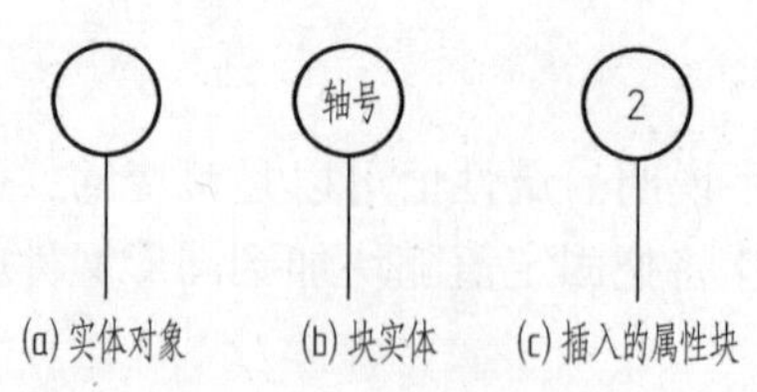

图 4-162 实体对象

④单击“确定”按钮，此时绘图区的图形如图 4－162b 所示。

⑤创建属性块，方法与创建块相同。

⑥插入图块，插入过程如下：

命令：_ insert

指定插入点或［基点(B)/比例(S)/X/Y/Z/旋转(R)］：

输入属性值：

输入轴号〈1〉：2

插入的图块如图 4－162c 所示。

4.10 尺寸标注与编辑

尺寸标注是工程设计的重要一环，一幅工程图仅有图形和文字是不足以表达清楚设计意图的，尺寸才能反映对象的真实大小和位置。本小节主要介绍如何设置尺寸标注样式，如何标注各种类型的尺寸，以及怎样编辑尺寸标注。

4.10.1 尺寸标注概述

在进行尺寸标注以前，需要先了解尺寸的组成、类型以及标注步骤。

1. 尺寸标注组成

尺寸标注是由直线、箭头、文字等图形对象组成的图块，它由一些标准的尺寸标注元素：尺寸数字、尺寸界线、尺寸线、尺寸起止符号组成，如图 4－163 所示。

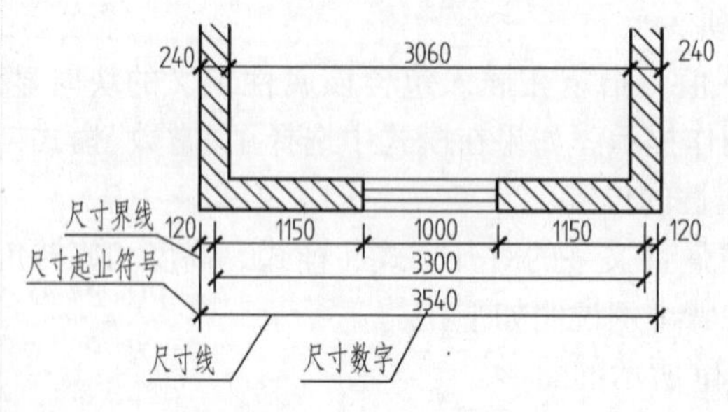

图 4-163 尺寸标注组成

2. 标注类型

AutoCAD 提供了十多种标注工具，能进行线性、对齐、直径、半径、角度、连续、基线、圆心、坐标等标注，如图 4－164 所示。

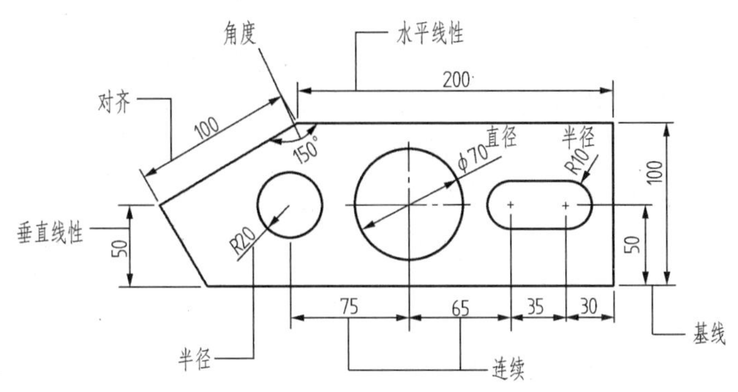

图 4-164　主要标注类型

3. 标注步骤

①通过“图层管理器”新建一个专门用于尺寸标注的图层。

②通过“文字样式”命令新建一用于尺寸标注的文字样式。

③通过“标注样式”命令新建一尺寸标注样式。

④通过“对象捕捉”准确指定点，从而对图形中的对象进行尺寸标注。

4.10.2　设置尺寸标注样式

要标注尺寸首先要创建合适的尺寸标注样式。尺寸标注样式的设置比较复杂，涉及“线”“符号和箭头”“文字”“调整”“主单位”“换算单位”和“公差”7 个选项卡的内容。

1. 启动命令方式

• 点击工具栏“样式”或“标注”按钮。

• 点击菜单：“标注”→“标注样式”或“格式”→“标注样式”。

• 命令行输入 dimstyle(d、dst、ddim)。

启动命令后系统将弹出“标注样式管理器”对话框，如图 4－165 所示。

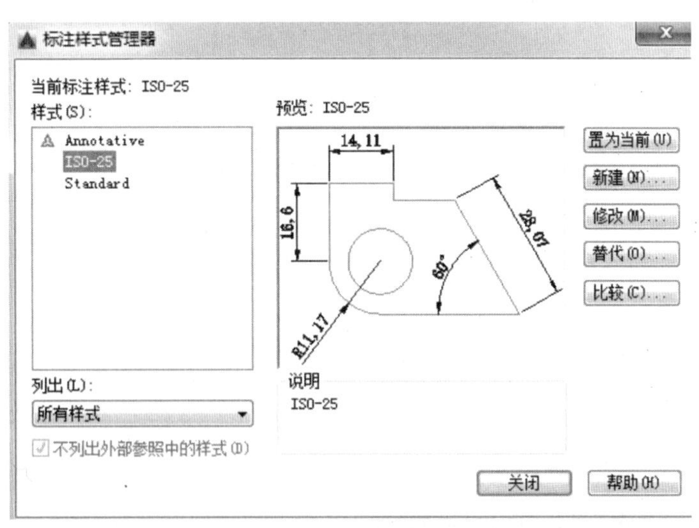

图 4-165　“标注样式管理器”对话框

2. 管理标注样式

在“标注样式管理器”对话框中，以下选项可以对标注样式进行管理：

“样式”：列出当前文件中所有已创建的标注样式。一个新文件只有“ISO－25”一种默认样式，此样式名可以重命名。选中某样式后按右键，会弹出一快捷菜单，可以进行“置为当前”、“新建”和“修改”操作。但ISO－25和当前样式不能被删除。

“置为当前”：单击此选项按钮可将选择的标注样式设置为当前使用的样式。

“新建”：单击该按钮将打开“创建新标注样式”对话框，如图4－166所示。默认样式名为“副本ISO－25”，可以根据需要修改此样式名。在“基础样式”下拉列表框可以选择已有的标注样式作为范本，还可以设定样式为“注释性”的，然后点击“继续”按钮将会弹出如图4－167所示“替代当前样式”对话框，继续创建新样式。

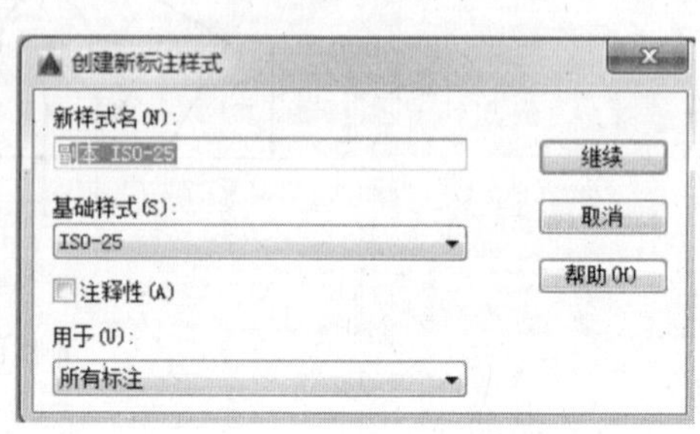

图4-166 “创建新标注样式”对话框

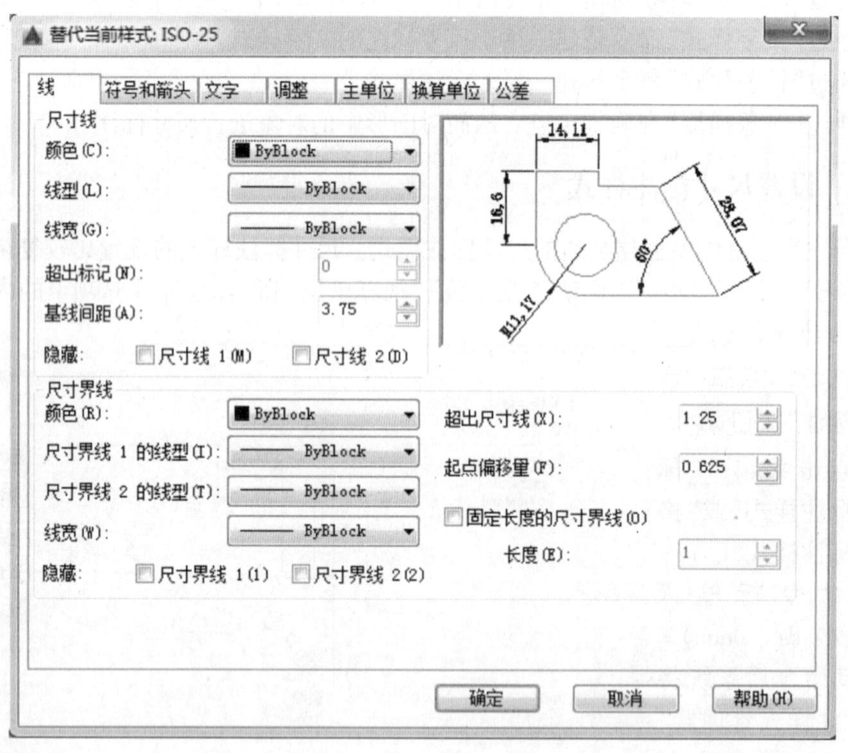

图4-167 “替代当前样式”对话框

“修改”：可以对原有标注样式进行设置修改。按修改按钮会弹出“修改标注样式”对话框，其具体设置与新建标注样式一样，如图4－168所示。

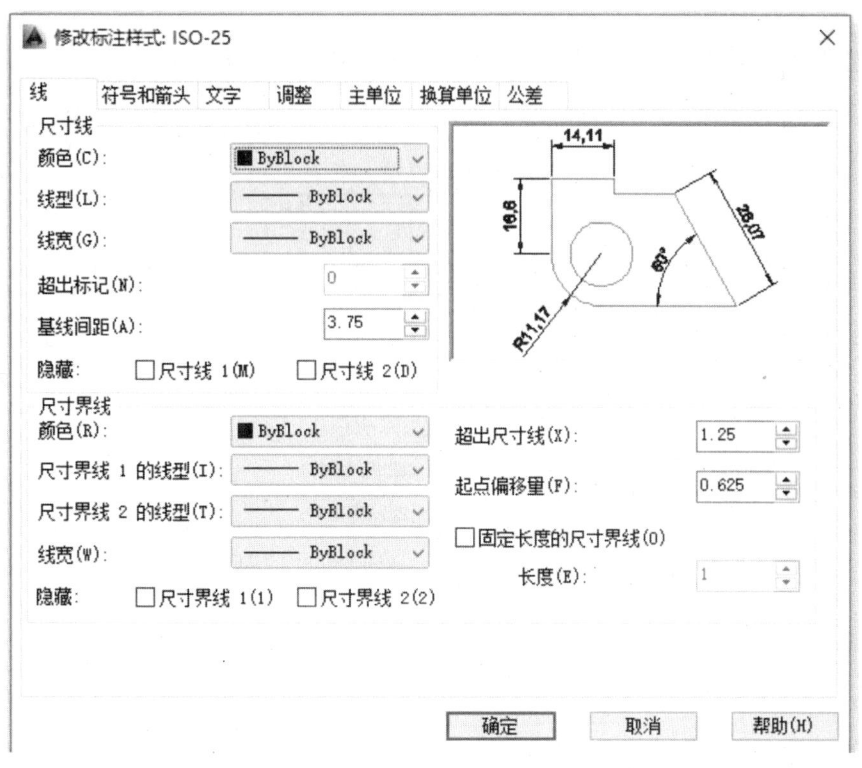

图 4-168 "修改标注样式"对话框

"替代"：此选项用于新建一个当前标注样式的临时子样式"样式替代"。点击"替代"按钮可以对当前标注样式的设置进行修改，临时性地替代当前标注样式进行标注，而已经用当前样式标注的尺寸不受影响。其具体设置也与新建标注样式一样。

"比较"：用于对已有的标注样式进行两两比较，列出它们不同之处。点击此选项按钮将会出现如图 4－169 所示的对话框。

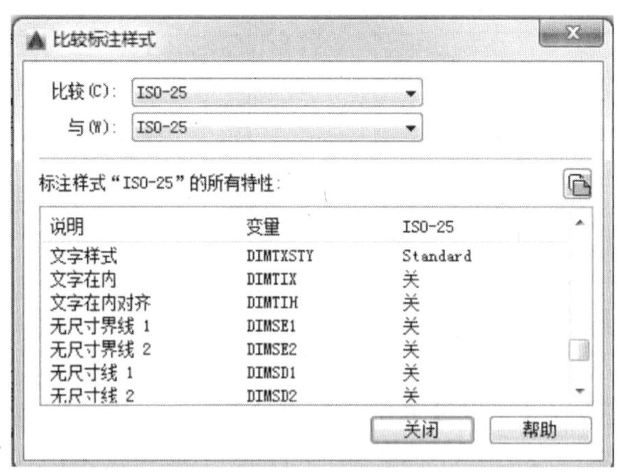

图 4-169 "比较标注样式"对话框

3.“线”选项卡

此选项卡可以对尺寸线、尺寸界线进行详细设置，如图 4 - 170 所示。

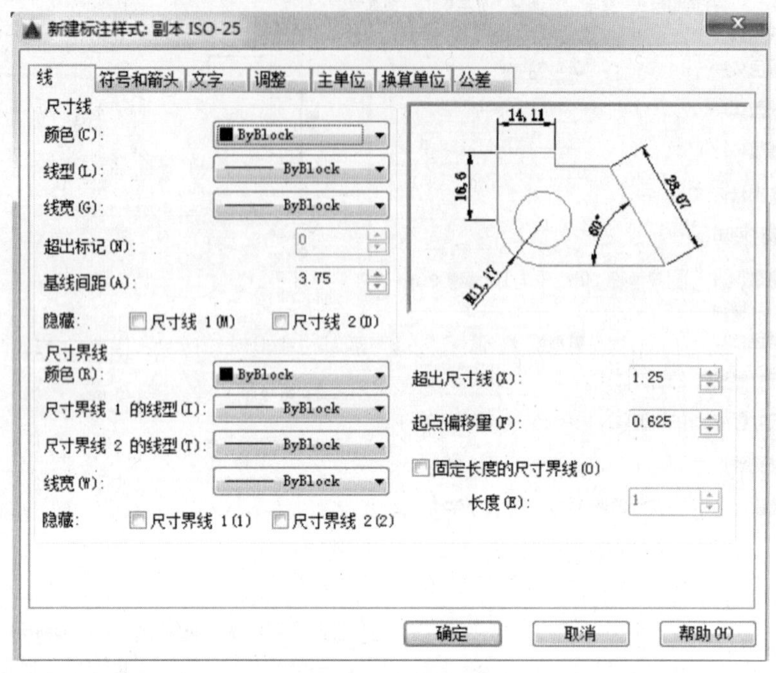

图 4-170 “线”选项卡

“尺寸线”：在该区域可以对尺寸线的颜色、线型、线宽、超出标记等进行设置。所谓“超出标记”是指当尺寸箭头为建筑标记、小点、倾斜等符号时，可以设置如图 4 - 171a 所示的这段距离。其中：“基线间距”是指进行基线尺寸标注时平行的尺寸线之间的距离，如图 4 - 171b 所示；“隐藏”选项可以通过隐藏“尺寸线 1”或“尺寸线 2”不显示部分尺寸线。

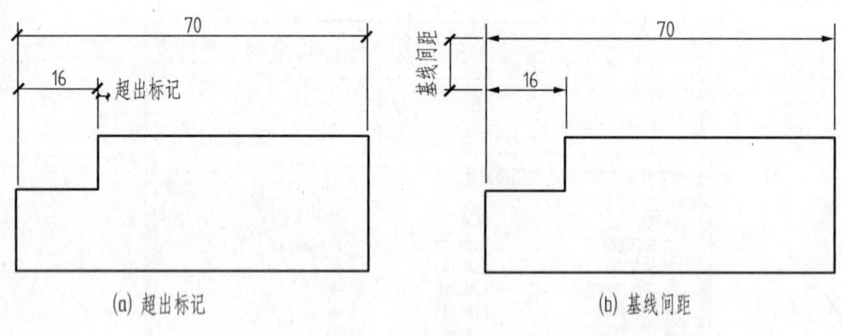

图 4-171

“尺寸界线”：在该区域可以设置尺寸界线的颜色、线型、线宽、隐藏等，其与“尺寸线”设置相似。其中：“超出尺寸线”用于设置尺寸界线超出尺寸线的距离，如图 4 - 172a所示；“起点偏移量”指尺寸界线的起点与标注时所指定的点之间的距离，如图 4 - 172b 所示；“固定长度的尺寸界线”是指尺寸界线长度为一固定值。

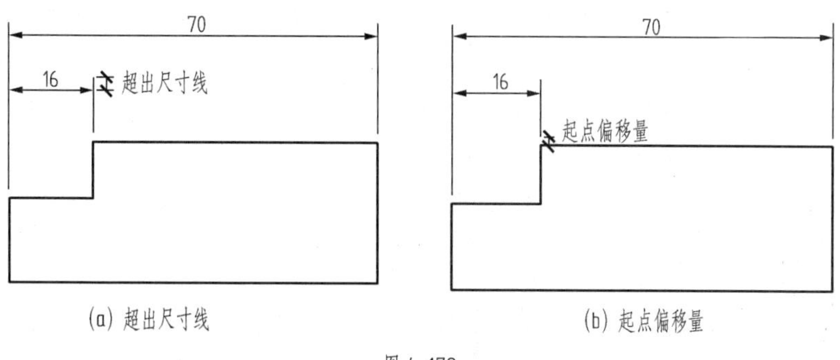

(a) 超出尺寸线　　(b) 起点偏移量

图 4-172

4."符号和箭头"选项卡

在此选项卡可以对标注的尺寸符号和箭头进行详细设置，如图 4－173 所示。

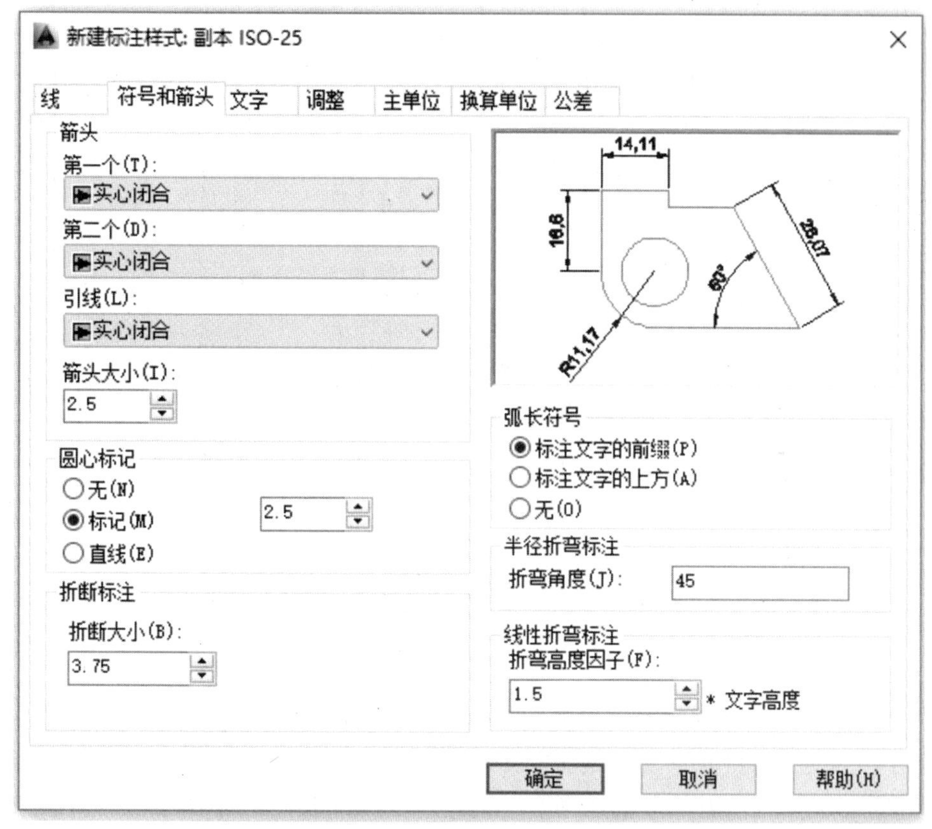

图 4-173　"符号和箭头"选项卡

"箭头"：设置箭头、引线的样式、大小。

"圆心标记"：设置圆心标记的样式和大小(该设置影响"标注" →"圆心标记"命令的执行效果)。

"折断标注"：是指在执行"标注打断"命令时，打断位置与指定的打断对象之间的距离(该设置影响"标注"→"标注打断"命令的执行效果)。

“弧长符号”：用于设置是否有弧长符号或该符号与文字的位置关系（该设置影响“标注”→“弧长”命令的执行效果）。

“折弯角度”：用于设置半径折弯标注的角度（该设置影响“标注”→“折弯”命令执行效果）。

“折弯高度因子”：用于调整线性折弯标注的大小（该设置影响“标注”→“折弯线性”命令的执行效果）。

5.“文字”选项卡

在此选项卡可以对标注文字进行外观、位置、对齐等详细设置，如图4－174所示。

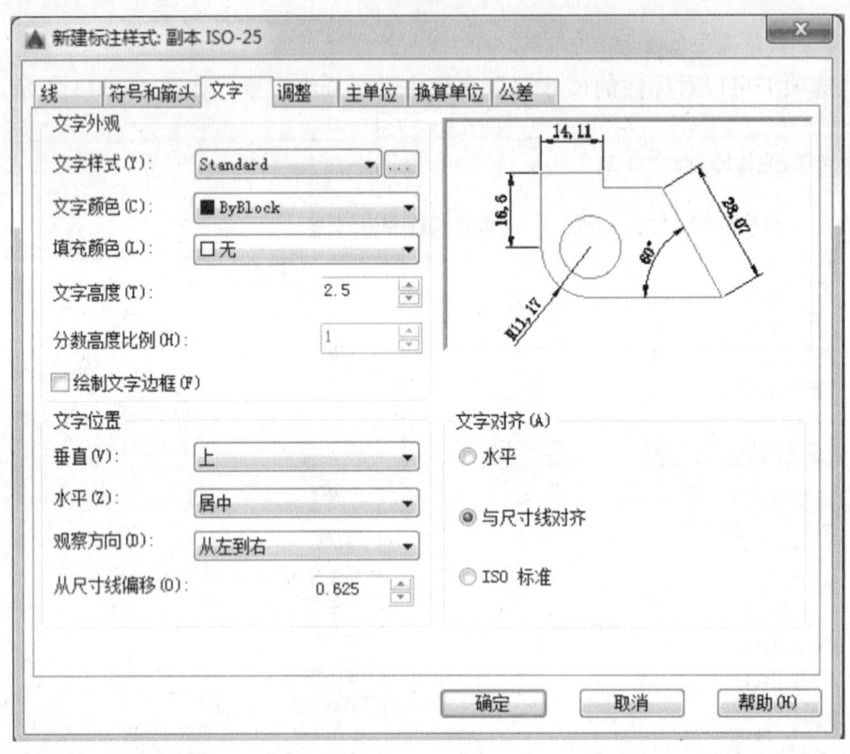

图4-174　“文字”选项卡

“文字外观”：在该区域可以设置文字样式、颜色、高度等内容。其中“分数高度比例”是当“主单位”选项卡中“单位格式”设为分数时，此框才能修改。该比例表示标注文字中分数相对于其他标注文字的比例。“绘制文字边框”是给标注文字加上一个矩形框。

“文字位置”：在该区域设置标注文字的位置。

“垂直”：是指标注文字相对于尺寸线在垂直方向上的位置，共有四个选项。举例如图4－175所示。

“居中”：将标注文字放在尺寸线的中间，如图4－175a所示。

“上方”：将标注文字放在尺寸线的上方，如图4－175b所示。

“外部”：将标注文字放在离标注对象最远的一边，如图4－175c所示。

“JIS”：按照日本工业标准（JIS）来放置标注文字，如图4－175d所示。

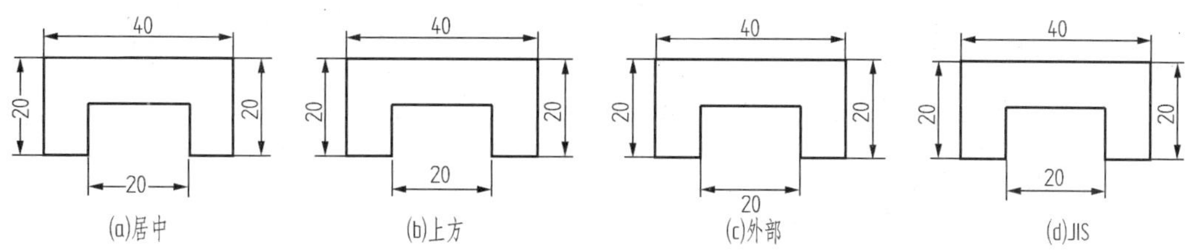

图 4-175　标注文字在垂直方向上的位置

“水平”：是指标注文字相对于尺寸线和尺寸界线在水平方向上的位置。其共有“居中”“第一条尺寸界线”“第二条尺寸界线”“第一条尺寸界线上方”和“第二条尺寸界线上方”五个选项，如图 4－176 所示。

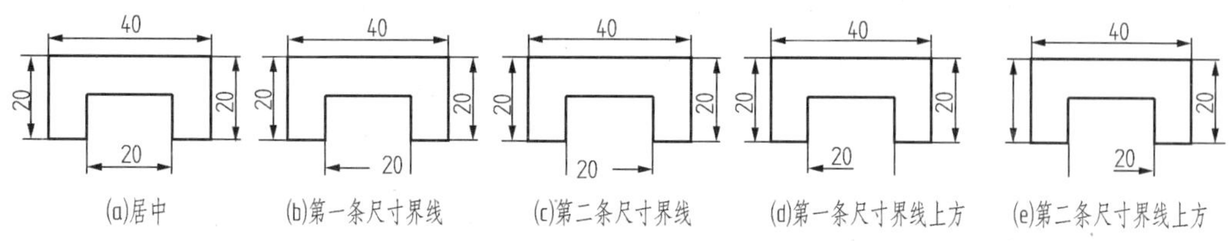

图 4-176　标注文字在水平方向上的位置

“从尺寸线偏移”：设置标注文字与尺寸线之间的距离。

“文字对齐”：在该区域设置标注文字是水平、与尺寸线对齐还是按 ISO 标准处理，如图 4－177 所示。

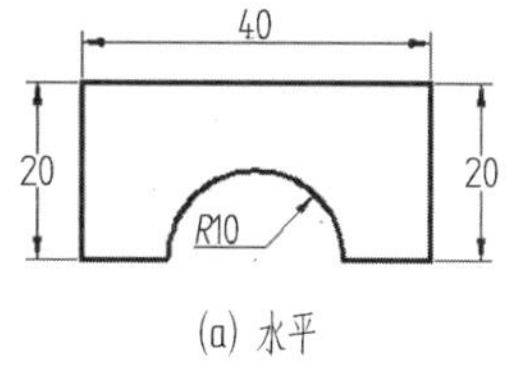

(a) 水平

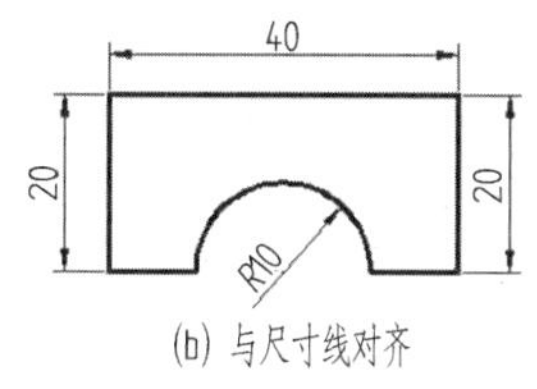

(b) 与尺寸线对齐

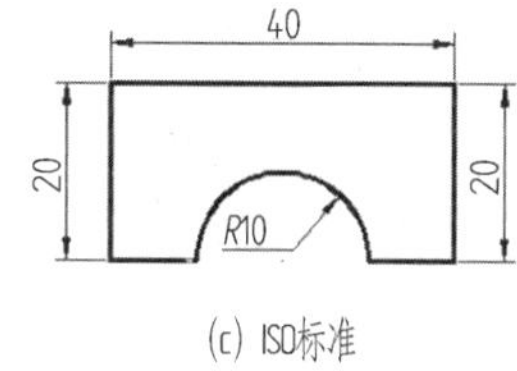

(c) ISO标准

图 4-177　标注文字的对齐方式

6.“调整”选项卡

在此选项卡可以设置标注文字、箭头、尺寸线在一些特殊情况下的位置，如图 4－178 所示。

“调整选项”：在该区域可以设置当在尺寸界线之间没有足够的空间同时放置标注文字和箭头时，为了表示清楚，如何将标注文字和箭头移到其他位置。其共有 6 种选择。

“文字位置”：在该区域可以设置标注文字不在默认位置时如何放置。

“标注特征比例”：在该区域可以设置尺寸线、尺寸界线、箭头、标注文字、偏移量、超出量等尺寸标注外观大小，对以上这些内容的外观按此比例缩放。

“注释性”：用于设定此标注样式是否具有注释性。

“将标注缩放到布局”：是指在布局空间自动根据当前模型空间视口和图纸空间的比例来确定标注缩放比例，以确保布局中标注外观不受视口缩放比例的影响。

“使用全局比例”：为所有的尺寸标注设置缩放比例。

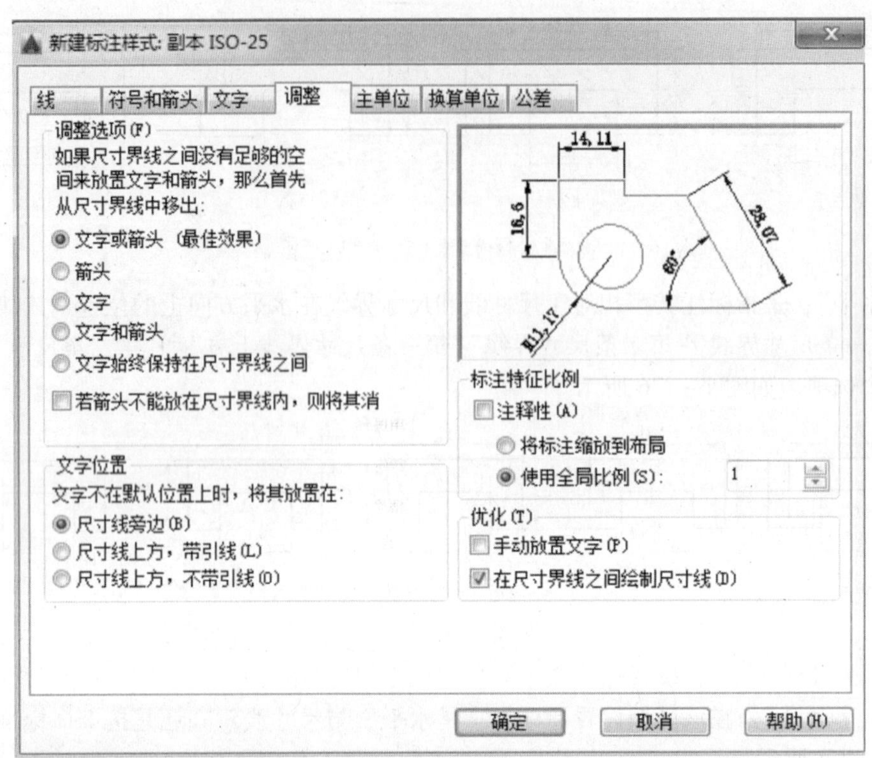

图 4-178 “调整”选项卡

“优化”：用于对标注文字和尺寸线进行微调。“手动放置文字”是指在标注时可把标注文字放在用户指定的位置上。“在尺寸界线之间绘制尺寸线”是指当尺寸箭头放置在尺寸界线之外时，也可在尺寸界线之内绘制尺寸线。

7. “主单位”选项卡

在此选项卡可以设置主单位格式、测量单位比例、消零等内容，如图 4 – 179 所示。

“线性标注”：在该区域可以设置单位格式、精度、分数格式、小数分隔符、舍入、前缀、后缀。

“测量单位比例”：该区域用于设置实际标注的值与测量出的真实值之间的比例关系。“比例因子”用于指定一个比例，那么实际标注出的尺寸值就是测量出的真实值与这个比例的乘积。“仅应用到布局标注”是指在布局空间中标注出来的尺寸值才受以上“比例因子”的影响，而对模型空间中标注的尺寸无效。

“消零”：控制是否消除尺寸数字前面或后面的零。如“16. 60”在选中“后续”选项后则会标注成“16. 6”。

“角度标注”：在该区域设置角度标注的单位格式、精度以及是否消零。

8. “换算单位”选项卡

在此选项卡可以将主单位换算成其他单位格式的值，或者是公制与英制单位进行换算，如图 4 – 180 所示。在标注文字中，换算出的值会标注在主单位旁的“[ ]”中。

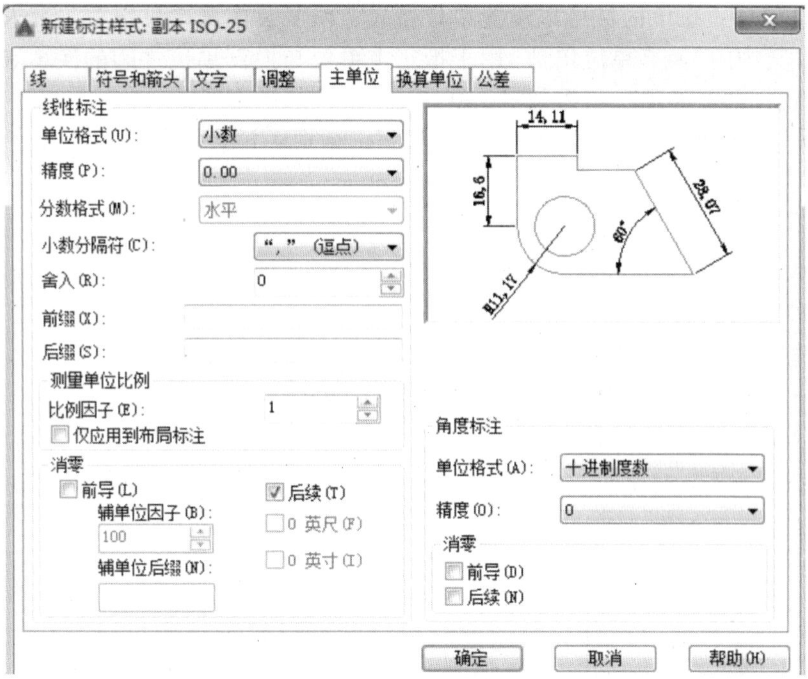

图 4-179 “主单位”选项卡

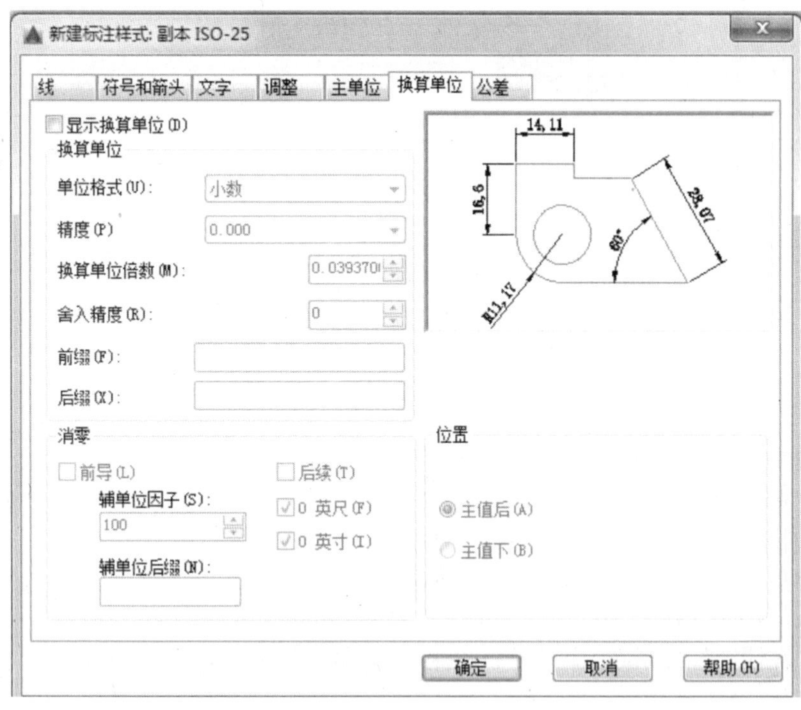

图 4-180 “换算单位”选项卡

“换算单位”：在该区域可以设置单位格式、精度、换算单位倍数、舍入精度、前缀、后缀。其中的“换算单位倍数”用于指定主单位与换算单位之间的换算因子。该文本框中的默认值“0.03937…”为公制单位与英制单位的换算因子。

“位置”：用于设置换算单位放在主单位的后面或是下面。

4.10.3 线性标注

用于标注水平、垂直和旋转等各类尺寸，如图 4－164 所示。

1. *启动命令方式*

- 工具栏：“标注”。
- 菜单：“标注”→“线性”。
- 命令行：dimlinear（dli）。

2. *操作步骤及选项说明*

①启动命令。命令行给出如图 4－181、图 4－182 的提示：

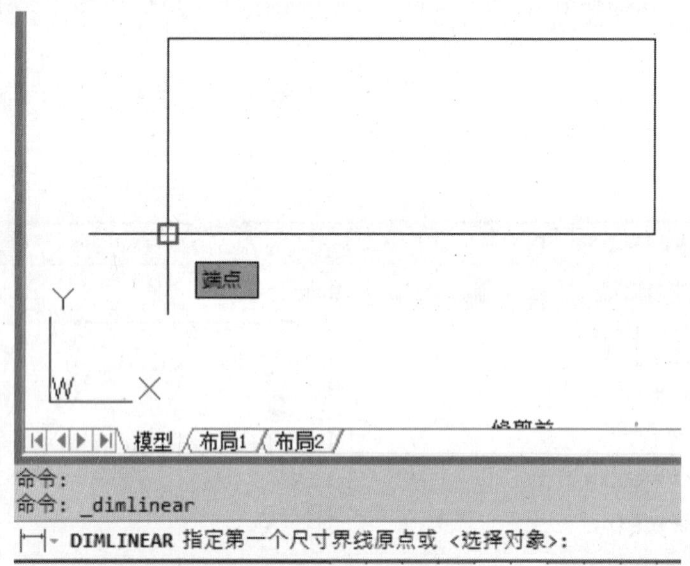

图 4-181 线性标注尺寸界线提示

②指定第一条尺寸界线原点或〈选择对象〉：

（指定一点作为第一条尺寸界线的起点或直接按 ENTER 键接受“选择对象”。如果是接受“选择对象”，则接下来会要求选择被标注对象，然后进入下一步。）

③指定第二条尺寸界线原点：（指定另一点作为第二条尺寸界线的起点。）

④指定尺寸线位置或[多行文字(M)/文字(T)/角度(A)/水平(H)/垂直(V)/旋转(R)]：（图 4－182。）

- “指定尺寸线位置”：指定尺寸线放置位置，然后系统会自动标注测量出尺寸界线间的距离。
- “多行文字”：用多行文本来输入标注文字。选择此选项将会弹出“文字格式”文

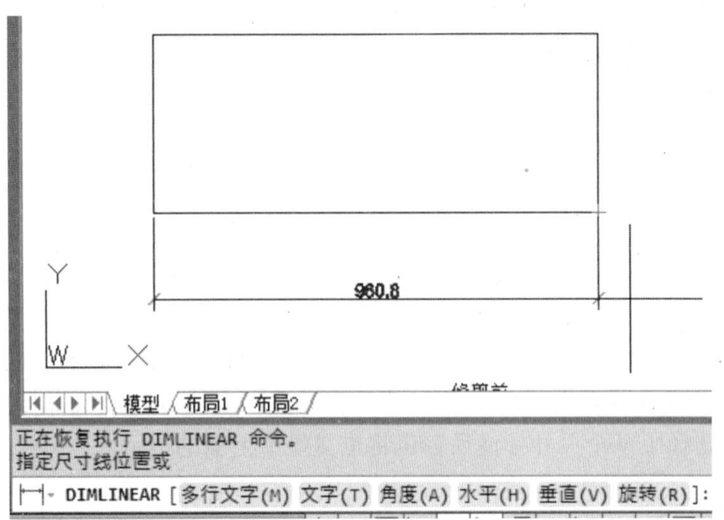

图 4-182　线性标注尺寸线位置提示

本编辑器，可输入编辑文字。

"文字"：用单行文本来输入标注文字。可以输入"< >"来表示测量值。

"角度"：设定标注文字的旋转角度。

"水平和垂直"：用于创建水平尺寸或者垂直尺寸。

"旋转"：用于创建旋转尺寸，即用来标注线段在某个角度方向上的投影长度。

4.10.4　对齐标注

用于标注倾斜方向的尺寸，如前面图 4－164 所示。

1. *启动命令方式*

- 工具栏："标注"。
- 菜单："标注"→"对齐"。
- 命令行：dimaligned（dal）。

2. *操作步骤及选项说明*

①启动命令。

②指定第一条尺寸界线原点或〈选择对象〉：

③指定第二条尺寸界线原点：

④指定尺寸线位置或[多行文字(M)/文字(T)/角度(A)]：

以上步骤的执行与线性标注命令中的对应选项相同。

4.10.5　基线标注

用于从前一次标注或选定标注的基线处创建几个相互平行的标注，如前面图4－164所示。

1. 启动命令方式

- 工具栏："标注"。
- 菜单："标注"→"基线"
- 命令行：dimbaseline（dba）。

2. 操作步骤及选项说明

①启动命令。

②指定第二条尺寸界线原点或［放弃(U)/选择(S)］〈选择〉：

"指定第二条尺寸界线原点"：此选项将直接把前一标注的第一条尺寸界线的起点作为基线标注的基准。当指定了原点后，会绘制出一个基线标注并重复显示上面的提示。

"选择"：此选项要求指定一个已有的尺寸标注，直接以这个尺寸界线作为基线标注的基准。当选择了某个尺寸标注后，也将重复显示上面的提示。

4.10.6 连续标注

用于创建首尾相连的标注，即前一次标注的第二条尺寸界线作为下一标注第一条尺寸界线的起点，如图4－164所示。

1. 启动命令方式

- 工具栏："标注"。
- 菜单："标注"→"连续"。
- 命令行：dimcontinue（dco）。

2. 操作步骤及选项说明

①启动命令。

②指定第二条尺寸界线原点或［放弃(U)/选择(S)］〈选择〉：

以上各选项的含义与操作均与基线标注相同。

4.10.7 半径和直径标注

用于标注圆和圆弧的半径、直径尺寸，如图4－164所示。

1. 启动命令方式

- 工具栏："标注"→半径或直径。
- 菜单："标注"→"半径"或"直径"。
- 命令行：半径 dimradius（dra）；直径 dimdiameter(ddi)。

2. 操作步骤及选项说明

①启动命令。

②选择圆弧或圆：（选择要标注的圆或圆弧。）

③指定尺寸线位置或［多行文字(M)/文字(T)/角度(A)］：（选择其中的一个选项，各项的含义与线性标注命令中的相同。）

选择了圆或圆弧后，会标注测量出的半径或直径的大小，并在半径值前标注"R"，在直径值前标注"ϕ"。

4.10.8　折弯标注

用于创建大圆弧的折弯半径标注（也称为缩放半径标注），如图 4－183 所示。

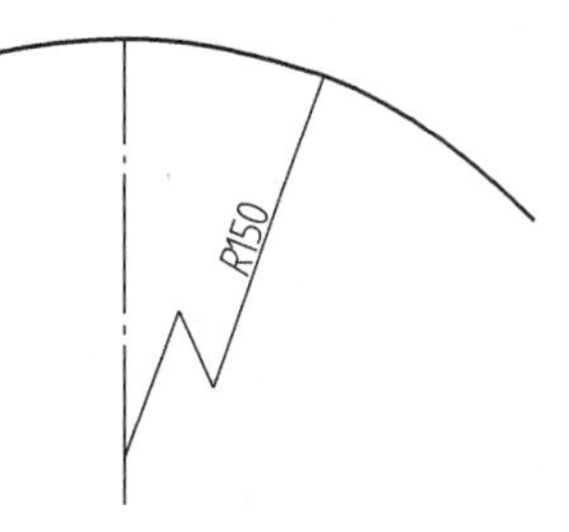

图 4-183　折弯标注

1. 启动命令方式

- 工具栏：“标注”→[icon]。
- 菜单：“标注”→“折弯”。
- 命令行：dimjogged（djo）。

2. 操作步骤及选项说明

①启动命令。

②选择圆弧或圆：（选择要标注的圆或圆弧。）

③指定图示中心位置：（指定任意点代替原半径标注所指向的圆心位置。）

④指定尺寸线位置或［多行文字(M)/文字(T)/角度(A)］：（与半径标注中的相同。）

⑤指定折弯位置：（指定折弯处的位置以标注尺寸。）

4.10.9　角度标注

用于创建角度尺寸，可以标注圆弧的圆心角、两条线的夹角、三点之间的夹角等，如前面图 4－164 所示。

1. 启动命令方式

- 工具栏：“标注”→[icon]。
- 菜单：“标注”→“角度”。
- 命令行：dimangular（dan）。

2. 操作步骤及选项说明

①启动命令。

②选择圆弧、圆、直线或指定顶点：（选择要标注的圆、圆弧或直线，或按 ENTER 键接受默认选项“指定顶点”。选择的对象不同，后面的操作会有差异。）

当选择某一选项后，应注意命令行中的提示，并准确选择下一级选项。

4.10.10　弧长标注

用于标注圆弧或多段线圆弧的弧线长度，如图 4－184 所示。

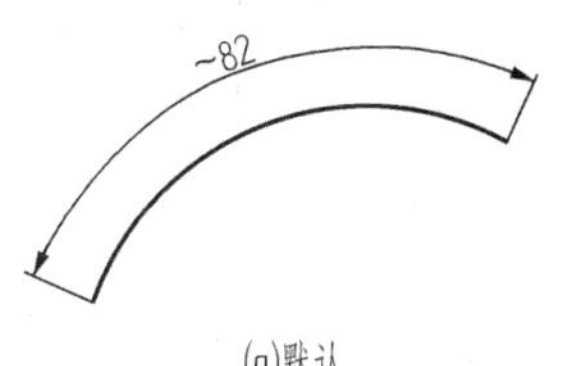

(a)默认

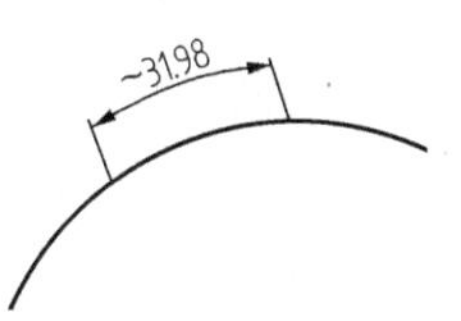

(b)部分

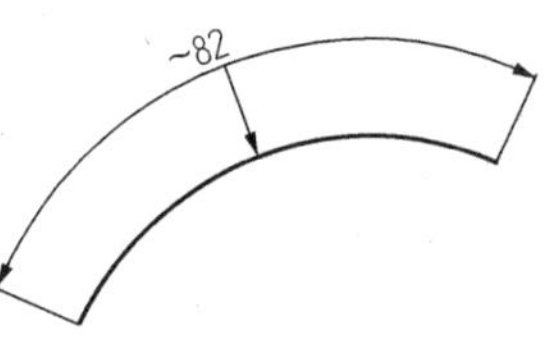

(c)引线

图 4-184　弧长标注

1. 启动命令方式

• 工具栏："标注"→ 。

• 菜单："标注"→"弧长"。

• 命令行：dimarc（dar）。

2. 操作步骤及选项说明

①启动命令。

②选择弧线段或多段线圆弧段：（选择要标注的圆弧或多段线圆弧段。）

③指定弧长标注位置或［多行文字(M)/文字(T)/角度(A)/部分(P)/引线(L)］：

各选项的含义与线性标注命令相同，另有"部分"与"引线"的含义如下：

"部分"：此选项用于指定圆弧上部分弧长，如图 4－184b 所示。

"引线"：此选项用于在弧长标注中添加引线，如图 4－184c 所示。

4.10.11 坐标标注

用于标注某点的 *X* 坐标和 *Y* 坐标，如图 4－185 所示。

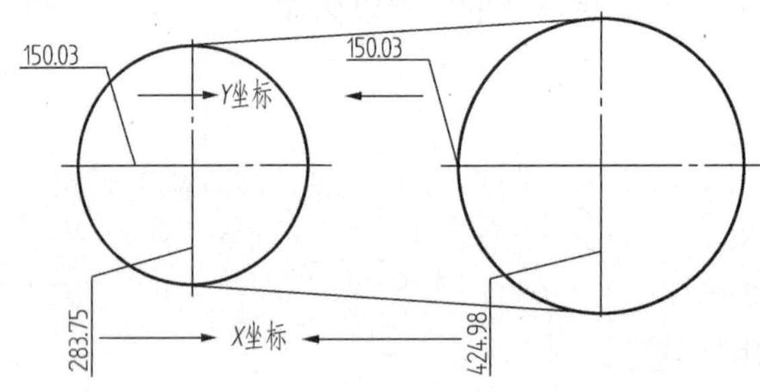

图 4-185 坐标标注

1. 启动命令方式

• 工具栏："标注"→

• 菜单："标注"→"坐标"。

• 命令行：dimordinate（dor）

2. 操作步骤及选项说明

①启动命令。

②指定点坐标：（指定要标注的点。）

③指定引线端点或［X 基准(X)/Y 基准(Y)/多行文字(M)/文字(T)/角度(A)］：

默认情况下指定引线的端点位置后，系统自动标注出该点的坐标；"X 基准"与"Y 基准"分别标注该点的 *X* 坐标和 *Y* 坐标；其他选项的含义与线性标注命令相同。

4.10.12 圆心标记

用于标注圆和圆弧的圆心符号，如图 4－186 所示。

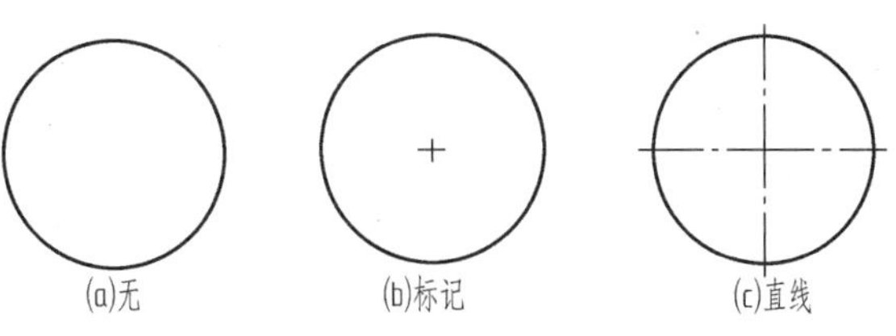

图 4-186 圆心标记

1. 启动命令方式

- 工具栏："标注"→[图标]。
- 菜单："标注"→"圆心标记"。
- 命令行：dimcenter（dce）。

2. 操作步骤及选项说明

①启动命令。

②选择圆弧或圆：（指定要标注的圆或圆弧。）

标注样式中的"符号与箭头"选项卡中的圆心标记有"无""标记"和"直线"三种形式，如图4－186 所示。

4.10.13 多重引线

用于创建引线和注释，如图 4－187 所示。

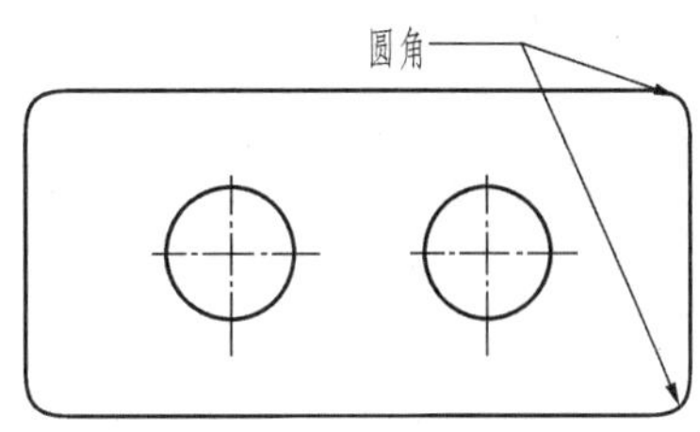

图 4-187 多重引线

1. 启动命令方式

- 工具栏："多重引线"→[图标]。
- 菜单："标注"→"多重引线"。
- 命令行：mleader。

2. 操作步骤及选项说明

①启动命令。

②指定引线箭头的位置或［引线基线优先(L)/内容优先(C)/选项(O)］〈引线基线优先〉：

引线标注一般分为两种：带文字和带块的。这两种类型都是由箭头、引线、基线、内容四部分构成，如图 4－188 所示。

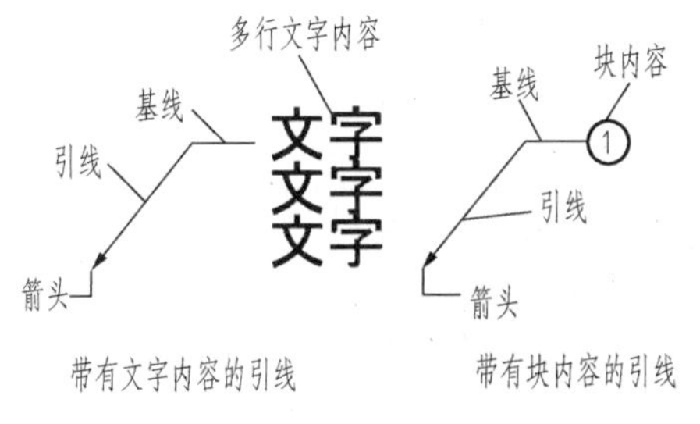

图 4-188 引线组成

4.10.14 快速标注

可以快速创建或编辑一系列标注，一次地创建出多个连续、并列、基线等尺寸。

1. 启动命令方式

• 工具栏："标注"→ 。

• 菜单："标注"→"快速标注"。

• 命令行：qdim 。

2. 操作步骤及选项说明

①启动命令。

②选择要标注的几何图形：（指定要标注的对象。）

③指定尺寸线位置或[连续(C)/并列(S)/基线(B)/坐标(O)/半径(R)/直径(D)/基准点(P)/编辑(E)/设置(T)]〈连续〉：（可以选择所需要的标注选项来进行尺寸标注。）

4.10.15 编辑尺寸标注

1. 编辑标注

用于编辑已有标注的文字内容和尺寸类型等。点击标注工具栏中的编辑标注按钮 或输入命令"dimedit"均可以启动此命令。启动后会出现"输入标注编辑类型［默认(H)/新建(N)/旋转(R)/倾斜(O)］〈默认〉:"的提示。

"默认"：用于使标注恢复到默认位置和方向。

"新建"：用于修改标注文字内容。

"旋转"：使标注文字按指定角度旋转。

"倾斜"：可以使非角度标注的尺寸界线按此角度倾斜。

2. 编辑标注文字

用于编辑已有标注的文字位置和角度。点击标注工具栏的图标按钮 、选择"标注"菜单→"对齐"或输入命令"dimtedit"可以启动此命令。启动后接着会出现"指定标注文字的新位置或［左(L)/右(R)/中心(C)/默认(H)/角度(A)］:"的提示。

"左、右、中心"：使标注文字对应放置在尺寸线的左边、右边或中间。

"默认"：按默认位置、方向放置标注文字。

"角度"：将标注文字按角度旋转。

3. 标注间距

用于修改已有标注的尺寸线之间的距离。点击标注工具栏的标注间距按钮 、选择"标注"菜单→"标注间距"或输入命令"dimspace"可以启动此命令。当出现"选择基准标注:"的提示后选择第一个标注；接着出现"选择要产生间距的标注:"，可以选择其他多个标注。结束选择后，命令行出现"输入值或［自动(A)］〈自动〉:"提示。

"输入值"：重新设定尺寸线的间距值。

"自动"：基于在选定基准标注的标注样式中指定的文字高度自动计算间距。所得的间距值是标注文字高度的两倍。

4.10.16 应用实例

为图 4－189 的建筑平面图标注尺寸。

①首先打开已绘制好的建筑平面图图 4－189。

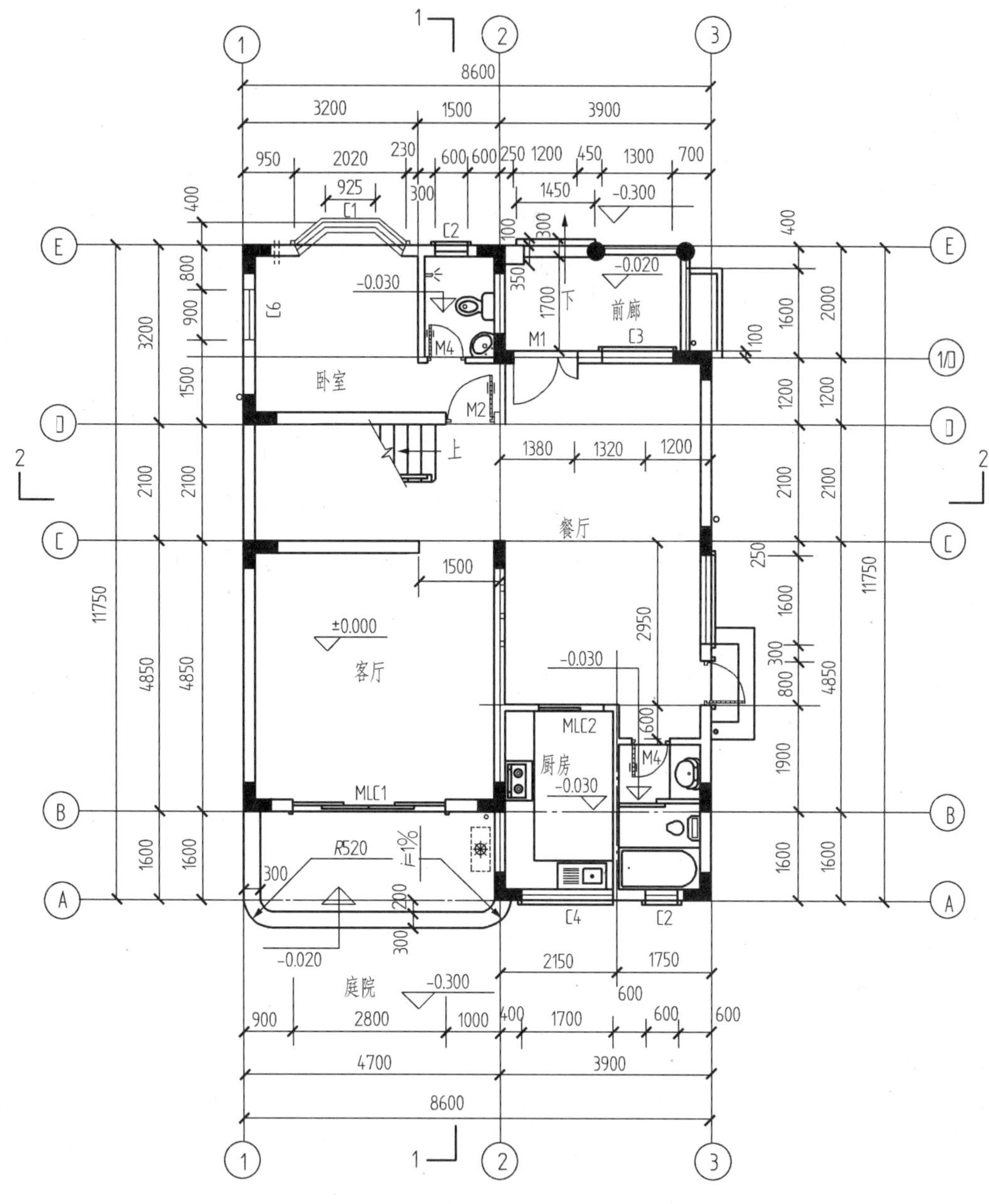

图 4-189 建筑平面图

②命令行输入 d 并回车。弹出“标注样式管理器”对话框，新建一标注样式名为“dimn”，置为当前样式。按本节 4.10 图 4－165、图 4－166 设置标注样式的各选项。

③打开定位轴线所在的图层，以便进行尺寸标注。

④输入命令：dli 8 ↵ （启动线性标注命令。）

反复执行此线性标注命令，对第一道细部尺寸全部进行标注。

⑤输入命令：dba 8 ↵ （启动基线标注命令，目的在于保持各道尺寸间距一致。）

首先选择某个方向的第一道尺寸，使用基线标注命令标注最外侧的第二道轴线间尺寸（暂时先标注一个，后面再用连续标注命令标注其他的第二道尺寸）和第三道外轮廓总尺寸。反复执行此基线标注命令，对每个方向均按此方法标注。

⑥输入命令：dco 8 ↵ （启动连续标注命令。）

首先对某个方向的第二道尺寸使用连续标注命令将剩余的第二道尺寸标注完。反复执行连续标注命令，对每个方向均按此方法标注。

⑦关闭定位轴线所在的图层，完成标注后如图 4－189 所示。

4.11 模型空间、图纸空间与图纸输出

当所有的图形绘制完之后，往往需要将其打印输出到图纸上。AutoCAD 提供了强大的图形打印功能，能满足用户对图形的图纸化需求。另外，一个优秀的绘图软件必须具有强大的数据交换功能。AutoCAD 为此提供了多种数据共享方式，能与许多常用软件交换数据。本节主要介绍在模型空间与布局空间的不同打印方法、视口设置、输出选项设置、外部参照、数据输入和输出。

本节主要学习在模型空间、布局空间，以及在这两种空间中的打印出图方法。

4.11.1 模型空间与布局空间

在 AutoCAD 中有两个工作环境，即模型空间与布局空间（图纸空间）。模型空间就是完成绘图与设计的工作空间。

前面用户所接触到的各种操作都是在模型空间中进行的。模型空间是没有边界的，是一个虚拟的三维空间。用户在模型空间绘制二维或三维图形来表达对象，并对三维模型进行渲染等工作。在模型空间可以按 1∶1 的比例绘制模型，并确定一个单位表示 1mm、1dm、1in、1ft 还是表示其他在工作中使用最方便或最常用的单位。

布局空间又称为图纸空间，是一个二维空间，它完全模拟手工绘图时的图纸，主要用于在绘图之前或之后安排图形输出时的布置。可以在这里指定图纸大小、添加标题栏、显示模型的多个视图以及创建图形标注和注释。在布局空间中，一个单位表示打印图纸上的图纸距离。根据绘图仪的打印设置，单位可以是毫米（mm）或英寸（in）。

用户在模型空间绘制的图形会自动更新到布局空间，但在布局空间绘制的内容却不会显示到模型空间。两种空间的外观如图 4－190 所示。

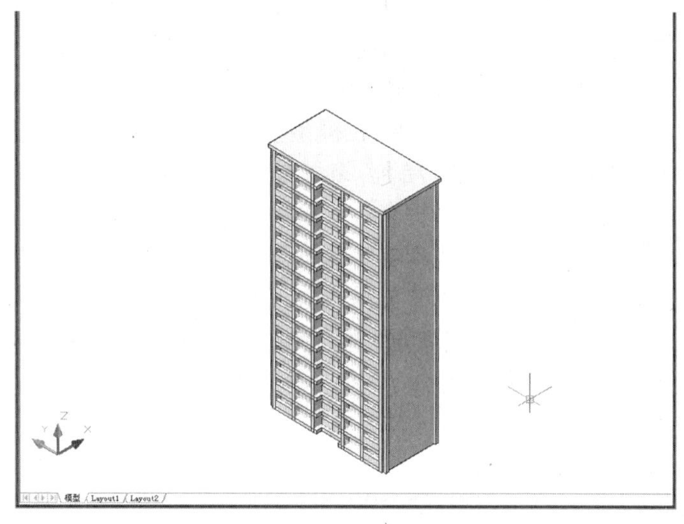

(a)模型空间

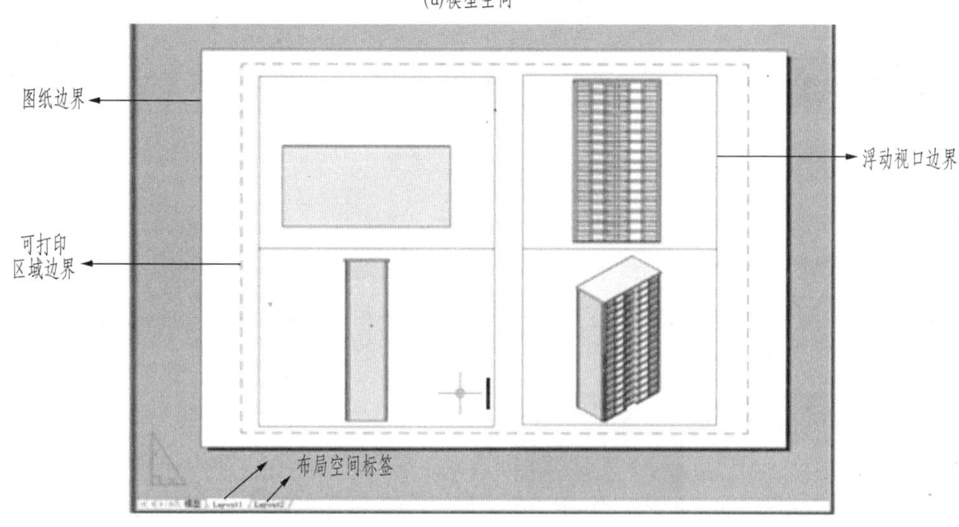

(b)布局空间

图 4-190　模型空间与布局空间

1. 模型空间与布局空间的切换

AutoCAD 默认的模型空间与布局空间切换按钮在状态栏中，如图 4－191 所示。按下“模型”按钮就进入“模型”空间，按下“布局 1”按钮就进入“布局 1”空间……点击“布局 2”右侧按钮 + ，就会增加新的布局空间。

图 4-191　模型空间与布局空间按钮

图 4-192　模型空间与图纸空间相互转换

在状态栏屏幕坐标值右侧设有模型空间与图纸空间相互转换按钮，如图 4－192 所示。图纸空间可以理解为覆盖在模型空间上的一层不透明的纸，需要从图纸空间看模型空间的内容，必须进行开“视口”操作。

图纸空间是一个二维空间，三维操作的一些相关命令在图纸空间不能使用。图纸空间的主要作用是用来出图的，就是把我们在模型空间绘制的图，在图纸空间进行调整、排版。这个过程非常恰当地称为“布局”。布局是什么？布局就像对一张画进行裱装，像对一个展品加配标签，像选择取景框来观察事物。布局是把实物和图纸联系起来的桥梁，通过这种过渡，可更加充分地表现实物的可读性。

进入布局空间后，若在浮动视口边界内双击，或点击如图4－193所示状态栏中“图纸”按钮使其变成“模型”，就能在布局环境中进入模型空间，这时视口边界变成粗实线。

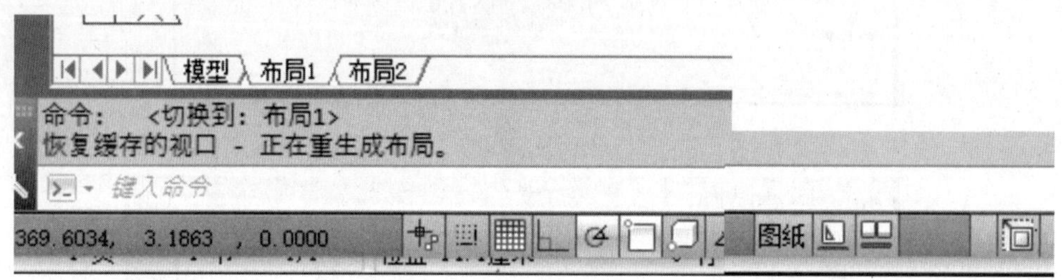

图4-193 图纸按钮

2. 新建布局

在AutoCAD中有两种方法可以新建布局。一是通过如图4－194所示的菜单和工具栏进行创建。过程是：单击“插入”→“布局”→“来自样板的布局”，打开“从文件选择样板”对话框。二是通过图4－191、图4－192所示的标签相互转换。

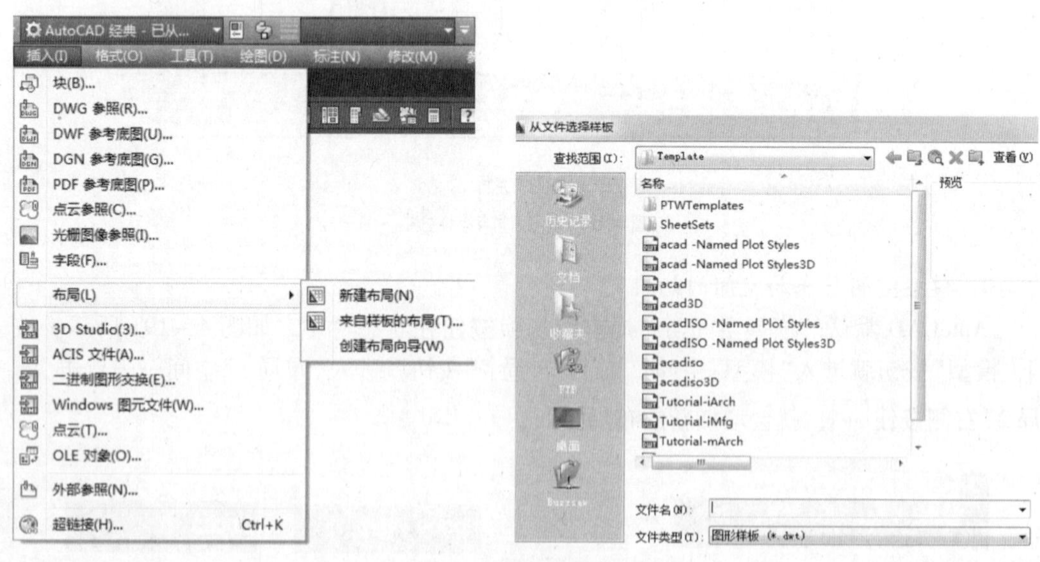

图4-194 布局下拉菜单和工具栏

如图4－195所示，从“插入”下拉菜单“布局”选项子菜单“创建布局向导”衍生出来的创建布局一系列对话框，直至进入“完成”阶段的操作，均对打印出图起到至关重要作用。

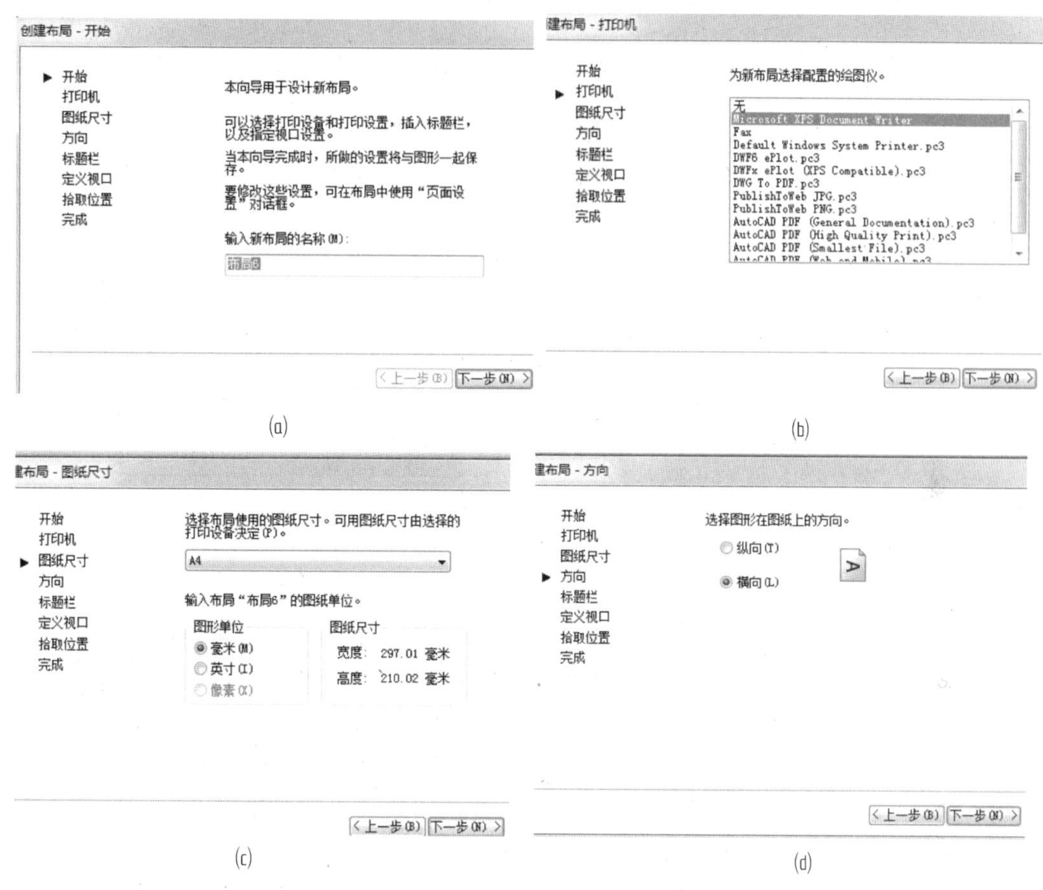

图4-195 “创建布局向导”衍生出来的创建布局对话框

3. 视口

当所绘的图形比较复杂或者绘制三维模型时，为了便于同时观察图形的不同部分或不同侧面，可以将绘图区域划分成多个视口，这些视口就好似多部相机在拍摄同一物体，只不过选择不同的视角和焦距。同时，显示不同的视图可以缩短在单一视图中缩放或平移的时间。另外，在一个视图中出现的错误可能会在其他视图中表现出来。

在模型空间中，用户可以执行创建视口命令创建多个不重叠的视口以展示图形的不同视图。但是在模型空间中，AutoCAD不能将这些视图打印在一张图纸上。布局空间同样可以创建一个或多个视口，这多个视口的位置可自行移动，并能实现同时打印多个视图功能。所以，布局空间主要用于打印出图。在模型空间创建的视口称为平铺视口，而在布局空间创建的视口称为浮动视口。视口的相关命令在如图4－196所示的菜单和工具栏中。

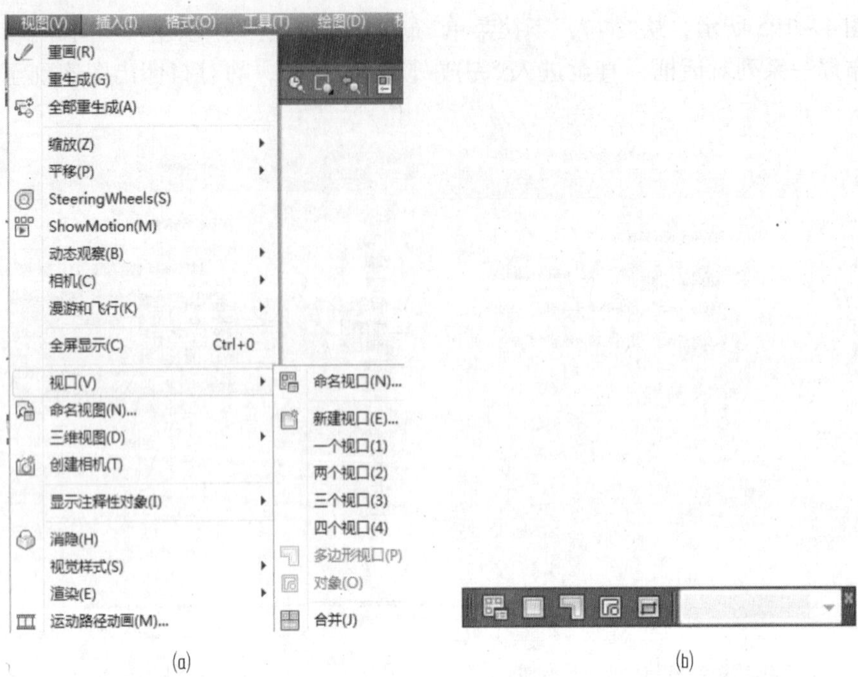

图 4-196　视口下拉菜单和工具栏

4. 模型空间中的平铺视口

模型空间设置了多个视口时，但只有一个视口为当前视口。当前视口的边框显示为粗黑实线。可以用鼠标单击目标视口来切换当前视口。用户只能在当前视口中绘制和编辑图形，修改后，其他视口也会立即更新。模型空间划分的平铺视口只能是固定大小和位置的视口，各视口间必须相邻，且视口只能为标准的矩形。

在模型空间可以通过菜单“视图”→“视口”→“新建视口”打开如图 4 - 197 所示的“视口”对话框。可以在这里创建新视口。

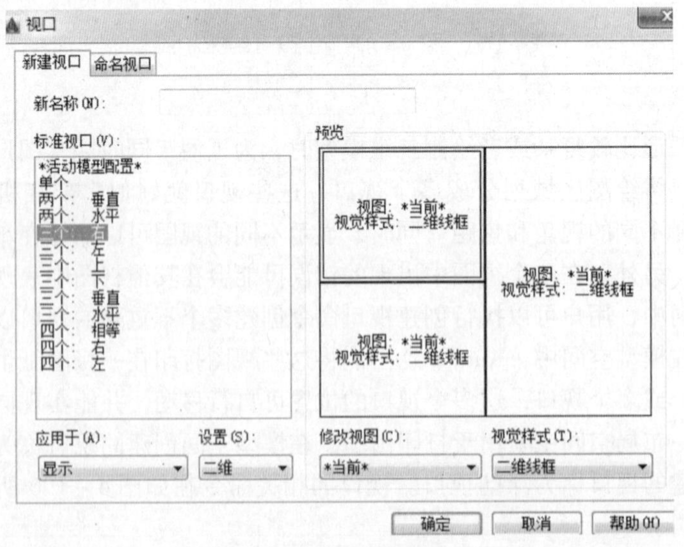

图 4-197　视口对话框

例如，打开一幅建筑图，在“视口”对话框中选择“三个：右”，则会得到如图 4－198a 所示的结果。再对每个视口中的视图进行缩放调整，就得到图 4－198b 中的样子，它可以全面清楚反映出该建筑正立面的不同部位。

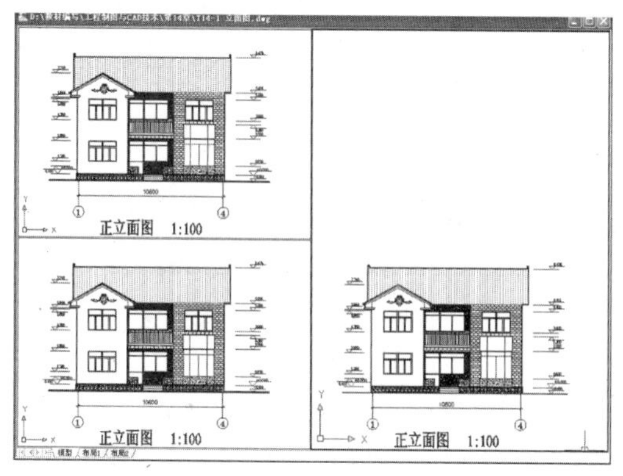

(a)创建三个视口

(b)对三个视口进行调整后

图 4-198 模型空间视口创建

4.11.2 打印及绘图仪管理

在打印出图时有两个重要的设置，一是打印机或绘图仪的，另一个是关于打印样式的。

1. 绘图仪管理器

当打印的图形不大，对打印质量要求也不高时，可以使用普通的 Windows 系统打印机，但若相反，则应使用专门的工程绘图仪。要在 AutoCAD 中配置相应的输出设备，则可以通过“绘图仪管理器”来安装。

通过菜单“文件”→“绘图仪管理器”打开如图 4－199 所示的绘图仪管理器，可以双击已有的绘图仪，弹出相关“绘图仪配置编辑器”对话框，从中可以查看或修改此绘图仪的配置、端口、设备和介质设置。若双击“添加绘图仪向导”就可以开始新装绘图仪

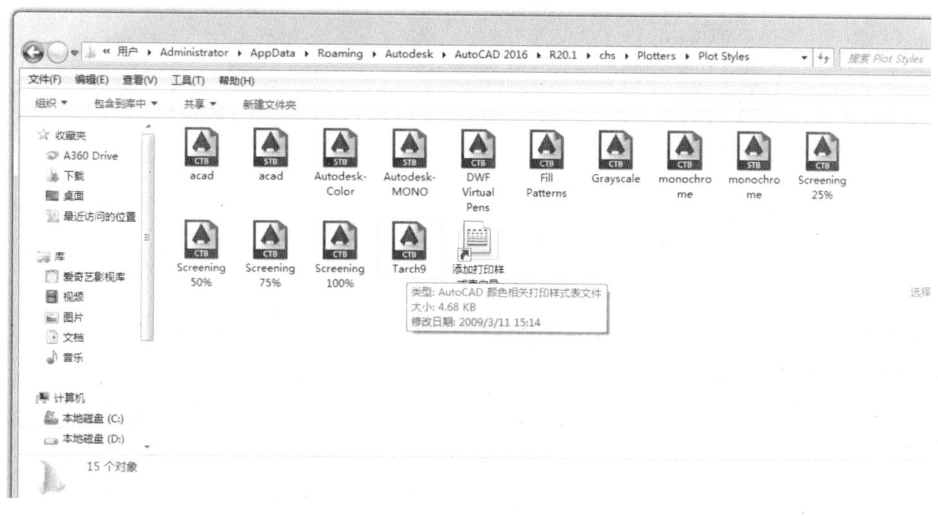

图 4-199 绘图仪管理器

并对其进行设置，将图形布局输出到打印机、绘图仪或文件。然后保存和恢复每个布局的打印机设置。

打印机和绘图仪均可以打印图形。用户可以使用其中的任一种方式来执行操作。可以互换使用这两个打印术语“print”和“plot”。

用于输出图形的命令为“PLOT”。用户可以从“快速访问”工具栏对其进行访问，如图4－200所示。

图 4-200　“快速访问”工具栏中的打印按钮

图 4-201　“打印－模型”对话框中“更多选项”按钮

若要在“打印”对话框中显示所有选项，可单击“更多选项”按钮，将展开大量的有关打印的设置和选项，如图 4－201、图 4－202 所示。

图 4-202　“打印－模型”对话框

2. 创建页面设置

若要打开“页面设置管理器”，请在“模型”选项卡或“布局”选项卡上单击鼠标右键，然后选择“页面设置管理器”，如图 4－203 所示。该命令为 PAGESETUP。

图形中的每个“布局”选项卡都可以具有关联的页面设置。当使用多个输出设备或格式时，或者在同一图形中有多个不同图纸尺寸的布局时，这会很方便。

若要创建新的页面设置，请单击“新建”按钮并输入新页面设置的名称。接下来显

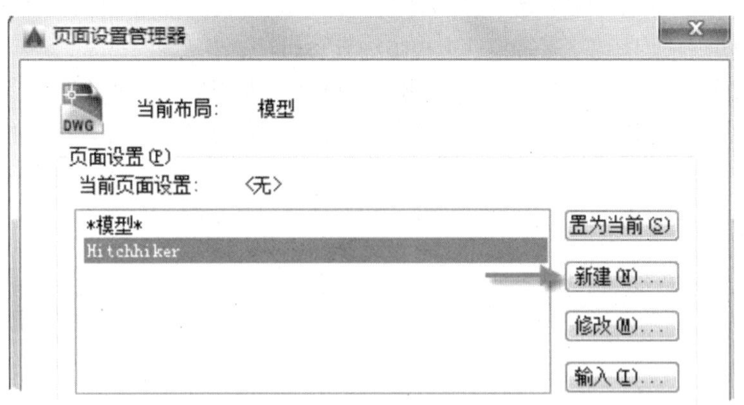

图 4-203 “页面设置管理器”对话框

示的“页面设置”对话框类似于“打印”对话框，选择要保存的全部选项和设置。

当准备就绪可以打印时，只需在“打印”对话框中指定页面设置的名称即可恢复所有打印设置。如图 4－204 所示，将“打印”对话框设置为使用漫游页面设置，这将输出 DWF（Design Web Format）文件，而不是将其打印到绘图仪。

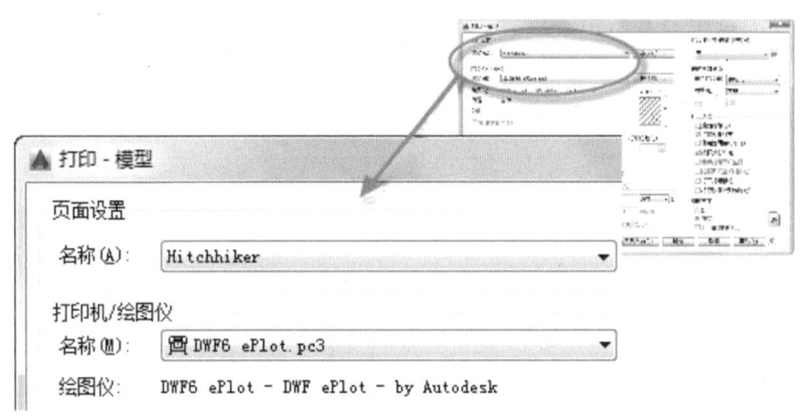

图 4-204 “打印”对话框

提示：可以在图形样板文件中保存页面设置，也可以从其他图形文件输入。

3. 输出为 PDF 文件

以下用样例说明如何创建用于输出 PDF 文件的页面设置。

在图 4－204“打印机/绘图仪”下拉列表中选择“AutoCAD PDF(常规文档). pc3：7”。接下来，选择要使用的尺寸和比例选项：

图纸尺寸:方向(纵向或横向)已内置于下拉列表的选项中。

打印区域:可以使用这些选项剪裁要打印的区域，但通常默认打印所有区域。

打印偏移:此设置会基于打印机、绘图仪或其他输出而进行更改。尝试将打印居中或调整原点。记住，打印机和绘图仪在边的周围具有内置的页边距。

打印比例：从下拉列表中选择打印比例。打印比例表示用于打印到"模型"选项卡中的比例。在布局选项卡上，通常以 1∶1 比例进行打印。

打印样式表提供有关处理颜色的信息，如图 4－205 所示。在监视器上看上去正常的颜色可能不适合 PDF 文件或不适合打印。例如，用户可能创建的是彩色图形，但要创建单色输出。

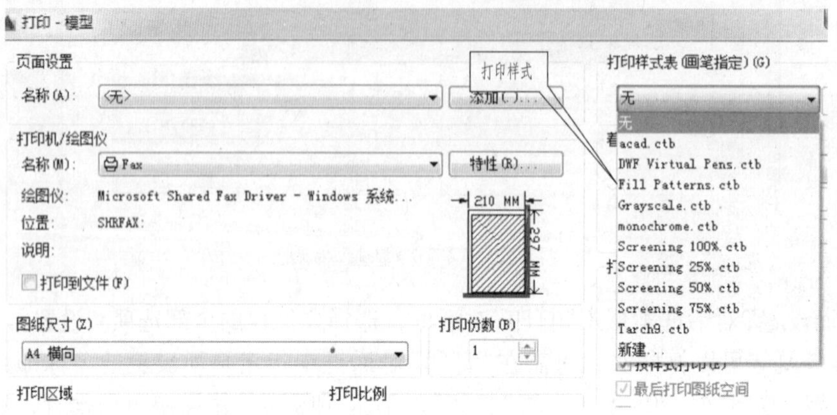

图 4-205　打印样式

以下是如何指定单色输出的信息。

提示：可以使用"打印－模型"对话框左下角"预览"按钮选项仔细检查设置，如图 4－206所示。

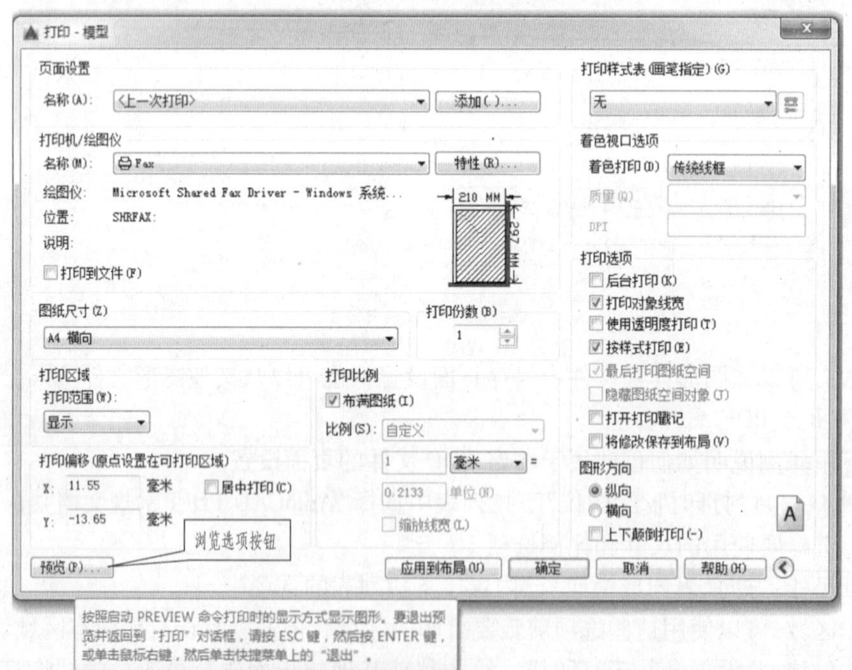

图 4-206　预览检查

生成的“预览”窗口具有多个控件，包含“打印”和“退出”的工具栏，如图4－207所示。

图4-207 “打印”和“退出”工具栏

如对打印设置满意，可将其保存为具有描述性名称(例如“PDF－单色”)的页面设置，此后无论何时要输出为PDF文件，只需单击“打印”，选择“PDF－单色”页面设置，然后单击“确定”按钮。

4.11.3 页面设置

页面设置主要就是设置打印时所用的打印设备、图纸大小、打印比例等内容，控制打印出图时的页面布局、打印设备、图纸尺寸和其他设置。用户可以在模型空间打印，也可以在布局空间打印。这两种打印方法的页面设置基本一样，所以这里以在模型空间打印为例。

1. *启动命令方式*

- 菜单：“文件”→“页面设置管理器”。
- 工具栏：“布局” 。
- 命令行：pagesetup。
- 快捷菜单：在“模型”标签或某个布局标签上单击鼠标右键，然后选择“页面设置管理器”。

2. *操作步骤及选项说明*

启动命令后弹出“页面设置管理器”，如图4－208所示。其各选项说明如下：

“页面设置”：列出可应用于当前布局的页面设置。

“当前页面设置”：显示应用于当前布局的页面设置。

“置为当前”：将所选页面设置设置为当前布局的当前页面设置。

“新建”：用于新建一页面设置，如图4－209所示。

图4-208 页面设置管理器

图4-209 “新建页面设置”对话框

"修改"，可以修改所选页面设置的设置，如图 4－210 所示。

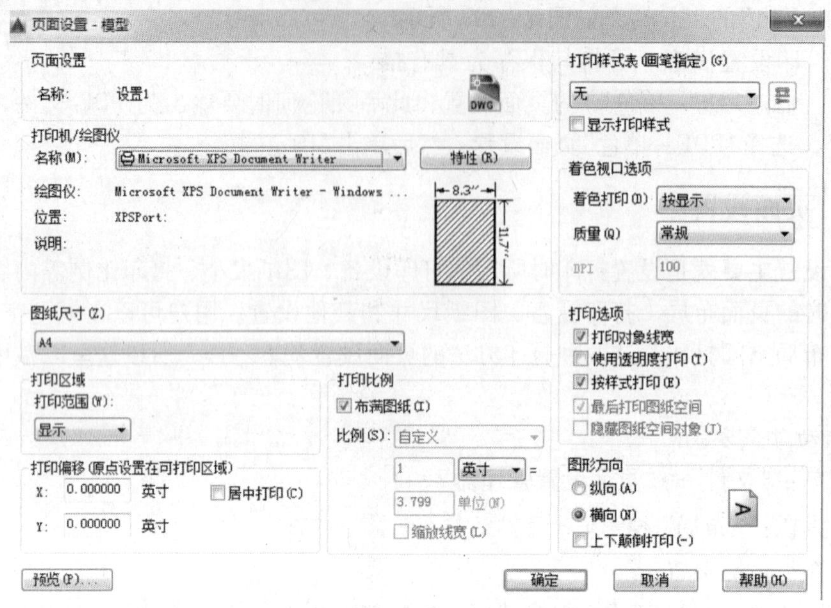

图 4-210 "页面设置－模型"对话框

"输入"。从 DWG、DWT 或 DXF 文件中输入一个或多个页面设置。

若选择"新建"，则会弹出如图 4－209 所示的"新建页面设置"对话框，在这里可以输入新建页面的名称，并选择基础样式。确定后会弹出如图 4－210 所示的"页面设置－模型"对话框。其各选项说明如下：

"打印机/绘图仪名称"：列出可用的 PC3 文件或系统打印机，可以从中进行选择。

"特性"：单击"特性"选项会显示"绘图仪配置编辑器"对话框，如图 4－211、图 4－212 所示。

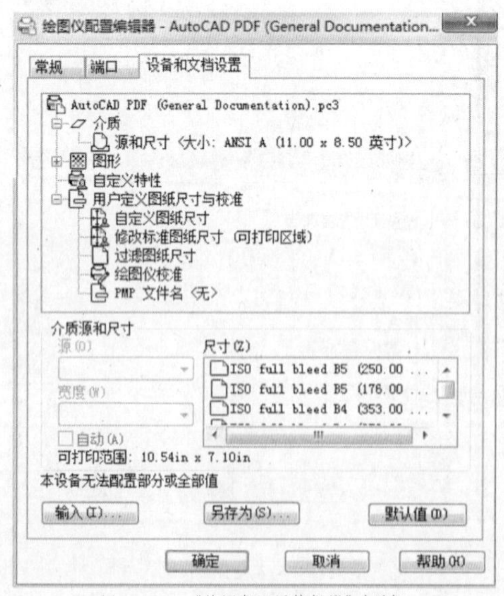

图 4-211 "绘图仪配置编辑器"对话框

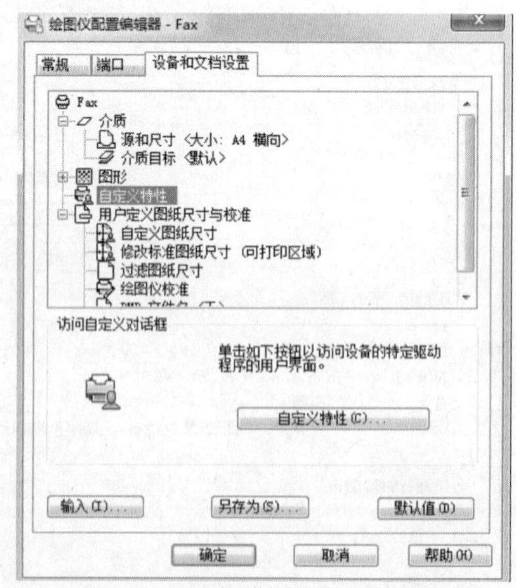

图 4-212 "自定义特性"绘图仪配置编辑器

“图纸尺寸”：显示所选打印设备可用的标准图纸尺寸。如果未选择绘图仪，将显示全部标准图纸尺寸以供选择。如果所选绘图仪不支持选定的图纸尺寸，将显示警告。用户可以选择绘图仪的默认图纸尺寸或自定义图纸尺寸。

“打印范围”：有“布局/图形界限”“范围”“显示”“窗口”四个选项。“布局/图形界限”是指若打印布局时，将打印指定图纸尺寸的可打印区域内的所有内容，其原点从布局中的(0，0)点计算得出。若在模型空间打印时，将打印栅格界限定义的整个图形区域。“范围”则是当前空间内的所有几何图形都将被打印。“显示”是打印模型空间当前视口中的视图或布局空间当前图纸空间视口中的视图。“窗口”是指定要打印的图形部分。指定要打印区域的两个角点后，“窗口”按钮才可用。

“打印偏移”：指定打印区域相对于可打印区域左下角或图纸边界的偏移。通过在“X 偏移”和“Y 偏移”框中输入正值或负值，可以偏移图纸上的几何图形。图纸中的绘图仪单位在公制单位文件中为毫米。

“居中打印”：自动计算 X 偏移和 Y 偏移值，在图纸上居中打印。

“布满图纸”：缩放打印图形以布满所选图纸尺寸。

“打印比例”：定义打印的精确比例。“自定义”可定义用户自己需要的比例。可以通过下面的“□毫米 = □单位”来设置自定义比例，它表示图纸上的多少个毫米等于图形文件中的多少个单位。

“打印样式表”：设置、编辑打印样式表，或者创建新的打印样式表。

“着色打印”：指定视图的打印方式。有“按显示”“线框”“消隐”等方式。

“质量”：指定着色和渲染视口的打印分辨率。

“打印选项”：指定线宽、打印样式、着色打印和对象的打印次序等选项。

“图形方向”：为支持纵向或横向的绘图仪指定图形在图纸上的打印方向。“纵向”指纵向放置并打印图形，使图纸的短边位于图形页面的顶部。“横向”指横向放置并打印图形，使图纸的长边位于图形页面的顶部。“反向打印”指上下颠倒地放置并打印图形。

以上选项设置好之后，可以按“预览”按钮检查打印效果是否满意。

4.11.4 打印设置

页面设置完成后，就可以打印出图了。通过菜单“文件”→“打印”、命令字“plot”等方式可以启动该命令，弹出如图 4 – 213 所示的“打印 – 模型”对话框。该对话框中的页面设置“名称”选项可以选择一个已设置好的页面设置。钩选在“打印机/绘图仪”区域中的“打印到文件”可以将要打印的图形输出为一个文件。对话框中的其他大部分设置与“页面设置”相同，这里不再重复。

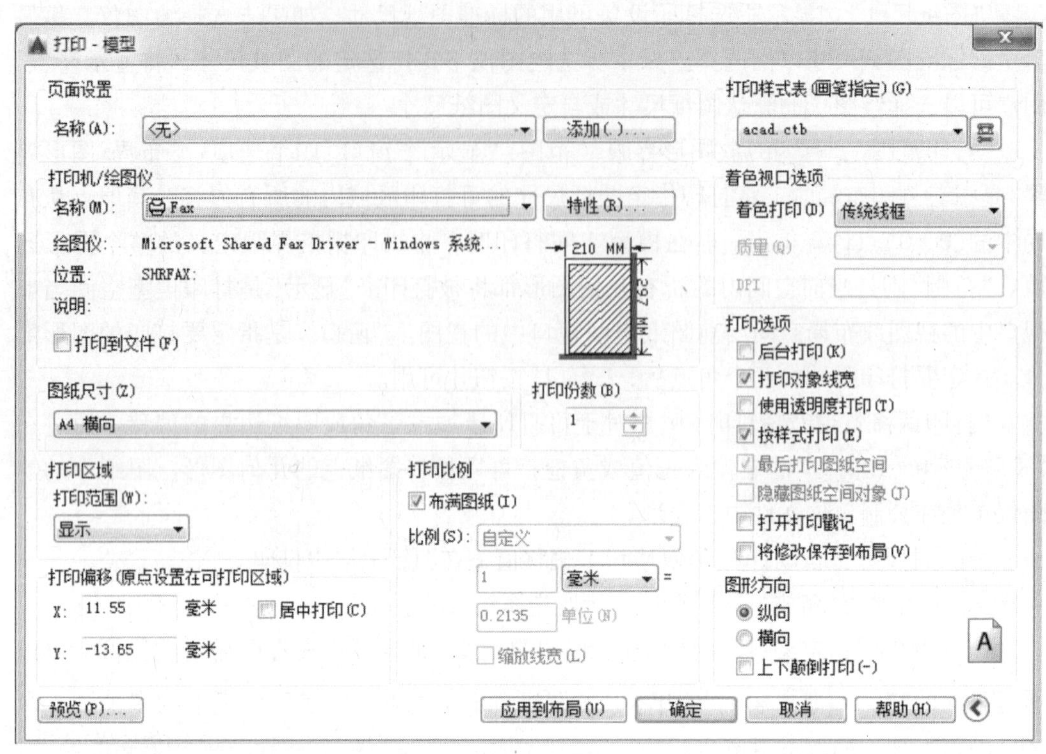

图 4-213 “打印 - 模型”对话框

4.11.5 不同空间绘图与打印步骤

用户在进行设计与绘图时，在模型空间通常只考虑设计内容，按 1∶1 的比例绘制图形而不考虑图纸大小、比例及缩放等问题，只有切换到布局空间后才考虑图形在图纸上的布局位置、大小、比例及是否添加辅助视图等，所以在这两种空间，出图方式会有些差异。

现结合绘图过程以打印图 4 - 214 建筑平面图为例来说明其操作过程。出图要求：打印在 A4(297 ×210)的标准图纸上，经过计算，图形比例取 1∶100 比较合适。

1. 模型空间绘图与打印步骤

在模型空间中绘图与打印方法有两种，一是“先画后缩放，再打印出图”，二是“先画不缩放，再缩放打印出图”。下面将分别以这个例子做说明。

(1)先画再缩小为 1/100，最后以 1∶1 的比例出图。其步骤如下：

①首先按物体的真实尺寸绘图。如建筑平面图中，3000 mm 就绘 3000 个单位。

②绘制完所有图形实体后用“比例缩放”命令(scale)将所有图形实体缩小为 1/100。

③利用“插入块”命令(insert)将已画好图框、标题栏的图幅文件如“TUA4”插入到当前图形中，插入比例为 1∶1。

④利用“移动”命令(move)调整图框和图形实体的位置关系。

⑤启动尺寸标注样式，在“主单位”选项卡将“比例因子”的值设为 100，并保存该尺

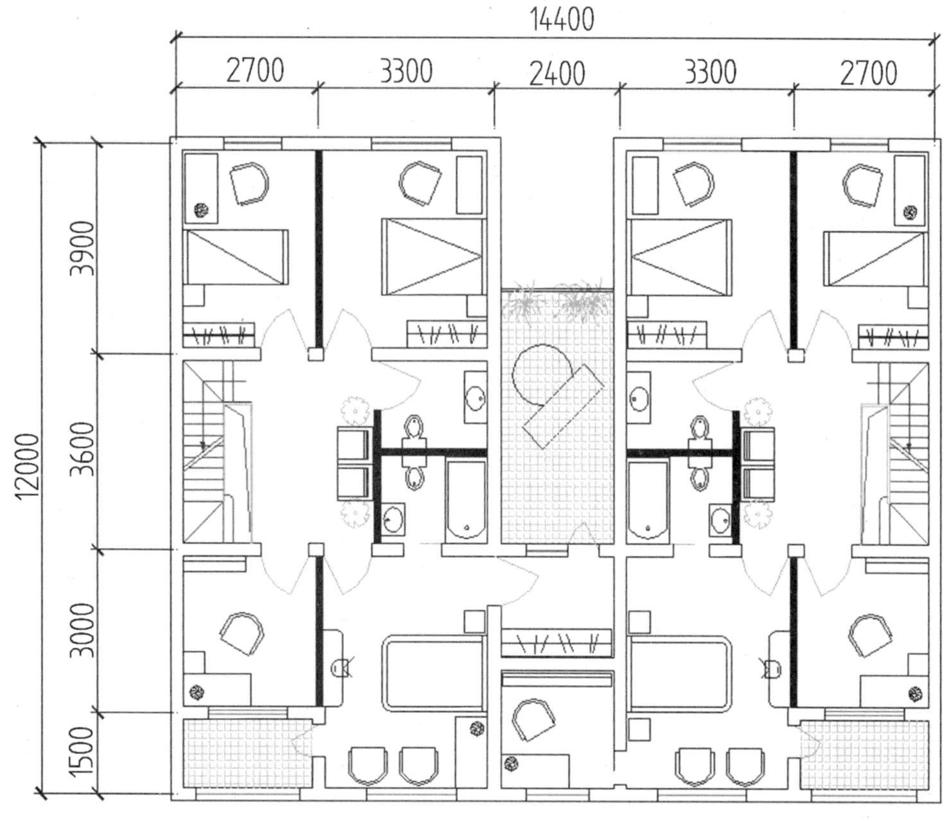

图4-214 建筑平面图

寸标注样式，然后标注尺寸。

⑥利用“文字样式”命令设置各字体样式的标准字高，然后标注文字。

⑦打开“页面设置”对话框，选中图纸尺寸“A4”和单位“mm”，打印比例(出图比例)保持为1∶1。

⑧启动“打印”命令输出图纸。

(2)先画不缩小，最后以1∶100的比例出图。其步骤如下：

①首先按物体的真实尺寸绘图。如建筑平面图中，3000mm就绘3000个单位。

②绘制完所有图形实体后利用“插入块”命令(insert)将已画好图框、标题栏的图幅文件“TUA4”插入到当前图形中，插入比例为100∶1，即放大到100倍。

③利用“移动”命令(move)调整图框和图形实体的位置关系。

④启动尺寸标注样式，在“调整”选项卡将“全局比例因子”的值设为100，并保存该尺寸标注样式，然后标注尺寸。

⑤利用“文字样式”命令设置各字体样式的字高为标准字高的100倍，然后标注文字。

⑥打开“页面设置”对话框，选中图纸尺寸“A4”和单位“mm”，打印比例(出图比例)设为1∶100。

⑦启动“打印”命令输出图纸。

2. 布局空间绘图与打印步骤

仍以前面图4－214的建筑平面图为例，在布局空间中的绘图与打印步骤如下：

①首先按物体的真实尺寸绘图。如建筑平面图中，3000mm就绘3000个单位。

②点击布局标签进入布局空间，并在一个缺省视口中显示当前图形。

③在布局标签上按右键，打开“页面设置”对话框，选中图纸尺寸“A4”和单位“mm”。

④使用“删除”命令删除已有的这个视口边界。

⑤使用“图层”命令新建名为“图框”和“视口边界”的两个图层。

⑥设“图框”为当前图层，使用“插入块”(insert)命令将已画好图框、标题栏的图幅文件“TUA4”插入到当前图形中。

⑦利用“文字样式”命令设置各字体样式的标准字高，然后填写文字。

⑧设置“视口边界”为当前图层，使用“多边形视口”命令沿图框的外框绘制新视口对象。

⑨在新视口边界内双击进入当前布局的模型空间，将“视口缩放比例”设为1∶100，用“移动”命令调整图形位置。

⑩启动“打印”命令，打印比例(出图比例)保持为1∶1。

4.12 创建三维模型

传统的工程图一般用二维图形来表达。但二维图形缺乏真实感，直观性差，要求读图者具有较强的空间想像力，所以给工程施工带来一定的难度。现代工程图已经引入了三维图形，其直观性强，真实感好，能清楚地表达各形体的形状和位置关系。AutoCAD不但具有强大的二维绘图能力，还具有较强的三维绘图能力，能进行三维建模、渲染和简单动画制作。本书对三维模型的创建方法只做简要介绍。

4.12.1 三维绘图简介

本小节主要介绍三维模型的类型、怎样设置三维视图、怎样改变三维图形的显示，如何建立用户坐标系。

1. 三维模型类型

在AutoCAD中，三维模型分成以下三种：

(1)线框模型。线框模型是一种轮廓模型，由三维的点、直线和曲线组成，如轴测图，见图4－215a。

(2)表面模型。表面模型是一种由若干三维平面、曲面、网格面组成的模型，它具有面的特征，如图4－215b所示。

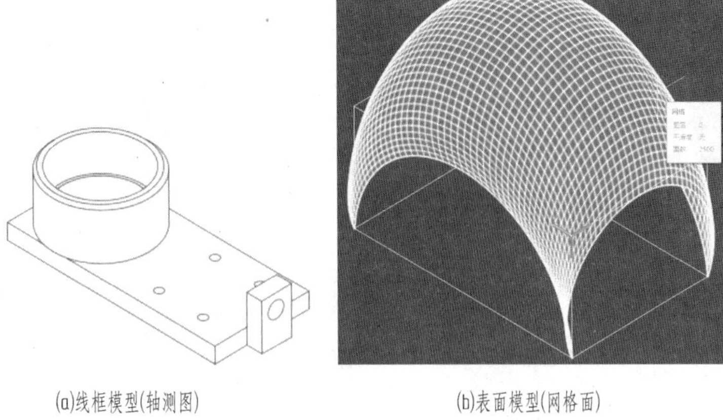

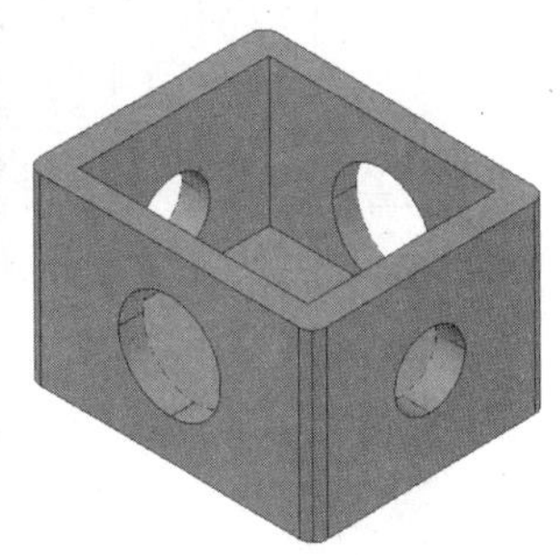

(a)线框模型(轴测图)　　(b)表面模型(网格面)　　(c)实体模型(实体造型)

图 4-215　三种三维模型

(3)实体模型。实体模型是一种具有实体特征的模型，它有体积、重心、惯性矩等实体特征，如图 4－215c 所示。三维模型包含了大量的信息，能查询模型的体积、质量和质心等；能进行消隐和渲染处理，还能进行布尔运算。

4.12.2　三维建模基本操作

1. 进入“三维建模”界面

“三维建模”界面如图 4－216、图 4－217、图 4－218 所示。

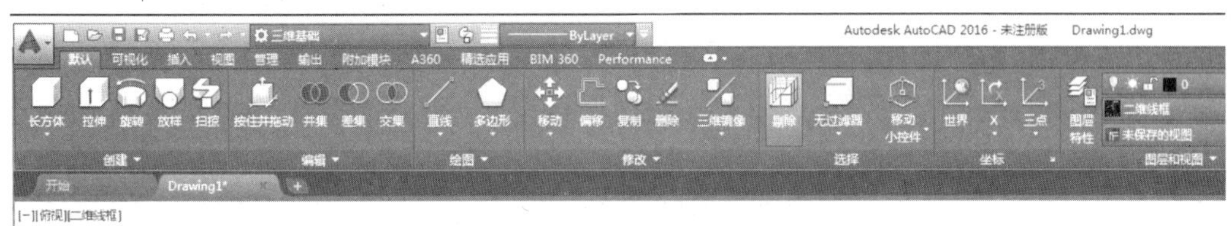

图 4-216　三维建模基本界面

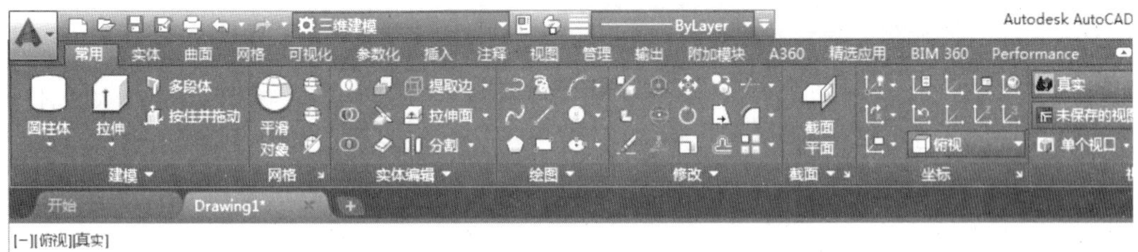

图 4-217　三维建模界面

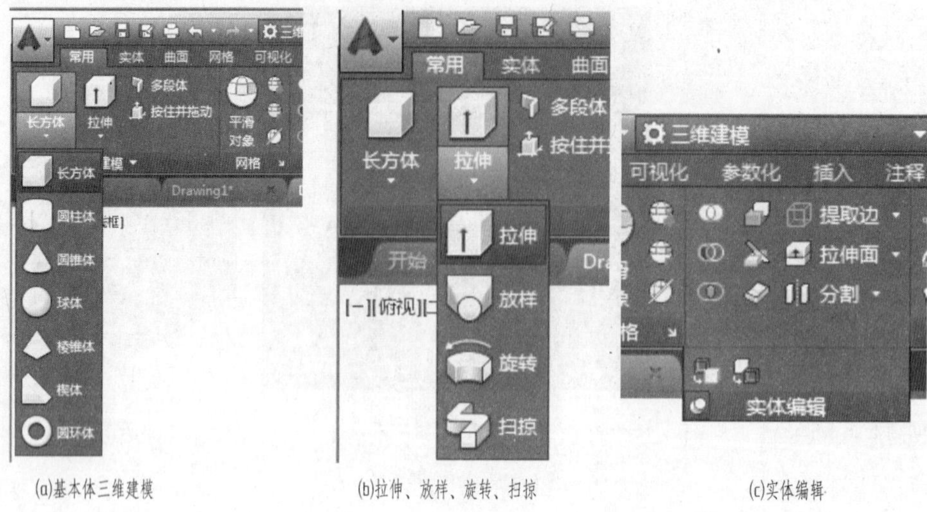

(a)基本体三维建模 (b)拉伸、放样、旋转、扫掠 (c)实体编辑

图 4-218 几个三维建模模块

下拉菜单中的三维建模操作如图 4－219 所示。

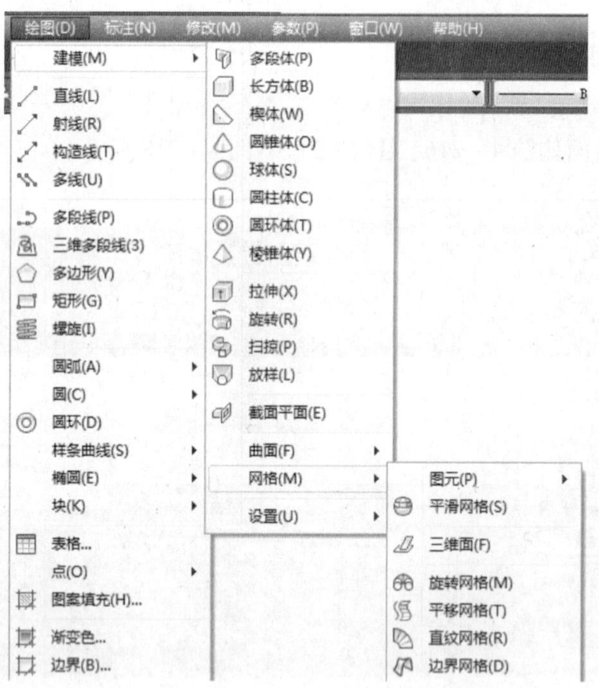

图 4-219 三维建模下拉菜单

三维建模操作常用工具条如图 4－220 所示。

图 4-220　三维建模及编辑基本工具条

2. 操作步骤及相关说明

以拉伸操作为例。

①启动拉伸命令。

②选择要拉伸的对象：　(选择若干个二维图形。)

③指定拉伸的高度或［方向(D)/路径(P)/倾斜角(T)］〈1000.0000〉:

“指定拉伸高度”：此处默认拉伸方向为 Z 轴，只需指定拉伸的高度。当高度为正时，则沿着 Z 轴正方向拉伸对象；反之，则沿着 Z 轴负方向拉伸对象。

“方向”：通过指定方向的起点、端点来确定拉伸方向。

“路径”：通过指定拉伸路径，被拉伸对象(也就是所谓的“轮廓”)会沿着路径拉伸，如图 4－221 所示。

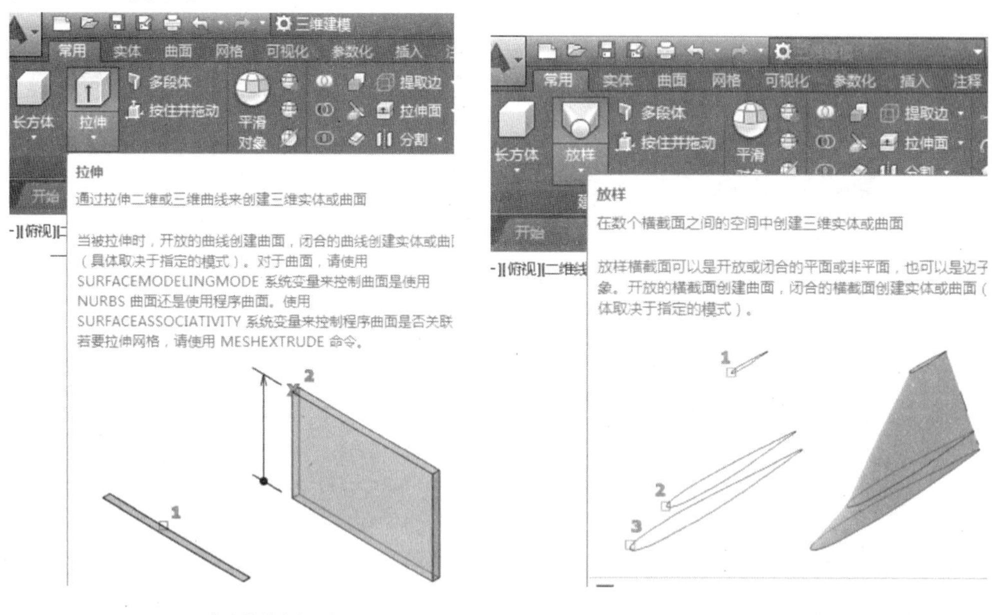

图 4-221　指定拉伸路径示例　　　　图 4-222　放样示例

其他如放样(图 4－222)、旋转(图 4－223)、扫掠三维造型(图 4－224)操作步骤在此省略。交集、剖切示例分别如图 4 – 225、图 4 – 226 所示。实体操作工具栏、曲面操作工具栏、网格操作工具栏分别如图 4 – 227、图 4 – 228、图 4 – 229 所示。

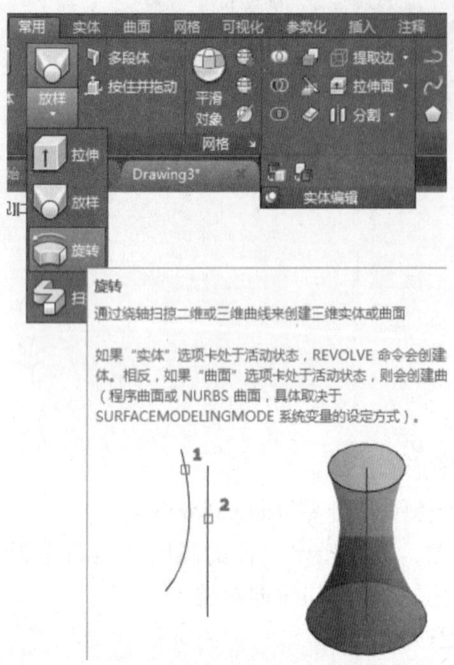

图 4-223　旋转示例

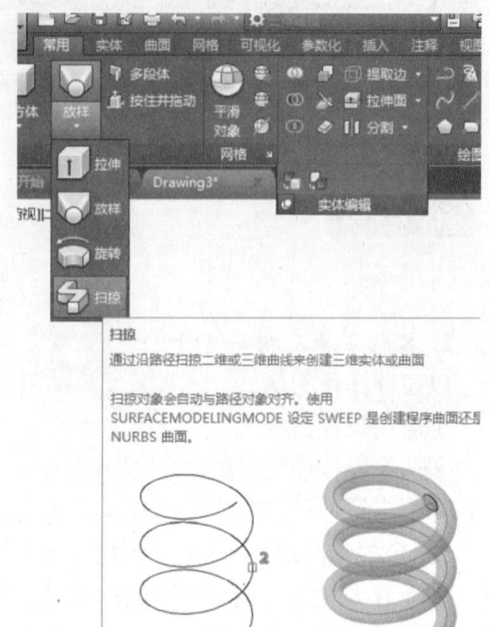

图 4-224　扫掠示例

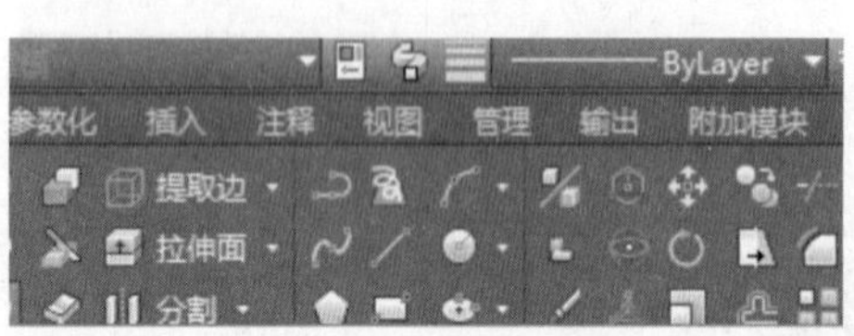

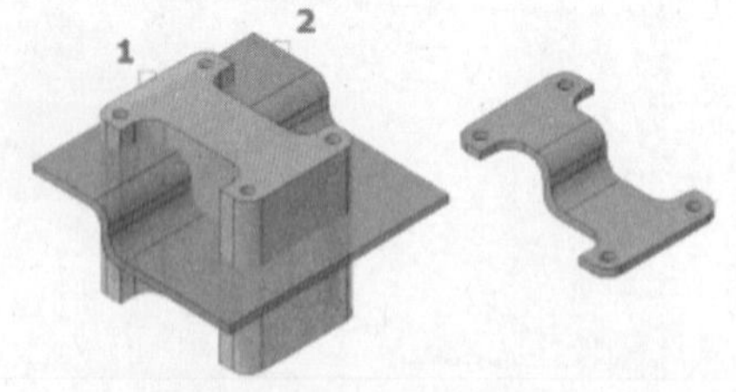

图 4-225　交集示例

图 4-226　剖切示例

图 4-227 实体操作工具栏

图 4-228 曲面操作工具栏

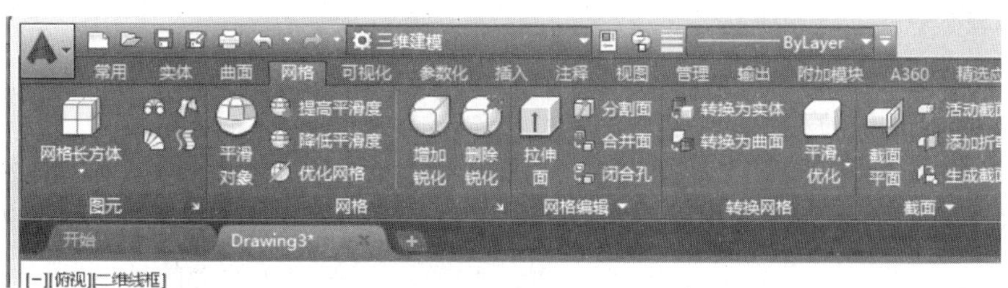

图 4-229 网格操作工具栏

4.13 三维操作

AutoCAD 中的许多二维编辑命令也能适用于三维图形，而且还有针对三维图形的三维移动、三维旋转、三维阵列、三维镜像、三维对齐、剖切、加厚、转换为实体、转换为曲面、提取边等编辑命令。

4.13.1 夹点工具的使用

夹点工具是用户用于在三维视图中方便地将对象选择集的移动或旋转约束到轴或平面上的图标。夹点工具有两种类型：移动夹点工具和旋转夹点工具，如图 4－230 所示。

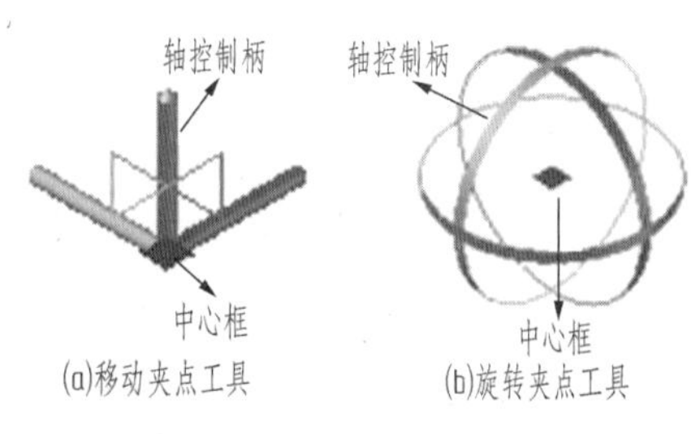

图 4-230 夹点工具

可以通过两种方式来启动夹点工具，第一种是当视觉样式处于除“二维线框”之外的其他三维样式时，选中某三维对象，原坐标系图标处将变成移动夹点工具(图4-230a)，然后单击其“轴控制柄”并开始移动选定对象，或单击“中心框”时按空格键或按鼠标右键更改为旋转夹点工具。按空格键或按鼠标右键可交替出现这两种夹点工具。第二种则是启动三维移动和三维旋转命令，相应的夹点工具将在用户创建选择集后附着到光标上。

夹点工具的使用方法如下：夹点工具的“中心框”为移动或旋转的基点，可以通过移动该框来改变基点的位置。选择对象后，将光标悬停在夹点工具上的轴控制柄上直到显示矢量轴线，然后单击轴控制柄将对象的移动或旋转约束到轴或平面上。

4.13.2 用平面或曲面剖切实体

1. *启动命令方式*

- 菜单：“修改”→“三维操作”→“剖切”。
- 命令行：slice(sl)。
- 面板：“三维制作”[图标]。

2. *操作步骤及选项说明*

①启动命令。

②选择要剖切的对象：（指定要被剖切的实体对象。）

③指定切面的起点或[平面对象(O)/曲面(S)/Z轴(Z)/视图(V)/XY(XY)/YZ(YZ)/ZX(ZX)/三点(3)]〈三点〉：

“指定切面的起点”：指定一点，后面会接着要求“指定平面上的第二点”，这两点将定义剖切平面的角度。该剖切平面垂直于当前UCS的*XY*平面。

“平面对象”：将剖切平面与指定的圆、椭圆、圆弧、椭圆弧、二维样条曲线或二维多段线对齐。

“曲面”：将剖切平面与曲面对齐，不能选择使用EDGESURF、REVSURF、RULESURF和TABSURF命令创建网格。

“Z轴”：通过指定剖切平面上一点与*Z*轴方向上的一点，这两点的连线与剖切平面垂直，从而来定义剖切平面。

“视图”：将剖切平面与当前视口的视图平面对齐，接着再指定一点来定义剖切平面的位置。

“XY/YZ/ZX”：将剖切平面与当前用户坐标系UCS的*XY*平面、*YZ*平面、*ZX*平面对齐。接着再指定一点来定义剖切平面的位置。如图4-231所示，用*ZX*平面过图4-231a中桌子的宽度中点进行剖切，得到如图4-231b所示的结果。

“三点”：用三点定义剖切平面。

④在所需的侧面上指定点或[保留两个侧面(B)]〈保留两个侧面〉：

“在所需的侧面上指定点”：定义一点从而确定将保留剖切实体的哪一侧新实体。

“保留两个侧面”：实体被剖切的两侧新实体均保留。

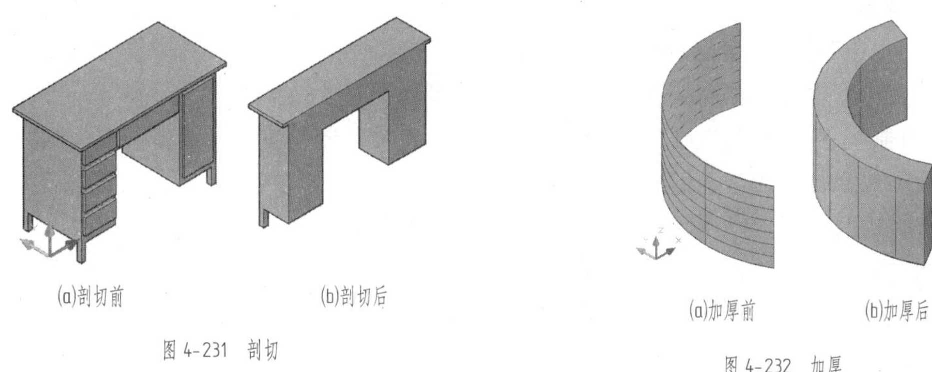

(a)剖切前　(b)剖切后

图 4-231　剖切

(a)加厚前　(b)加厚后

图 4-232　加厚

可以使用该命令从面域、三维实体和曲面来创建线框模型，将提取选定对象或子对象上所有的边，并且原对象保留。如图 4－232a 所示的圆柱体提取边后，移开原对象可以看到如图 4－232b 中所产生的边。

4.13.3　实体编辑

AutoCAD 提供了功能强大的实体编辑命令，能对实体的边、面、体分别进行修改。这些实体编辑命令可以通过实体编辑菜单和实体编辑工具栏来启动，如图 4－233、图 4－234所示，也可以通过命令字“solidedit”来启动。下面只对“solidedit”命令进行说明。

图 4-233　实体编辑菜单

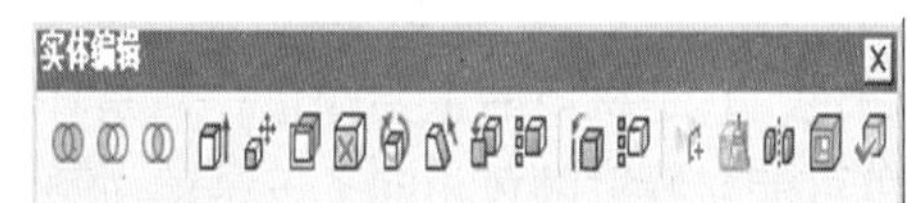

图 4-234　实体编辑工具栏

在命令行中输入 solidedit 命令后，出现如下提示：

输入实体编辑选项［面(F)/边(E)/体(B)/放弃(U)/退出(X)］〈退出〉：

可以进入相应的选项编辑实体的边、面或体。

1. 编辑边

进入“边”选项后会出现提示：

输入边编辑选项［复制(C)/着色(L)/放弃(U)/退出(X)］〈退出〉：

“复制”：用于复制三维边。所有三维实体边将被复制为直线、圆弧、圆、椭圆或样条曲线。选择此选项后会继续如下操作：

选择边或［放弃(U)/删除(R)］：（选择三维实体上的多条边。）

指定基点或位移：（指定一个基点用于将新生成的边移动到别处。）

指定位移的第二点：（指定目标点。）

“着色”：更改边的颜色。后面的操作与“复制”一样。

2. 编辑面

进入“面”选项后会出现如下提示：

输入面编辑选项［拉伸(E)/移动(M)/旋转(R)/偏移(O)/倾斜(T)/删除(D)/复制(C)/颜色(L)/材质(A)/放弃(U)/退出(X)］〈退出〉：

例如，单击“材质”选项板中的图标按钮会弹出“创建新材质”对话框。可以在此对话框内为新材质命名，然后在“材质”选项板的“图形中可用的材质”窗口中会出现新材质，可以对此新材质进行各参数的调整以得到需要的材质效果。用户可以使用“材质编辑器”“贴图”“高级光源替代”“材质缩放与平铺”和“材质偏移与预览”等进一步修改新材质。这里主要对“材质编辑器”和“贴图”两个选项卡进行说明。

(1)在“材质”选项板的“材质编辑器”选项卡中，用户可以为要创建的新材质设置材质类型、颜色、反光度、不透明度、折射率等。

“类型”：有“真实”“真实金属”“高级”和“高级金属”四种类型。前两种是基于物理性质的材质，可以在右边“样板” 选择预定义材质(如瓷砖、釉面、织物或玻璃等)；而后两种用于具有更多选项的材质，包括可以用来创建特殊效果(例如模拟反射)的特性。“高级”和“高级金属”类型不提供材质样板。

“颜色”：对象上材质的颜色在不同区域各不相同。例如，如果观察蓝色球体，它并不显现出统一的蓝色，远离光源的面显现出的蓝色比正对光源的面显现出的蓝色暗，反射高光区域显示最浅的蓝色。如果蓝色球体非常有光泽，其高亮区域可能显现出白色。当选择“高级”或“高级金属”材质类型时，可以为材质设置三种或两种颜色：一是漫射颜色，它是材质的主要颜色；二是环境色，是受环境光照亮的面所显现出的颜色，环境色可能与漫射颜色相同；三是镜面颜色，有光泽材质上的高亮区域的颜色，镜面颜色也可能与漫射颜色相同。“真实”和“真实金属”样板仅使用漫射颜色。

“反光度”：用于设置材质的反光度。材质的反射质量定义了反光度或粗糙度。若要模拟有光泽的曲面，材质应具有较小的高亮区域，并且其镜面颜色较浅，甚至可能是白色。较粗糙的材质具有较大的高亮区域，并且高亮区域的颜色更接近材质的主色。

“不透明度”：完全不透明的对象不允许光源穿过其表面。不透明度为0 的对象是透明的，如图4－235 所示小桌上的玻璃。

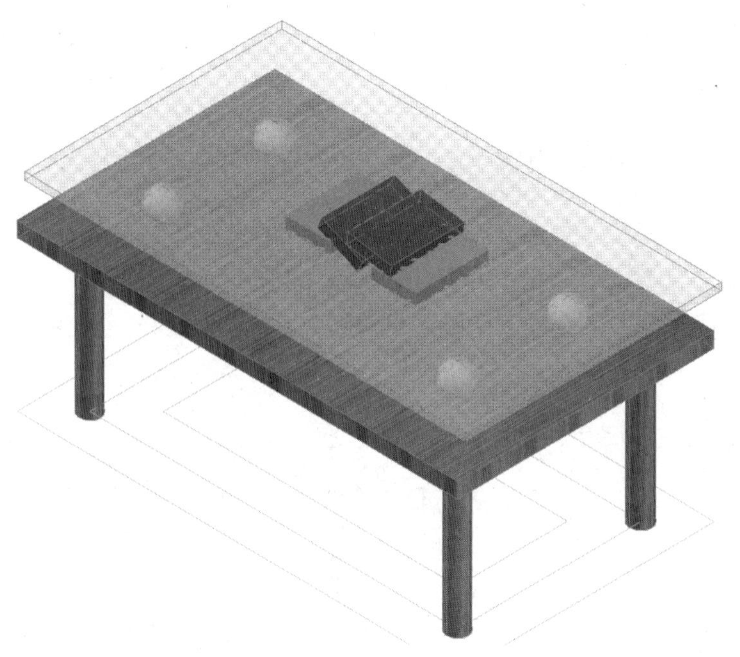

图 4-235 小桌上的玻璃

"反射"：反射滑块控制材质的反射程度。设置为100时，材质将完全反射，并且周围环境将反映在应用了此材质的任何对象的表面中。

"折射率"：此选项用于设置半透明材质的折射率。在半透明材质中，光线通过材质时将被弯曲，因此通过材质将看到对象被扭曲。"半透明度"：半透明对象可以传递光线，但也会散射对象内的某些光线，例如磨砂玻璃。半透明值为0，材质不透明；为100，材质完全透明，如图4－235所示小桌上的玻璃。

"自发光"：对象看起来正在发光。例如，若要在不使用光源的情况下模拟霓虹灯，可以将自发光值设定为大于零。

"亮度"：当选择"真实"和"真实金属"样板时，可以设置亮度。亮度使材质模拟被光源照亮的效果。在亮度单位中，发射光线的多少是选定的值。

"双面材质"：可将材质的特性设置为双面。如果要在场景中渲染织物的两面，就要设置此特性。

(2)在"材质"选项板的"贴图" 选项卡中，可以为材质选择贴图方式。贴图是增加材质复杂性的一种方式。常用的贴图有漫射贴图、反射贴图、不透明贴图及凹凸贴图四种。其中：

"漫射贴图"：为材质提供多种颜色的图案。漫射贴图滑块取值范围为0～100，默认值为100。

"反射贴图"：可以模拟在有光泽对象的表面上反射的场景。

4.13.4　自学功能简介

自学功能简介界面如图 4－236 所示。

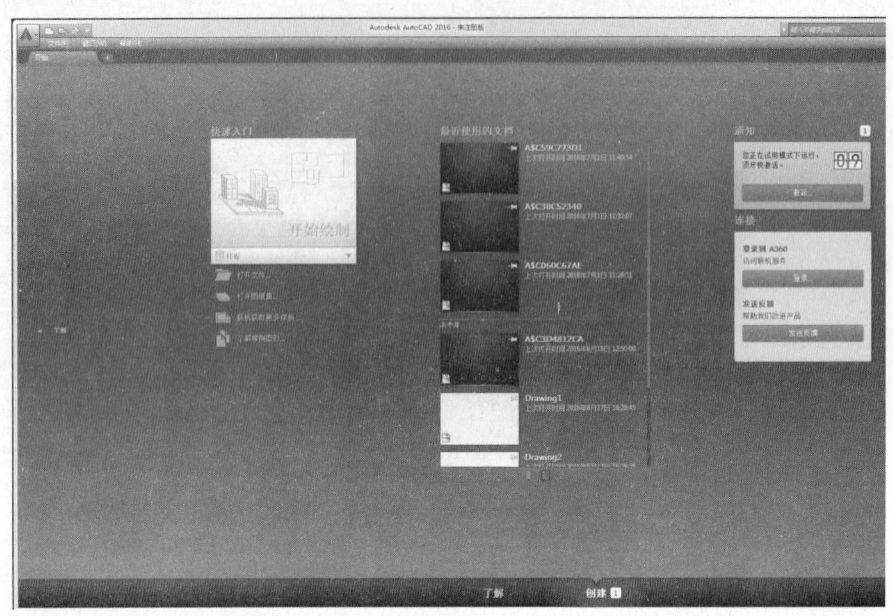

图 4-236　自学指南

图 4－236 界面中的三大块内容分别说明如下。

左：快速入门。点击“开始绘图”进入绘图空间。选择下面需要打开的标签，例如点击“了解样例图形”标签，可以获取所需的样例图形材料，如图 4－237 所示。

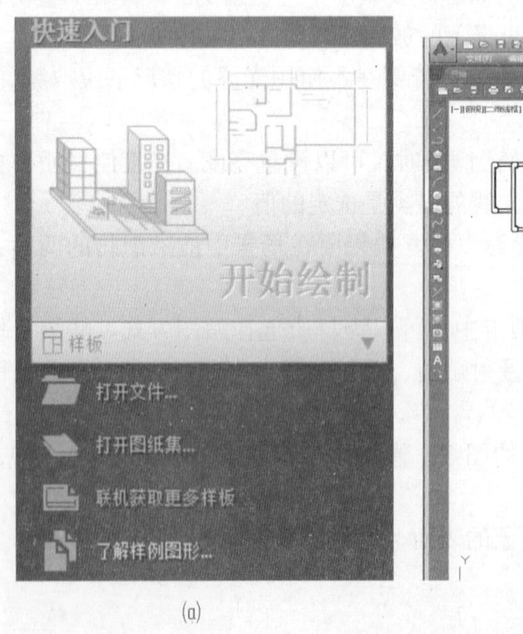

(a)

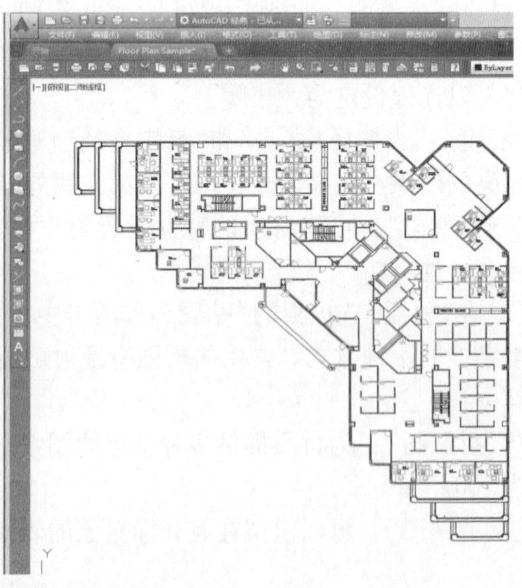

(b)

图 4-237　了解样例

中：是“最近使用的文档”记录。

右：标题为“通知”与“连接”。前者提醒用户注意当前操作模式，是否需要改变；后者是登录上网与AutoDESK公司取得联系，如图4－238所示。

图4-238　网上学习　　图4－239　多媒体自学库

点击最下面“了解”按钮进入自学界面，如图4－239所示。这里提供了大量的有效的多媒体自学材料，值得读者尝试，但必须在联网状态下使用。

5 天正建筑 TArch

北京天正工程软件有限公司自 1994 年开始在 AutoCAD 图形平台成功开发了一系列建筑、暖通、电气等专业软件，是 Autodesk 公司在我国的第一批注册开发商。天正公司的建筑 CAD 软件在全国范围内取得了极大的成功，我国的建筑设计单位几乎都在使用天正建筑软件。可以说，天正建筑 CAD 软件已经成为国内建筑 CAD 的行业规范。随着天正建筑软件的广泛应用，它的图档格式已经成为各设计单位与建设单位之间进行图形信息交流的基础。

随着 AutoCAD 2000 以上版本平台的推出和普及，以及新一代自定义对象化的 ObjectARX 开发技术的发展，天正公司在经过多年刻苦钻研后，在 2001 年推出了从界面到核心均面目全新的 TArch 5 系列。天正建筑 TArch 5 采用二维图形描述与三维空间表现一体化的先进技术，从方案到施工图全程体现建筑设计的特点，在建筑 CAD 技术上掀起了一场革命。天正建筑 TArch 5 操作输入一律使用中文拼音命令，使绘图更快捷方便。

5.1 天正建筑 2013 简介

天正建筑 2013 是二维三维一体化的建筑设计软件。利用 AutoCAD 图形平台开发的新一代天正建筑软件 2013(以下简称天正)，继续以先进的建筑对象概念服务于建筑施工图设计，成为建筑 CAD 的首选软件。同时，天正建筑对象创建的建筑模型已经成为天正给排水、暖通、电气等系列软件的数据来源，很多三维渲染图也基于天正三维模型制作而成。

天正建筑 2013 有两个版本：32 位版本支持 32 位 AutoCAD 2004—2013 平台；64 位版本支持 64 位 AutoCAD 2010—2013 平台。

天正建筑 2013 较之前版本主要有如下改进：

(1)改进墙柱连接位置的相交处理和墙体线图案填充及保温的显示；改进墙体分段、幕墙转换、修墙角等相关功能。

(2)门窗系统改进：新增智能插门窗、拾取图中已有门窗参数的功能；同编号门窗支持部分批量修改；优化凸窗对象；改进门窗自动编号规则和门窗检查命令；解决门窗打印问题。

(3)完善了天正注释系统：按新的国家标准修改弧长标注；支持尺寸文字带引线和布局空间标注；新增楼梯标注、尺寸等距等功能；轴号文字增加隐藏特性；增加批量标注坐标、标高对齐等功能；新增云线、引线平行的引出标注、非正交剖切符号的绘制等。

5.2 天正建筑 2013 界面

天正建筑 2013 图标 天正建筑2013：

天正建筑软件在 AutoCAD 界面上有一个特别重要的插件，就是“天正屏幕菜单”，它囊括了天正设计所有核心内容。图 5－1 左侧是天正屏幕菜单。图 5－2 可见天正绘图“实时助手”快捷菜单。屏幕菜单中的工具与功能均可以转换为天正常用工具条或自制工具栏，如图 5－3 所示。按下键盘上的Ctrl键再按下键可以调出或消除天正屏幕菜单。

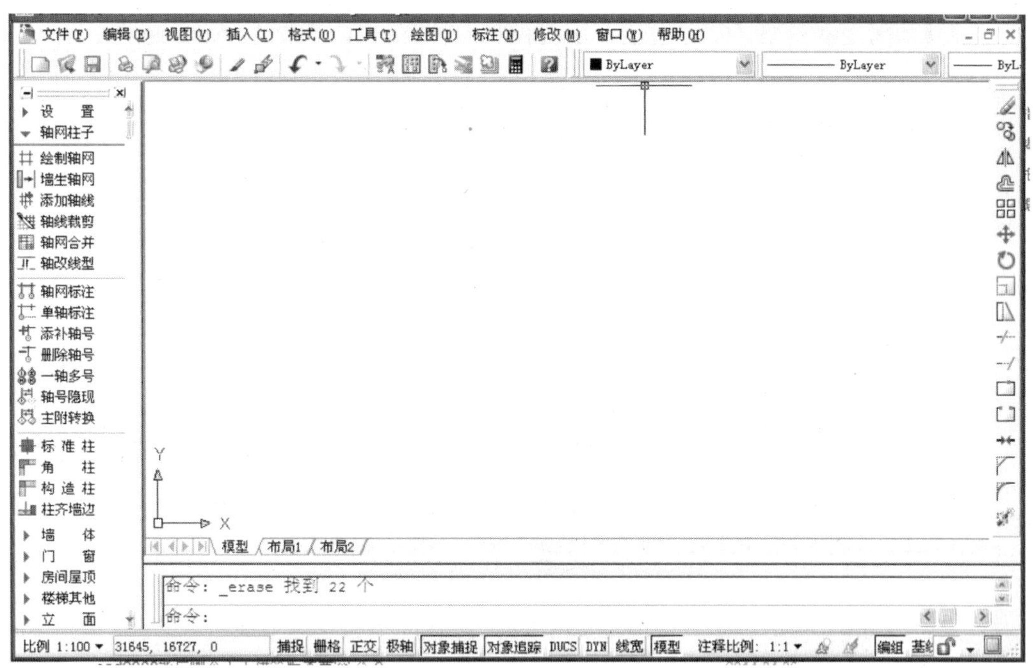

图 5-1 天正建筑软件绘图空间及屏幕菜单

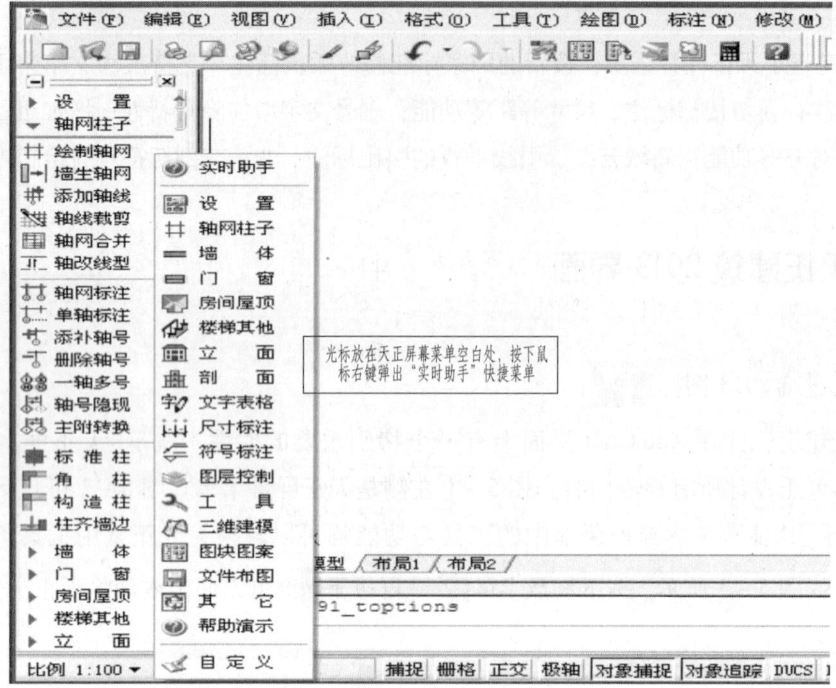

图 5-2 天正绘图"实时助手"快捷菜单

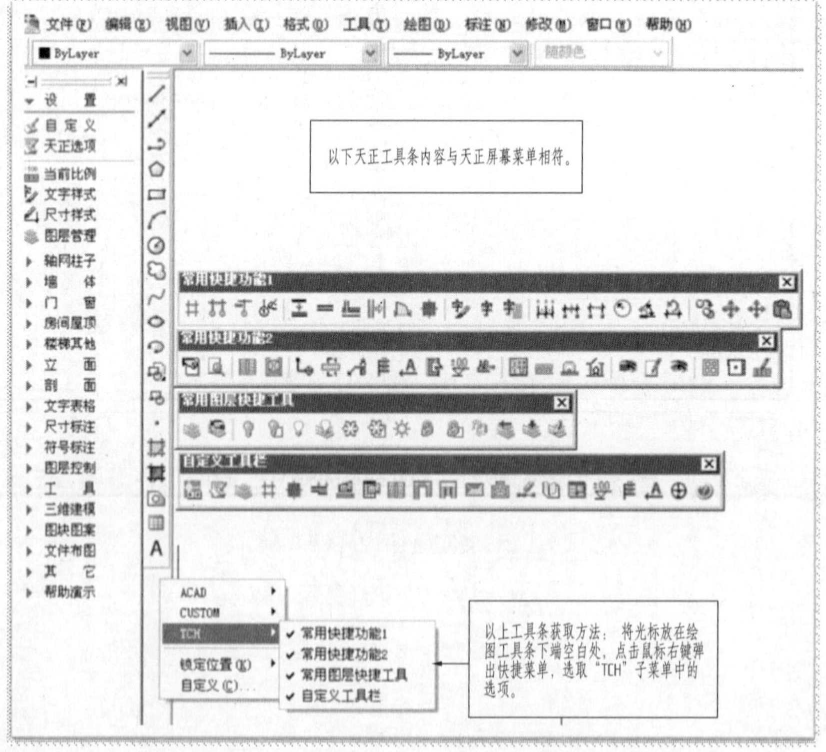

图 5-3 天正常用工具条

5.3 轴　网

5.3.1 轴网的概念

轴网是由两组到多组轴线与轴号、尺寸标注组成的平面网格，是建筑物单体平面布置和墙柱构件定位的依据。完整的轴网由轴线、轴号和尺寸标注三个相对独立的系统构成。这里介绍轴线系统和轴号系统，尺寸标注系统的编辑方法在后面的章节中介绍。

1. 轴线系统

考虑到轴线的操作比较灵活，为了使用时不至于给用户带来不必要的限制，轴网系统没有做成自定义对象，而是把位于轴线图层上的 AutoCAD 的基本图形对象，包括 LINE、ARC、CIRCLE 识别为轴线对象。天正建筑软件默认轴线的图层是“DOTE”，用户可以通过设置菜单中的“图层管理”命令修改默认的图层标准。

轴线默认使用的线型是细实线，是为了绘图过程中方便捕捉。用户在出图前必须用“轴改线型”命令将其改为规范要求的点画线。

2. 轴号系统

轴号是内部带有比例的自定义专业对象，是按照《房屋建筑制图统一标准》(GB/T 50001—2001)的规定编制的，默认在轴线两端成对出现。可以通过对象编辑单独控制个别轴号与其某一端的显示。轴号的大小与编号方式符合现行制图规范要求，保证出图后号圈直径是 8mm，不出现规范规定不得用于轴号的字母，如 I、O、Z。轴号对象预设有用于编辑的夹点，夹点可以用于轴号偏移、改变引线长度、轴号横向移动等。

3. 尺寸标注系统

尺寸标准系统由自定义尺寸标注对象构成，在标注轴网时自动生成于轴标图层 AXIS 上。除了图层不同外，与其他命令的尺寸标注没有区别。

5.3.2 直线轴网

1. 创建绘制轴网

直线轴网功能用于生成正交轴网、斜交轴网或单向轴网，由“绘制轴网”菜单中的“直线轴网”选项执行，如图 5－4 所示。

点击“轴网柱子”→“绘制轴网”，弹出“绘制轴网”对话框，单击“直线轴网”选项卡，输入轴间距，如图 5－5 所示。

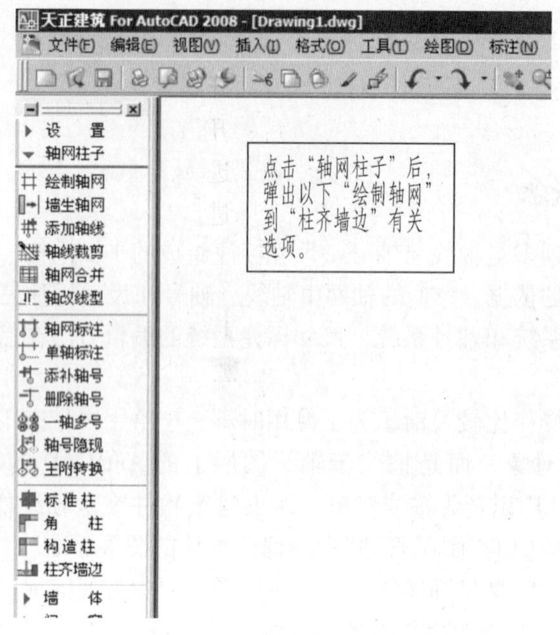

图 5-4 绘制“轴网柱子”操作之一

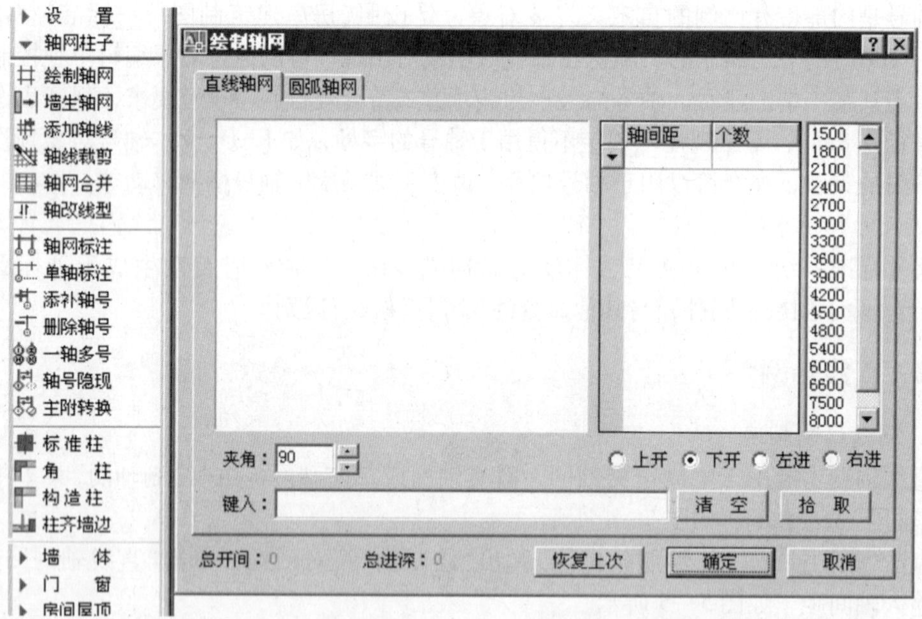

图 5-5 “绘制轴网”对话框

(1)输入轴网数据方法：

• 直接在“键入”栏内键入轴网数据，每个数据之间用空格键隔开，输入完毕后回车生效。

• 键入轴间距和个数。常用值可直接点取右方数据栏或下拉列表的预设数据，参考

图 5－6 所示。

“绘制轴网”对话框控件说明如下：

“上开”：在轴网上方进行轴网标注的房间开间尺寸。

“下开”：在轴网下方进行轴网标注的房间开间尺寸。

“左进”：在轴网左侧进行轴网标注的房间进深尺寸。

“右进”：在轴网右侧进行轴网标注的房间进深尺寸。

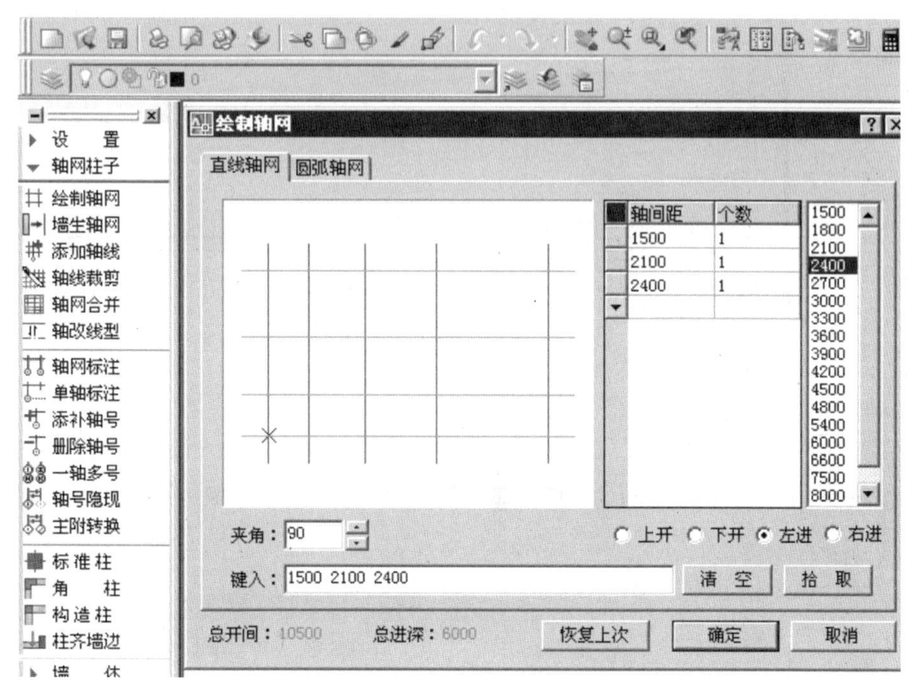

图 5-6 在“绘制轴网”对话框中输入数值，生成模拟轴网

“清空”：把某一组开间或者进深数据栏清空，保留其他组的数据。

“恢复上次”：把上次绘制直线轴网的参数恢复到对话框中。

“确定”：单击后开始绘制直线轴网并保存数据。

“取消”：单击后取消绘制的轴网并放弃输入的数据。

右击电子表格中行首按钮可以执行新建、插入、删除与复制数据行的操作。

(2)交互直线轴网的命令：

在对话框中输入所有尺寸数据后，点击“确定”按钮，命令行显示：

点取位置或［转 90 度(A)/左右翻(S)/上下翻(D)/对齐(F)/改转角(R)/改基点(T)］〈退出〉：

此时可拖动基点插入轴网，直接点取轴网目标位置或按选项提示回应，如图 5－7 所示。

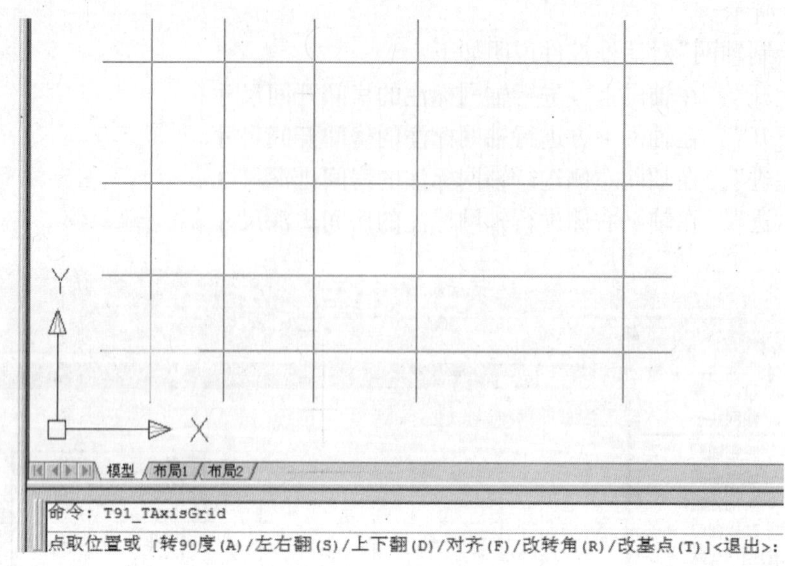

图 5-7 从“绘制轴网”对话框中获取轴网

2. 轴网标注

点击主菜单中“轴网标注”选项弹出“轴网标注”对话框，进入轴网标注阶段。在此对话框中填入相关选项，比如在“起始轴号”栏中填入 1 并选择“双侧标注”等，如图 5 - 8所示。

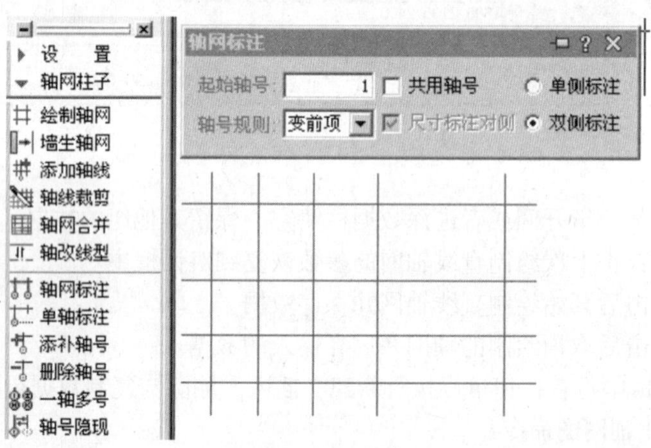

图 5-8 轴网标注操作之一

完成图 5 - 8 模式之后，一般先从左开始点击第一条竖向轴线，再点击最后一条竖向轴线，回车。此时，横向轴号和横向两道尺寸就会自动标出。同样，从下向上点击最下一条横向轴线，再点击最上一条横向轴线，此时竖向轴号和竖向两道尺寸就会自动标出，但要注意在“轴网标注”对话框中的“起始轴号”栏中填入 A。完成轴网标注后如图 5 - 9 所示。

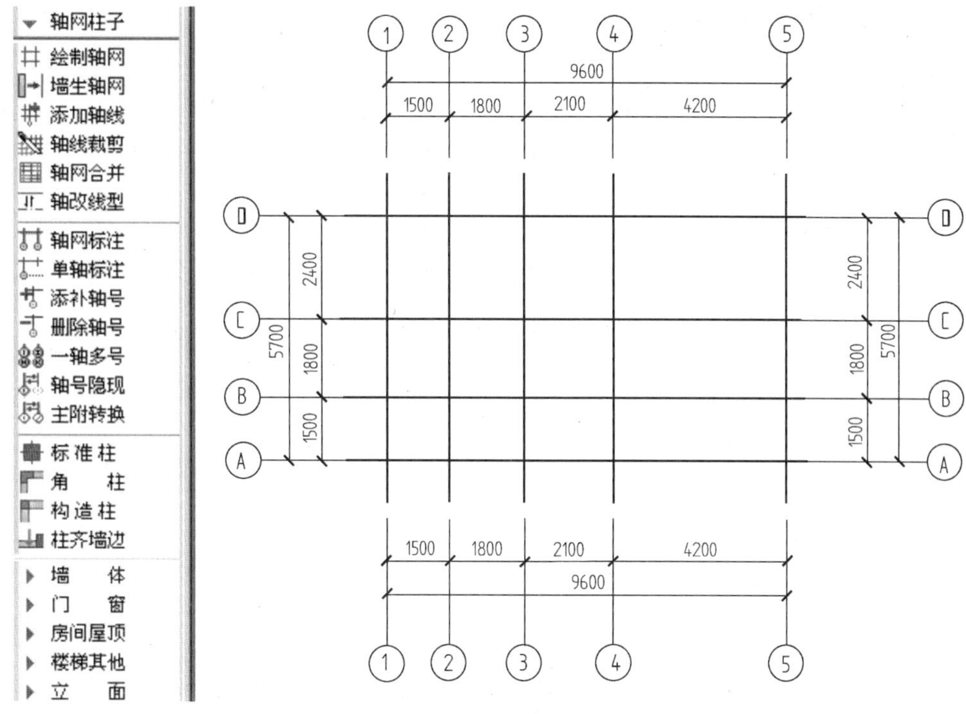

图 5-9 轴网标注操作之二

5.3.3 创建柱子

柱子在建筑设计中主要起结构支撑的作用，有些时候柱子也用于纯粹的装饰。

天正建筑软件柱子创建的形式有：

(1)标准柱(BZZ)。在轴线的交点或任何位置插入矩形柱、圆柱或正多边形柱，正多边形柱包括三、五、六、八、十二边形断面的柱子。插入柱子的基准方向总是沿着当前坐标系的方向，如果当前坐标系是 UCS，柱子的基准方向自动按 UCS 的 X 轴方向，不必另行设置。创建标准柱的过程参见图 5－10。

图 5－11，“标准柱”对话框中有关参数说明如下：

“柱子尺寸”：出现的参数项由柱子形状而定。

“偏心转角”：在矩形轴网中以 X 轴为基准线、在弧形和圆形轴网中以环向弧线为基准线，逆时针为正、顺时针为负，自动设置。

“材料”：在材料下拉菜单中合理选取，默认材料为钢筋混凝土。

“形状”：在形状下拉菜单中合理选取，还可以自行设计，参见图 5－11 所示的“标准柱”对话框。

“标准构件库”：从“天正构件库”对话框中获取预定义柱的尺寸和样式，参见图 5－12。

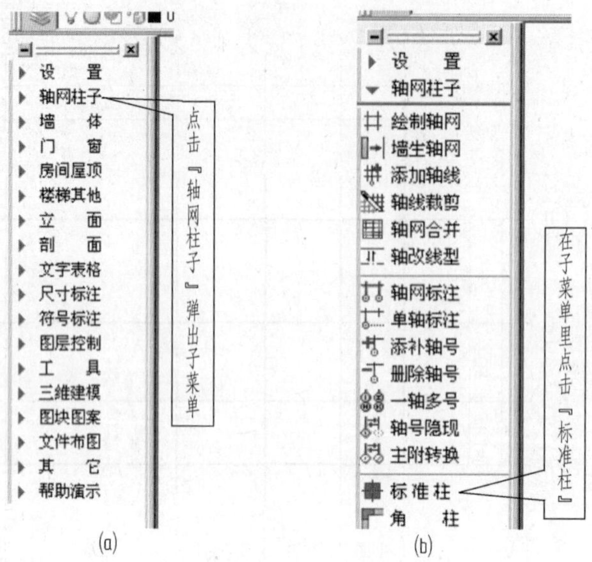

图 5-10 创建标准柱过程

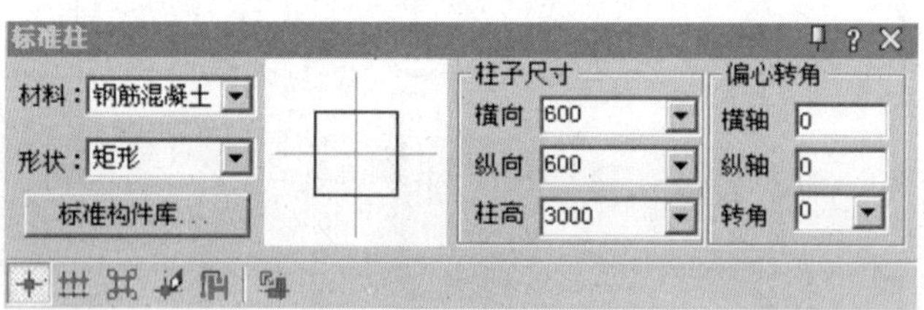

图 5-11 "标准柱"对话框

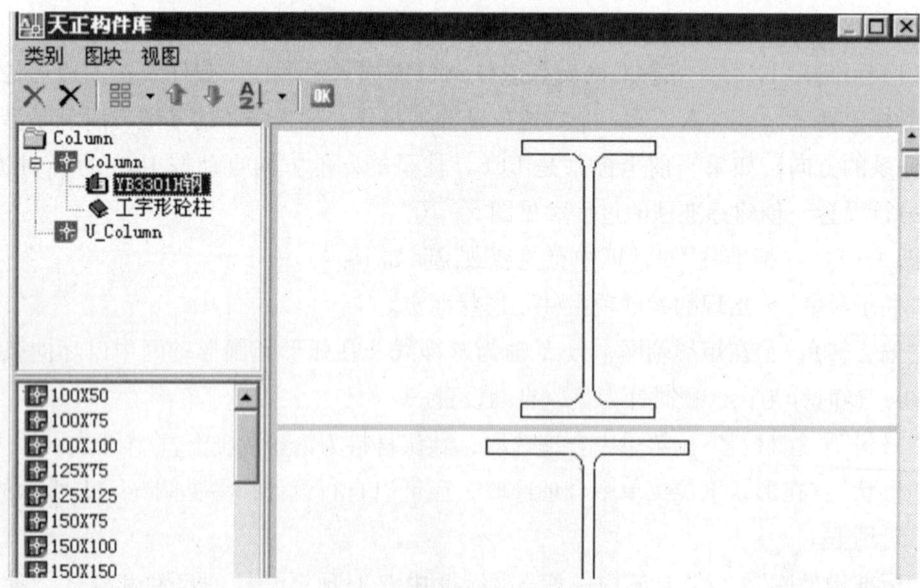

图 5-12 "天正构件库"对话框

(2)角柱(JZ)。在墙角插入轴线及形状与墙一致的角柱，可改各肢长度以及各分肢的宽度，宽度默认居中，高度为当前层高。生成的角柱与标准柱类似，每一边都有可调整长度和宽度的夹点，可以方便地按要求修改。

点击“轴网柱子”→“角柱”，弹出“转角柱参数”对话框，如图 5 - 13 所示。在该对话框中，材料不同，所显示方式不同，例如转角柱—角柱插入后，夹点可以改变。有关参数输入完毕，单击“确定”按钮，所选角柱即插入图中。

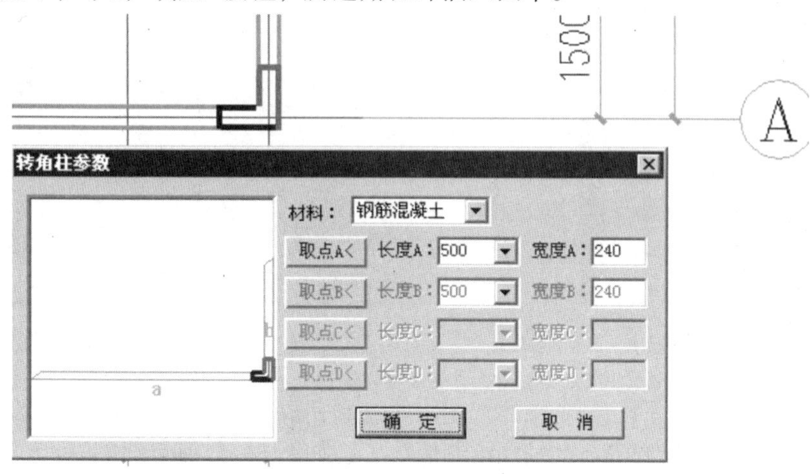

图 5-13 “转角柱参数”对话框

5.4 墙 体

天正建筑软件将墙分成若干类，如一般墙、虚墙、卫生墙、矮墙、幕墙等。

5.4.1 墙体的创建

①根据尺寸先绘制好轴网，如图 5 - 14 所示。

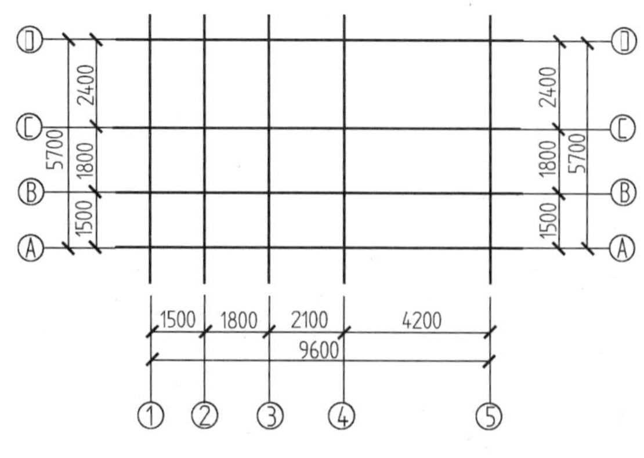

图 5-14 绘制轴网

②在主菜单中单击“墙体”选项，随之展开其有关墙体的子菜单，如图 5－15 所示。再单击“绘制墙体”选项，随即弹出“绘制墙体”对话框，如图 5－16 所示。在弹出的“绘制墙体”对话框中输入墙体的高度 3000、墙体左右宽度均为 120。

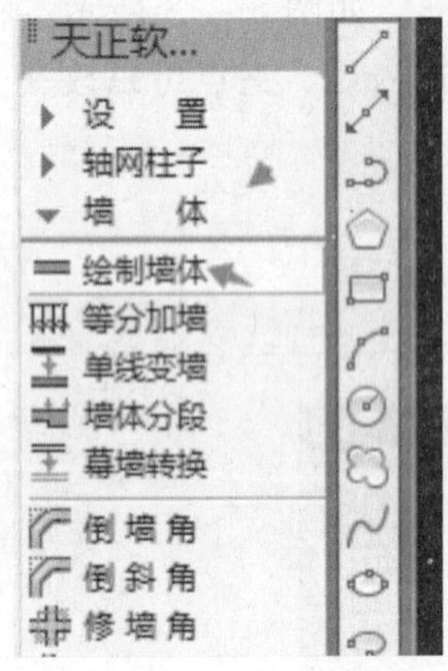

图 5-15 选择“墙体”选项

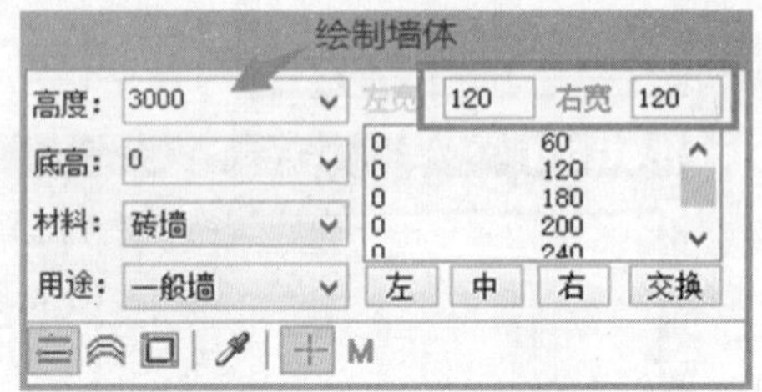

图 5-16 “绘制墙体”对话框

③根据设计好的轴网绘制主墙体。主墙体绘制完成后就可以绘制隔墙。设置好隔墙的尺寸就可以在需要绘制隔墙的轴网绘制墙体了，如图 5－17 所示。

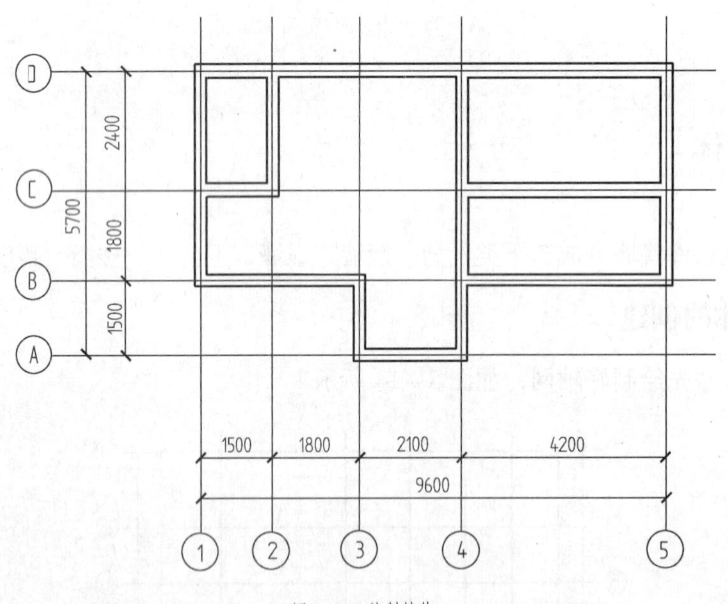

图 5-17 绘制墙体

如果要看看墙体的实际情况，可以切换到三维模型空间：在图上点鼠标右键，在弹出的快捷菜单中选择“视图设置”→“西南轴测”，如图 5－18 所示。然后就显示墙体的三维模型，如图 5－19 所示。

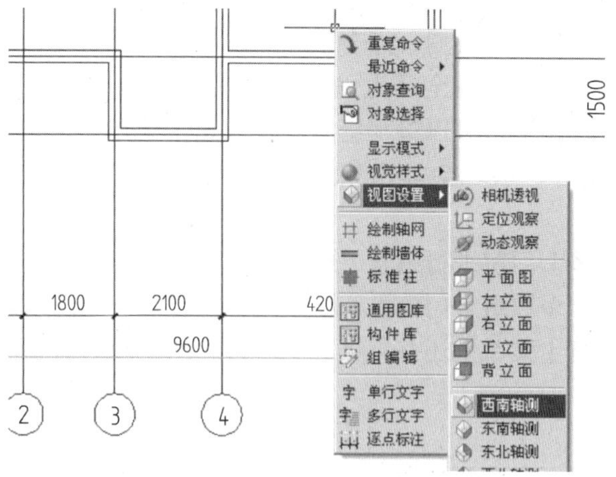

图 5-18　绘制的墙体实现三维模型操作

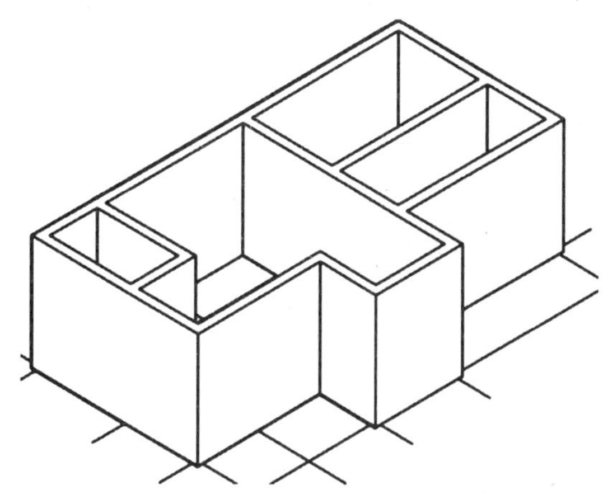

图 5-19　绘制的墙体显示三维模型

5.5　门窗的绘制

完成墙体后，我们可添加门窗。选择主菜单中的“门窗”→“门窗”，在弹出的门窗设置栏中，可以进行门窗属性和样式的选择，如图 5－20 所示。

图 5-20　门窗设置栏

设置好门窗的数据，将鼠标移动到墙线上，系统就会自动出现绘制提示，帮助我们确定门窗的添加位置。确定位置后，点击鼠标即添加门窗，如图 5－21 所示。

门窗的添加方式相同，门窗全部为一种颜色的线条。此时，门和窗属于分离状态，分别拥有各自的标注，接下来可以将其组合。在天正主菜单中，选择“门窗”→“组合门窗”选项进行门窗的组合，系统会弹出相应的操作提示，用户根据提示进行相应操作即可。

组合门窗可以由多个门窗进行组合，组合后的门窗只能进行统一编辑，无法对其中的个体进行独立编辑。多数组合门窗由一窗一门，或者两窗一门组成。

天正建筑软件门窗主菜单里还有二级分类。其中的绘制门窗细节请读者自行探讨。

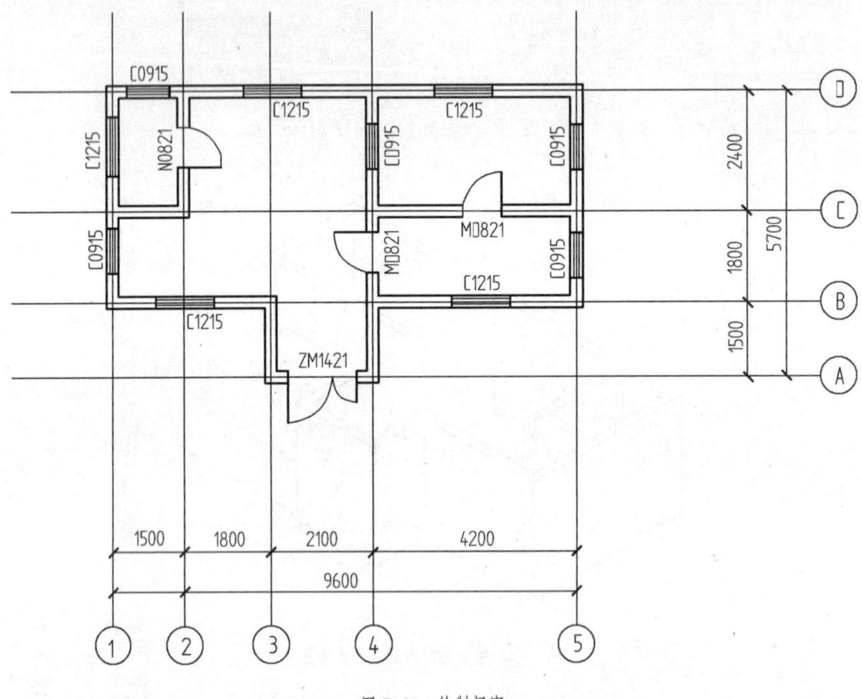

图 5-21 绘制门窗

5.6 楼梯及室内外设施的绘制

室内设施主要包括楼梯和电梯，室外设施包括阳台、台阶、坡道等天正建筑软件自定义的构件对象。它们基于墙体生成，同时具有二维与三维特征，并提供了夹点编辑功能。

5.6.1 楼梯的绘制

①准备好需要放置楼梯的图样。本案例 3—4 轴线与 A—C 轴线之间为绘制楼梯位置，如图 5－22 所示。

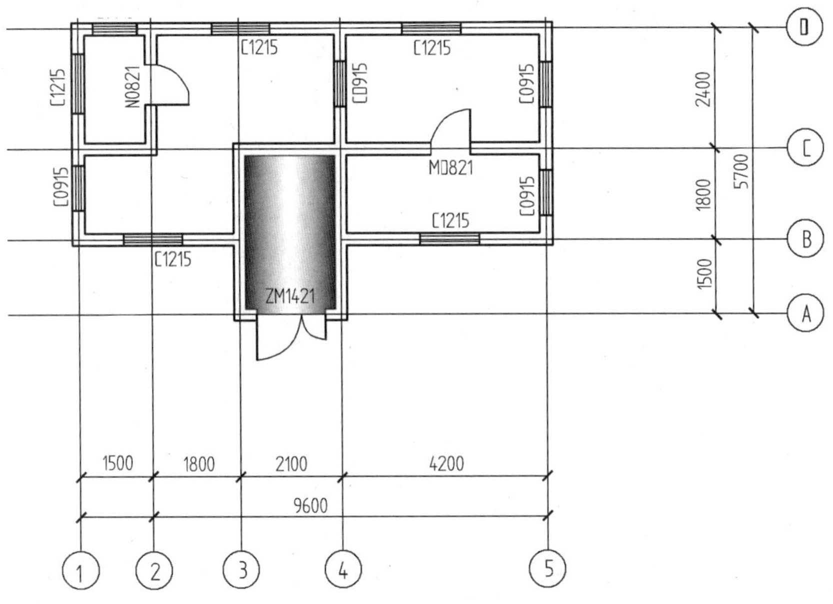

图 5-22　确定绘制楼梯位置

②在天正建筑软件主菜单中选择“楼梯其他”→“双跑楼梯”，在弹出的“双跑楼梯”对话框设置好楼层高度、楼梯间净宽、平台宽度、梯井宽度等数据。注意：“双跑楼梯”对话框与表示楼梯的图例同时弹出。

③设置完成后，放置楼梯图例，如图 5－23 所示。

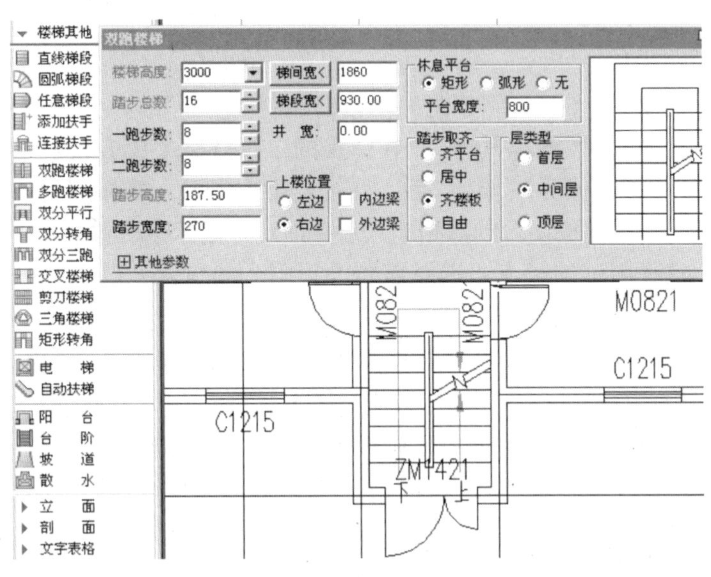

图 5-23　“双跑楼梯”对话框

④在命令栏输入“3d”，点击回车，使用鼠标拖动，看动态的 3D 图，看看楼梯是否满足要求，否则修正，如图 5－24 所示。

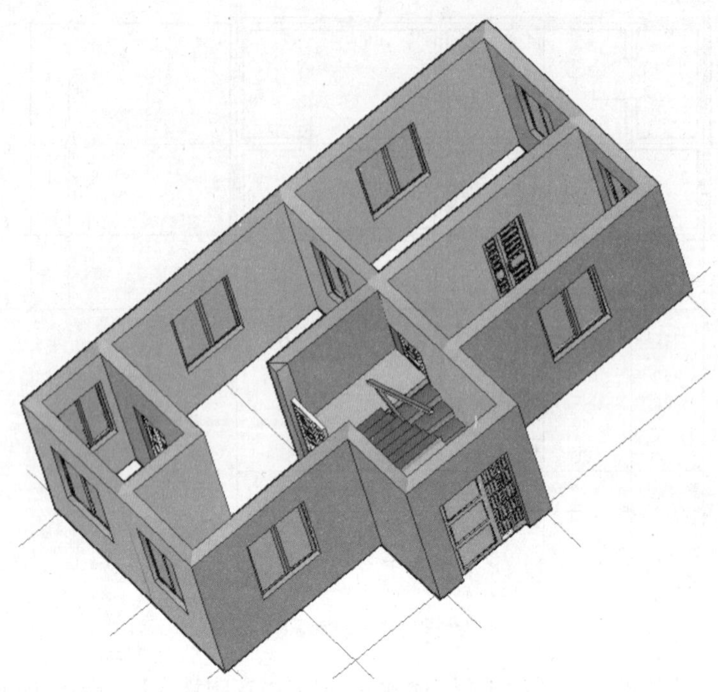

图 5-24 双跑楼梯 3D 图

从天正建筑软件主菜单可以看到，有关楼梯的设计类型繁多，读者可自行探讨。

5.6.2 室内外设施的绘制

以阳台的绘制为例。

先进行墙线的绘制，然后才可以进行阳台的绘制。

在天正主菜单中选择“楼梯其他”，在弹出的二级分类中，多数是绘制不同楼梯样式的命令。选择“楼梯其他”→“阳台”后，系统会出现提示，并弹出阳台的相应设置窗口，在阳台设置窗口中完成阳台的数据输入后，即可将鼠标移动到绘图面板。

系统会提示选择阳台的起点。选择需要设置阳台的地方，点击墙线进行起点的确定。确定起点后，CAD 就会自动出现提示性线条，帮助用户确定阳台的位置和样式。

移动鼠标即可拉伸调整阳台的大小。调整到合适的位置后，单击鼠标确定终点，系统就会自动输出阳台。阳台线条和墙线类似，属于双线条，但比墙线细很多。

阳台的线条是紫色线条，与墙线属于不同的图层，以方便用户进行区分。阳台一般在一层以上的平面图中绘制，因此在图名标注时要注意名称要在二层以上，参见图5－25。然后，在命令栏输入“3d”，点击回车，使用鼠标拖动，看动态的 3D 图，看看阳台是否满足要求，否则修正，参见图 5－26。

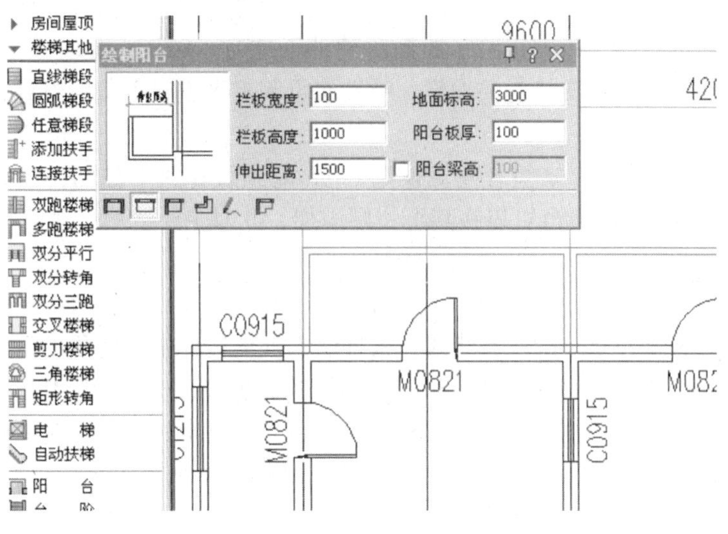

图 5-25 “绘制阳台”对话框

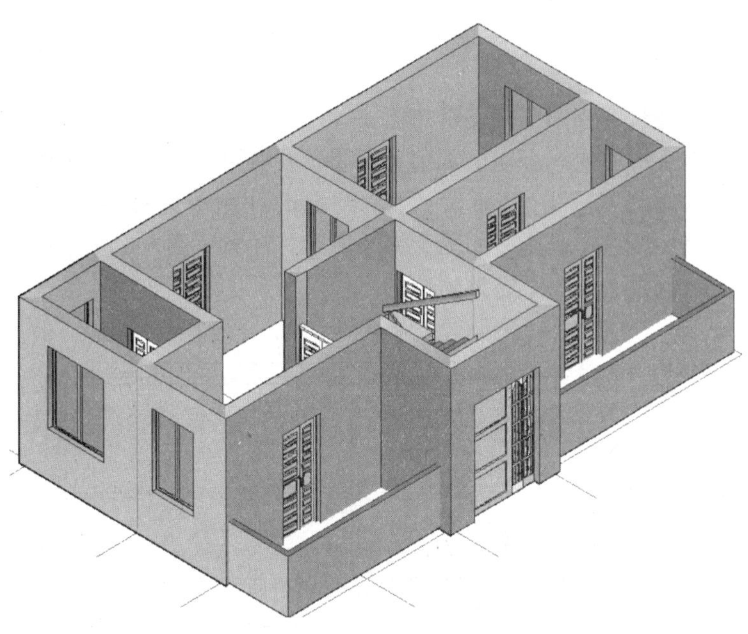

图 5-26 插入阳台 3D 图

5.7 屋顶的绘制

天正建筑软件提供了多种屋顶造型功能。人字坡顶包括单坡屋顶和双坡屋顶；任意坡顶是指任意多段线围合而成的四坡屋顶、矩形屋顶，包括歇山屋顶和攒尖屋顶。用户也可以利用三维造型工具自建其他形式的屋顶，如用平板对象和路径曲面对象相结合构造带有复杂檐口的平屋顶；利用路径曲面构建曲面屋顶(歇山屋顶)。天正建筑软件中的屋顶均为自定义对象，支持对象编辑、特性编辑和夹点编辑等编辑方式，可用于天正节能和天正日照模型。

在工程管理命令的“三维组合建筑模型”中，屋顶可作为单独的一层添加，楼层号为顶层的自然楼层号加1；也可以在其下一层添加，此时主要适用于建模。

5.7.1 搜屋顶线

本命令搜索整栋建筑物的所有墙线，按外墙的外皮边界生成屋顶平面轮廓线。屋顶线在属性上为一个闭合的PLINE线，可以作为屋顶轮廓线，进一步绘制出屋顶的平面施工图，也可以用于构造其他楼层平面轮廓的辅助边界或用于外墙装饰线脚的路径。

“房间屋顶”→“搜屋顶线(SWDX)”，将默认偏移外墙外皮600改为200。

点取菜单命令后，命令行提示：

请选择构成一完整建筑物的所有墙体(或门窗)：

应选择组成同一个建筑物的所有墙体，以便系统自动搜索出建筑外轮廓线。回车结束选择。

偏移外皮距离〈600〉：

输入屋顶的出檐长度或回车接受默认值。

此时系统自动生成屋顶线。在个别情况下屋顶线有可能自动搜索失败，用户可沿外墙外皮绘制一条封闭的多段线(pline)，然后再用offset命令偏移出一个屋檐挑出长度，以后可把它当作屋顶线进行操作，如图5-27所示。注意：图5-27左前、右前均附加了临时的虚墙，目的是获取一个完整的矩形屋面。

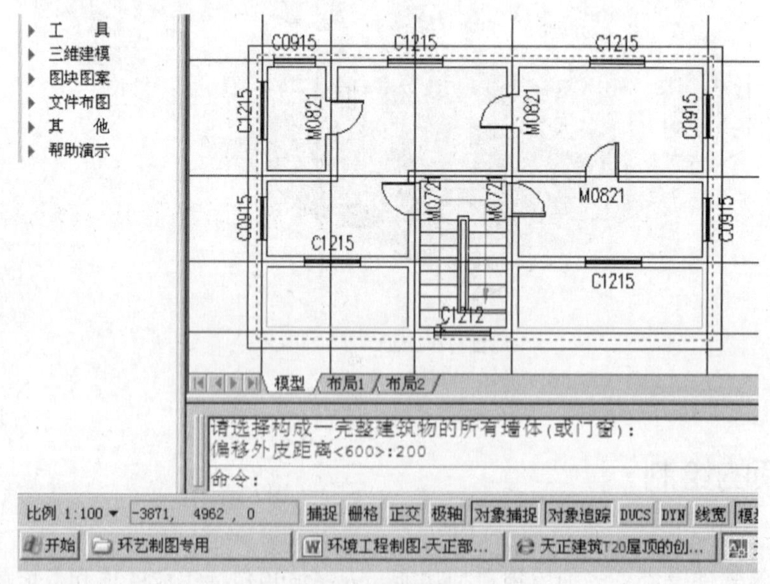

图5-27 搜索整栋建筑物的所有墙线

5.7.2 人字坡顶

选取主菜单中的“人字坡顶”，命令行弹出：

请选择一封闭的多段线〈退出〉：＊取消＊

选取闭合的多段线之后，命令行弹出：

输入屋脊线的起点〈退出〉：＊取消＊

选取设计指定的屋脊线。考虑要设计成平屋顶，选择 a、b 屋檐线为“屋脊”，如图 5－28 所示。

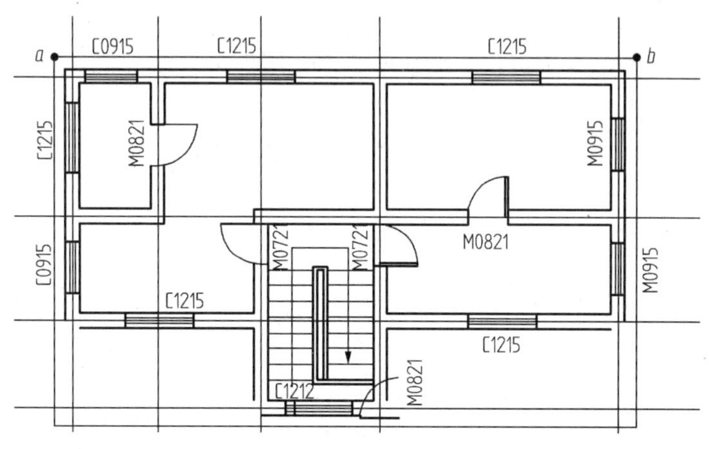

图 5-28 选取屋脊线

以闭合的 PLINE 为屋顶边界生成人字坡屋顶和单坡屋顶。两侧坡面的坡度可具有不同的坡角，可指定屋脊位置与标高，屋脊线可随意指定和调整，因此两侧坡面可具有不同的底标高。除了使用角度设置坡顶的坡角外，还可以通过限定坡顶高度的方式自动计算坡角。此时创建的屋面具有相同的底标高。

若在此制作平屋面，可将“人字坡顶”对话框中的“左坡角、右坡角”设为 0，如图 5－29所示。

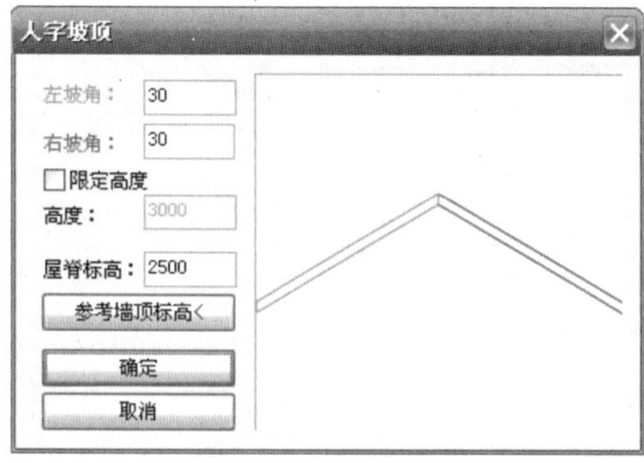

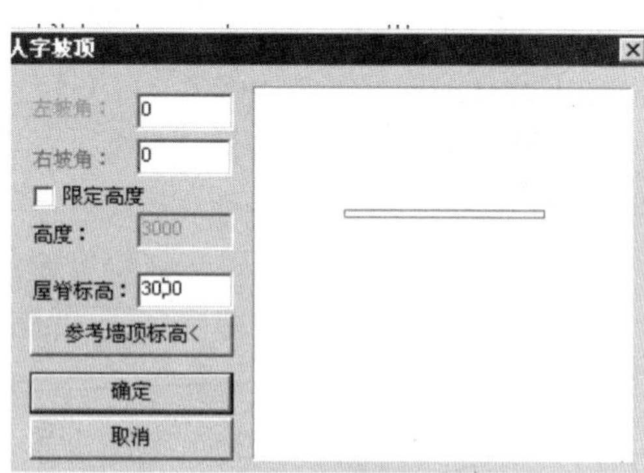

图 5-29 “人字坡顶”对话框

参数输入后单击“确定”，随即创建人字坡屋顶。以下是其中参数的设置规则：

如图5－29所示，如果已知屋顶高度，勾选“限定高度”然后输入高度值，或者输入已知坡角，输入屋脊标高（或者单击“参考墙顶标高〈”进入图形中选取墙），单击“确定”绘制坡顶。屋顶可以带下层墙体在该层创建，此时可以通过“墙齐屋顶”命令改变山墙立面对齐屋顶，也可以独立在屋顶楼层创建，再以三维组合命令合并为整体三维模型。

注意：(1)钩选“限定高度”后可以按设计的屋顶高创建对称的人字坡屋顶。此时如果拖动屋脊线，屋顶依然维持坡顶标高和檐板边界范围，但两坡不再对称，屋顶高度不再有意义。

(2)屋顶对象在特性栏中提供了檐板厚参数，用户可修改。该参数的变化不影响屋脊标高。

(3)坡顶高度是以檐口起算的，屋脊线不居中时坡顶高度没有意义。

“人字坡顶”对话框控件说明如下：

“左坡角”“右坡角”：在各栏中分别输入坡角，无论脊线是否居中，默认左右坡角都是相等的。

“限定高度”：如钩选了“限定高度”复选框，则用高度而非坡角定义屋顶，脊线不居中时左右坡角不等。

“高度”：钩选“限定高度”后，在此输入坡顶高度。

“屋脊标高”：以本图 $Z=0$ 起算的屋脊高度。

“参考墙顶标高”：选取相关墙对象可以沿高度方向移动坡顶，使屋顶与墙顶关联。

图像区域：在其中显示屋顶三维预览图，拖动光标可旋转屋顶，支持滚轮缩放、中键平移。

人字坡屋顶的各边和屋脊都可以通过拖动夹点修改其位置。双击“屋顶对象”进入对话框修改屋面坡度。图5－30为将人字坡屋顶改为平屋顶的效果图。

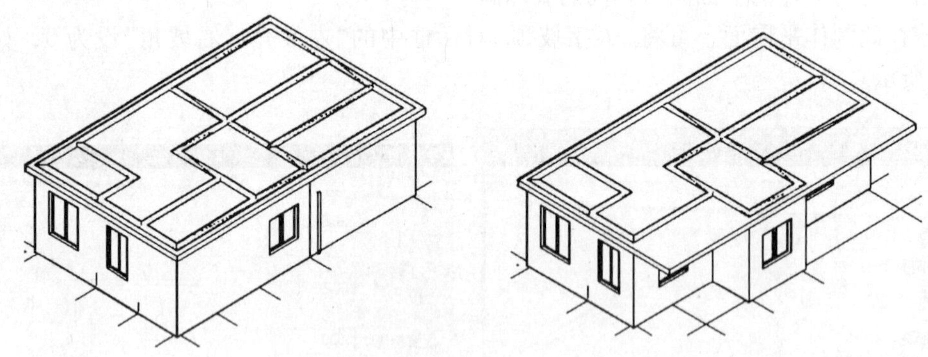

图5-30　将人字坡屋顶改为平屋顶

5.7.3　任意坡顶

本命令由封闭的任意形状 PLINE 线生成指定坡度的坡形屋顶。可采用“对象编辑”命令单独修改每个边坡的坡度，可支持布尔运算，而且可以被其他闭合对象剪裁。

“房间屋顶”→“任意坡顶(RYPD)”。点取菜单命令后，命令行提示：

选择一封闭的多段线〈退出〉：（点取屋顶线。）

请输入坡度角〈30〉：（输入屋顶坡度角。）

出檐长〈600.000〉：（如果屋顶有出檐，输入与搜屋顶线时输入的对应偏移距离，用于确定标高。）

随即生成等坡度的四坡屋顶。可通过夹点和对话框方式进行修改，如图5－31所示。

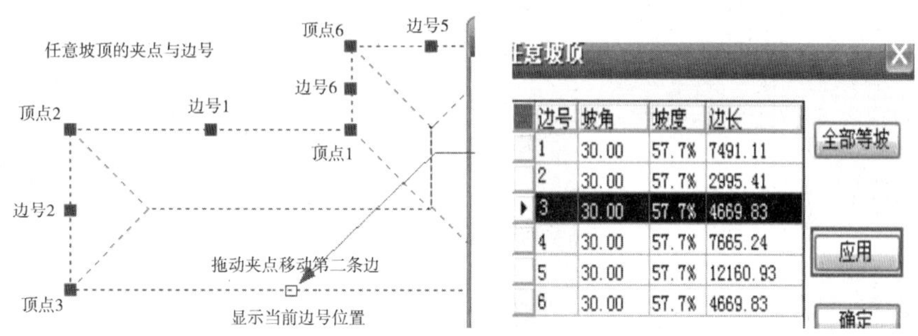

边号	坡角	坡度	边长
1	30.00	57.7%	7491.11
2	30.00	57.7%	2995.41
3	30.00	57.7%	4669.83
4	30.00	57.7%	7665.24
5	30.00	57.7%	12160.93
6	30.00	57.7%	4669.83

图 5-31　夹点修改案例

5.8　立面图的绘制

如图5－32所示，在天正主菜单下的“立　面”二级菜单中，单击“建筑立面”菜单，将提供“单层立面”“建筑立面”和“构件立面”三个选项，可以用平面图生成立面图。三个选项的使用功能各有侧重。

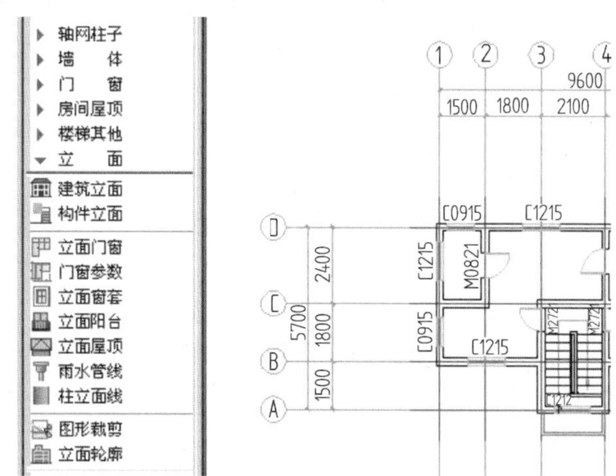

图 5-32　主菜单中的立面图信息

5.8.1　单层立面

此选项可以用单层平面图生成对应的单层立面图。

生成立面图之前，先打开标准层平面图，识别内外墙。

单击“单层立面”按钮，命令行提示：

请输入立面方向或{正立面[F]/背立面[B]/左立面[L]/右立面[R]}〈退出〉：（键入B选择背立面。）

请选择要生成立面的建筑构件：（选择背面一侧的构件。）

请选择要生成立面的建筑构件：（回车结束选择。）

请选择要出现在立面图上的轴线：（选取平面图两侧的轴线。）

请点取放置位置：

在一个空白区域左下角单击，则插入一个按照所给平面图生成的单层背立面图，如图5-33所示。

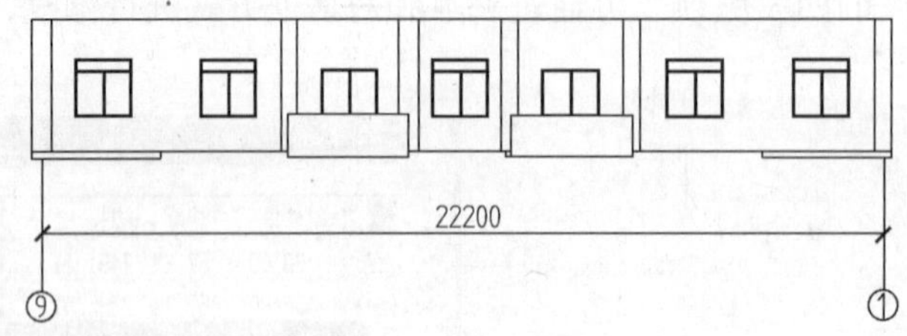

图5-33　生成单层背立面图

如果所设计的建筑物各楼层构造基本相同，就可以用一个标准层为原形，通过AutoCAD的复制或阵列命令，竖向排列成一座多层楼房的立面图，然后再进行局部修改。如果建筑物中的一些楼层与另一些楼层的差别较大，则可以分别制作几个标准层立面图，按照需要组合成整体的建筑多层立面图。

5.8.2　建筑立面

此选项可以按照楼层表的组合数据一次生成多层建筑立面。

生成立面图之前，要先识别各层的内外墙。

首先打开首层平面图，先用"墙体"→"墙体工具"→"识别内外"命令识别建筑内外墙，再单击建筑立面按钮。命令行提示：

请输入立面方向或{正立面[F]/背立面[B]/左立面[L]/右立面[R]}〈退出〉：（输入F。）

请选择要出现在立面图上的轴线：（点取平面图的最左端轴线。）

请选择要出现在立面图上的轴线：

再点取平面图的最右端轴线，回车后弹出"立面生成设置"对话框，在对话框中设置各项参数，如图5-34所示。

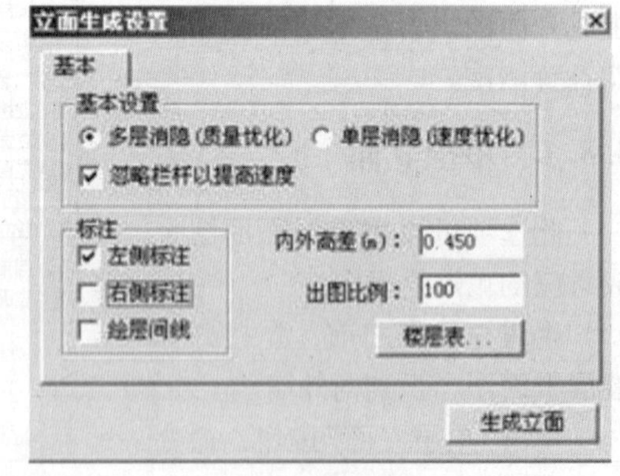

图5-34　"立面生成设置"对话框

在生成立面图之前，要先设置好"楼层表"。单击对话框中的"楼层表"按钮，系统弹出"楼层表"对话框，如果该对话框中没有内容，则需要设置。其中：第一列为各标准层对应的自然层层号，第二列为标准层图形文件名，第三列为标准层层高。表中每一行为一个标准层的楼层信息。

设置好"楼层表"对话框参数，则在"DWG文件名"一栏出现"首层平面图"字样，在

“层高”一栏列出平面图当前的层高值 3000。此层高值与相应平面图的当前层高值是一致的。单击 AutoCAD“工具”→“选项”下拉菜单，显示“选项”对话框，在“天正基本设定”选项卡中可以设置“当前层高”参数。用上述方法生成的立面图有时会存在一些问题，可用 AutoCAD 的命令修改在生成过程中多余或遗漏的图线。立面图的合成如图 5－35所示。

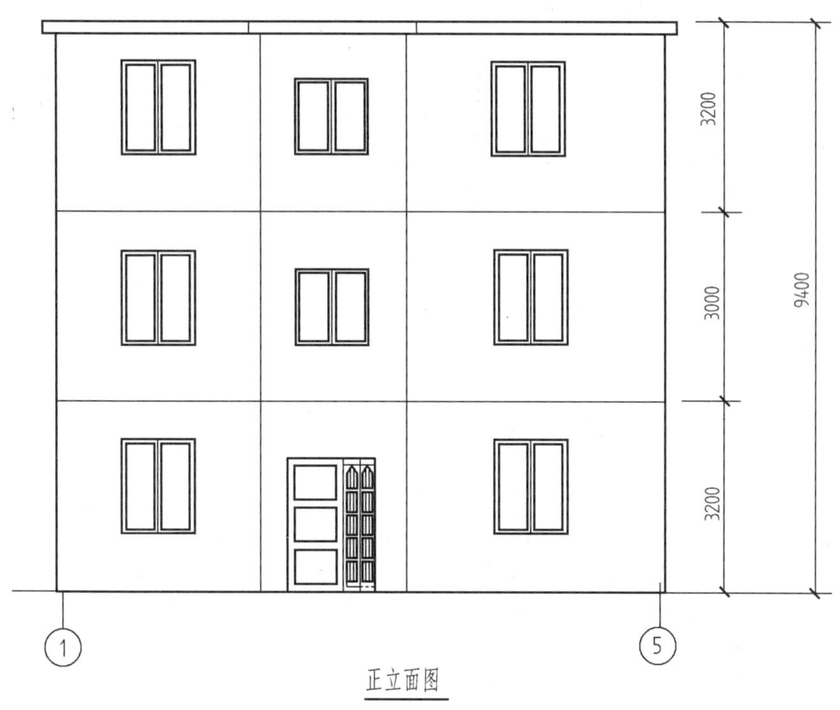

图 5-35　立面图的合成

5.9　剖面图的绘制

剖面图是从某一个位置剖开的，需要先确定一个剖切位置，参见图 5－36 首层平面图上的剖切位置 1—1。点击天正主菜单里的“剖面”→“建筑剖面”选项，在平面图上点击选择刚才画的剖切线(注意如果画了多条剖切线，选择自己需要进行剖切的线即可)，命令行提示选择剖视图要出现的轴线。点击“剖面生成设置”对话框右下角“生成剖面”，然后找到保存剖面图的位置，点击“保存”，这时候就生成了一个剖面图，如图 5－37 所示。生成的剖面图是不能够完全使用的，不少地方有问题，有的线条没有画出来，这一方面可能是剖面线的位置的原因，另一方面可能是软件的原因，需要用 AutoCAD 进行修改添加。已完成的 1—1 剖面图及其效果图如图 5－37 所示。

因天正软件在输入平面图信息时，已经将建筑物的 3D 信息一并搜集，天正的二维图里包含着三维坐标尺寸，所以用天正形成 3D 效果图也就顺理成章了。

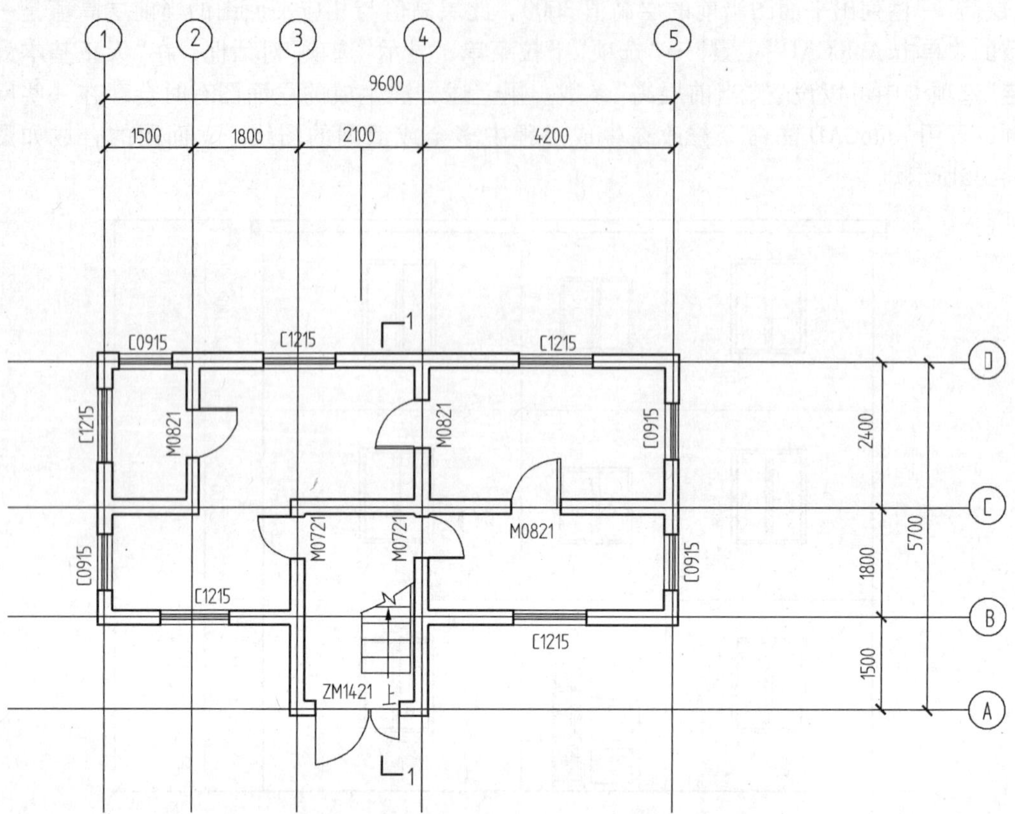

图 5-36　首层平面图上标注的剖切位置

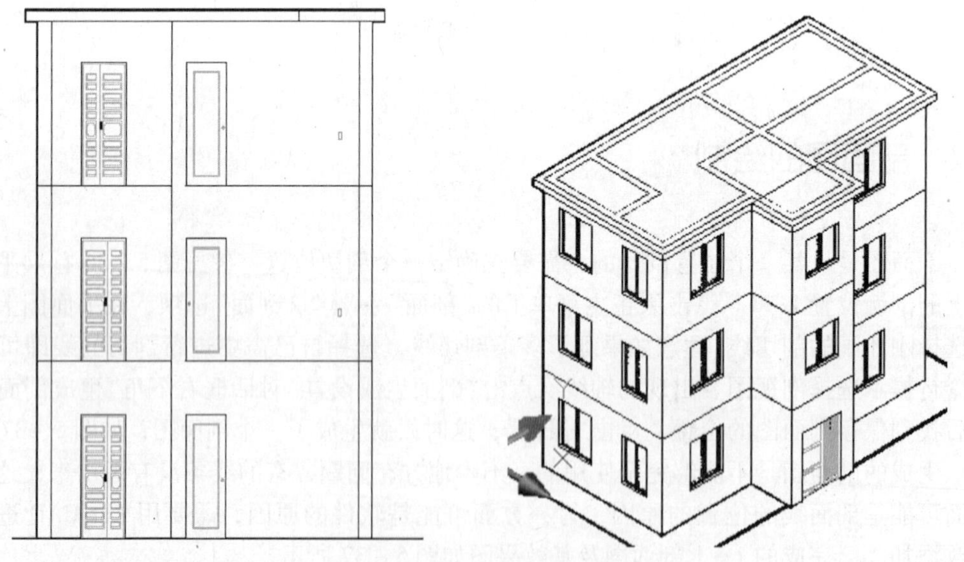

图 5-37　剖面图

第三篇 AutoCAD 实操

6 建筑施工图

简单的建筑施工图如图 6－1 所示。

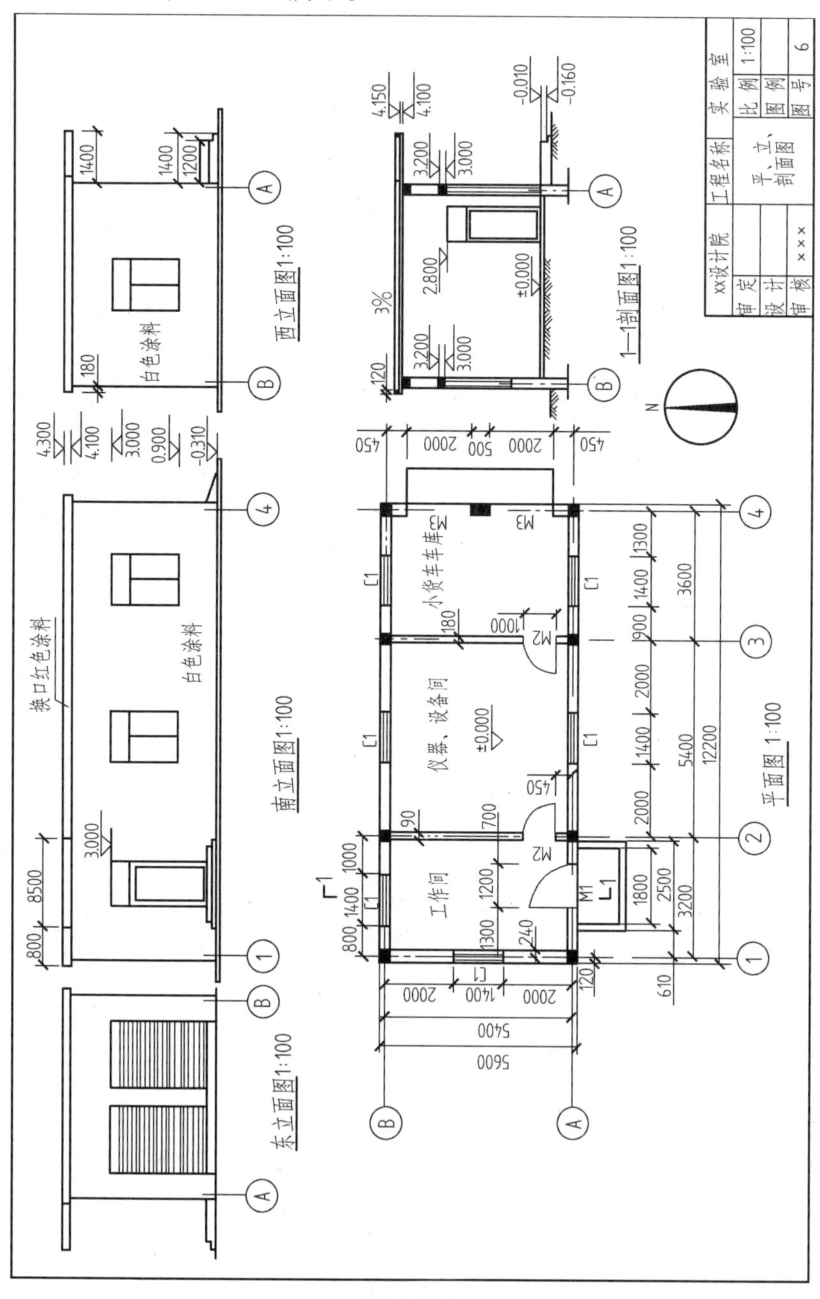

图 6-1　简单的建筑施工图举例

6.1 建筑施工图概述

建筑物是能为人们生产、生活及其他活动提供空间的建筑，一般称为房屋建筑；而人们不能直接在其内部进行某种活动的设施，一般称为构筑物，如烟囱、围墙、堤坝等。

1. 建筑的类型

房屋建筑是人类生产、生活的重要场所。建筑物按使用性质可分为民用建筑，如住宅(图6－2)、宿舍、学校、医院、商场、车站、影剧院等；工业建筑，如生产厂房(图6－3)、贮藏室(仓库)、动力站(锅炉房，图6－4)；农业建筑，如温室(图6－5)、粮仓、拖拉机站等。

图6-2 住宅

图6-3 厂房

图6-4 锅炉房及构筑物烟囱

图6-5 温室

2. 房屋建筑的组成及作用

各种房屋建筑无论其功能如何，一般都是由基础、墙、柱、楼面、屋面(屋顶)、楼梯、门窗和其他构件(如阳台、雨篷、台阶)等组成。它们处于建筑的不同部位，各自发挥不同的功能和作用，如图6－6所示。

基础：建筑物最下部的承重构件，承受建筑物的全部荷载。

柱：主要承受其上方结构的荷载。

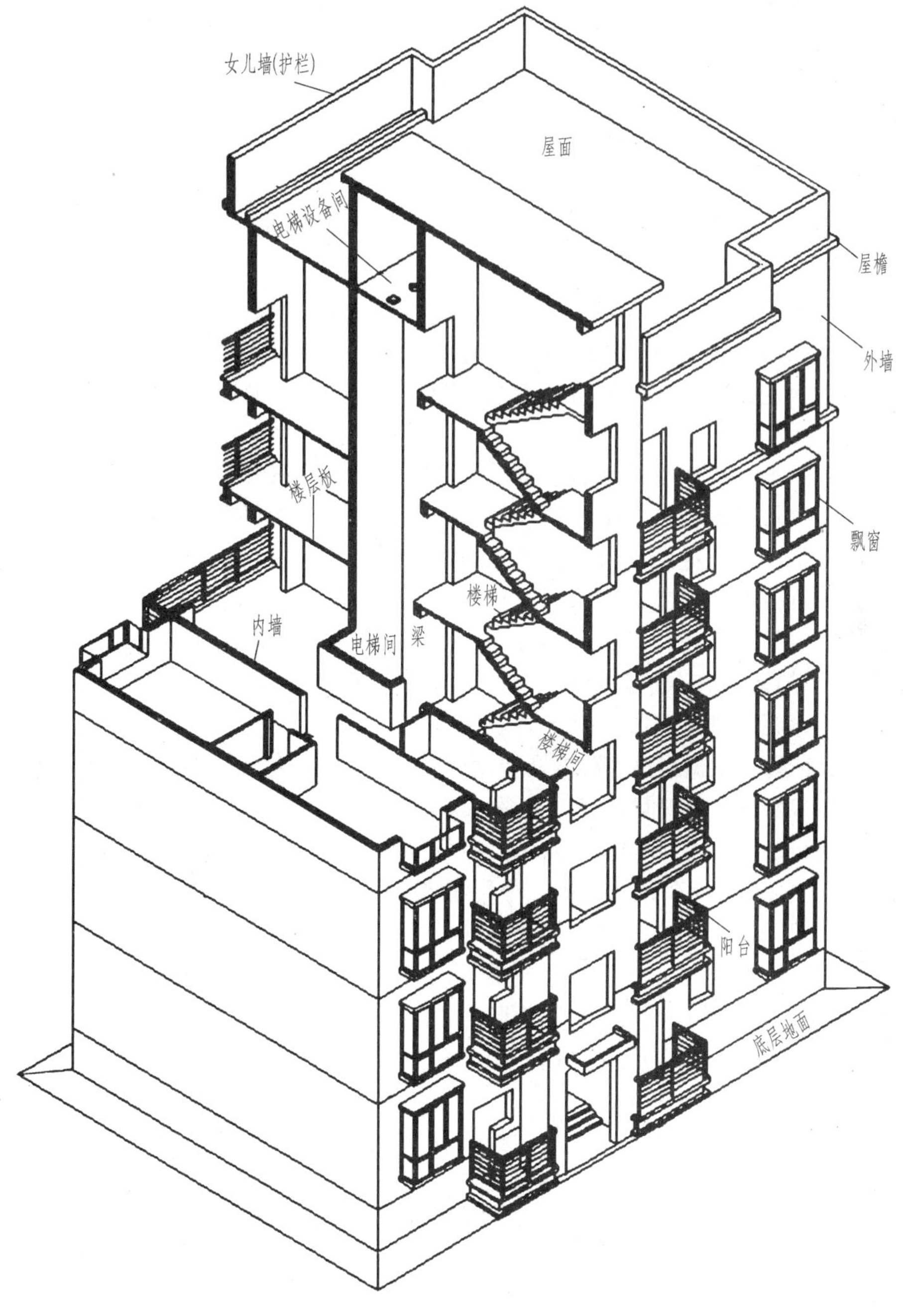

图 6-6　房屋的组成

墙：对框架结构的建筑物而言，墙主要起围护作用。外墙能抵御自然界各种风沙雨雪对室内的侵袭，内墙则可分隔空间、组织房间、隔音阻光。承重墙除起这些作用外，它还必须承受其上方结构的荷载。

梁：对于钢筋混凝土构筑的梁而言，混凝土主要承受压力，钢筋承受拉力。

楼层板：用来分隔楼层空间，并承受人、家具、设备等的荷载。

底层地面：底层房间与土壤的隔离构件，除承受作用在其上的荷载外，应具有防潮、防水、保温等功能。

楼梯：楼房建筑的垂直交通设施。

屋面：房屋顶部的围护构件和承重构件，它应具有坚固耐用、防水、保温、隔热等功效。

门窗：通行、通风、采光、观瞻、分隔、围护及内外联系功能。它们均属非承重构件。

3. 房屋建筑施工图的产生过程

房屋的建筑施工是复杂的生产过程，必须先设计再施工。整个设计过程必须按国家标准中的专业规定进行，在全面调查研究、全盘考虑的基础上，认真细致地绘制每一张图纸。

建筑设计一般分为初步设计、技术设计、施工图设计三个阶段。

初步设计阶段：设计人员根据建设部门提出的具体任务和要求，首先应进行实地考察，了解该建设项目所处的地形、气象等条件，收集必要的设计资料，提出初步设计方案，绘制出平面图、立面图、剖面图及总平面图。初步设计阶段的图纸表达手段比较灵活，比如可以在平面图上用单线线条表示墙、立面图上加绘阴影渲染，制作三维效果图。初步设计阶段还应完成工程概算书、技术经济分析等文件。初步设计方案须经有关部门审查、批准后方能进入技术设计阶段。

技术设计阶段：根据报批获准的初步设计方案，在项目负责人的主持下，对工程进行专业之间的技术协调，发现问题妥善处理。这阶段的设计方案图称为技术设计图。显然，技术设计是初步设计进入具体化阶段，为绘制建筑施工图做准备。较大的建筑项目技术设计方案仍须有关部门审批，而多数中、小型建筑工程则往往放在初步设计阶段完成。

施工图设计阶段：主要依据报批获准的技术设计方案，要求建筑结构、设备等专业完成各自详尽的设计图样，将施工中所需要的具体要求都全部明确地反映到施工图中。施工图纸不仅是建筑施工的依据，也是监理、监督和工程成本核算的重要依据。房屋建筑施工图必须报有关部门审批并存档。

4. 房屋建筑施工图的内容

房屋建筑施工图必须遵守各专业的相关设计标准，具体绘制必须遵守国家标准《房屋建筑制图统一标准》。

每套完整的房屋建筑施工图，均应包括图纸目录、设计总说明、建筑施工图、结构施工图、设备施工图等。

图纸目录：图纸目录又称标题页，编制图纸目录的目的是为了便于查找图纸。

设计总说明：建筑施工图主要的文字部分。其目的是说明在建筑施工图上未能详细表达或不易用图形表示的具体内容，如建筑面积、造价、设计依据、用料选择、数量统计、照明标准等。设计总说明一般放在一套施工图的首页，所以又叫建筑首页。设计总说明有时包括结构和设备施工图中的专业说明，有时分别说明。

建筑施工图(简称建施)：主要表达建筑物的内外总体布局、形状、构造，内外装饰标准、施工要求标准等。其相应的图纸包括总平面图、平面图、立面图、剖面图、详图、门窗表等。

结构施工图(简称结施)：主要表示房屋承重结构的布置情况、形状、大小、所用材料、构造做法等。其相应的图纸包括基础图、结构布置平面图、各构件的结构详图(如柱、梁、板、楼梯、雨篷)等。

设备施工图(简称设施)：包括给排水设备施工图，冷暖、通风设备施工图，电气照明及部分弱电项目施工图，各种管线布置及接线原理图、系统图等。

装修施工图：对有较高装修标准的建筑物单独绘制，一般不包括在建筑施工图范畴。

5. 建筑施工图的特点

施工图对建设项目而言负有质量、效果、技术等法律责任，因此施工图设计必须严肃认真，一丝不苟。

施工图设计必须尊重既定的基本构思，如有较重大的改动，应考虑调整初步设计方案，或重新进行方案设计。

现代建筑涉及许多领域，除传统内容外，还要考虑绿色环保、建筑节能等环节，各工种、各专业之间必须反复磋商协调才能形成一套比较可靠、经济、精确和施工方便的施工图。

6. 建筑施工图图示特点

(1)施工图中各图样，主要依据正投影原理绘制，并在 H 面上绘制平面图，在 V 面上绘制立面图，在 W 面上绘制剖面图或侧立面图。以上平面图、立面图、剖面图作为施工图中的核心图样，常被简称为“平、立、剖”。在图幅大小合适的情况下，它们应画在同一张图纸上，并尽量保持“长对正、高平齐、宽相等”的三等关系。

(2)因房屋形体庞大，施工图常采用缩小比例绘制，如1∶100、1∶200等。对于房屋的某些构件、配件、施工要求较复杂的结构和部位则需要绘制详图，详图的绘制比例一般用1∶50、1∶20、1∶1等。施工图比例的选择应参考国家标准中的比例系列。

(3)正确选择施工图线型和线宽，分清建筑物主次轮廓关系，使图面结构分明、整洁清晰。

(4)施工图常采用国家标准中的规定画法和图例，目的是简化绘图又便于读图。如总平面图例(GB/T 50103—2001)、建筑构件及配件图例(GB/T 50104—2001)等。

(5)在施工图中，许多构配件的设计已经定型，并有标准设计图(通用图集)供参考。从层次上，图集分为国家标准图集、地方标准图集；从种类上，图集分为整幢建筑的标准图集及当前大量使用的建筑构配件标准图集。绘制施工图时，在采用国家标准定型设计之处，标出标准图集的编号、图号即可。

7. 阅读建筑施工图

阅读建筑施工图的前提条件是，必须掌握正投影原理及方法，并能熟练应用剖面、断面技巧绘制和阅读组合体视图，有较好的三维空间想像力，有一定的实践经验。

总之，要读懂施工图，应具备以下知识与能力：

(1)掌握基本的投影原理和形体的表示法。

(2)熟悉施工图中的常用图例、符号、线型、尺寸、比例等的重要意义。

(3)对初学者来讲，应学会利用身边的建筑物仔细观察并感悟其中的奥妙，了解其构造组成，为以后学习专业知识打好基础。

(4)熟悉相关国家标准内容。阅读施工图时，应首先根据图样目录把全部图样大致通读一遍，以便了解工程项目的建设地点、周边环境、建筑特点、建筑规模与形状等主要内容，然后再深入仔细阅读。阅读过程应按先文字说明后图样、先整体后局部、先图形后尺寸等读图顺序进行。

6.2 建筑施工图常用符号

6.2.1 定位轴线

在施工图中，凡承重墙、柱子、大梁或屋架等主要承重构件，都应画出轴线来确定它们的位置。建筑物的定位轴线是施工放线的重要依据，如图 6 - 7 所示。其画法及编号规则是：

(1)定位轴线采用细点画线表示。

(2)定位轴线需要编号。在水平方向也就是从左向右的编号采用阿拉伯数字，由左向右依次注写，并称为横向定位轴线。在垂直方向(也就是从下向上竖直方向)的编号采用大写拉丁字母从下向上顺序注写，并称为纵向定位轴线。轴线编号一般标注在图的下方及左侧，如图 6 - 7 所示。

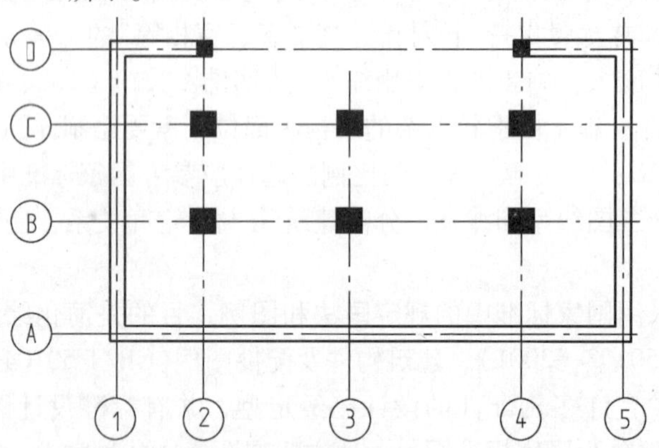

图 6-7　定位轴线的编号顺序

(3)拉丁字母 I、O 及 Z 三个字母不得用为轴线编号，以避免与 1、0、2 相混。

(4)轴线编号的圆圈直径为 8 mm，用细实线画出，如图 6 - 8a 所示。

(5)在两个轴线之间，如有附加轴线时，编号可用分数表示，分母表示前一轴线的编

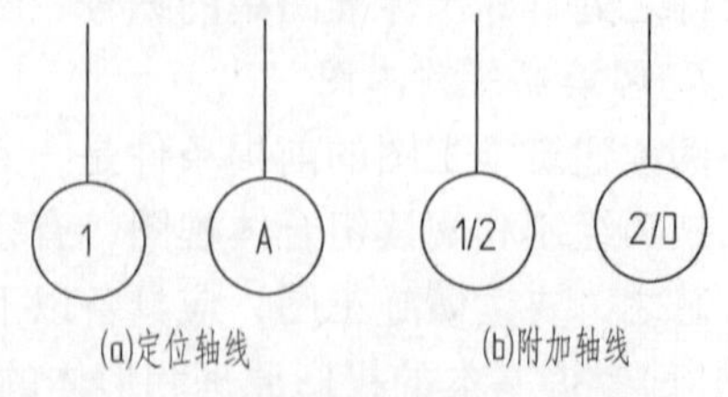

图 6-8　轴线

号，分子表示附加轴线的编号，用阿拉伯数字顺序编写。如图 6－8b 所示，其中左图表示编号 2 轴线后面有一条附加轴线，右图表示在 D 轴线后附加了第 2 条轴线。

6.2.2 标高

在建筑工程中标注建筑物高度的尺寸数字称作标高。建筑工程制图标准规定了它的标注方法。

在建筑工程上使用的标高有绝对标高和相对标高两种。

绝对标高：我国把青岛附近黄海海平面某处的验潮湖定为绝对标高的零点，其他各地标高以此作为基准。

相对标高：为了简便，在房屋建筑设计与施工图中一般都采用假定的标高，并且把房屋的首层室内地面的标高定为该工程相对标高的零点。在建筑施工图上主要标注相对标高。在总平面图上，相对标高零点对应的绝对标高值如“±0.000＝40.500”，即房屋在室内首层地面的绝对标高是 40.500 m。本教材相对标高基准为架空层楼梯间地面。

标高符号如图 6－9a 所示，三角形的两斜边与水平线成 45°，三角形的高为 3 mm，其水平线长度一般由注写标高数字所占的长度确定。总平面图上的标高符号用涂黑三角形表示，一般为绝对标高，如图 6－9b 所示。

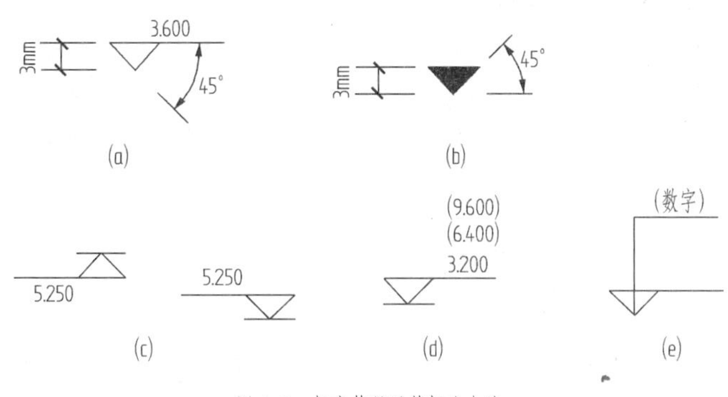

图 6-9　标高符号及其标注方法

标高注写方法：

（1）标高数字以米（m）为单位，一般数值标注至小数点后第三位。在总平面图中，可注写到小数点后第二位。

（2）零点的标高注为 ±0.000，正数标高数字前一律不加正号，如 3.000、0.500。负数标高数字前必须加注负号，如 －1.500、－0.300。

标高符号的尖端可以向上或向下，注写数字的位置如图 6－9c 所示。

在一个工程图中，如同时表示几个不同的标高时可重叠标注，其标注方法如图 6－9d 所示。

特殊情况时的标高标注方式如图 6－9e 所示。

6.2.3 索引符号与详图符号

在施工图上使用索引符号及详图符号，以便于看图时查找相关的图纸，如图样中的某一局部或构件，需另见详图时应以索引符号来反映图纸间的关系。索引符号的圆圈及直线均以细实线绘制，圆圈的直径为 10 mm，索引符号应按规定编写，如图 6 - 10 所示。

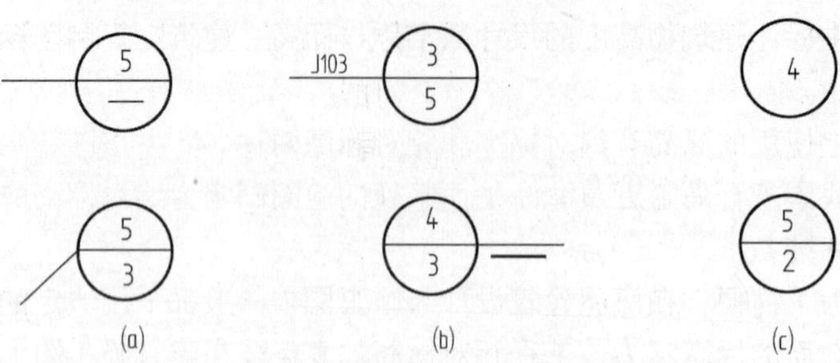

图 6-10　索引符号与详图符号

索引符号中，写在上半圆的数字为详图编号；写在下半圆中的数字为该详图所在图纸编号，若下半圆中是细实线短线，则表示该详图在本张图纸上，如图 6 - 10a 上图所示。在图 6 - 10b 中，上图索引符号 J103 为标准图册代号；下图索引符号用于局部剖面详图索引，并画有用粗实线表示的剖切位置符号。

详图符号的圆用粗实线绘制，其直径为 14 mm。当详图与被索引的图样在一张图纸内时，应在详图符号内注明详图编号，如图 6 - 10c 上图所示；当详图与被索引的图样不在一张图纸内时，应在上半圆注明详图编号，下半圆注明被索引图纸编号，如图 6 - 10c下图所示。

6.2.4　指北针与风向频率玫瑰图

指北针用细实线绘制，其外圆直径为 24 mm，指针尾部宽 3 mm，针尖方向为北，并在针尖上方写上“北”，涉外项目标注“N”，如图 6 - 11a 所示。

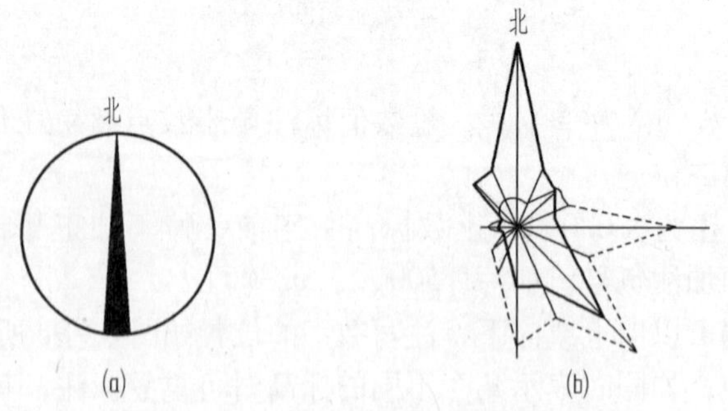

图 6-11　指北针与风向频率玫瑰图

风向频率玫瑰图简称风玫瑰图，是根据当地全年风向资料绘制的，在其十六个罗盘方位上用粗实线围成的折线图形表示全年的风向频率，距离罗盘中心最远的折线交点表示一年中刮风天数最多的风向，称当地常年主导风向。图 6 - 11b 中的最北点，说明该风玫瑰图所代表的当地常年主导风向是北风。图中用虚线围成的折线图形，表示当地夏季六、七、八月的风向频率。

6.2.5 多层构造引出线的标注

多层构造的共用引出线应通过被引出的各层，用相关文字说明注写在水平引出线的上方或端部，说明的顺序由上至下必须与被说明的层次由上至下一致，如图6-12a所示；被说明的结构层次如果是由左至右的，注写顺序仍然是由上至下，如图6-12b所示。

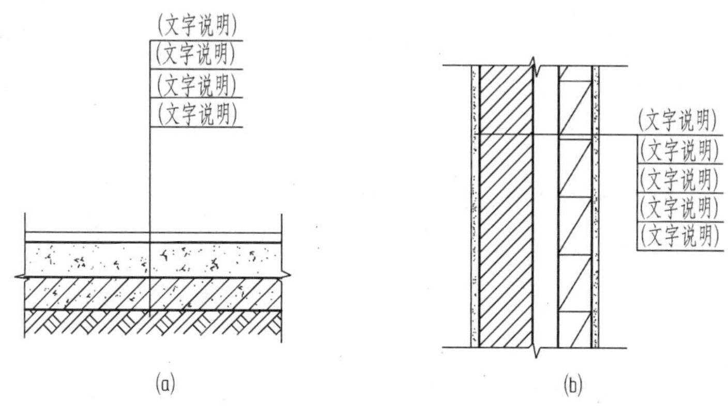

图6-12 多层构造引出线的标注

6.3 总平面图

首先了解一些常见的总平面图图例，见表6-1。

表6-1 总平面图图例

名称	图例	说明
新建建筑物		(1)轮廓为粗实线 (2)涂黑三角形表示出入口 (3)右上角点数或数字表示层数
原有构筑物		用细实线绘制
计划扩建的预留地或建筑物		用中虚线绘制

续表 6-1

名称	图例	说明
需拆除的建筑物		用细实线绘制
铺砌场地		外轮廓中实线，内细实线
敞棚或敞廊		用细实线绘制
围墙及大门		围墙和大门 上图为实体形式，下图为通透形式
挡土墙		被挡的土在粗虚线一侧
填挖边坡		(1) 此符号在边坡较长时，可在一端或两端 (2) 符号下边的线为虚线时为填方
护坡		
室内标高	15.100	底层建筑的绝对标高
室外标高	14.300	室外标高，也可以采用等高线表示
道路		用细实线

续表 6-1

名称	图 例	说 明
计划扩建的道路		用中虚线
拆除的道路		
人行道		
台阶		箭头向上
测量坐标	X=15342.951 y=124778.710	X为南北方向 Y为东西方向
施工坐标	A=15337.483 B=24778.710	A为南北方向 B为东西方向
桥梁		上图为公路桥 下图为铁路桥
雨水口		

续表 6-1

名称	图 例	说 明
冷却塔（池）		中实线、应注明塔（池）
水池、坑槽		在原有轮廓上加细实线
花卉		
针叶乔木		
阔叶乔木		
针叶灌木		
修剪的树篱		

6.3.1 建筑总平面图的形成

建筑总平面图（简称总平面图）是表示新建房屋及其周围总体情况的图纸。它是用正投影法及相关图例并结合地形图而画出，把已有建筑物、新建的建筑物、将来拟建的建筑物以及道路、绿化等按与地形图同样比例画出来的平面图，如图 6－13 所示。

图 6-13　总平面图

总平面图常用的比例是 1∶500、1∶1000 及 1∶2000。

总平面图是新建房屋施工定位、土方施工以及其他专业工程如给水、排水、供暖、电气及煤气等管线总平面图和施工总平面图设计布置的依据。

6.3.2　总平面图的内容

总平面图包含以下内容：

(1)新建建筑物的名称、层数、室内外地面的标高。建筑物只画出平面外形轮廓线。此外，还要画出新建道路、绿化、场地排水方向和管线的布置。

(2)原有建筑物的层数、名称以及与新建房屋的关系。此外，还要表示出原有道路、绿化和管线的情况。

(3)将来拟建的房屋建筑物、道路及绿化等。

(4)规划红线的位置。地形图上坐标方格网的方向及坐标值，建筑物、道路与规划红线的关系及其坐标，地下管线的位置等。

(5)地形(坡、坎、坑、塘)、地物(树木、线杆、井、坟)等。

(6)指北针、风向玫瑰图等，如图6-13所示。

6.3.3 建筑总平面图的阅读

(1)熟悉总平面图所应用的各种图例，见表6-1。阅读图纸说明，了解本案例(2栋新住宅楼，见图6-13)主要经济技术指标：

用地面积：823.70 m^2

建筑基底面积：320.0 m^2

总建筑面积：2532 m^2

其中计容面积：2718 m^2

地下设备面积：105 m^2(不计容面积)

架空层停车场：270 m^2(不计容面积)

容积率：3.74

覆盖率：38.8%

(2)了解新建房屋的位置关系及其外围尺寸。

(3)了解新建房屋所在地段的地形及地物，以便拆迁及平整场地。

(4)根据图上的指北针及风向玫瑰图，了解各建筑物的朝向，了解当地的主导风向与建筑的布置情况。

(5)了解道路、绿化与建筑物的关系，地下管线埋设布置情况以及地面排水的方向及坡度大小等。

(6)了解新建筑物与原建筑物的关系以及施工时对居民安全的影响，以及水、电的引入是否方便等。

(7)了解规划红线。在城市建设的规划上划分建筑腹地和道路腹地的界线，一般都以红色线条表示，故称规划红线，如图6-13中“用地红线”。它是建造沿街房屋和地下管线时，决定位置的标准线，不能超越。

(8)了解坐标系统。在大规模房屋建筑群的总平面图上，除采用测量坐标系统之外，还可根据建筑用地及房屋建筑物的朝向采用临时的建筑坐标系统。由于两种坐标系统不同，其标注方法也不一样。测量坐标的纵横轴用 x 与 y 表示，如图6-13中的坐标。建筑坐标的纵、横轴用 A 与 B 表示。

总之，看建筑总平面施工图时要掌握三个关键：第一是掌握高程，即原有地面标高及设计标高的高程差。第二是掌握位置关系，即新建房屋与原有建筑、道路等相对位置的关系。第三是要掌握需要处理的问题，如枯井、人防通道以及对已有的地下管线的处理等。

图6-13是广州萝岗黄陂某小区扩建工程的建筑总平面图。根据上述的阅读步骤可

以看到共有两幢新建房屋，它们是两幢相邻的6层和7层住宅楼。房屋层数若在六层以下，其层数用小圆黑点数表示，在图的东南角还有一幢拟建的7层综合楼。新建6层、7层房屋的首层室内地面标高 ±0.000 分别等于绝对标高 15.1 m 和 14.5 m。新建筑与原有建筑及道路的距离在总平面图上都已清楚标出。为了表明新建筑(住宅楼)的位置，在西侧住宅楼西北楼角标注了纵横测量坐标，即 $x = 37005.6807$，$y = 54067.3408$。各新建楼房基本是南北朝向。图中的地形并不复杂，几条等高线说明新建筑所在地的高程为 14～15 m。在总图中还看到几条规则的道路及道路中线。通过阅读图6-13，对各新建房屋的所在位置及其周围情况就有了较清楚的了解。

6.3.4 建筑总平面施工图的绘制

(1)在已有的地形图上，如有规划红线，则应先把规划红线画出来。

(2)根据新建的房屋、道路与原有建筑物和道路的关系或坐标值决定新建房屋、道路等的位置。应按同样的比例画在图纸上，同时把将来要建造的建筑物腹地规划出来。

(3)标注必要的尺寸(以 m 为单位)和标高，并注写文字说明。

6.4 建筑平面图

6.4.1 平面图中常用的构件和配件图例

国家标准和“图例”大量融入工程图设计当中，它们都是工程设计的科学规范与简化，为绘图及读图带来方便。

1. 门窗代号

国家标准规定建筑构配件代号一律用汉语拼音的第一个字母，并用大写表示。如门的代号用“M”表示。考虑到门的材质或功能表述，其代号表示有：MM(木门)、GM(钢门)、SGM(塑钢门)、LM(铝合金门)、JM(卷帘门)、FM(防火门)等。窗的代号用“C”表示，材质方面的表示与门类同，比如MC(木窗)、GC(钢窗)、LC(铝合金窗)、MBC(木百叶窗)、SGC(塑钢窗)等。在平面图上门窗经常按其不同种类进行编号，如M1、M2；C1、C2等。

2. 门窗图例

图6-14为一些常用的门窗图例。门窗洞用粗实线绘制。在平面图上，门扇用中实线绘制45°或90°斜线，门开启的圆弧轨迹用细实线绘制。

门窗平面图中的门洞、窗洞两侧的墙用粗实线绘制，其窗台用中实线绘制，窗扇用细实线绘制。

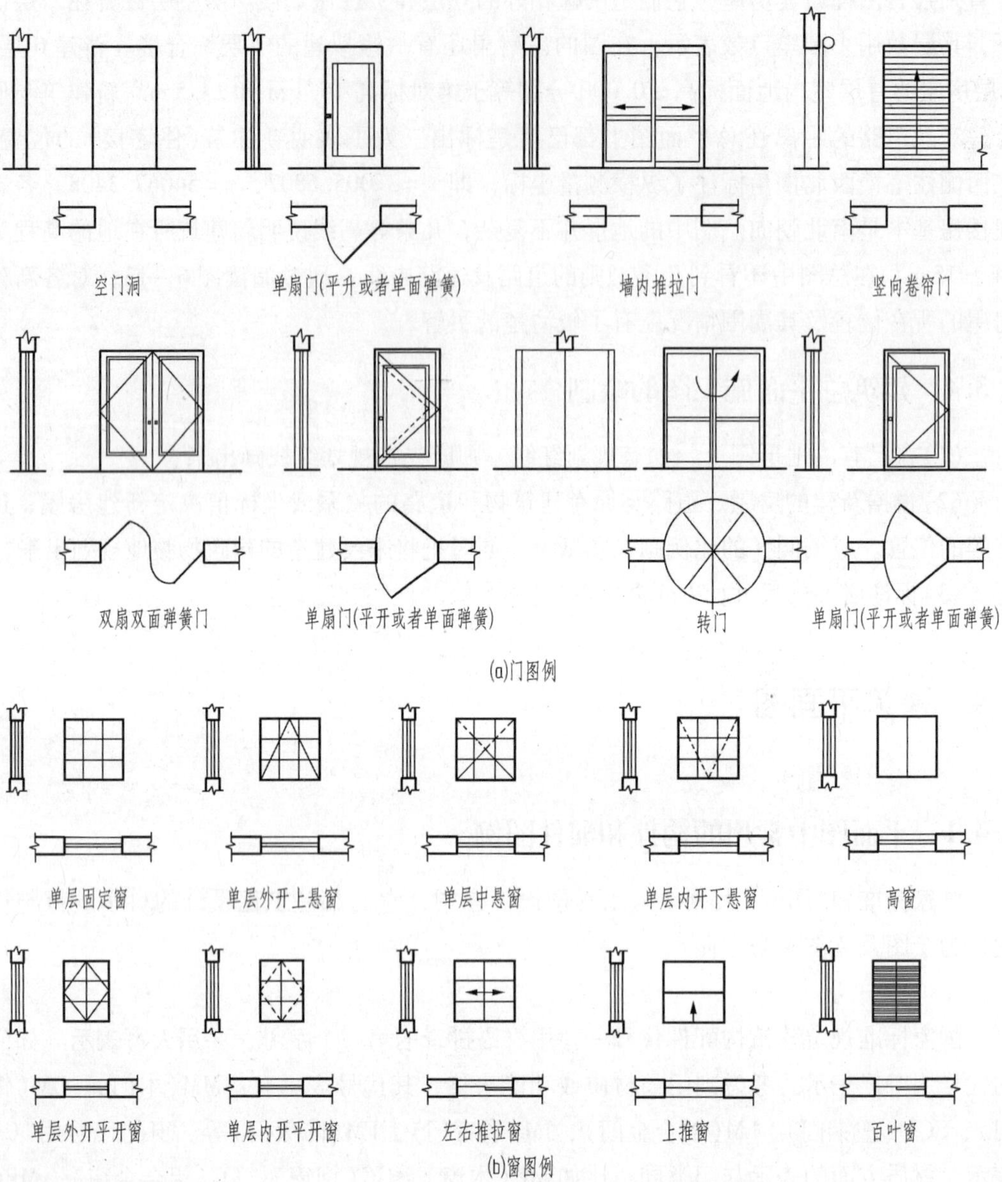

空门洞　单扇门(平开或者单面弹簧)　墙内推拉门　竖向卷帘门

双扇双面弹簧门　单扇门(平开或者单面弹簧)　转门　单扇门(平开或者单面弹簧)

(a)门图例

单层固定窗　单层外开上悬窗　单层中悬窗　单层内开下悬窗　高窗

单层外开平开窗　单层内开平开窗　左右推拉窗　上推窗　百叶窗

(b)窗图例

图 6-14　常用门窗图例

3. 平面图中其他常用图例

在建筑平面图中，常出现的构造和配件图例如图 6 - 15 所示。这些图例很容易从 CAD 选项板中调出插入设计图中。

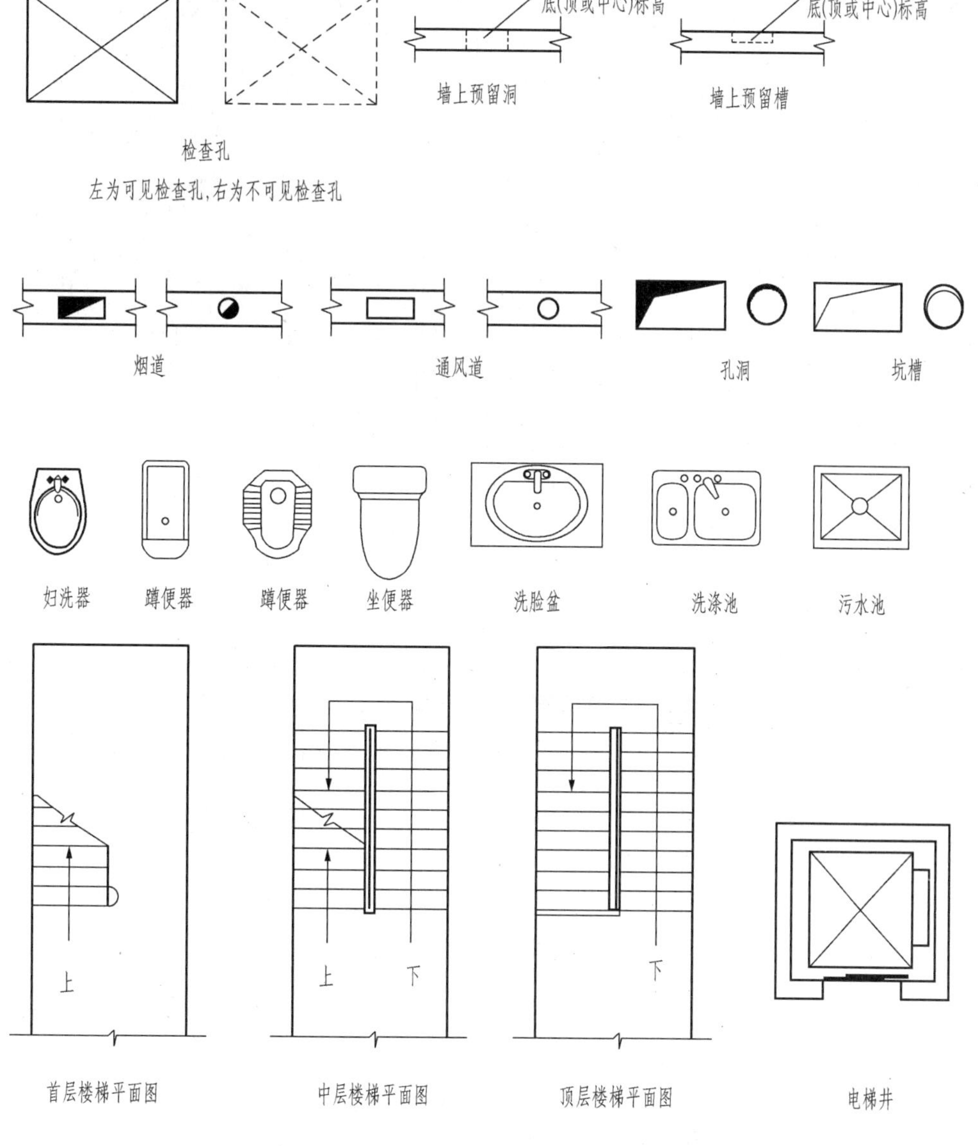

图 6-15　平面图中部分常用图例

6.4.2　平面图的形成

建筑平面图(简称平面图)的形成是假想在房屋的门窗之上部作水平剖切后，移去上面部分作剩余部分的正投影而得到的水平剖面图，如图 6－16a、图 6－16b 所示。在平面图上，把看到的部分用中实线或细实线表示，把剖切到的部分用粗实线表示，如图 6－16c 所示。

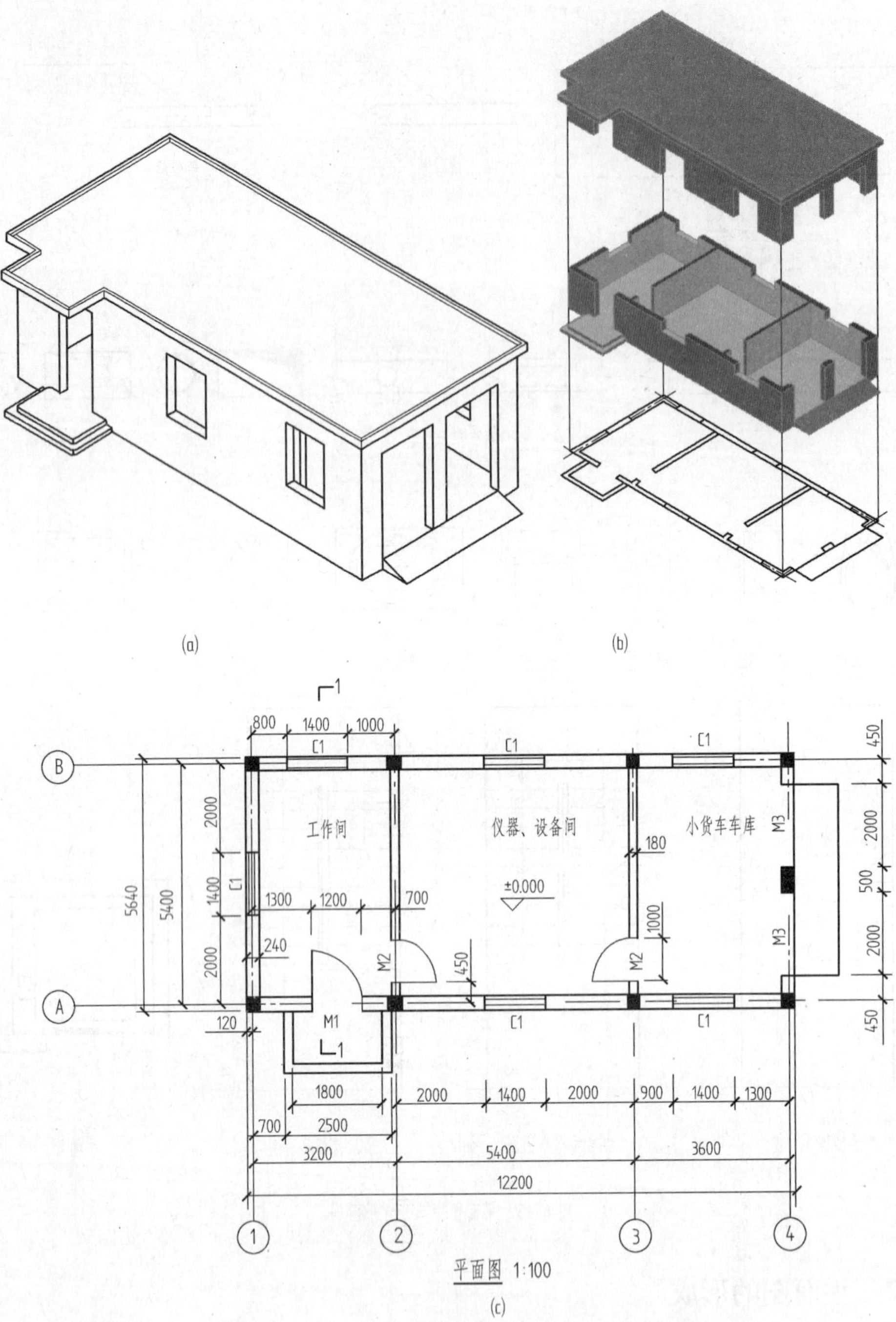

图 6-16　平面图的形成模型及平面图

建筑平面图是表达房屋建筑物的重要图样之一。对于多层或高层建筑，有些中间层除标高不同外，其他结构设计完全相同，称作标准层。所以，为它们所画的平面图只用一个表示即可。

建筑施工图常包括下列各种平面图，如平面图（对平房而言）、首层平面图、标准层平面图、顶层平面图（如果最高层是 n 层，一般标注为“n 层平面图”）、屋顶平面图等。

平面图常用的比例是 1 : 100、1 : 50 及 1 : 200。

本章有关建筑和结构施工图的内容主要围绕某多层住宅展开，该住宅除设有楼梯外，还设有轿厢式电梯作为垂直交通工具。

6.4.3 平面图的内容

平面图表示出建筑物的占地面积和各种功能的房间名称、尺寸、大小、承重件（墙）和柱的定位轴线、墙的厚度、门窗宽度、标高等，如图 6－17、图 6－18 所示。其中图6－17 为住宅的首层平面图，从中可看出该住宅总长 14.700 m，总宽 10.900 m。施工图中，除标高以 m 为单位以外，其他尺寸均以 mm 为单位，并且不注写单位名称。

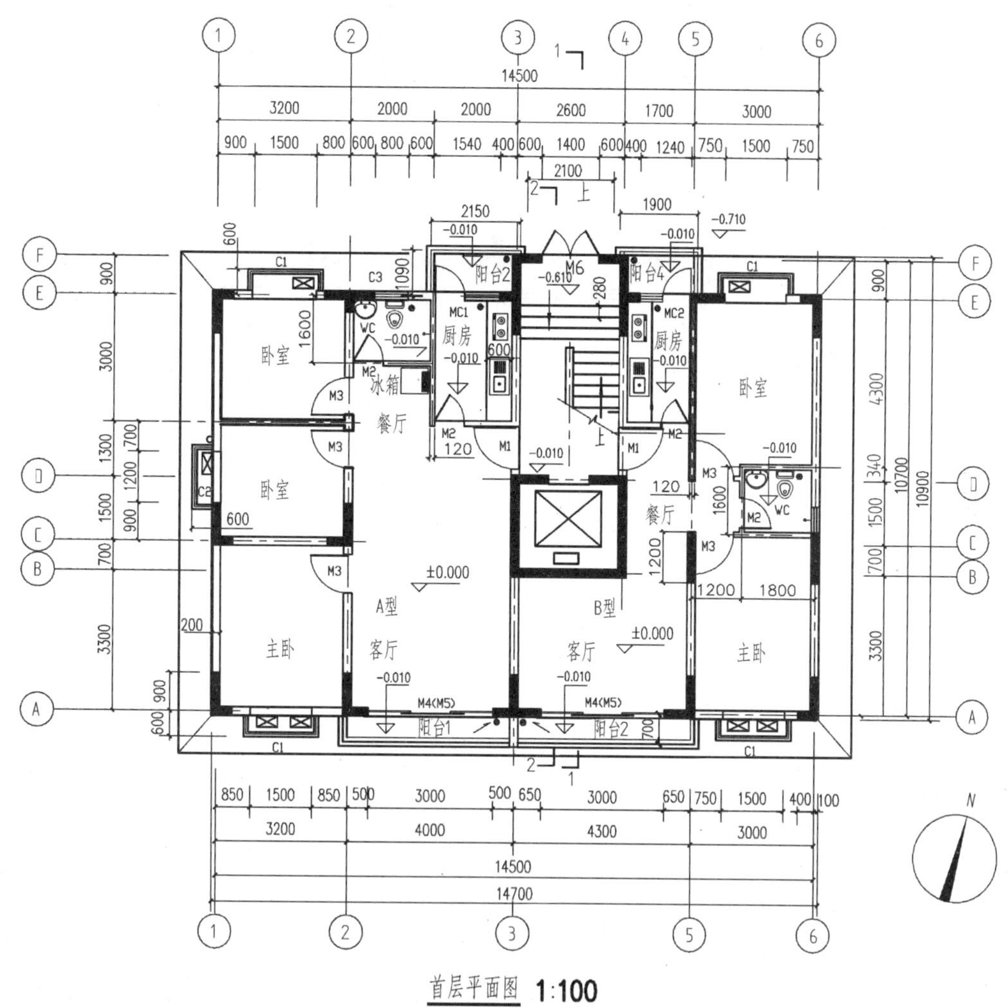

图 6-17 首层平面图

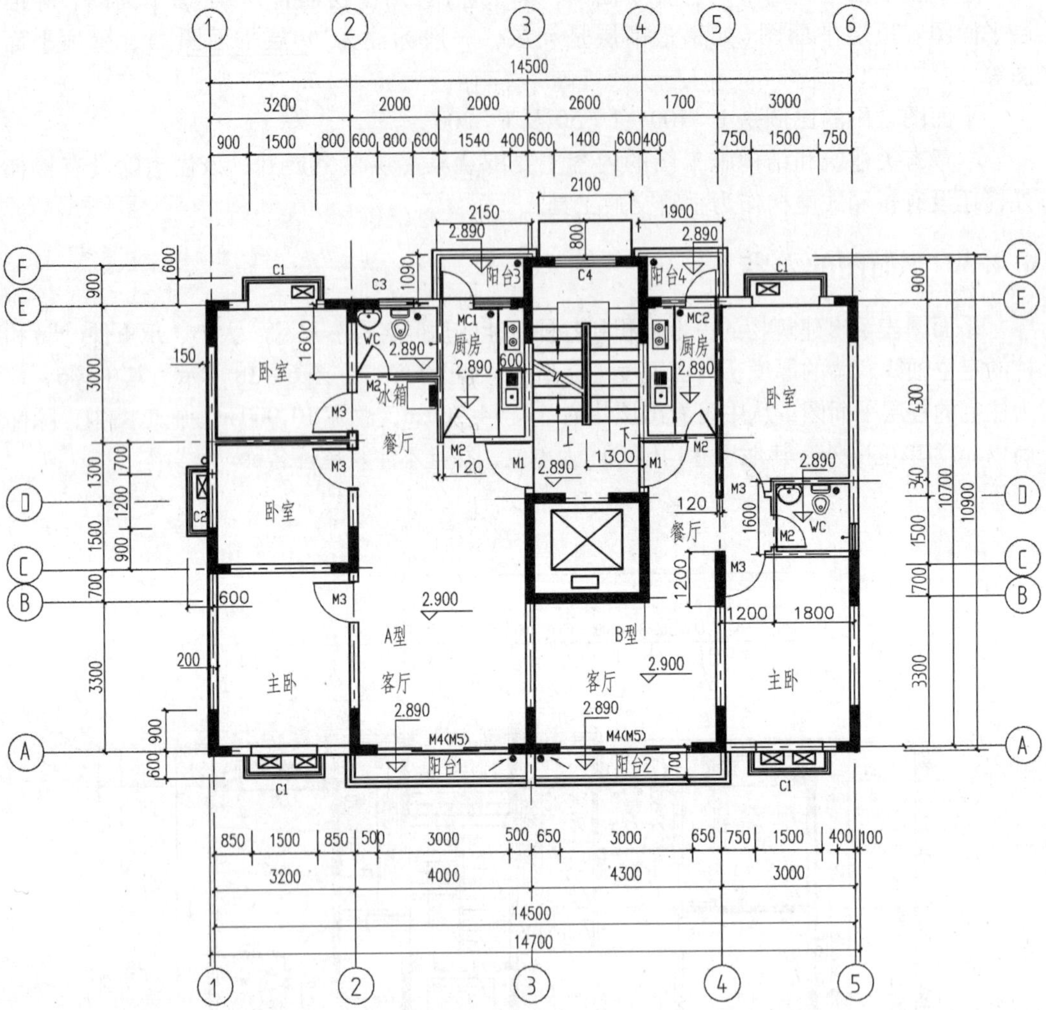

标准层平面图 1:100
(二层平面图)

图 6-18　二层平面图(标准层)

注：平开门门垛均为自轴线外挑 250

从图 6－17 可看到，该建筑基本属于南北朝向，横向(水平方向)轴线共 6 条，从①～⑥；纵向(竖直方向)轴线共 6 条，从Ⓐ～Ⓕ。轴线位置和轴线交点是建筑物承重构件所处的位置，其下面是基础，上面是承重柱和墙。如图 6－17 所示，各种柱的横截面一般涂黑表示(见图 6－16，本图省略)、钢筋混凝土结构的梯井横截面均在轴线上，并看到了它们的形状和大小。

图6－18为住宅二层平面图，也称标准层平面图，即该住宅二至五层平面布置相同。从标准层平面图可看出，该住宅为一梯两户户型，分别为 A 户型和 B 户型，并可以了

解各房间的具体尺寸，如西南角主卧为3.2 m×4 m，建筑面积为12.8 m^2；外墙厚度200 mm，隔墙厚度分别为200 mm、120 mm。

从图6－18标注的文字或图例可看出房间功能，分别有客厅、餐厅、卧室、厨房、卫生间(WC)、楼梯间等。

从图6－18中可以看到编号为M1、M2 、M3不同型号的门，还有MC1、MC2不同规格的连体门窗，以及编号为C1、C2、C3等不同规格的窗。从标准层还可以了解门窗的数量、型号及门窗预留洞口的长度尺寸等。

从顶层平面图(图6－19)可以看到，客厅地面相对标高为14.500 m，其基准是首层客厅的标高±0.000。首层地面之外的地面相对标高是－0.710 m，如图6－17所示。从图6－18中可以看到二层客厅地面的相对标高为2.900 m；卫生间、厨房、阳台的相对标高为2.890 m，两者高度差10 mm，这些地方还应设有地漏。由二层客厅标高2.900 m、第六层客厅标高14.500 m可知，每两层楼板之间的设计高度均为2.900 m。每层的卧室与客厅同标高，卫生间、厨房、阳台均应比客厅、卧室低10 mm。

图6－20为屋顶平面图。从中可以看到2个在天沟上布置的地漏，还有在其引出线

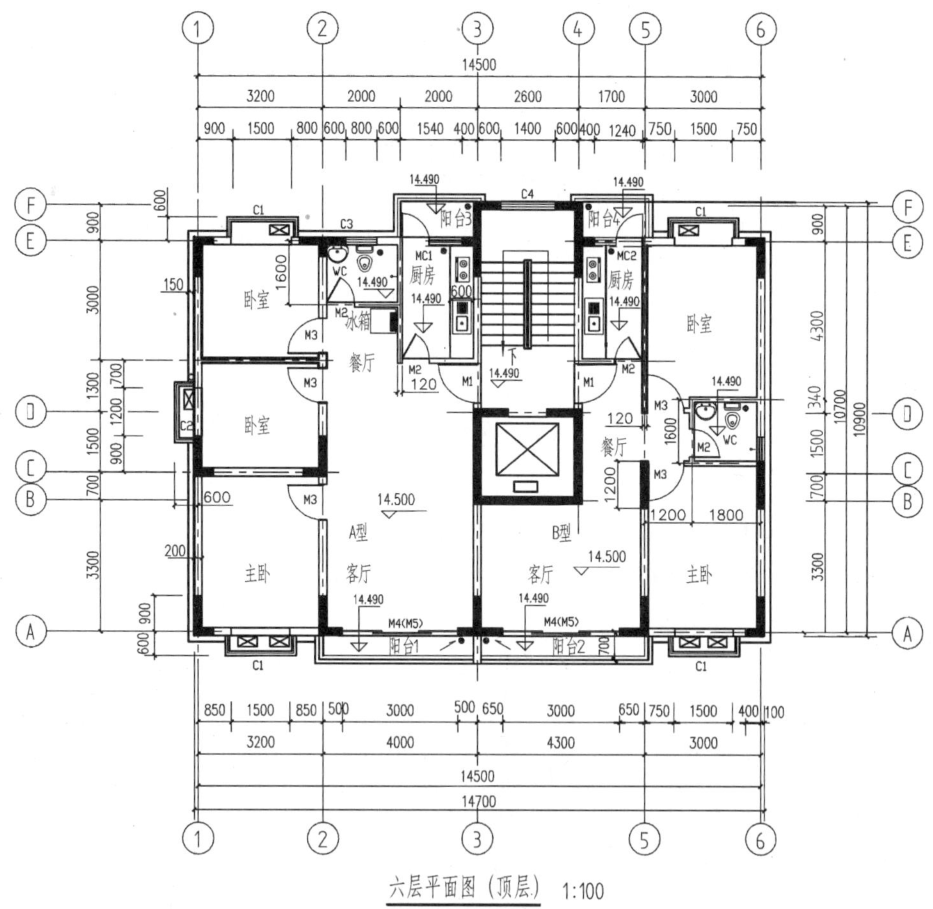

图6-19 六层平面图(顶层)

上注写的2根排水立管等。

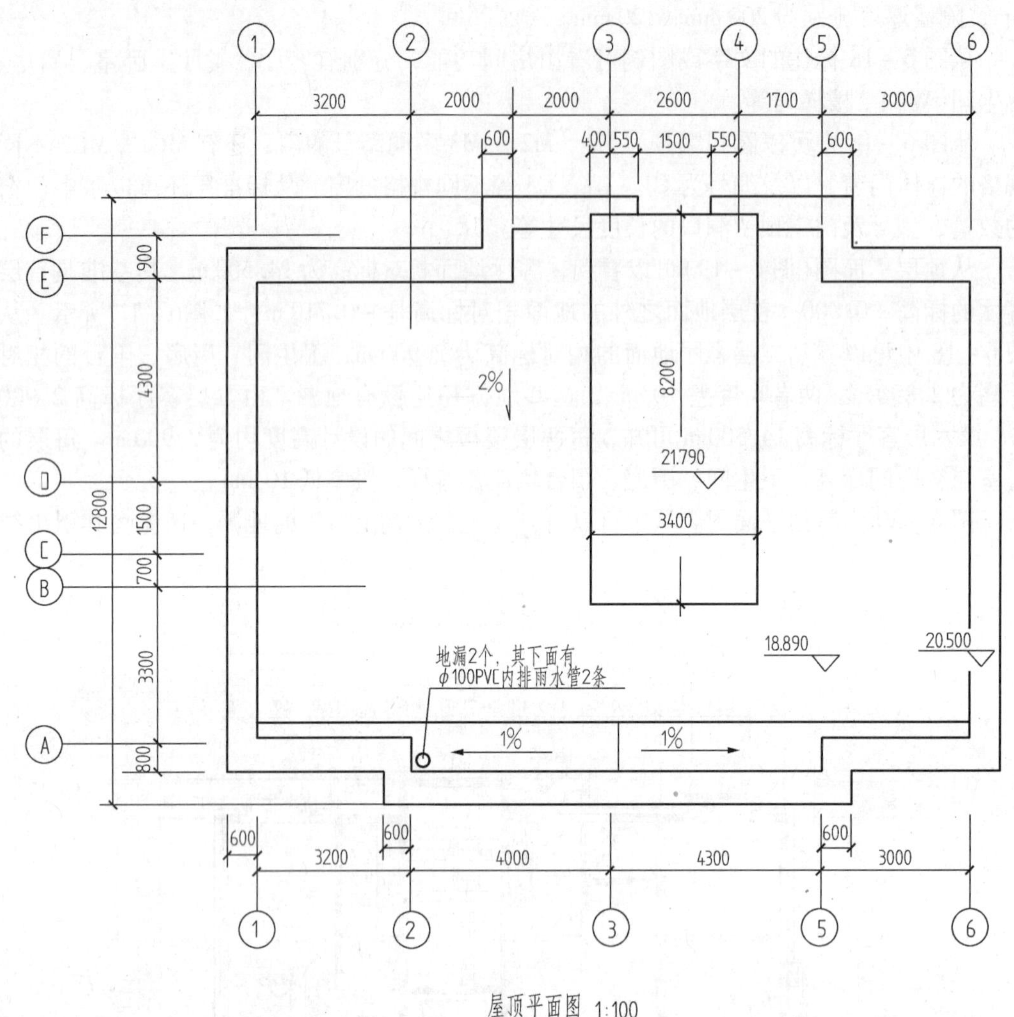

图6-20 屋顶平面图

6.4.4 建筑施工补充说明

(1)除另有注明外，所有轴线居墙中。

(2)除另有注明外，门靠柱边或近墙出垛为100 mm。

(3)外墙、分户墙、梯间墙及异形柱对应之内墙厚200 mm，其余内墙厚120 mm。

(4)所有凸窗(飘窗)外缘出外墙面600 mm，如图6－18所示。

(5)楼梯间详细布置见图6－16、图6－17等。

(6)所有卫生间地面标高最高处比相应的楼层客厅、卧室标高低10 mm，并向地漏所在处找坡0.5%；所有阳台地面标高最高处比相应的楼层客厅、卧室标高低10 mm，并向地漏所在处找坡0.5%。

(7)有凸窗(飘窗)的房间其室外空调机位于窗顶板上，外封通风为铝百叶型材。

(8)平面尺寸除特别标注外，与对应各层相同。

(9)厨房卫生间外墙齐梁底设排气孔留洞，并上下对齐。

(10)M5 型号的门仅设在 6 层。

6.4.5 有关建筑设备安装及户型信息

表 6－2 分别给出热水器等建筑设备安装的洞口形状、尺寸及相对位置等信息。

表 6－2 预留洞口一览表 mm

洞口名称	洞口编号	方洞		洞底距地面高	圆洞	中心距地面高
		宽	高		直径	
热水器预留洞	洞 1				120	2200
空调接管洞	洞 2				80	2300
厨房排烟预留洞	洞 3				150	2400
排气扇预留洞	洞 4	200	200	200		
消防栓预留洞	洞 5	850	900	900		

从图 6－17 首层平面图、图 6－18 标准层平面图可以看到框架结构的总体尺寸、各种形状柱的横截面及其尺寸、标高、指北针图例等。同时可了解分析房间分布：因该住宅朝向属于坐北朝南，通风采光都比较优越，所以客厅与主卧的朝向都向南；A 户型使用面积大于 B 户型，但 B 户型采光好于 A 户型；A 户型除主卧室外共有 3 个卧室；B 户型除主卧室外共有 2 个卧室；A 户型客厅设计好于 B 户型；每户均有 2 个阳台，朝南的为大阳台；该住宅基本为飘窗(凸窗)，房间内的门均为平开门，阳台上的门为推拉门；每户一个卫生间，一个厨房；双跑楼梯和电梯两户共用。

A 户型建筑面积为 87.97m^2，B 户型建筑面积为 68.44 m^2，建筑面积包括公摊面积。

6.4.6 绘制建筑平面图的步骤

绘制建筑施工图一般情况下首先绘制平面图，因为平面图是长宽方向信息量最大的图样，绘制时尺寸依据最充足。建筑物平面规划设计也是设计者首先考虑的问题。

这里只介绍仪器图及徒手绘图。国内外的建筑设计部门现在均使用绘图软件进行设计。我国建筑设计部门更多地使用以 AutoCAD 为平台的国产插件“TArch 天正”绘制施工图，传统的仪器绘图已经基本退出设计界。但草图作为软件绘图的底稿或记录设计灵感仍然有着一定意义。草图有直接用铅笔完成的徒手图，也有用仪器绘制的。用仪器绘制的草图对线型和绘制的图形精度要求不高，比如可用单线线条表示墙。用仪器绘制的草图往往称作二草、三草。

目前美国工科院校已经不再进行仪器图训练，但我国许多工科院校仍保留仪器绘图训练课程。我们认为，仪器绘图训练对理工科学生而言，有利于培养其严谨的专业设计素质和对国家标准的尊重与掌握。

在画平面图以前，要根据选定的比例大体估计所画图样的大小，确定其在图面上的摆放位置，打好边框和图标线。

以前面的某多层住宅标准层为例，仪器绘制建筑平面图步骤如下（如图 6－21 ～图 6－25 所示）：

第一步，画定位轴线。先把靠左边和下边的两条互相垂直的轴线画出来作为基线，然后在这两条基线上按选定的比例分别量出其他定位轴线的位置，接着用丁字尺由上到下一次画完水平轴线，再用三角板与丁字尺配合，由左到右一次画完垂直轴线，如图 6－21 所示。

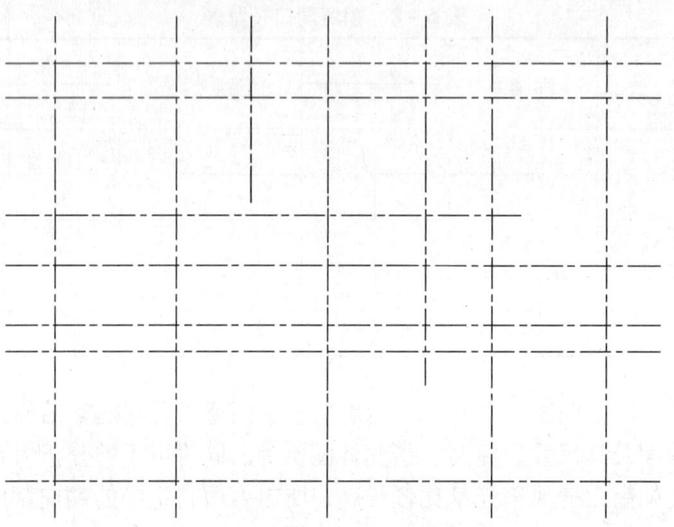

图 6-21　第一步，画定位轴线

第二步，根据墙的厚度、柱的断面尺寸画出墙、柱的轮廓线。方法是由轴线向两侧放出墙厚、柱宽，先上后下、先左后右一次完成，如图 6－22 所示。

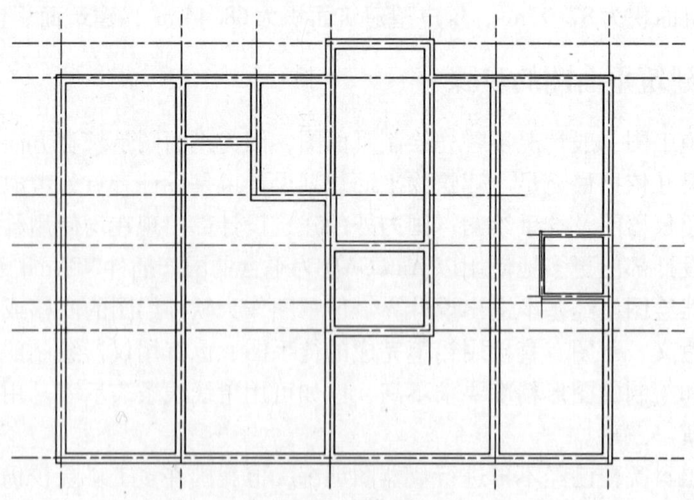

图 6-22　第二步，放墙宽

第三步，按门窗所在的位置和尺寸画出门的开启方向及窗的位置，然后画出其他细部，如台阶、厕所设备等，如图 6－23 所示。

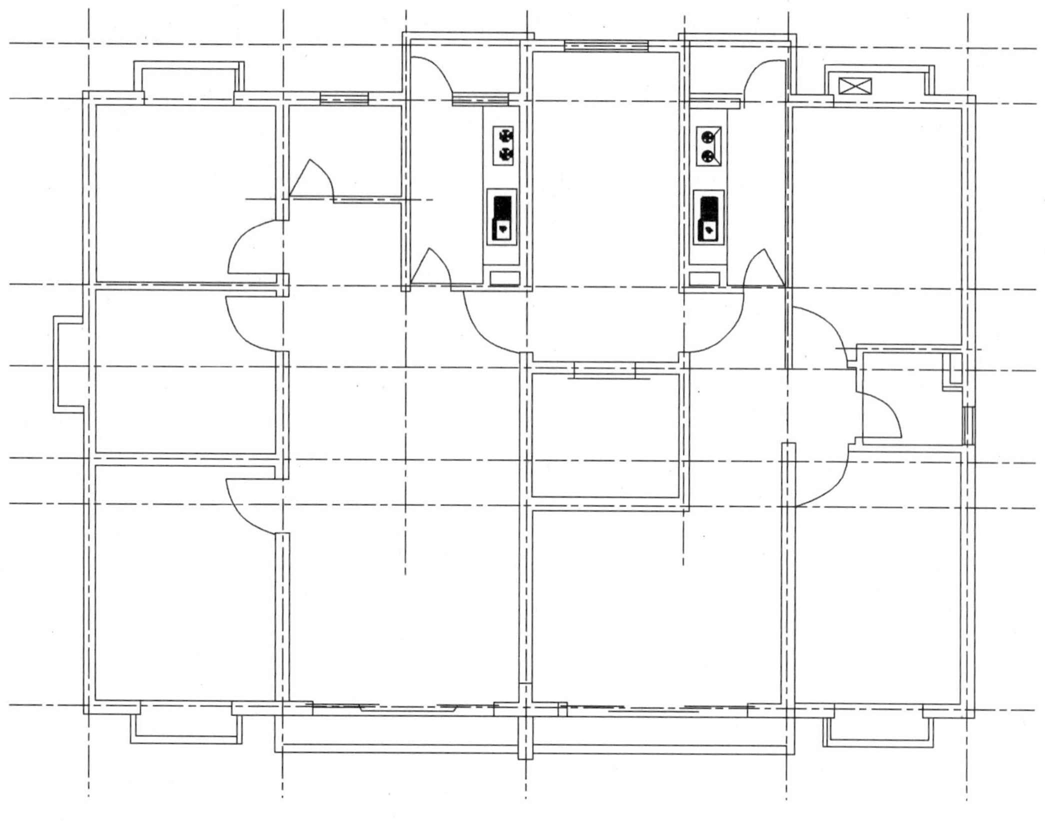

图 6-23 第三步，确定门窗洞口位置

第四步，画楼梯等建筑设备，如图 6－24 所示。

第五步，对底稿图进行认真检查，不允许存在任何结构、尺寸等方面的问题。检查无误后加深、加粗图线，填绘各种要求表示的材料图例，如图 6－25 所示。

第六步，标注尺寸、标高，填写符号、文字等内容，结果如图 6－17、图 6－18、图 6－19 所示。

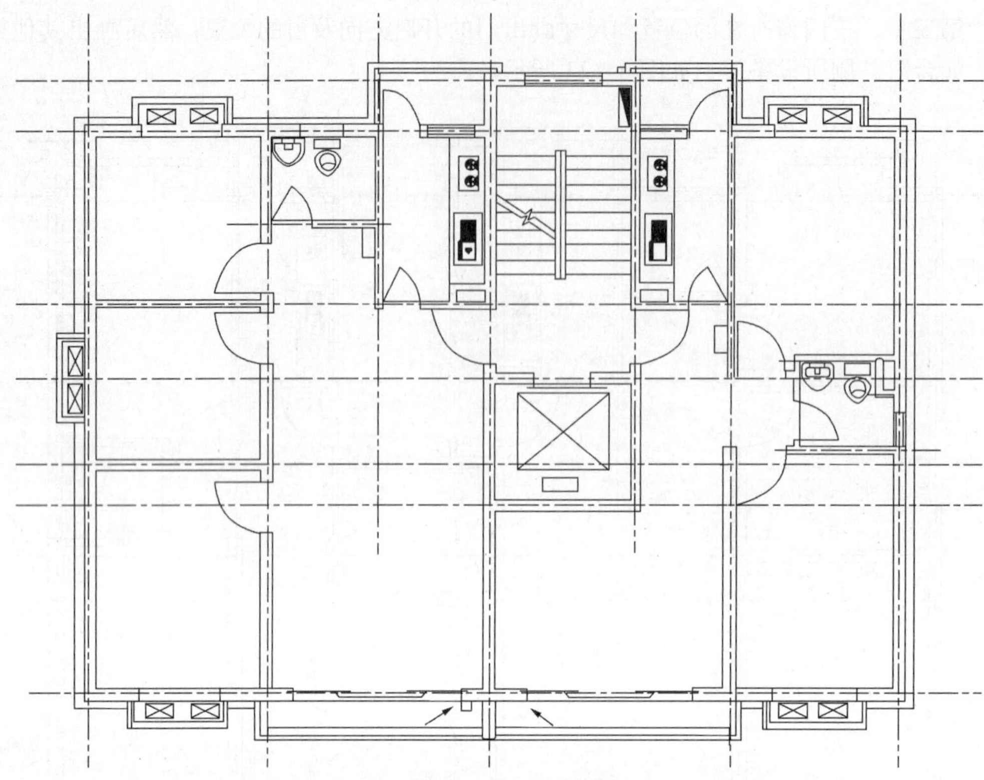

图 6-24　第四步，画楼梯等设备

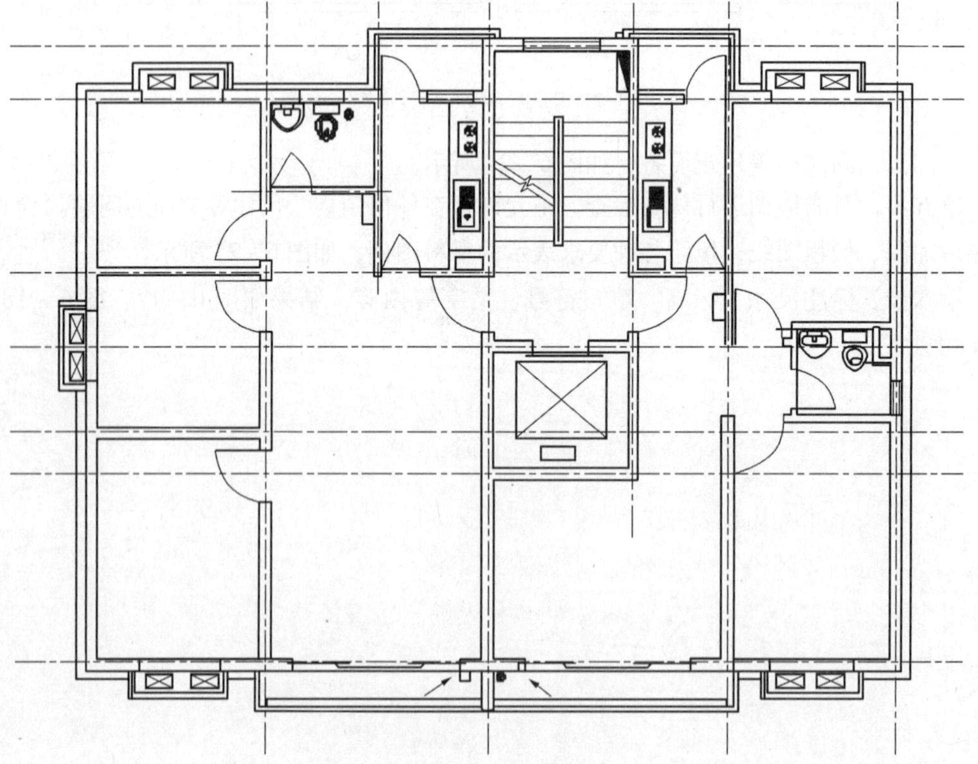

图 6-25　第五步，加深图线

6.4.7 在画图时要注意的问题

1. 画图线

打铅笔底稿时，应选择 H 或 2H 硬铅笔，并要削得比较细，用力要轻，避免过多的擦改。

量尺寸时，相同尺寸一次量出，同一方向的尺寸一次量出。建议使用分规配合三角板进行。

如直线与圆弧连接要先画圆弧线，后画直线。

2. 标注尺寸

在建筑平面图上，要把尺寸标注在尺寸线的左方或上方，即沿图形的横向及竖向分别标注。一般注写三道尺寸(如图 6 - 17 所示)：

第一道尺寸是与平面图形距离近的一道尺寸，即结构的细部尺寸。如房屋的各墙垛及门窗洞口尺寸。

第二道尺寸是标注各定位轴线间距的尺寸，即轴线尺寸。

第三道尺寸是标注总长、总宽的总尺寸，即外包尺寸。

画图时，除上述三道尺寸需要注写之外，对于各房间的净长、净宽及内墙上的门窗洞口尺寸及它们的定位尺寸也必须注写清楚，其他如台阶、窗台、散水尺寸也要注写齐全。

3. 画出指北针

为了表明建筑物的方位朝向，常在首层平面图所在的图纸上画出指北针，如图 6 - 17 所示。

4. 写上图名、比例

如图 6 - 18 中“ 标准层平面图 1 : 100”。

6.4.8 学习建筑平面图应了解和熟悉的相关知识

(1)开间与进深。两条横向轴线之间的距离是开间，习惯称其为房间宽度，一般为 300 mm 的倍数；两条纵向轴线之间的距离是进深，习惯称其为长度。

(2)横墙承重与纵墙承重。横向轴线上的墙承重时称为横墙承重，纵向轴线上的墙承重时称纵墙承重。

(3)建筑面积与净面积。建筑物外包尺寸(房屋的总长、总宽尺寸)的乘积(即长 × 宽)是建筑面积，以 m^2 为单位；而建筑物内部长、宽净尺寸的乘积称为净面积，以 m^2 为单位。

(4)建筑模数(M)。在建筑工程中，选定标准尺度单位，以这种选定的尺寸单位为基础，作为建筑工程中各类构、配件之间互相联系配合的依据规定，就是“模数制”。我国以 100 mm 作为基本模数。此外，还有分模数和扩大模数。模数制是促成建筑工业化、现代化的必要措施之一。

(5)结构尺寸。结构尺寸一般是对建筑物结构设计的尺寸，如拆掉模板的钢筋混凝土框架、砌体等的尺寸。所以，施工图上的尺寸为结构尺寸。

6.5 建筑立面图

6.5.1 立面图的形成

建筑立面图是建筑的外观图，是把建筑物不同的侧表面用正投影法投影到正立投影面(V)上而得到的正投影图。因为立面图是为表达建筑的外观所以不画虚线，如图6－26a、图6－26b所示。

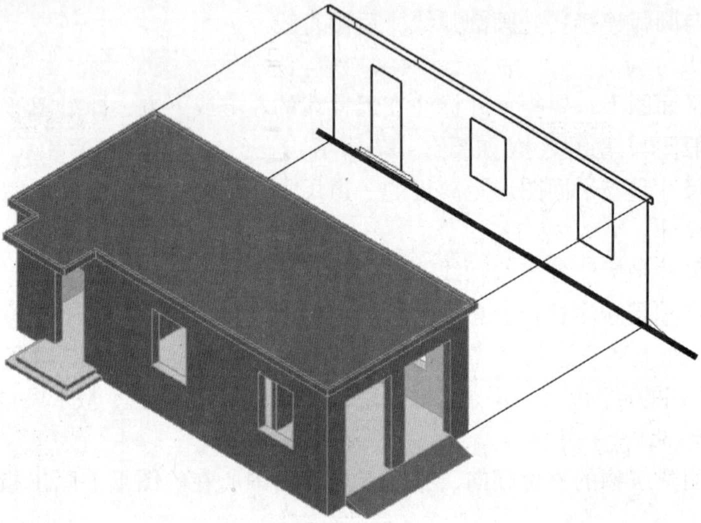

(a)立面图的形成模型

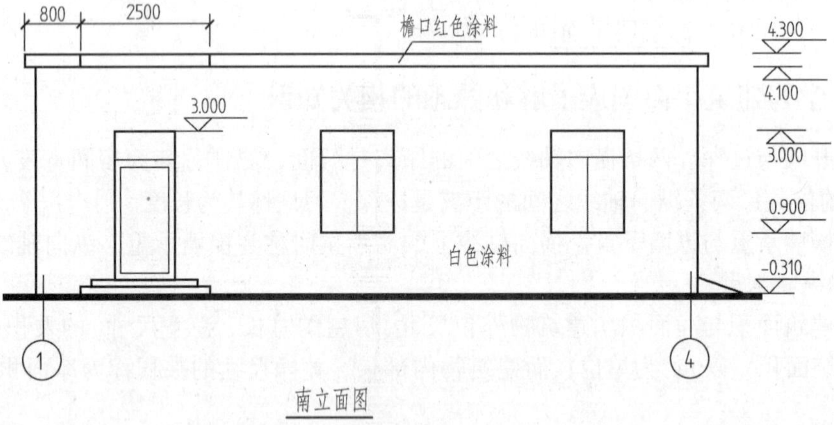

(b)立面图

图6-26 立面图的形成模型及立面图

根据建筑物外形的复杂程度，所需绘制的立面图数量也不同。一般可分为正立面、背立面和侧立面，也可按房屋的朝向分为南立面、北立面、东立面及西立面。建筑立面图的比例常用1∶100、1∶200。

6.5.2 建筑立面图的内容

建筑立面图主要表现建筑物的立面及建筑的外形轮廓，如房屋的总高度、檐口、屋顶的形状及大小，墙面、屋顶等各部分使用的建筑材料与做法，门窗的式样、标高尺寸，阳台、室外台阶、雨篷、雨水管等的形状及位置等，如图 6－27 所示。

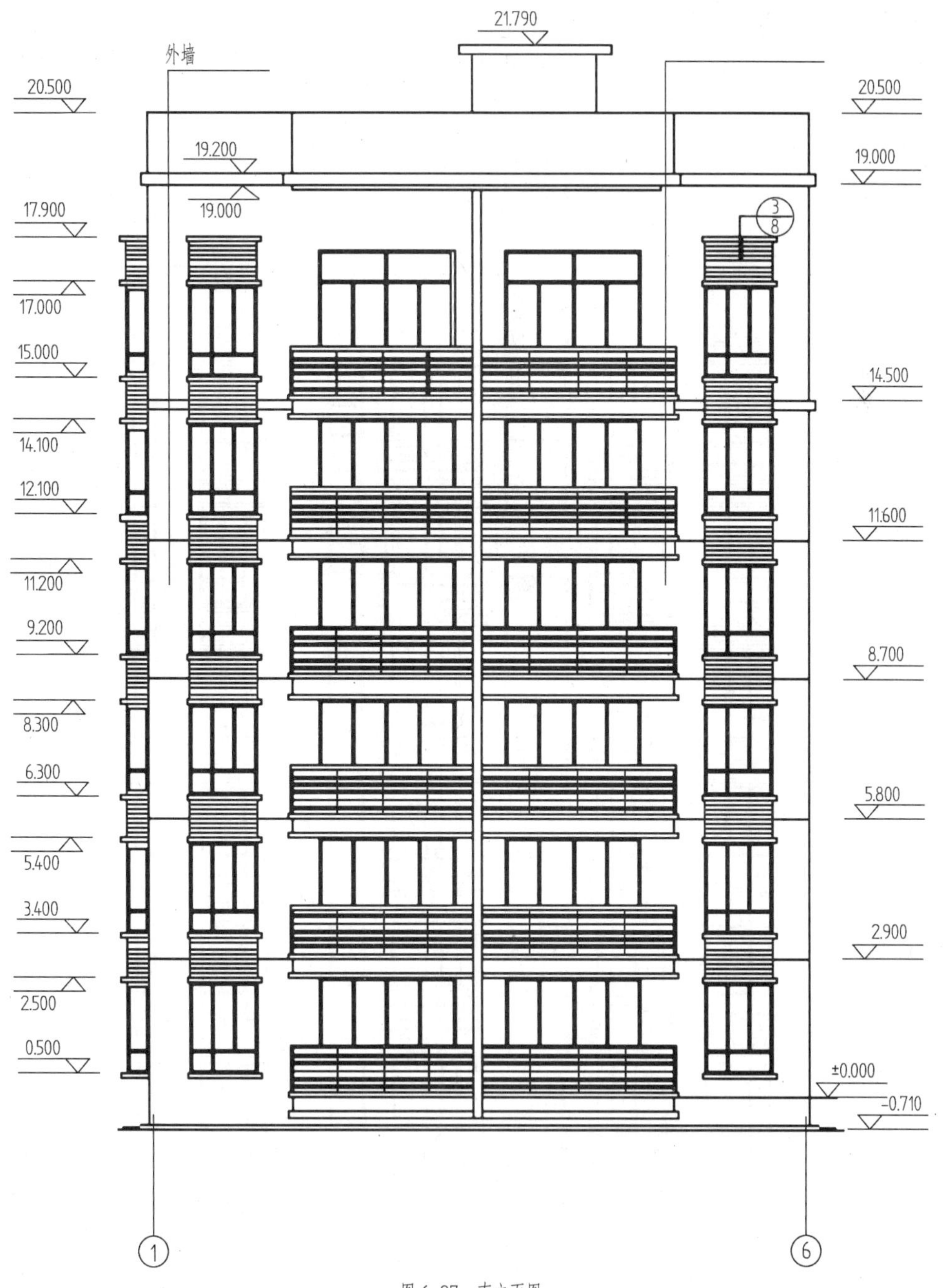

图 6-27　南立面图

外形较为简单的建筑物，并且左右对称时，立面图的绘制可以从简，可把房屋的正立面图和背立面图各画一半，形成一个组合立面图，中间用对称符号标记。

6.5.3 阅读建筑立面图的步骤

以前面某多层住宅的建筑立面图为例。

①首先对照建筑平面图上指北针或定位轴线号查看是哪个朝向、哪个轴线间的立面图。要分清方向及建筑物立面上凹凸变化部分的外形轮廓，如图 6－27、图 6－28、图 6－29 所示。

图 6-28　北立面图

②看清室内外高度差，找出相对标高基准所在位置，了解勒脚、窗台、门窗高度及总高尺寸。

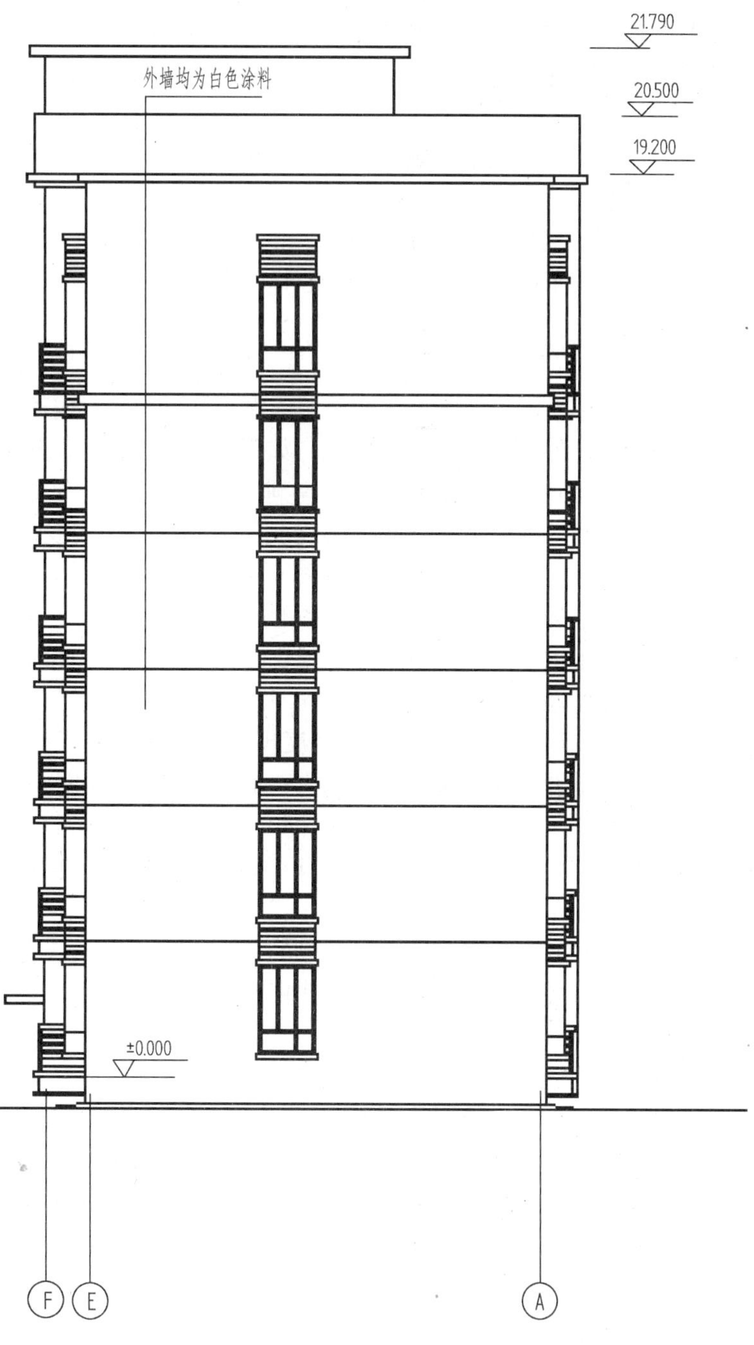

图 6-29 西立面图

②看清室内外高度差，找出相对标高基准所在位置，了解勒脚、窗台、门窗高度及总高尺寸。

③查看门窗的位置、数量，并与建筑平面图(图 6－17 ～图 6－20)及门窗数量表

核对。

④查看墙面及各部位的材料做法，要与材料做法表或说明相吻合。

⑤要与建筑平面图(图6－17～图6－20)相对照，核对雨水管、阳台、雨篷、台阶、踏步等的位置及做法。

阅读立面图时，应了解以下几个问题：

(1)注意建筑立面所选用的材料、颜色及施工要求。

(2)要注意建筑立面的凸凹变化。

(3)要核对立面图、剖面图、平面图之间的尺寸关系。

6.5.4 建筑立面图的画法

为了使图样富于立体感、图面清晰、主次分明，在绘制立面图时应注意各种线条粗细的变化。建筑立面图的最外围轮廓线用粗实线，如果在A3图纸上画图，建议粗实线选择0.5mm左右，如果设粗实线宽为b，那么门窗洞口线、阳台及建筑立面上的凸凹轮廓线用中粗实线$b/2$绘制，门扇窗扇、墙面分格线及落水管等用细实线($b/4$)绘制。用加粗的粗实线绘制室外地坪，一般选择1.4b，如图6－26所示。

以绘制前面某多层住宅的南立面图为例，画图的过程如下：

①画立面图。应首先根据所画的建筑物考虑需要画几个立面图。同时，在确定各立面图在图纸上的位置后方可动手绘图。

②根据平面图(图6－17)来确定其长度或宽度尺寸，参考相关资料确定其高度尺寸，画地面线和房屋最外轮廓，然后绘制门窗洞口的方格网线，如图6－30a、图6－30b所示。

③确定建筑物各细部的位置尺寸，如门窗洞口、阳台、挑檐等，并绘制它们的细部(如窗扇等)，如图6－30c、图6－30d所示。

④加深加粗最外围轮廓线(b)和其他用$b/2$绘制的图线及1.4b的地基线(图6－27)。

⑤标注层高和总高度尺寸两道，其他细部尺寸视需要而定。立面图尺寸一般以相对标高标注(图6－27)。

⑥标注尺寸及文字说明后，应对全图进行检查。

以上仪器绘图方法及要求，对使用绘图软件(AutoCAD、TArch天正)仍有很重要的指导作用。每位初学者进入专业CAD阶段时，手绘训练仍然非常必要。

以上前3个步骤均是绘底稿阶段，应该使用H类硬铅笔。细实线部分，如门扇、窗扇等，应一次性完成不必再加深，建议使用HB类铅笔。进入第四步定稿前应全面检查有无纰漏和错误，再由里向外、由小到大逐步加深图线、标注尺寸，详见图6－26、图6－27等立面图。

6.5.5 关于建筑立面图应了解的相关知识

清水墙与混水墙。只把砖墙做勾缝处理，不做其他任何装饰的墙面，叫清水墙。清水墙对砖或砌块质量及砌墙工艺要求均较高。墙面抹灰的墙叫混水墙。

檐口。屋面在建筑物前后墙体挑出部分的外端称为檐口。

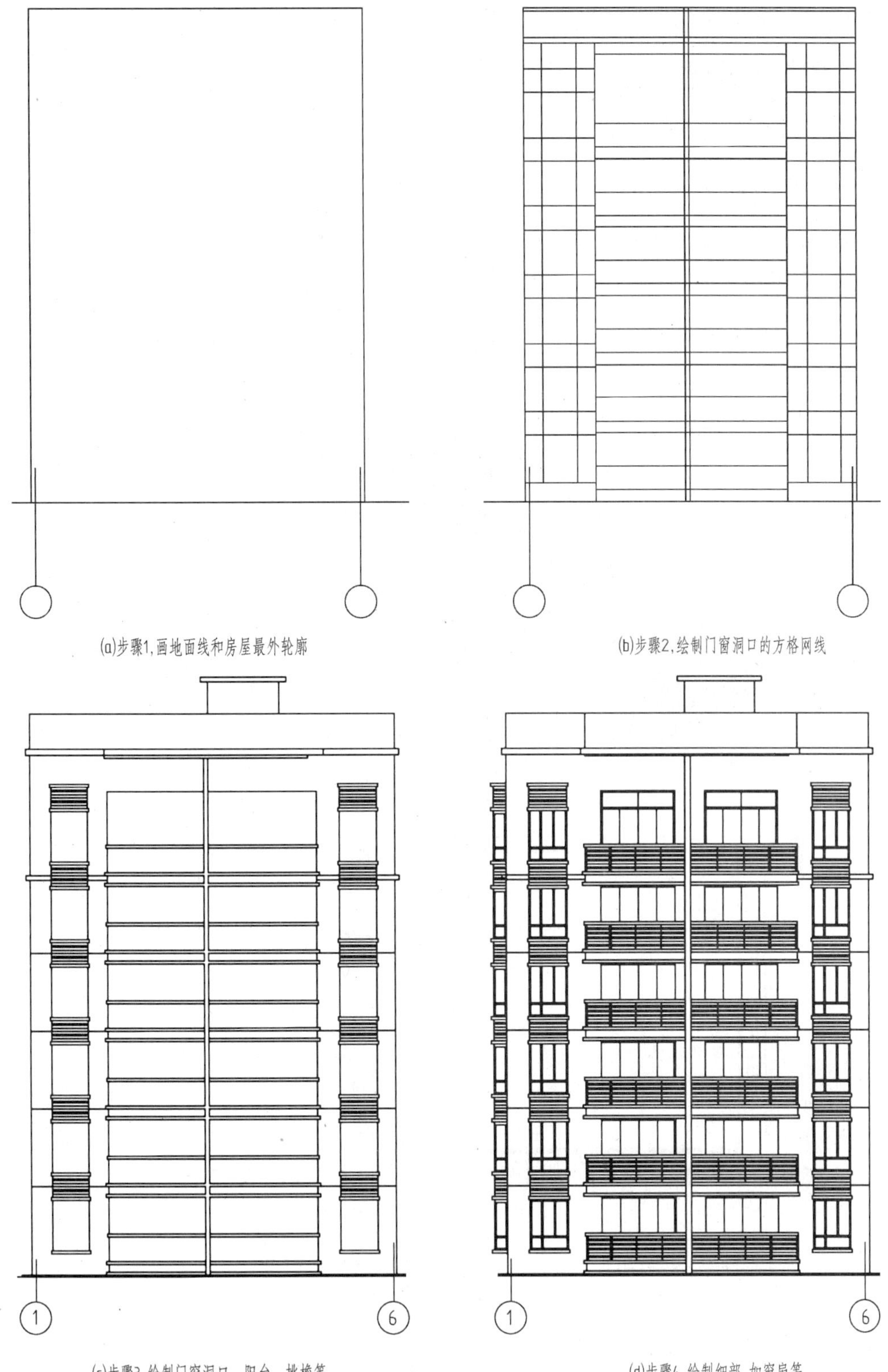

(a)步骤1,画地面线和房屋最外轮廓

(b)步骤2,绘制门窗洞口的方格网线

(c)步骤3,绘制门窗洞口、阳台、挑檐等

(d)步骤4,绘制细部,如窗扇等

图 6-30　立面图绘图步骤

6.6 建筑剖面图

6.6.1 建筑剖面图的形成

假定用一个垂直于水平面而平行于侧立面的剖切平面，由房屋某部位作剖切，就得到房屋的剖面图，如图 6－31a、6－31b 所示 。

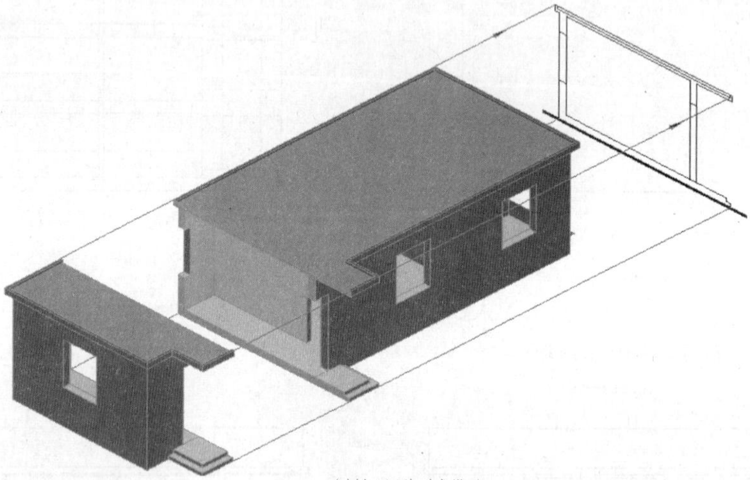

(a)剖面图的形成模型

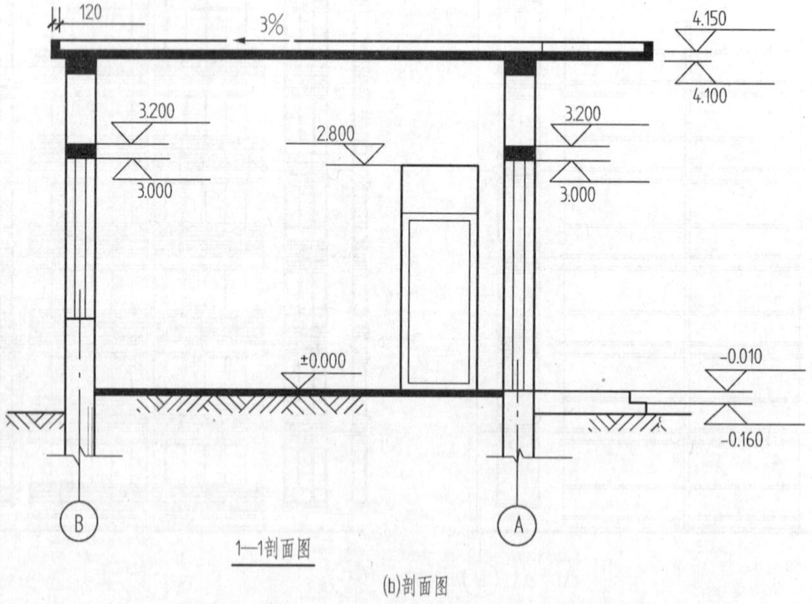

1—1剖面图

(b)剖面图

图 6-31 剖面图的形成模型及剖面图

横剖面图是沿建筑物宽度方向作剖切而得到的投影图。纵剖面图是沿建筑物长度方向作剖切而得到的投影图。显然图 6 – 31 为横剖面图。

剖面图除对房屋作全剖切，画出它的剖面图外，还可按需要画出其局部剖面图。

剖面图常采用的比例为 1 : 100、1 : 200、1 : 50。

6.6.2 建筑剖面图的内容

房屋的高度尺寸、材料做法、构造关系都是用剖面图来表示的。在施工中剖面图是主要的依据之一。

以绘制前面某多层住宅的剖面图为例，其剖切位置 1—1 的剖面图(图 6 – 17)。剖面图一般从室外地坪开始向上画到屋顶，如图 6 – 32 所示。

(1)剖切到的房屋部位，一般有室内外地面、楼板层、屋顶层、内外墙、双跑楼梯及其转角平台(休息平台)、电梯井、阳台及阳台护栏、门窗及雨篷等。在图 6 – 32 中，可看到剖切到地面、屋顶、楼梯梯段及阳台等，可表示它们的形状、位置。

(2)表示出外墙定位轴线的位置及其间距。如在图 6 – 32 中可以看到外墙 A 轴至 E 轴之间的距离是 9800 mm，外墙 A 轴至 F 轴之间的距离是 10600 mm。

(3)作剖切时，没有切到的可见部分也要表示出来。如墙面凹凸、阳台、雨篷、台阶、门窗等的位置及其形状。

(4)表示房屋建筑物高度即垂直方向的尺寸，一般从相对标高基准开始，分段标注出窗台、门窗洞口、梁、柱、墙、房屋各层层高的尺寸以及建筑物的总高度等，如图 6 – 32 所示。

(5)除标注以上各部位的线性尺寸之外，同时还要以标高形式标注，如图 6 – 32 所示。在剖面图中，不同高度的部位如地面、楼面、顶棚及楼梯休息板等处的标高都应注出，相对标高基准之下的标高数值为负值。

(6)索引标注。在建筑剖面图中，对于需要另用详图说明的部位或构件，都要加注索引标志，以便互相查阅、核对。

(7)剖面图中，必要时还需注明施工的有关说明。

6.6.3 剖面图的阅读

剖面图阅读的基本顺序是：先外后内，先底(下)后上，先粗略后细致。

阅读剖面图的要求：

(1)阅读建筑剖面图必须先熟悉有关的图例。

(2)要依据建筑平面图上标注的剖切位置，核对剖面图表示的内容是否齐全，它与建筑平面图所标注的剖切面是否一致。

(3)查看室外部分的有关内容。首先对照立面图(如图 6 – 27 南立面图)，从相对标高基准±0.000开始，查看底层及各楼层的层高、净高尺寸，然后查看楼梯间各段标高、门窗部位的标高。沿内墙向上查看门、门洞的尺寸以及地面、楼面、顶棚、墙面、踢脚等用料、尺寸及做法。

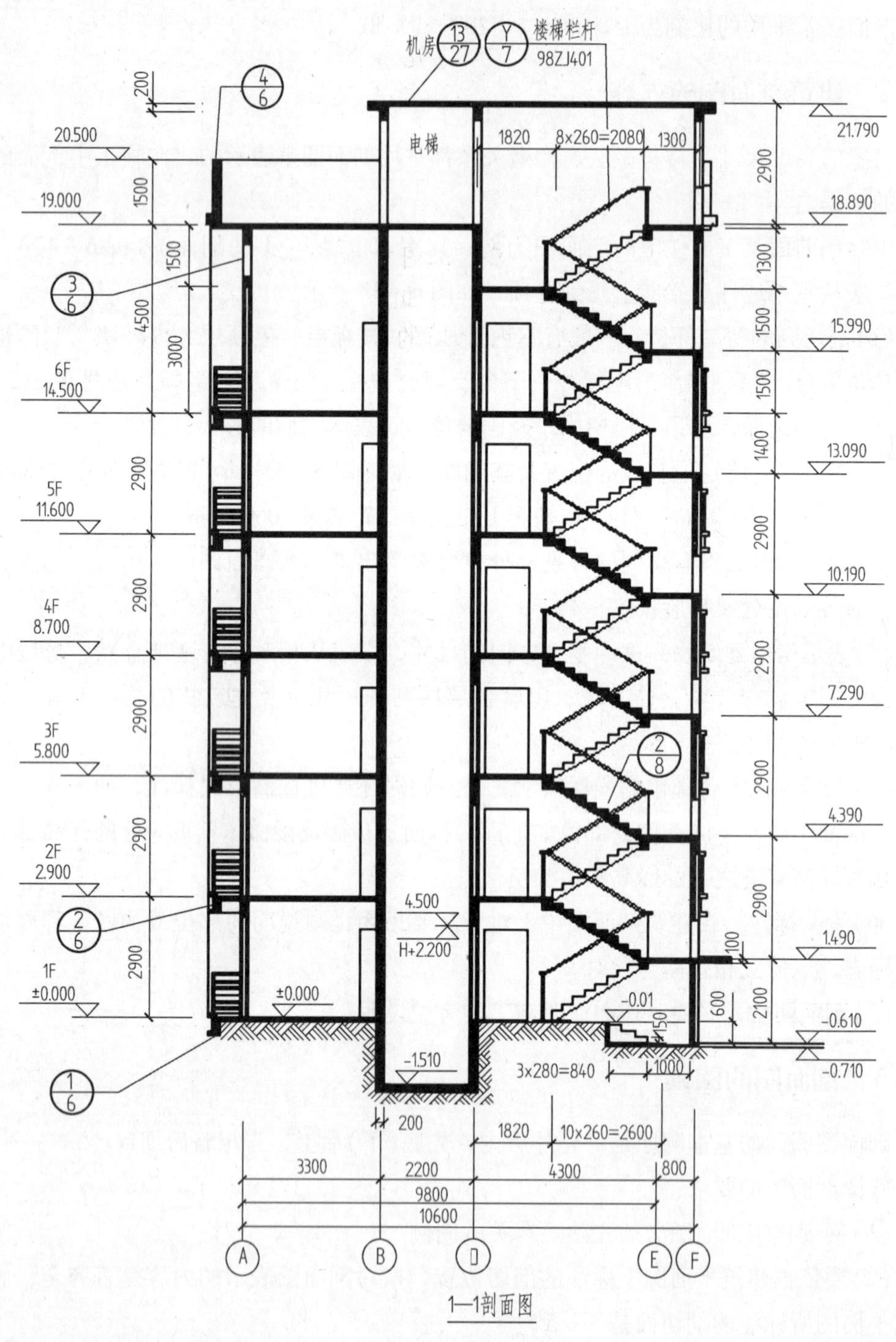

图6-32 剖面图

(4)从剖面图查看引用标准图及绘详图的索引符号等。

(5)阅读建筑剖面图时要做到由建筑平面图到建筑剖面图，由外部到内部反复查阅，最后形成房屋建筑的整体形状。

(6)阅读建筑剖面图主要应了解高度尺寸、标高、构造关系及材料做法。有些部位还要和详图结合起来一起阅读。如图 6－32 中几个详图索引符号会指引读图者找到其相应的详图(见本章 6.7 节)。图 6－32 详图索引编号“98ZJ401”的意思是楼梯护栏杆做法按照图集 98ZJ401《楼梯栏杆》设计制作。

6.6.4 建筑剖面图的绘画步骤

画建筑剖面图之前，一般都已完成了平面图、立面图的绘制，所以画剖面图时应注意把握它与平面图、立面图的相对位置关系，如门、窗、楼层板、女儿墙、檐口等高度要保持一致，如图 6－33 所示。以画图 6－32 的某多层住宅 1—1 剖面图为例，作图的步骤如下：

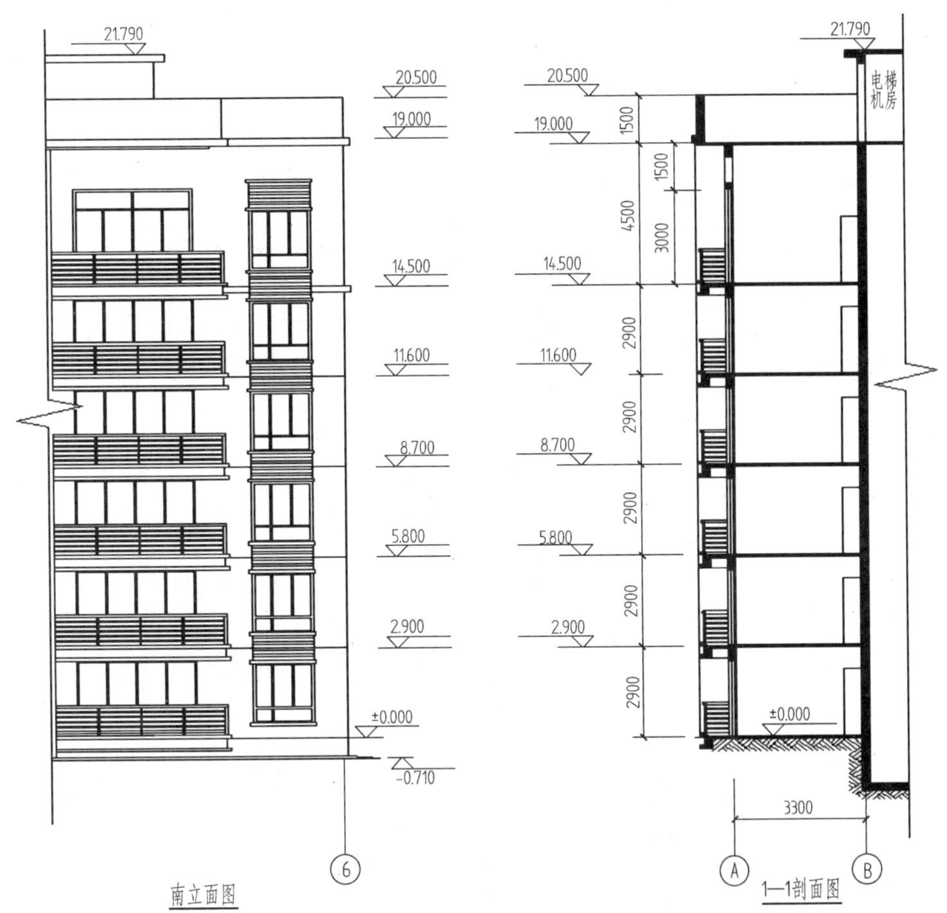

图 6-33 剖面图与立面图的位置

①根据建筑首层平面图中所标注的剖切位置，对剖切后的结构形状做到心中有数后即可开始绘图。绘图前应基本确定所画图样的大小、图面所占范围，在图纸上做好布局。

②先画出室外地坪线，然后确定各层室内地坪标高的位置，再根据建筑平面图画出所剖到墙的定位轴线，如图 6－34a 所示。

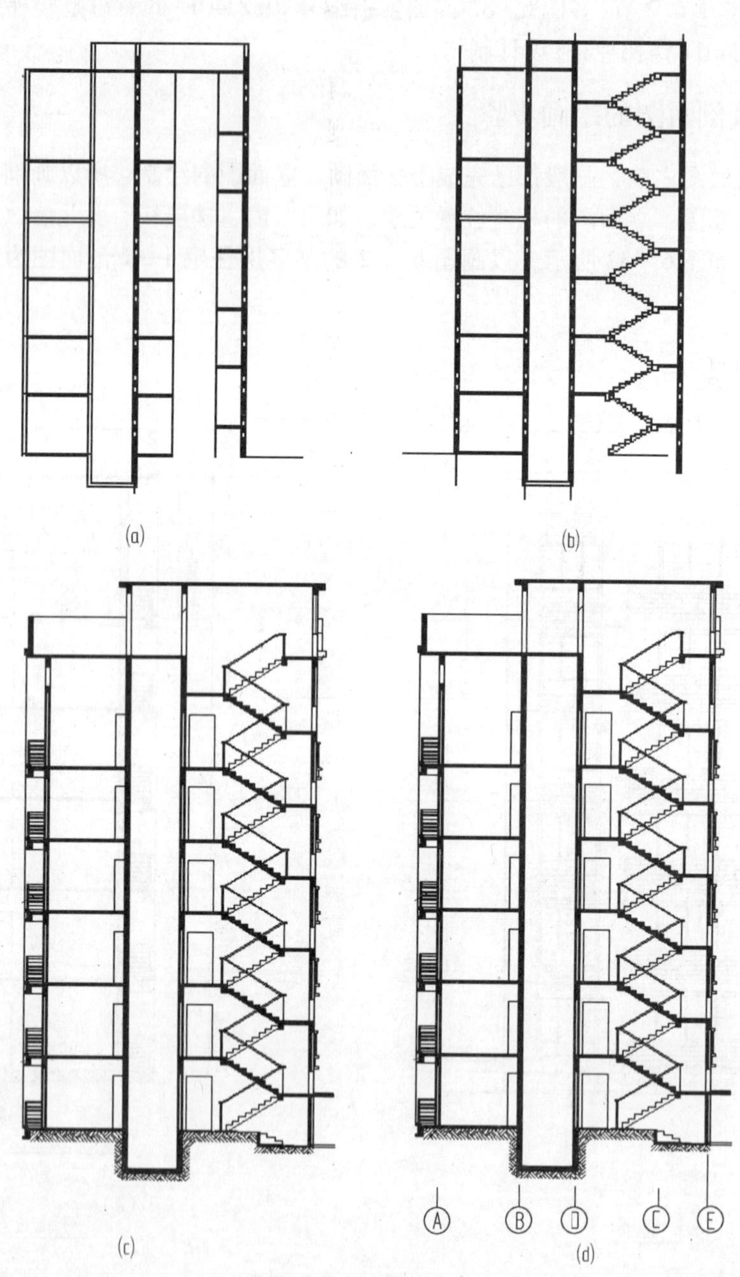

图 6-34　剖面图绘图步骤

③根据轴线画出墙厚和屋顶的外部轮廓线，再分出门窗洞口，最后确定窗台、窗楣的位置以及檐口尺寸等，如图 6－34b 所示。

④画细部轮廓，如楼梯、屋顶等，如图 6－34c 所示。

⑤检查各部分位置轮廓线及尺寸，加深轮廓线，如图 6－34d 所示。各线型及线的粗细与建筑平面图的绘图规则基本相同。

⑥画出尺寸线，标注出尺寸、标高，注写文字说明及详图索引符号等内容，如图 6－32 所示。

建筑剖面图的尺寸一般标注在图形外面的两侧。如果建筑物两侧对称时，可只注在一边。注标高时，也应注在建筑剖面图外的两侧，引出线最好对齐，标高符号大、小应一致，最好排列在一条竖起线上，以使图面清晰、整齐。关于详图索引的标注方法前面已述。

6.6.5 学习建筑剖面图应具备的知识

层高与净高。建筑物由下层地坪到上层地坪的垂直高度叫层高。净高是由本层地坪至本层屋顶（抬头看到的天花表面）的垂直高度。

结构标高。结构标高指结构构件未经装修的表面标高，如图 6－32 所示。

材料做法代号。将建筑上的不同部位的材料做法用代号表示。例如某建筑物材料做法表中，把 70 mm 厚、每平方米 110 kg 的水泥地面代号定为“楼 3”。其具体做法为：

①钢筋混凝土预制板。

②其上铺 50 mm 厚 1∶6 水泥焦碴垫层。

③再在垫层上面刷素水泥浆结合层一道。

④最后是 20 mm 厚 1∶2.5 水泥砂浆抹面压实赶光。

此外，如将 230 mm 厚的混凝土地面定为“地 4”，将 16 mm 厚混凝土墙面定为“内墙 4”，其具体内容在相关施工标准中均作了规定，我国各地区均有相应的规定可供参阅。

防潮层。防止地下水因毛细作用上升而腐蚀墙面的避水层。常用材料为油毡或防水砂浆。防潮层一般铺在地面垫层及面层的交接处。

室内外高差。建筑物的首层室内地面均比室外地面高，从而形成室内外高差，以防止雨水侵入室内。通常室内地坪比室外地面提高 300、450、600 mm 左右，或者更高些。

其他。设计项目、设计者、审核、图名、比例等均写在图纸右下角标题栏里，如图 6－1 所示。

6.6.6 某多层住宅门窗立面图

门窗立面图中的细斜线为门窗扇开启方向符号，细实线表示向外开，细虚线表示向内开，两条开启方向符号的交点一侧为安装门窗铰链（合页）的一侧，如图 6－35 所示。

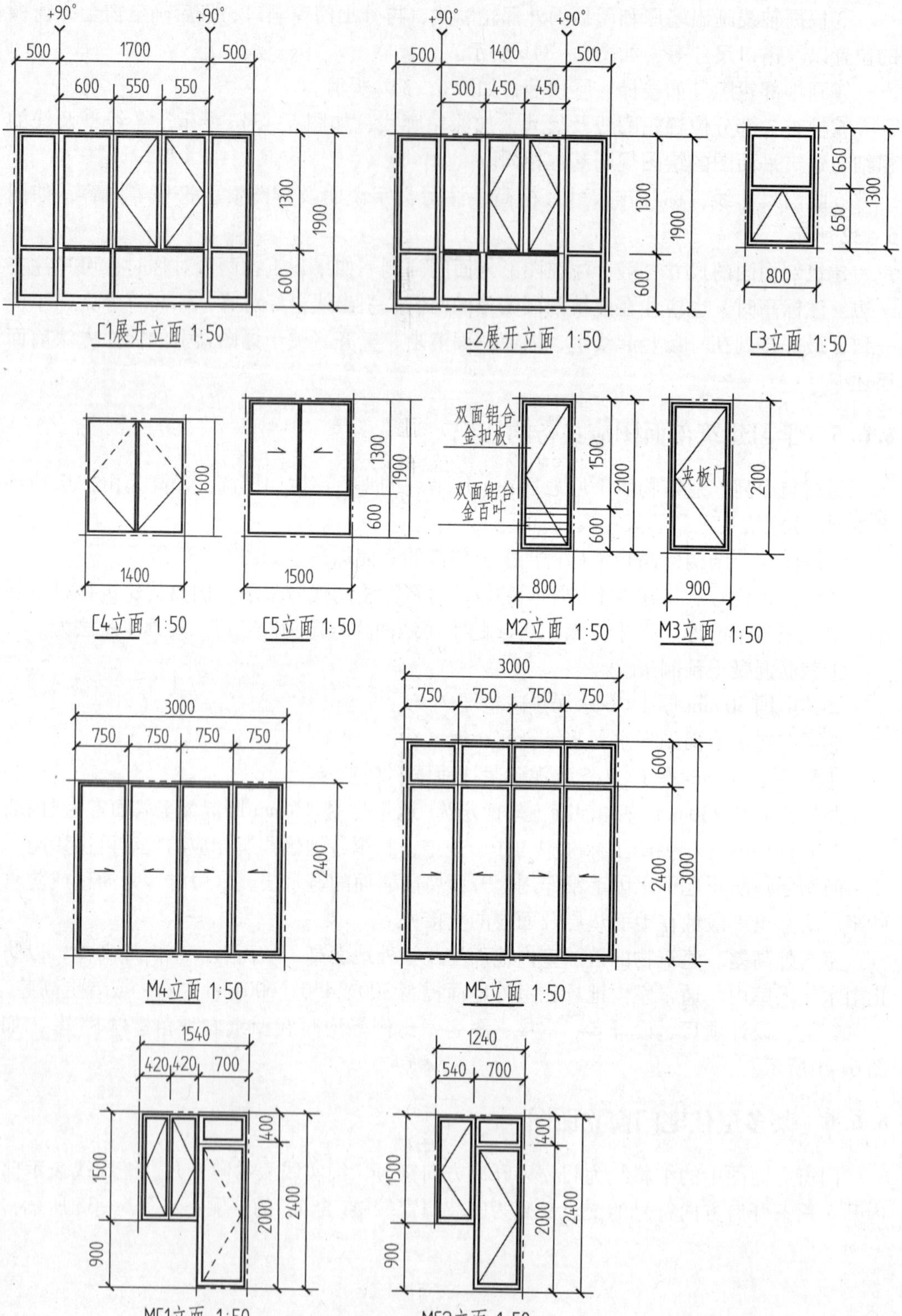

图 6-35　某中高层住宅门窗立面图

6.7 建筑详图

6.7.1 概述

建筑详图就是把房屋的细部或构、配件的形状、大小、材料和做法，按正投影原理和标准图例，用较大的比例绘制出来的图样。它是建筑平面图、立面图、剖面图的补充。建筑详图也称大样图。建筑详图所用的比例依图样的繁简程度而定，常用比例为1∶1、1∶2、1∶5、1∶10、1∶20、1∶50等。

建筑详图按需要可分为：

(1)表示局部构造的详图。如在平面图、立面图、剖面图中由于比例太小不能表示清楚的部位则应画局部详图，如外墙详图、楼梯详图、阳台详图等。

(2)表示房屋设备的详图。如卫生间、厨房、实验室内的设备、种类、安装位置及其构造等。图6-36为卫生间小便户详图。

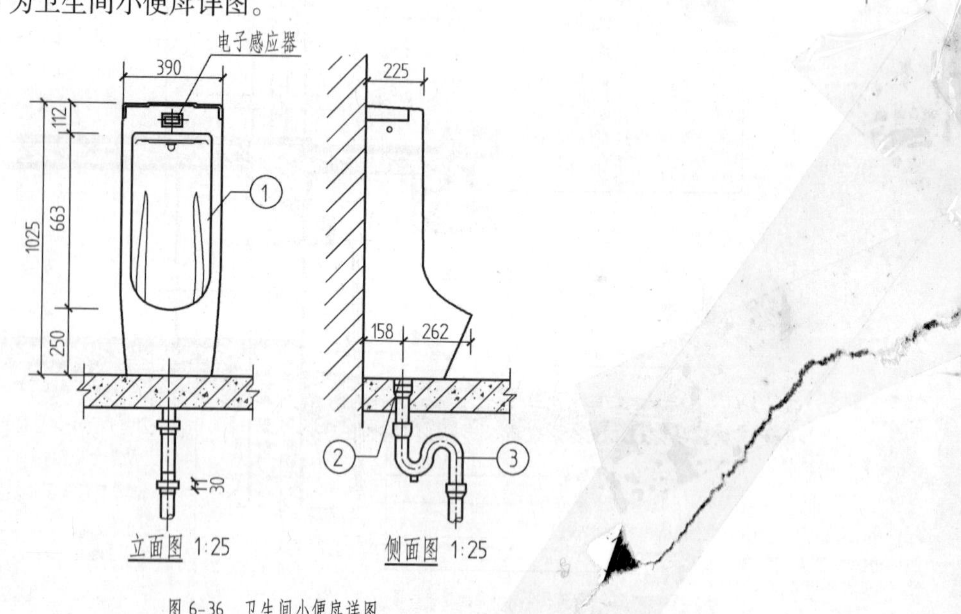

图6-36 卫生间小便户详图

(3)表示房屋内外有特殊装修的部位。如建筑物的大门、吊顶及花饰等。

建筑详图种类很多，本节只介绍建筑施工图中使用最多的几种详图。

6.7.2 外墙详图

1. 外墙详图的内容

外墙详图常用的是外墙剖面图。它是建筑剖面图的局部放大图。根据建筑物的不同情况，需要绘制的外墙剖面图的数量也不同。图6-37为在纵向剖切而得到的详图。外墙详图常用的比例为1∶10、1∶20、1∶5等。

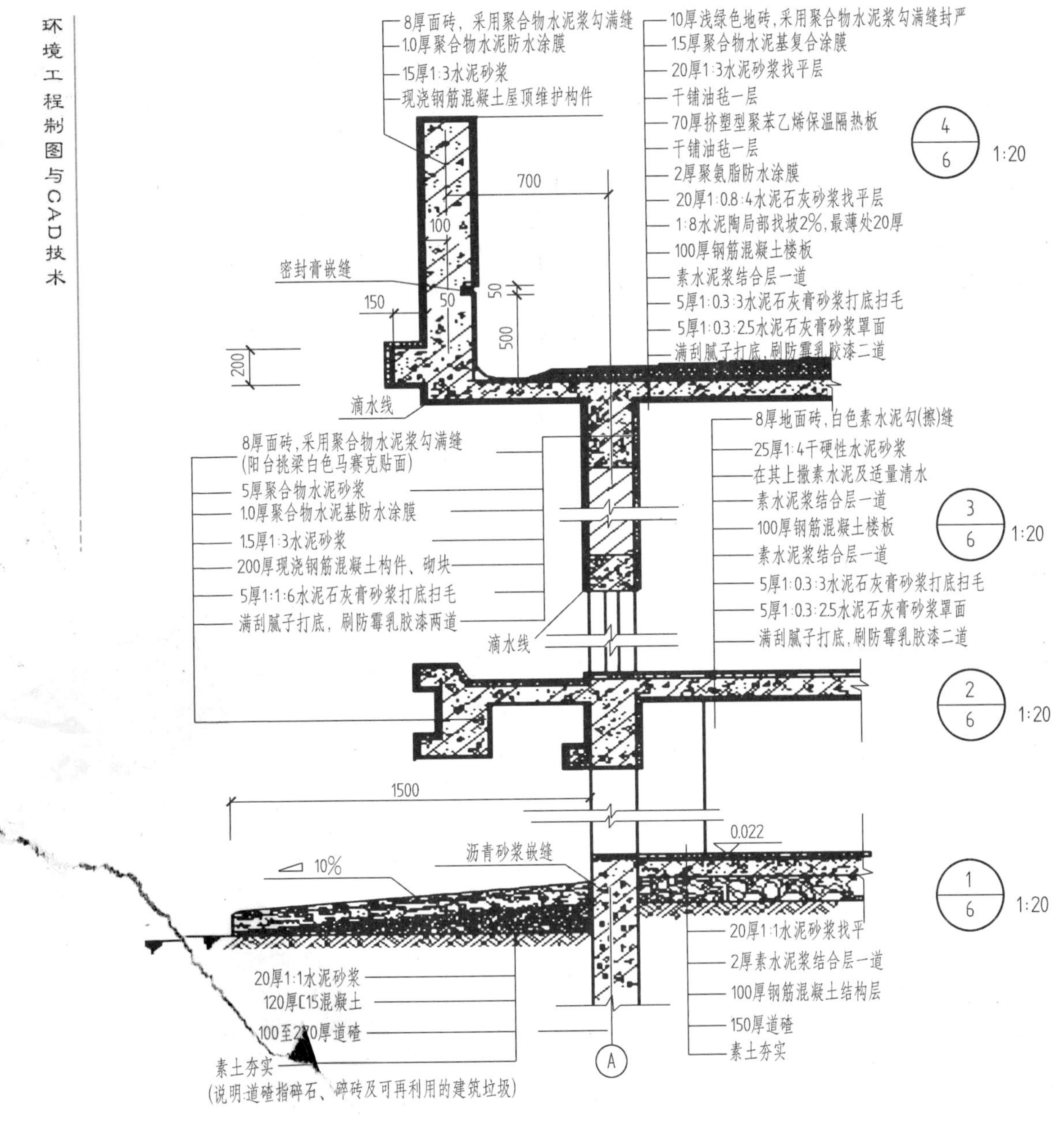

图 6-37　某住宅外墙节点详图

外墙详图表示外墙各部位的详细构造、材料做法及详细尺寸，如女儿墙、檐口、圈梁、过梁、墙厚、雨篷、阳台、防潮层、室内外地面、散水等。还要注明各部分的标高和详图索引符号。详图中注写了大量多层构造引出线，关于这些多层构造引出线的标注方法和顺序关系详见图 6－12 及其说明。

在图 6－37 中，我们看到的尺寸标注为建筑尺寸。建筑尺寸通常是指建筑物建设后的实际尺寸，如墙体抹灰、贴面后的尺寸，建筑物外形尺寸。

2. 外墙详图的阅读

阅读外墙详图时，首先应找到详图所表示的剖切部位，应与平面图、剖面图或立面图对应来看。

看图时要由下向上或由上向下阅读，一个节点一个节点地阅读，了解各部位的详细构造尺寸做法，并应与材料做法表核对，看其是否一致。

如图 6 – 37 所示，图中的详图索引符号“(1/6)(2/6)(3/6)(4/6)”分别表示外墙四个节点详图，下半圆圈里的数字为所在图纸编号，上半圆圈里的数字为详图节点编号，并分别与图6 – 32 剖面图上标注的详图索引相对应。

第一个节点是房屋内外地面、散水、架空层柱等部位，由图 6 – 37 中的(1/6)可以看到对各种用料的要求、各结构的形状及尺寸、施工做法(如“沥青砂浆嵌缝”等)。

第二个节点是架空层柱、标准层室内楼板、室外阳台承重构件、阳台的门窗等部位，由图 6 – 37 中的(2/6)可以看到对各种用料的要求、各结构的形状及尺寸、施工做法等。

第三个节点仍包含阳台上的门窗及门窗上的过梁(圈梁)、外墙内外用料及施工要求、外墙各层次的尺寸等，如图 6 – 37 的(3/6)所示。

第四个节点内容较多，仍包含有外墙内外用料及施工要求、外墙各层次的尺寸、屋面结构的用料及施工要求、屋面围护结构(女儿墙)的用料及施工要求等，如图 6 – 37 的(4/6)所示。

3. 外墙详图的画法

画外墙详图的方法与剖面图的画法基本相同。画轴线→画墙厚→定出室内外地面散水、窗台、过梁、圈梁等依次向上画齐。检查无误后即加深图线，标注尺寸、标高及文字说明等，如图 6 – 37 所示。详图各承重结构断面轮廓用粗实线绘制，墙内外整平层、各装饰层轮廓均用细实线绘制，其他结构对图线的要求与剖面图的画法基本相似。各层材料符号请参照国家标准《建筑材料图例》绘制及填充。本书第 7 章表 7 – 4 有部分介绍。

4. 外墙与飘窗节点构造

图 6 – 38 是外墙与飘窗节点构造详图，主要表达 A 轴线墙身上飘窗上下左右的节点构造及墙身与窗台细部的施工要求，同时表示了百叶窗里侧安放空调主机的位置构造。图 6 – 38 所示“1900”是窗的实际高度，而该图中使用折断处理所传达的意思是它不代表同一个楼层的飘窗而是标准层的组合。

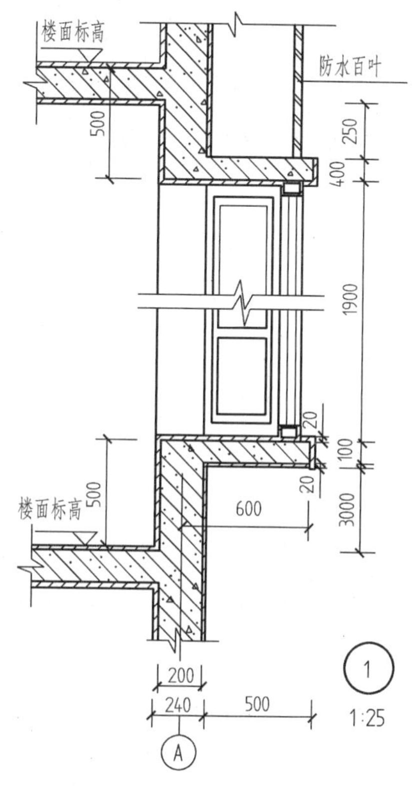

图 6-38　外墙与飘窗节点构造

6.7.3 有关过梁与圈梁知识

用于门窗上部，解决上部荷载传至门窗两侧而设置的承重构件，称为过梁。过梁两端压入墙的深度一般不少于 200 mm。在框架结构中，围绕在建筑物的内、外墙上连续设置的闭合连通的钢筋混凝土梁，称为圈梁。圈梁可以增强建筑物的刚性和整体性，所以圈梁有时可以代替过梁。

6.7.4 楼梯详图

楼梯在建筑物中作为楼层间的垂直交通设施，用于楼层之间和高差较大时的交通联系。七层以上的多层建筑和高层建筑均应设置电梯；在设有电梯、自动梯作为主要垂直交通工具的多层和高层建筑中也要设置楼梯。高层建筑尽管采用电梯作为主要垂直交通工具，但仍然要保留楼梯，供发生火灾或停电等突发事故时使用。从图 6 – 39 可以简单了解楼梯、电梯、台阶等设施。

(a) 楼梯

(b) 垂直升降电梯

(d) 自动扶梯

(e) 台阶

图 6-39 楼梯、电梯、台阶等

楼梯由连续梯级的梯段(又称梯跑)、平台(休息平台)和围护构件(栏杆扶手)三部分组成。楼梯的最低和最高一级踏步间的水平投影距离为梯长，梯级的总高为梯高，如图 6 – 40 所示。图 6 – 41 中，10 × 260 = 2600 为梯长；1450(9 等分)为梯高。

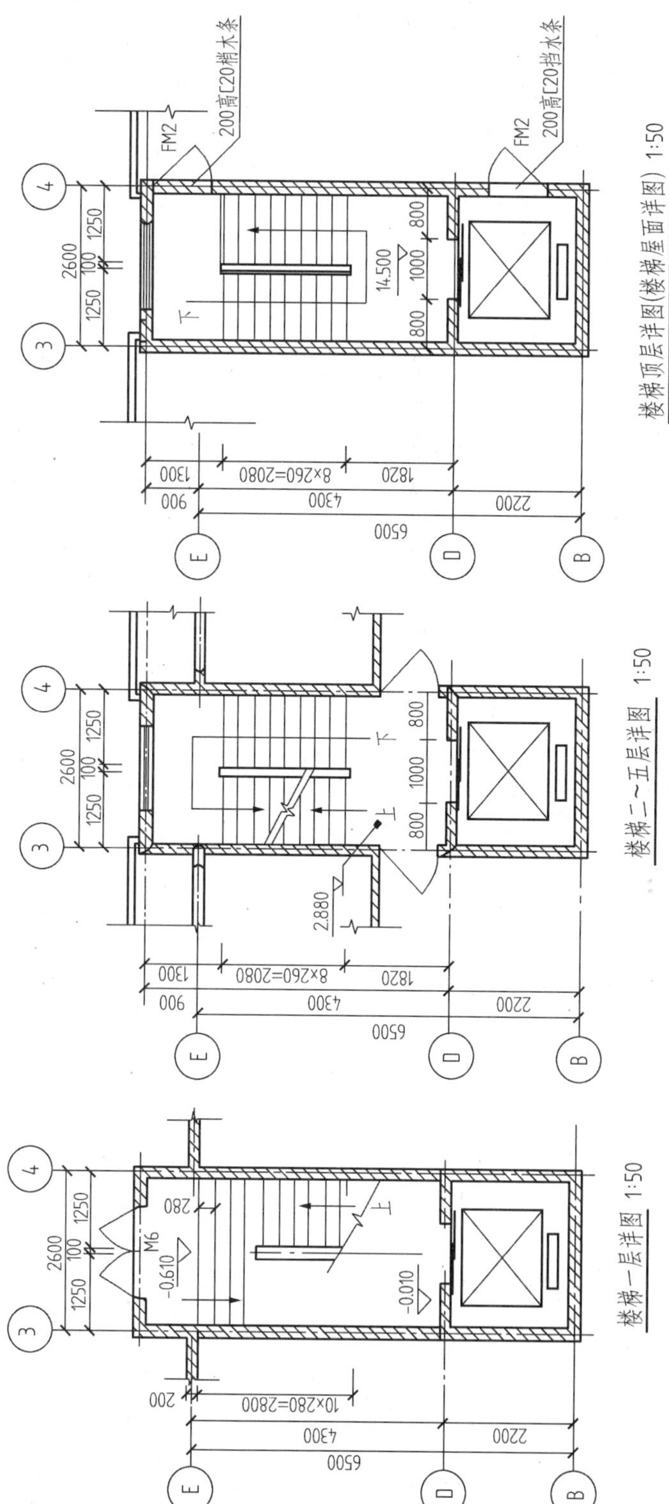
楼梯一层详图 1:50
楼梯二～五层详图 1:50
楼梯顶层详图(楼梯屋面详图) 1:50
FM2
200高C20挡水条
M6
-0.610
-0.010
2.880
14.500
2600
1250
100
800
1000
10×280=2800
8×260=2080
1820
1300
900
4300
2200
6500
200
280
上
下

图6-40 楼梯平面图

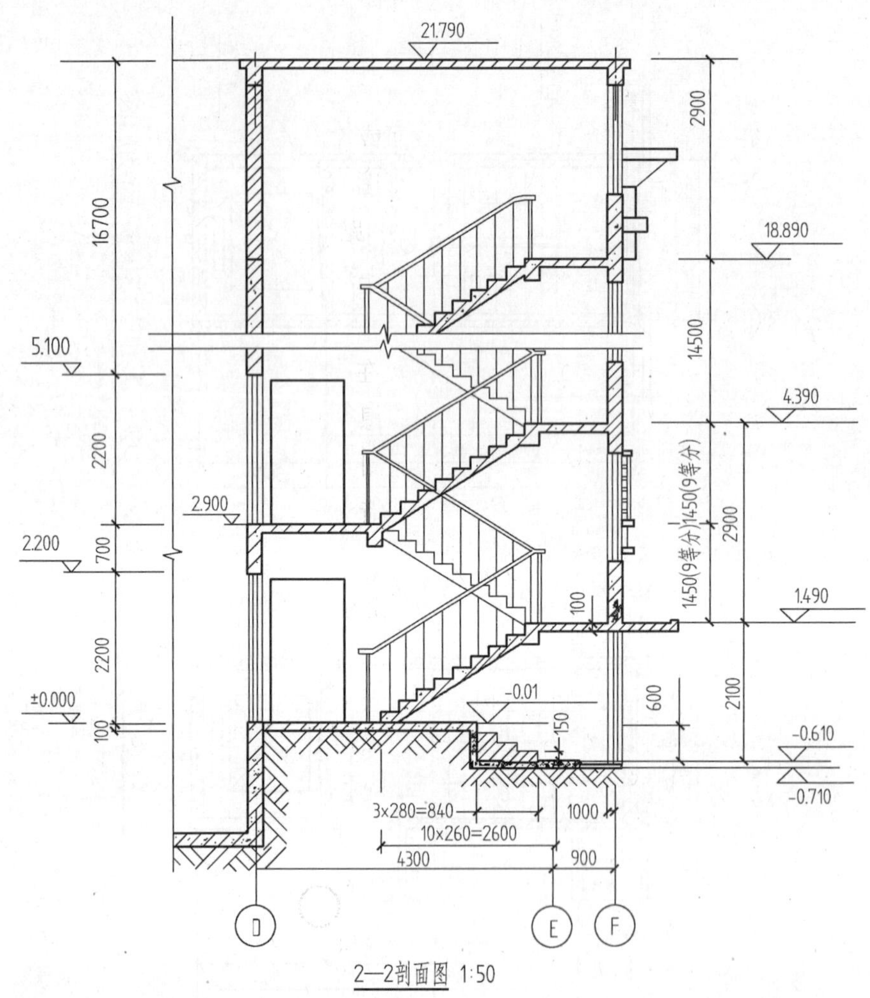

图 6-41　楼梯剖面详图

由于楼梯的构造一般都比较复杂，其各部分的尺度又比较小，在建筑平面图和建筑剖面图中很难将其表示清楚。因此，要用较大的比例画出详图，以满足设计和施工的需要。

楼梯详图就是楼梯间平面图（图 6－40）及剖面图（图 6－41）的放大图，为了满足工程上的需要，还要画出楼梯的一些节点局部详图，如楼梯的扶手、踏步的详图等。

1. 楼梯平面图

楼梯平面图和建筑平面图一样，也是水平剖面图。三层以上的房屋也要画出房屋底层楼梯平面图、房屋顶层楼梯平面图和中间层楼梯平面图，如图 6－40 所示。如果房屋中间各层楼梯都相同，只是标高不同时，就用一个标准层楼梯平面图来表示，如图 6－40 中的楼梯二～五层详图。

5.80 m。

由上例可知，在楼梯平面图上，楼梯梯段长为：

楼梯梯段长 = 踏步数 - 1 × 每个踏步宽

即图 6 - 40 中的“8 × 260 = 2080”。

在楼梯剖面图上，楼梯梯段高为：

楼梯梯段高 = 梯级数 × 每个踏步高

即图 6 - 41 中的“1450(9 等分)”。

在以上计算所得的各部分尺寸基础上开始绘图，具体步骤如下：

①先画楼梯间的定位轴线、墙厚、层高、休息平台高。

②画休息平台宽度及踏步总长，用斜线法或方格网法根据具体尺寸画踏面与踢面，如图 6 - 42 所示。

③根据结构尺寸画出楼梯梁大小、休息板厚度及休息板与踏步的交接。

④画栏杆(从踏步宽度中间向上引垂线，一般栏杆高为 900 mm)。

⑤检查无误后，按建筑剖面图的线型粗细要求加深图线：被剖断面轮廓为粗实线，其余可见轮廓为中实线，窗扇、尺寸等为细实线。

⑥加画剖面符号，标准尺寸数字及说明。

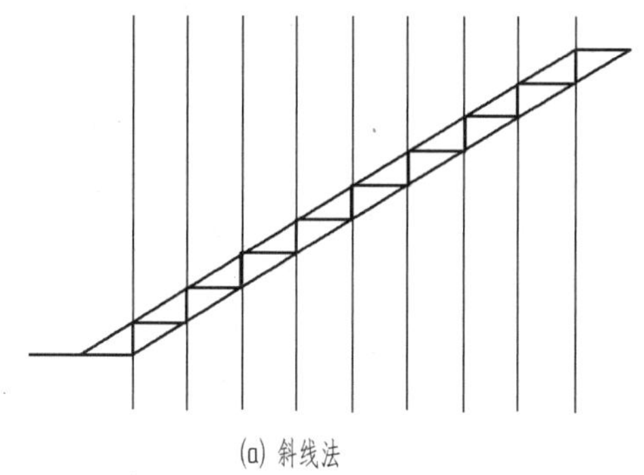

(a) 斜线法

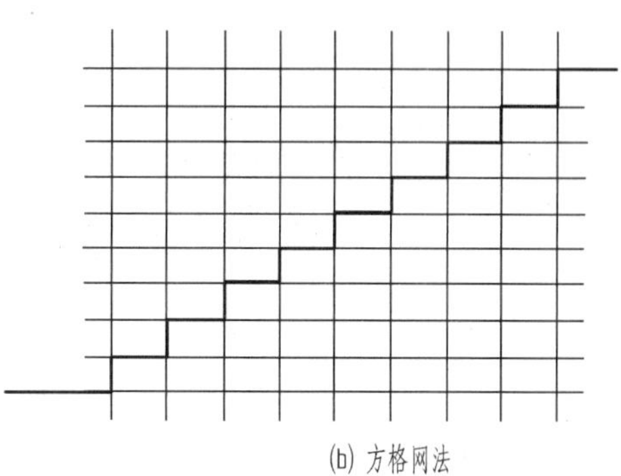

(b) 方格网法

图 6-42　楼梯踏面与踢面画法技巧

6.7.6　楼梯节点详图

图 6 - 43 是楼梯踏步、栏杆、扶手详图(大样)。因为楼梯的这些部位要求施工较精细，从预埋钢板施工到防滑条、扶手等都要求标注详细的尺寸。所以，详图上标注的尺寸称为“建筑尺寸”。因图 6 - 43 详图所用比例均比较大，而且有较多的文字说明，为读图带来方便，这里就不再详细分解。

绘图的基本要求与其他详图相同，详图符号及其有关规定可参考本章 6.2.3。

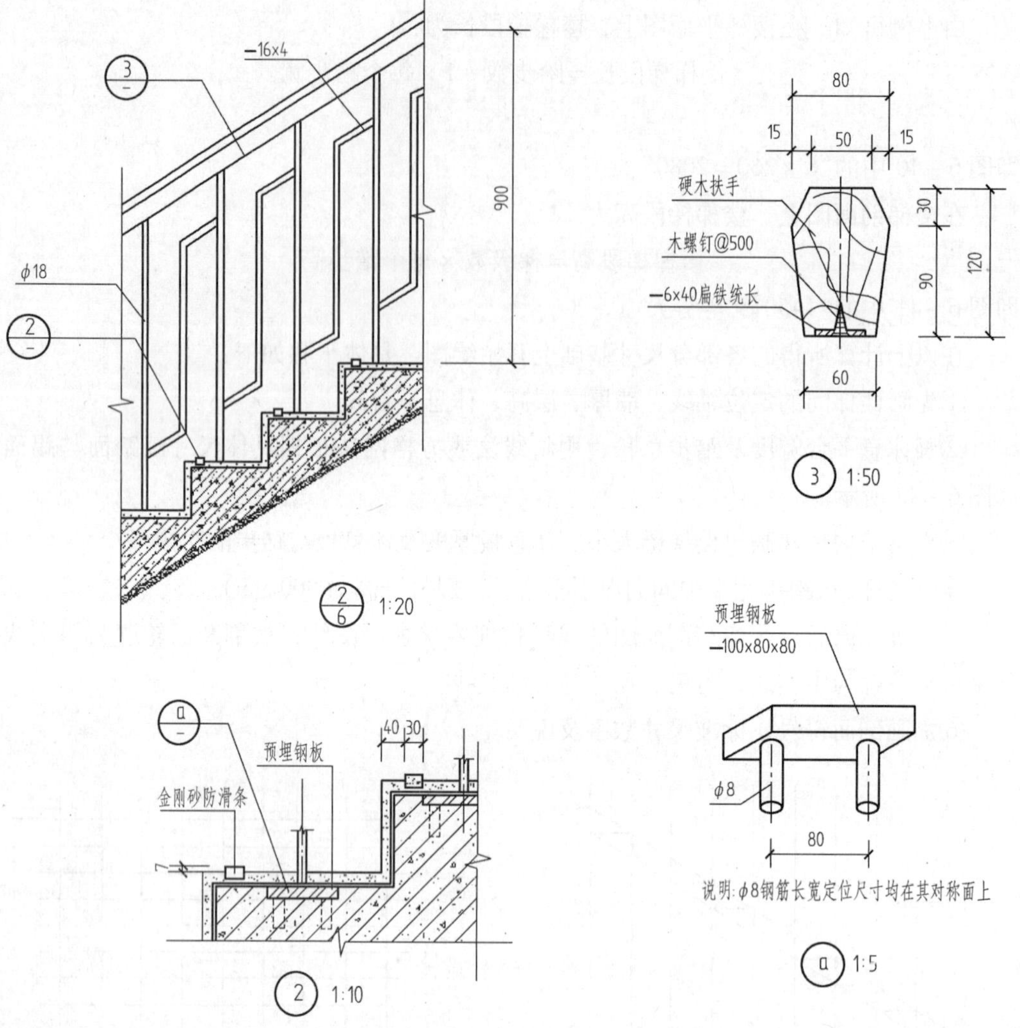

图 6-43 楼梯踏步、栏杆、扶手详图

6.7.7 楼梯详图的相关知识

常见的民用建筑楼梯适宜踏步尺寸如表 6－3 所示。

表 6－3 常见的民用建筑楼梯适宜踏步尺寸 mm

名称	住宅	学校、办公楼	剧院、食堂	医院	幼儿园
踢面高	156 ～ 175	140 ～ 160	120 ～ 150	150	120 ～ 150
踏面宽	250 ～ 300	280 ～ 340	300 ～ 350	300	

楼梯的构造形式很多，一般分为：

(1)整体式楼梯。现场浇筑的钢筋混凝土楼梯。

(2)装配式楼梯。有两种：踏步预制，现场安装；整个楼梯段预制现场安装。

(3)按楼梯梯段结构形式分为板式和梁板式。图 6－41、图 6－43 所示为板式。图 6－43 是某多层住宅楼梯详图，(2/6)见图 6－32。

(4)楼梯的特殊类型包括替代楼梯的自动扶梯和垂直升降电梯，如图 6－39b、图 6－39c 所示。

6.7.8 阳台详图

在建筑施工图的平面图、立面图、剖面图中所设计的阳台，是以结构设计为主的，标注的尺寸也属于结构尺寸。虽然在这个阶段要完成预埋件的施工，可是因绘图比例所限，在平面图、立面图、剖面图中仍无法表达出来，阳台护栏的设计与施工都会遇到类似问题。这就要求专门为阳台绘制更大比例的图，以方便设计、看图、施工。

阳台的结构除护栏为钢结构外，其余结构和包装，还有标注的规则等，与外墙节点、飘窗、楼梯踏步、栏杆、扶手基本一样。图 6－44 是楼梯踏步、栏杆、扶手详图，

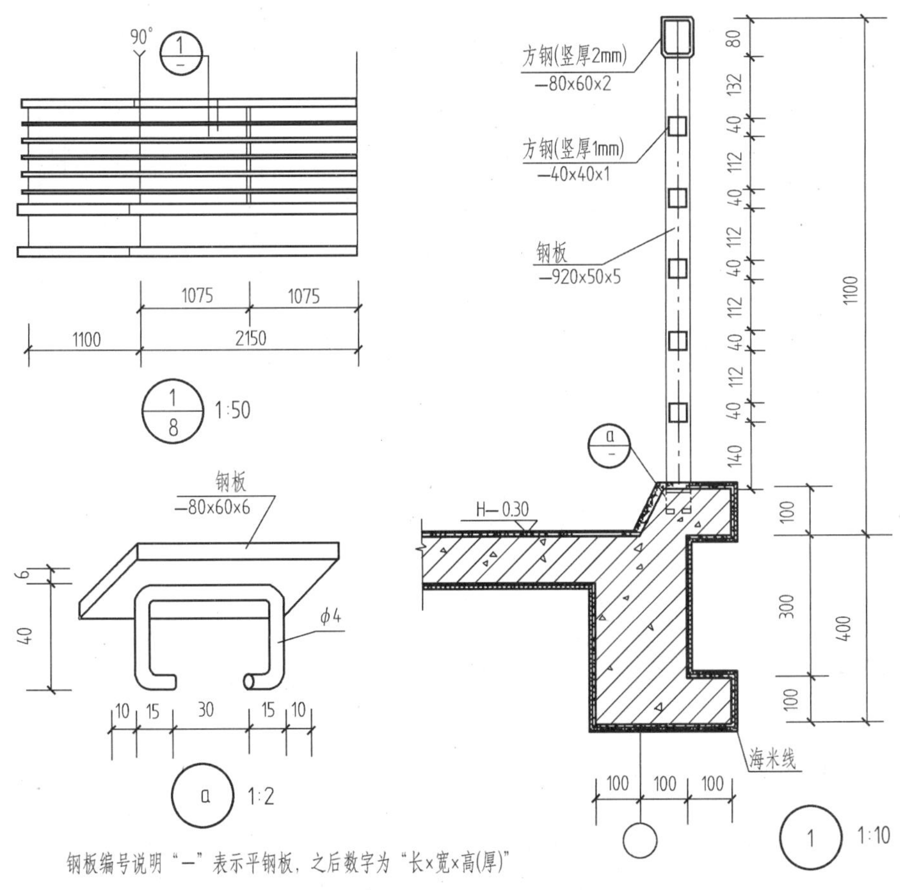

钢板编号说明"−"表示平钢板，之后数字为"长×宽×高(厚)"

图 6-44 阳台详图（阳台 3）

(1/6)见图 6－32。

说明：图 6－44 立面图上方“90°”标注，意味以此为基准；标注尺寸为“1100”长的护栏与标注尺寸为“2150”长的护栏相互垂直。

6.7.9 百叶窗详图

设计安装百叶窗是为使空调主机不外露，而且通风散热效果好，建筑物整体美观整洁。

图 6－45 是百叶窗详图，(3/8)见图 6－27。

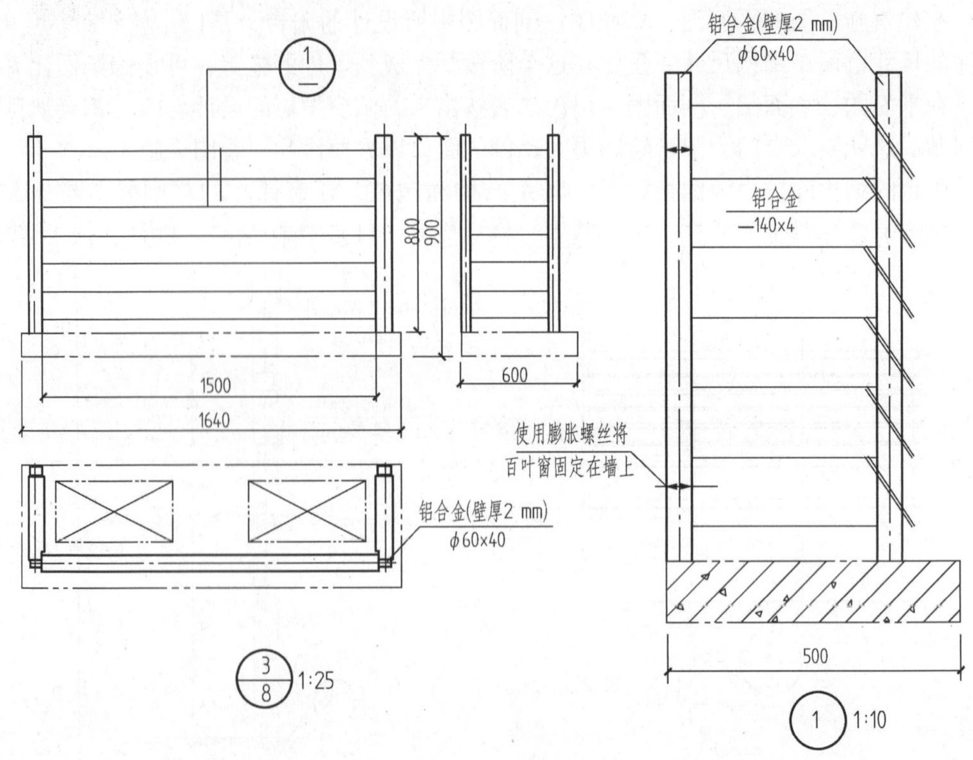

图 6-45 百叶窗详图

6.8 建筑施工图综述

建筑施工图的各种图样基本是按正投影法画的。有的是建筑物的外形图，有的是对房屋作假想剖切后的剖面图，运用这些外形图及剖面图可将一幢建筑的结构、轮廓清晰地表达出来。有些不详尽的部位，再画出它的各种详图。在图样中还运用了各种国家标准规定、代号、图例。所以，建筑工程图是有规律、有规格、有标准化要求的工程图纸。它是把投影原理应用到建筑物生产的图纸上，以此表达技术思想和建造房屋的图示语言。在学习中要掌握各种建筑施工图所表达的内容及图示特点，并注意各种建筑施工图之间的联结关系。在学习了建筑施工图以后，要综合起来研究建筑施工图的整体阅读及其绘制方法。

在综合阅读施工图之前，先要看图纸的总说明及图纸目录，然后再阅读图纸。对于小规模房屋的平面图、立面图、剖面图均可画在同一张图纸上。应保持“高平齐，长对正，宽相等”的投影关系。如果所画的建筑物体量很大，虽不能把平面图、立面图、剖面图画在同一张图纸上，但它们之间的投影关系、读图方法却仍然是不变的。所以，在阅读建筑施工平面图、立面图、剖面图时，按投影关系来分析就可概括地了解所表示房屋的总体形状和外貌，以及内部各房间的分布、联系，各部分的大小和相对位置等。

(1)了解整幢房屋的形状外貌。根据建筑施工平面图中各承重墙的定位轴线的编号与立面图上相应的定位轴线相对照，再根据施工平面图上的门窗位置与立面图上的门窗形状和位置相对照，再看各标注说明，就可以了解房屋的结构布局及外形。

(2)了解建筑物内部空间。可根据施工平面图上的各房间、楼梯、隔墙及其他设备的布置情况与剖面图中的相对位置、标高及尺寸关系相对照，就可了解及想像出房屋内部空间的组合关系。

(3)了解建筑物高度方向的结构关系。立面图的门、窗、檐口、阳台、雨篷等形状和位置与剖面图上相应部位对照，便可了解房屋各结构在高度方向的位置关系和它们的大小。

(4)了解建筑物细部的设计与施工。通过详图索引，认真阅读其详图，了解建筑物细部较复杂部位和特殊构造、装饰做法、配件的形状以及详细的尺寸。

这样对建筑物的形状、大小、构造、尺寸由外到内、由大到小就会有个全面的了解。

7 室内设计制图

7.1 室内设计制图常用规范

7.1.1 室内设计制图基础知识

室内设计是根据建筑内部空间的使用性质和所处环境，运用技术及艺术手段创造出功能合理、舒适美观，符合人的生理、心理需求，让用户心情愉快，便于生活、工作和学习的理想场所。

室内设计平面图、立面图、侧立面图等图纸，基本上是正投影图，按平行投影的投影原理生成。正投影图可以表达物体的形状大小，不会产生变形。

室内设计制图一般分三个阶段：第一阶段是绘制平面图、顶棚图、透视图；第二阶段是完善平面图、顶棚图，绘制立面展开图、详图；第三阶段是绘制家具图、灯具图，标注施工说明等。

在装饰设计中，1∶1 至 1∶20 的图比一般用于节点大样中，1∶50 至 1∶100 的图比一般用在平面图和顶棚图中，1∶10 至 1∶50 的图比一般用在立面图中。

1. 图纸的编排次序

遵循总体在先，底层在先、上层在后；平面图在先、立面图随后，依据总图索引指示顺序编排；材料表、门窗表、灯具表等备注通常放在整套图纸的尾部。

各专业的施工图应按图纸内容的主次关系系统排列。例如，基本图在前，详图在后；总体图在前，局部图在后；主要部分在前，次要部分在后；布置图在前，构件图在后；先施工的图在前，后施工的图在后等。

整套室内装饰设计工程图纸的编排次序一般为图纸目录、设计说明(或施工说明)、效果图、平面图、顶棚平面图、立面图、大样图等。如，住宅空间室内设计图纸目录编排顺序一般为平面图、地面材质图、顶棚图、客厅立面图、餐厅立面图、卧室主立面图、儿童房图等。

2. 设计说明书

设计说明书通常应包括方案的总体构思、装饰的风格、主要用材和技术措施等。装饰设计说明的表现形式，有单纯以文字表达的，也有用图文结合的形式表达的。

3. 施工说明书

施工说明书用以说明施工图设计中未表明的部分以及设计对施工方法、质量的要求等。

4. 识读图应注意的问题

识读施工图时，必须掌握正确的识读方法和步骤。具体步骤包括：总体了解，顺序识读，前后对照，重点细读。

①总体了解。先看目录、总平面图和施工总说明，以便大致了解工程的概况，如工程设计单位、建设单位、周围环境、施工技术要求等。对照目录检查图纸是否齐全，采用了哪些标准图并准备齐这些标准图。然后看建筑平面图、立面图、剖面图，大体上想像一下建筑物的立体形像及内部布置。

②顺序识读。总体了解建筑物的情况后，根据施工的先后顺序，从基础、墙体(或柱)、结构平面布置、建筑构造及装修的顺序，仔细阅读有关图纸。

③前后对照。读图时，要注意平面图、剖面图对照着读，建筑施工图和结构施工图对照着读，土建施工图与设备施工图对照着读，做到对整个工程施工情况及技术要求心中有数。

④重点细读。识读一张图纸时，应按由外向里看、由大到小看、由粗至细看、图样与说明交替看、有关图纸对照看的方法，重点看轴线及各种尺寸关系。

7.1.2 装饰设计制图的常用图例

在使用制图图例时，应遵循以下几点规定：

(1)图例线一般用细线表示，线形间隔要匀称，疏密适度。

(2)在图例中表达同类材料的不同品种时，应在图中附加必要说明。

(3)若因图形小无法用图例表达，可采用其他方式说明。

(4)需要自编图例时，编制的方法可按已设定的比例以简化的方式画出所示实物的轮廓线或剖面，必要时辅以文字说明，以避免与其他图例混淆。

1. 图线的规范(相同图例相接时的画法)

图线的宽度为 b，应根据图样的复杂程度和图纸比例按《房屋建筑制图统一标准》(GB/T 50001—2001)中的规定使用。每个图样应根据其复杂程度与比例大小先确定线宽 b。线宽 b 通常为0.18，0.25，0.35，0.5，0.7，1.0，1.4，2.0。建筑装饰装修工程设计制图采用的各种图线应符合表7－1的规定。

表7-1 图线规范

名称	线型	线宽	用途
粗实线	————	b	(1)平面图、顶棚图、立面图、详图中被剖切的主要建筑构件（包括构配件）的轮廓线 (2)平面图、立面图、剖面图的符号 (3)室内立面的外轮廓线
中实线	————	0.5b	(1)平面图、顶棚图、立面图、详图中被剖切的次要建筑构件（包括构配件）的轮廓线 (2)立面图中主要构件的轮廓线
细实线	————	0.25b	(1)平面图、顶棚图、立面图、详图中一般构件的图形线 (2)尺寸线、图例线、索引符号、详图符号、引出线等
超细实线	————	0.15b	(1)平面图、顶棚图、立面图、详图中细部润饰线 (2)平面图、顶棚图、立面图、详图中配景图线
中虚线	- - - - - -	0.5b	平面图、天花图、立面图、详图中不可见的轮廓线、灯带等
细虚线	- - - - - -	0.25b	平面图、顶棚图、立面图、详图中不可见的一般构件图形线
细单点长画线	—— - —— - ——	0.25b	中心线、对称线、定位细线
折断线	——\/——	0.25b	不需要画全的断开界线

2. 表示空间、物体的符号

通过文字、数字、字母、符号可以让图纸更清晰地表现和说明图纸内容。表7-2为常见的图纸空间字母符号及其说明，表7-3为图纸中标记符号的说明。

表7-2 空间字母符号的说明

代码	说明	代码	说明
L	表示客厅	AW	铝制窗
D	表示餐厅	AD	铝制门
K	表示厨房	ADW	铝制门窗
BRm	表示卧室	WW	木制窗
Ba	表示浴室	WD	木制门
ELV	表示电梯	SW	不锈钢制窗
E.S	表示扶手电梯	SD	不锈钢制门

表7－3　标记符号的说明

记号	说明	记号	说明
经理室	室名表示（文字记入方格内）	FL	地坪线
4 SW	4 SW 门窗号（第4号） 门窗种类代码	C.H	表示天花板高度，如CH=2500
2 —	2 — 详图编号 被索引详图在本张图纸上	@	表示固定间隔或间距，如@=500
2 3	2 3 详图编号 被索引详图在3号图纸上	A B C D	表示地坪升降，如-100
	表示地坪升降，如-100	B	立面图号，表示B向立面图
R	表示半径，如R=100	ϕ	表示直径，如ϕ=100

3. 建筑装饰材料图例

表7－4是比较常见的建筑装饰材料图例。需要注意同类材料不同品种使用同一图例时，应在图上说明或者把图例线画成不同的方向，如石材、木材、金属等。

表7－4　建筑装饰材料图例

名称	图例		名称	图例	
钢筋混凝土			水泥砂浆		
砖墙			玻璃		
木造墙			夯土		
壁板			夹板		
木材			木心板		
瓷砖			石材		

4. 管线设备图例

在室内设计制图中，水电工程是隐蔽工程项目，需要在施工前设计好线路的走向和安装位置，并在图纸上绘制出来。常用的装饰设备图例见表7－5、表7－6、表7－7。

表7－5　建筑装饰设备端口的图例

名称	图例	名称	图例
圆形散流器		普通插座	
方形散流器		单相三极带开关防溅插座	
条形送风口		电话插座	TP
条型回风口		电视插座	TV
排气扇		单控单联翘板开关	
烟囱	S	单控双联翘板开关	
喷淋		单控三联翘板开关	
可视对讲分机		双控单联翘板开关	
地面插座		双控双联翘板开关	

表7－6　装饰灯具的图例

名称	图例	名称	图例
壁灯		单管格栅灯	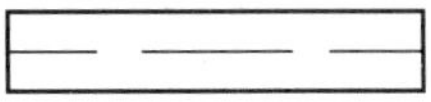
筒灯		双管格栅灯	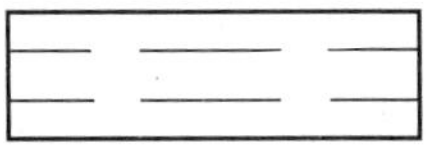
射灯		三管格栅灯	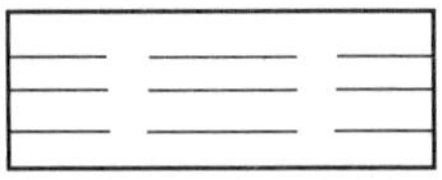
防水防尘灯		暗藏灯带	
吸顶灯		浴霸	
装饰花灯		方型日光灯	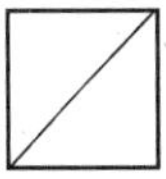
轨道射灯	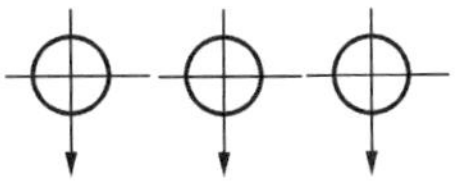	暗藏筒灯	

表7－7　卫生间设备的图例

名称	图例	名称	图例
木盆	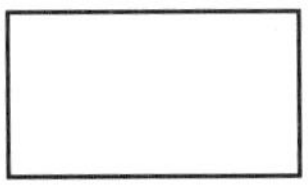	浴盆	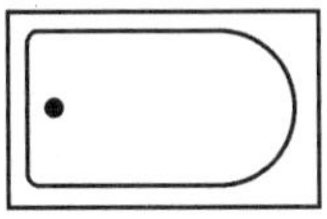
洗脸盆	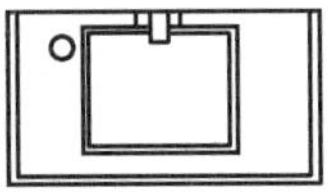	淋浴房	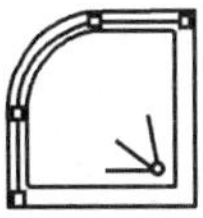
地漏		马桶	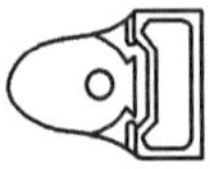

5. 门窗及家具图例

室内空间的门窗种类很多，其开启方式和材料不同，图例表示也不一样。常见的门有单开门、单推门、双开门、旋转门、折叠门、推拉门等。窗的开启形式跟门一样，见表7－8。

家具的图例见表7－9。

表7－8 门窗的图例

名称	图例	名称	图例
单开门		单推门	
双开门		拉藏门	
双开 180°自由门		推拉门	
旋转门		两开窗	
折叠门		三开窗	

表7－9 家具的图例

名称	图例	名称	图例
单人沙发		餐桌、椅子	
三人沙发		床	
茶几		高柜	
矮柜		衣柜	

7.2 室内家具设计

7.2.1 家具设计的基础知识

家具包括住宅空间家具、办公空间家具、展览空间家具等。家具是人们日常生活中必不可少的用具，为学习、工作、休息、聚会等活动提供设备。家具的尺寸与人体的生理结构和人的行为有密切关系，根据人体工程学原理设计的家具能满足人类生活各种行为的需要，降低人体完成各种动作的消耗。我国成年男性的平均身高为 1.67m，女性的平均身高为 1.56 m。国家在 2015 年也发布了最完整的家具尺寸。

7.2.2 室内家具种类及常见尺寸

在室内设计中，我们可以把家具分为沙发、桌类、柜类、椅类家具等。

1. 沙发

沙发的种类较多，一般分为单人沙发、双人沙发、三人沙发、四人沙发。在住宅空间和公共空间的会客及休息空间都离不开沙发。沙发在设计构图形式上多采用对称、非对称的自由式布置。沙发的常见尺寸如下(单位：cm)：

(1)单人式。长度 80～95，深度 85～90；坐垫高 35～42；背高 70～90。

(2)双人式。长度 126～150；深度 80～90。

(3)三人式。长度 175～196；深度 80～90。

(4)四人式。长度 232～252；深度 80～90。

2. 桌类

桌类家具在生活、学习、工作中必不可少。桌类家具按其使用功能分为办公桌、接待桌、餐桌、茶桌、咖啡桌、会议桌、折叠桌等，其形状大多为方形、矩形、圆形、L 形等，制作材料一般为木、人造板、铁、铝合金等。桌类的常见尺寸如下(单位：cm)：

(1)书桌。

固定式：深度 45～70(60 最佳)，高度 75。

活动式：深度 65～80，高度 75～78。

书桌下缘离地至少 58；长度最少 90(150～180 最佳)。

(2)餐桌：高度 75～78(一般)，西式高度 68～72；一般方桌宽度 120、90、75；长方桌宽度 80、90、105、120，长度 150、165、180、210、240。圆桌直径：二人 50，三人 80，四人 90，五人 110，六人 110～125，八人 130，十人 150，十二人 180。方餐桌尺寸：二人 70×85，四人 135×85，八人 225×85。

3. 柜类

柜类家具可分为高体柜和低体柜，包括大衣柜、小衣柜、高脚学习柜、档案柜、酒柜、餐柜、吊柜、矮柜等。柜类家具造型比较简洁，实用性较强，柜内格局的设置与储存物品的大小有关。柜类的常见尺寸如下(单位：cm)：

（1）衣橱。深度一般60～65；推拉门70，衣橱门宽度40～65。

（2）矮柜。深度35～45，柜门宽度30～60。

（3）电视柜。深度45～60，高度60～70。

（4）书架。深度25～40（每一格），长度60～120；下大上小型下方深度35～45，高度80～90。

（5）活动未及顶高柜。深度45，高度180～200。

4. 椅类

椅类家具是人们工作、学习、休息、就餐时不可缺少的家具，主要有餐椅、会议椅、躺椅等。根据其材料又可分为木椅、不锈钢椅、塑料椅等。常见的椅类尺寸如下（单位：cm）：

（1）餐椅。高45～50。

（2）酒吧凳。高60～75。

5. 其他

除了上述家具外，还有床、门、窗帘盒等，其尺寸如下（单位：cm）：

（1）单人床。宽度90、105、120，长度180、186、200、210。

（2）双人床。宽度135、150、180，长度180、186、200、210。

（3）圆床。直径186、212.5、242.4（常用）。

（4）室内门。宽度80～95（医院120），高度190、200、210、220、240。

（5）厕所、厨房门。宽度80、90；高度190、200、210。

（6）窗帘盒。高度12～18；深度：单层布12，双层布16～18（实际尺寸）。

7.2.3 家具的绘制

本节讲述几款主要家具的绘制，并制作成图块，以便在以后的平面布置中调用。在计算机上用AutoCAD软件绘制家具的操作见本书第4章。

1. 双人床的绘制

绘制如图7－1所示的双人床。

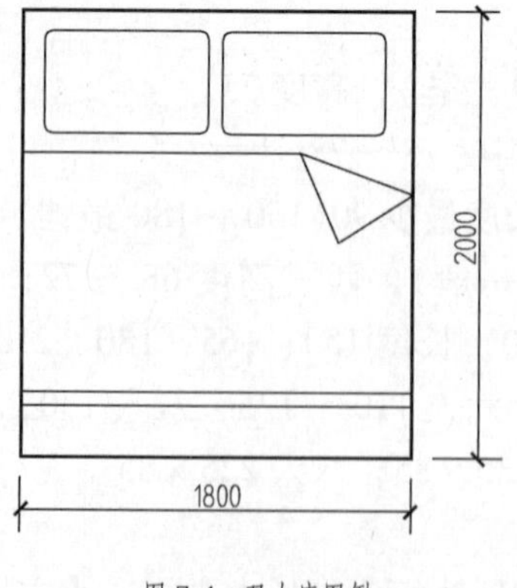

图7-1 双人床图例

操作步骤：

①绘制 1800×2000 的床，如图 7－2 所示。单击 AutoCAD 主窗口绘图工具栏中的“矩形”按钮，鼠标左键在绘图窗口中任意点击一下，再输入“@1800，2000”。

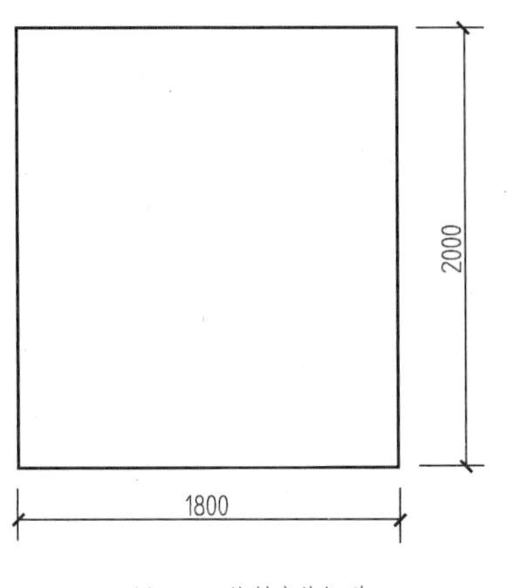

图 7-2 绘制床的矩形

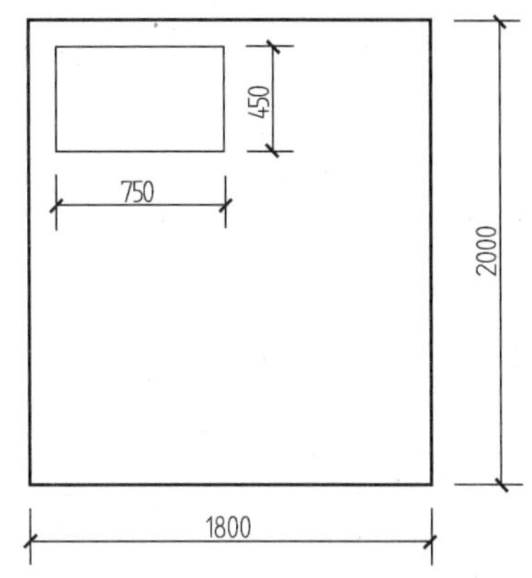

图 7-3 绘制枕头的矩形

②绘制 450×750 的枕头。单击绘图工具中的“矩形”按钮，鼠标左键在床框上方位置点击一下，再输入“@750，450”绘制完一个矩形，如图 7－3 所示。单击修改工具中的“圆角”按钮，圆角 R 设为 50，再点击矩形。单击修改工具中的“复制”按钮，复制一个圆角矩形，如图 7－4 所示。

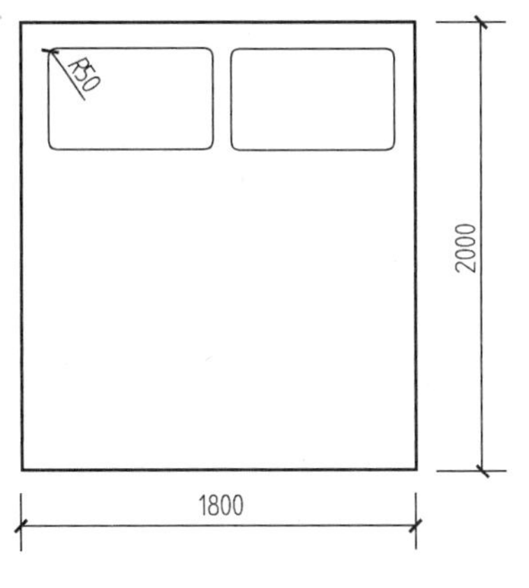

图 7-4 绘制枕头的圆角矩形

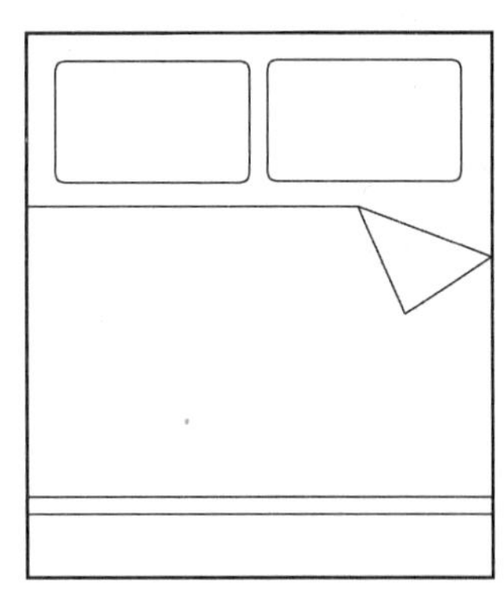
图 7-5 直线绘制被单

③绘制被单。单击绘图工具中的“直线”按钮，打开对象捕捉(F3)，完成被单的绘制，如图 7－5 所示。

2. 餐桌的绘制

绘制如图 7－6 所示的圆形餐桌。

操作步骤：

①绘制 Φ1200 的圆桌，如图 7－7 所示。单击绘图工具中的“圆”按钮，输入半径 600 mm。

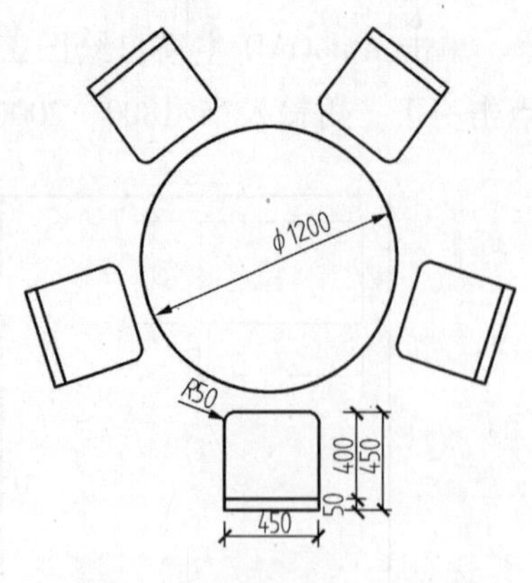

图 7-6　圆形餐桌椅的图例

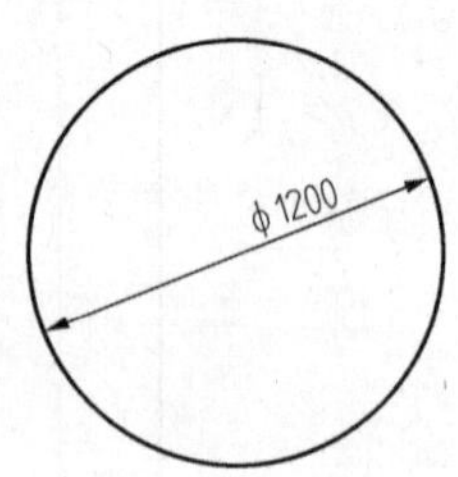

图 7-7　圆桌的绘制

②绘制 450 mm × 450 mm 的餐椅，如图 7 – 8 所示。单击绘图工具中的“矩形”按钮，输入“@ 450，450”，完成矩形的绘制。再单击修改工具中的“圆角”按钮，圆角半径设为 50 mm，完成椅子的修改，如图 7 – 9 所示。绘制椅子靠背：单击修改工具中的“分解”按钮~，选择已画出的椅子矩形；单击修改工具中的“偏移”按钮，偏移值设为 50，完成椅子靠背的绘制，如图 7 – 10 所示。

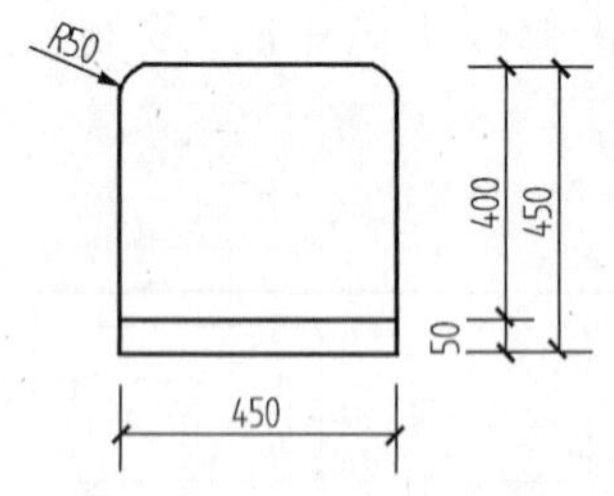

图 7-8　餐椅的尺寸

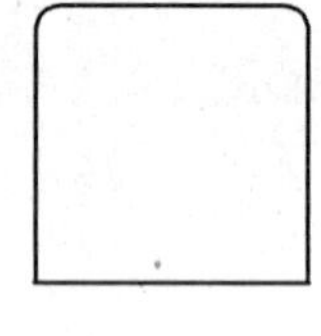

图 7-9　餐椅的矩形

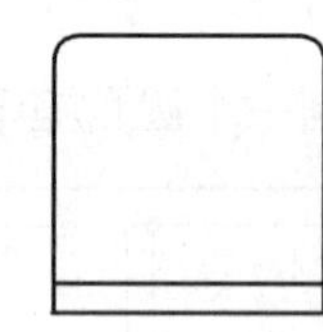

图 7-10　餐椅的靠背

③绘制剩下的 4 张椅子，如图 7 – 11 所示。单击修改菜单中的“阵列”按钮，选择“环形阵列”按钮，如图 7 – 12 所示。设置相应的参数：选择餐椅，设置圆桌的圆心为中心点，餐椅数量设为 5，设置餐椅旋转角度为 360°，完成所有餐椅的绘制，如图 7 – 13 所示。

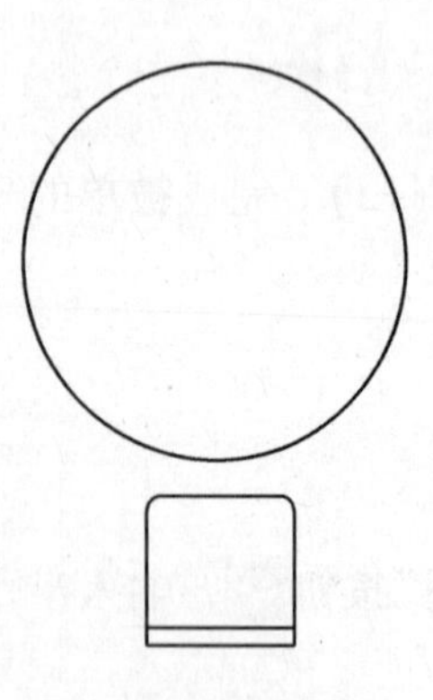

图 7-11　餐桌和餐椅

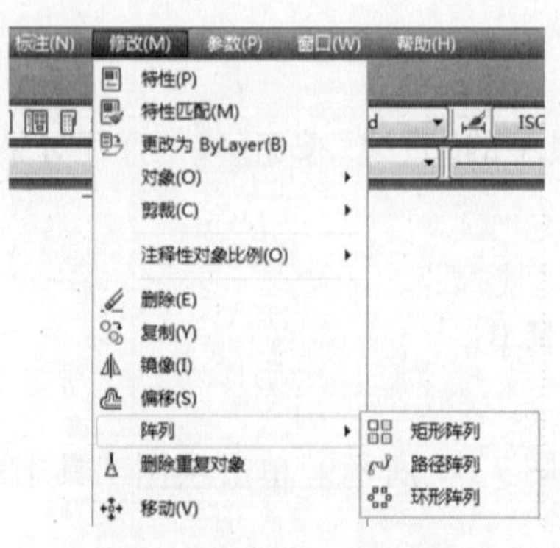

图 7-12　环形阵列的选择

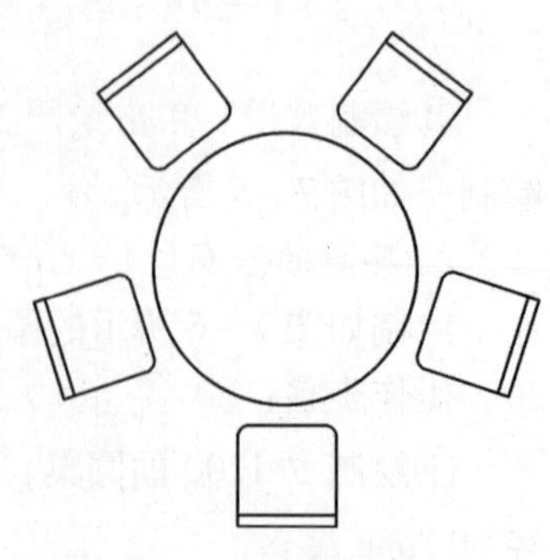

图 7-13　剩下餐椅的绘制

3. 家具图块的制作

把已绘制好的双人床和餐桌椅作为素材进行保存的主要命令：图块（图块概念和操作方法与操作步骤见第4章4.9节）。

注意：绘图菜单“块”→“创建块”（或命令行输入“B”），此时创建的块只能保持在当前文件内，是内部图块。如果希望保持在文件夹下面，可以在命令行输入“W”，写入外部块（Wblock），这样就可以在其他的dwg文件中使用。

具体步骤如下：

①命令行输入“W”弹出如图7－14所示的“写块”对话框。“写块”面板的设置与“块定义”对话框不同的地方在于“文件名和路径”，需要设定保存在目标文件夹下的路径。

图7-14 “写块”对话框

②插入块。点击插入菜单“块”弹出如图7－15所示“插入”对话框。在“插入”对话框中点击“浏览”，找到保存外部块的路径，选择“双人床”并点击“打开”。在绘图工作区用鼠标左键点击完成外部块的插入。

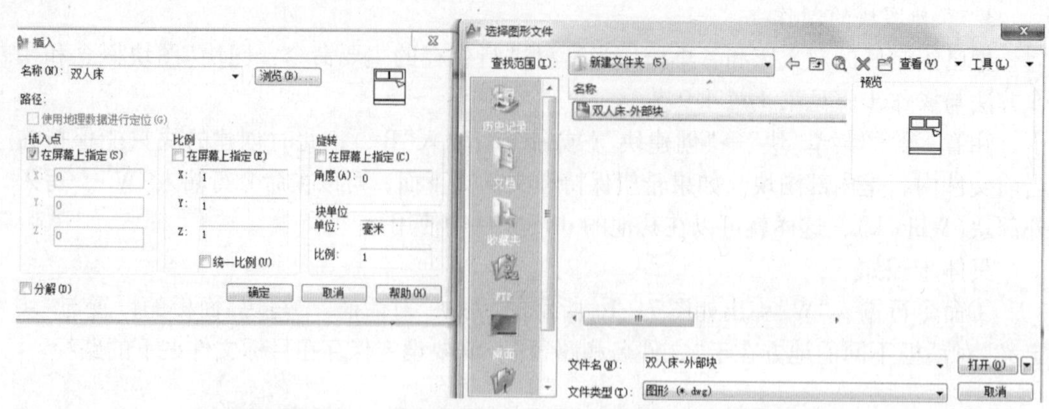

图 7-15 插入"外部块"的面板

4. 打开系统的图块素材

有两种方法调入系统图块素材。

方法一：

单击工具菜单"选项板"→"工具选修板"弹出面板，如图 7－16、图 7－17 所示。

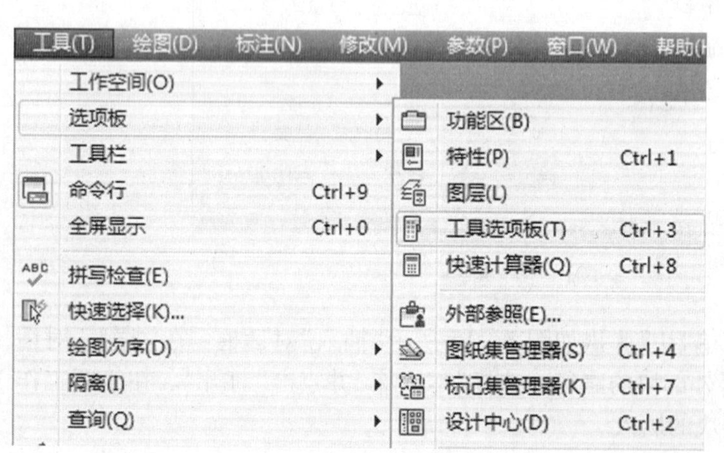

图 7-16 工具→工具选项板

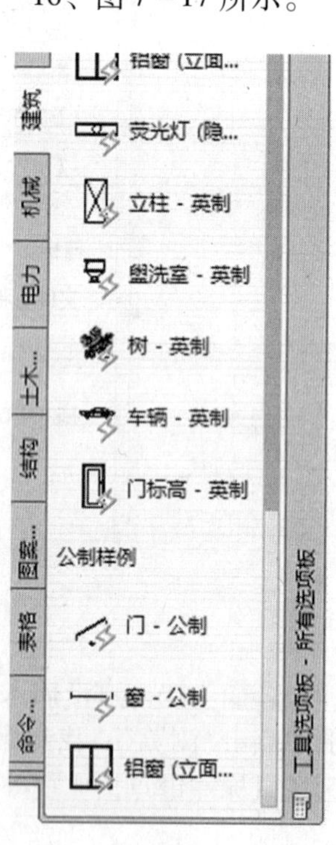

图 7-17 工具选项板→建筑

在"工具选项板"面板下用鼠标左键点击"建筑"，点击选中的图例如"盥洗室"，按住鼠标左键不放一直拖到绘图工作区后松开鼠标左键，插入结果如图 7－18 所示。

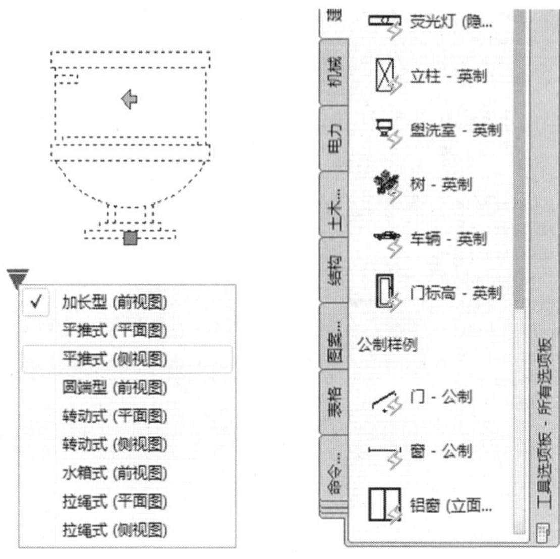

图 7-18 "工具选项板"自带素材

用鼠标左键点击图块，显示蓝色的三角形下料箭头，用鼠标左键点击，可进行视图的调整。

方法二：

单击工具菜单"选项板"→"设计中心"弹出"设计中心"面板，如图 7－19 所示。在该面板左侧文件夹列表中找到"DesignCenter"/"Home － Space Planner. dwg"或"House － Designer. dwg"，在右侧的面板找到想要的图例，并用鼠标左键双击，如图 7－20 所示。用鼠标左键点击选中图例如餐桌并拖到绘图工作区松开鼠标左键，完成系统自带图例的插入。

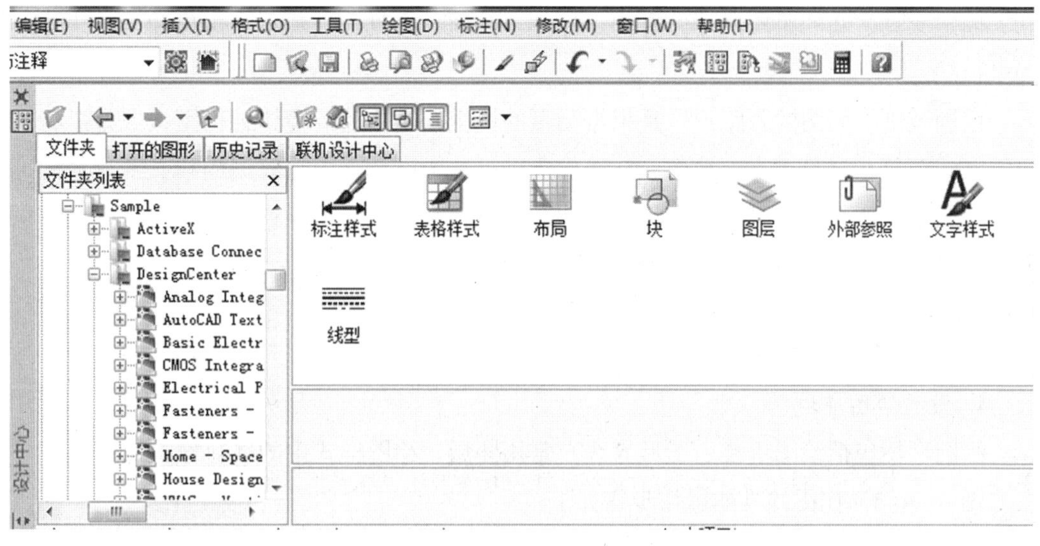

图 7-19 "设计中心"面板

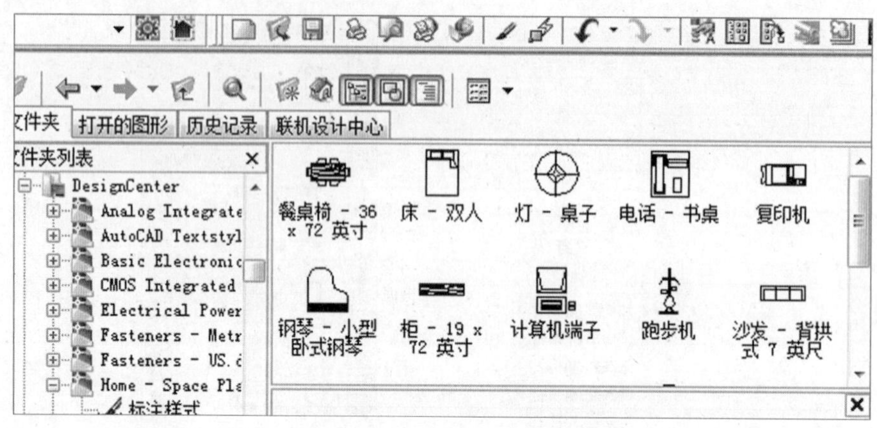

图 7-20 "设计中心"面板自带的图例

7.3 装饰平面图

7.3.1 装饰平面图的基础知识

假想一个水平剖切平面沿门窗洞的位置把整个房屋剖开，并揭去上面部分，然后在水平投影面上的正投影，称为平面图。

建筑设计平面图主要表明室内各房间的位置，表现室内空间的交通关系；一般不表示详细的家具、陈设、铺地的布置。

室内设计施工图的平面图还需要标注有关设施的定位尺寸，这些尺寸包括固定隔断、固定家具之间的距离尺寸，有的还标注了铺地、家具、景观小品等尺寸，称之为装饰平面图。

绘制装饰平面图的思路：一是根据测量的数据绘制户型的墙体结构图；二是进行室内家具的布置；三是对室内地面、柱等构造进行装饰设计，用材料图例和文字注释的形式进行表现；四是标注必要的文字，说明所选材料及装修要求等；五是标注尺寸及室内墙面的投影符号等。

7.3.2 绘制装饰平面图

1. 设置绘图环境

绘图环境包括绘图单位、图形界线、常用图层、绘图样式中的墙窗样式等。

用 AutoCAD 作图的具体操作步骤如下：

①设置绘图单位。打开 AutoCAD 进入绘图界面，单击菜单"格式"→"单位"命令，或

者在命令行中输入“UN”，在弹出的“图形单位”对话框中设置“长度・类型”为“小数”，“长度・精度”为“0”，单位为“毫米”，设置好后单击“确定”按钮，如图 7－21 所示。

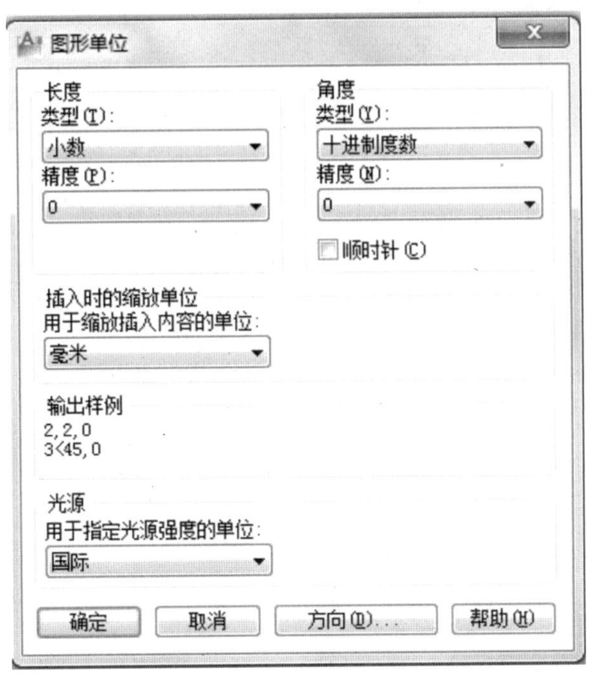

图 7-21 “图形单位”对话框

②设置图形界限。单击“格式”菜单→“图形界限”命令，或者在命令行中输入“limits”，设置作图区域，如图 7－22 所示。

```
命令: '_limits
重新设置模型空间界限:
指定左下角点或 [开(ON)/关(OFF)] <0.0000,0.0000>:

指定右上角点 <420.0000,297.0000>: 59400,42000
```

图 7-22 图形界限的设置

注意:

(a)当命令行提示“指定左下角点”时按键盘 Enter 键。命令行提示“指定右上角点”时输入“59400，42000”，按键盘 Enter 键结束。

(b)单击“视图”菜单栏→“缩放”→“全部”命令，将设置的图形界限最大化显示。

③设置常用的图层和线型。单击“格式”菜单→“图层”命令，或者在命令行中输入“la”打开“图层特性管理器”对话框，如图 7－23 所示。在“图层特性管理器”对话框中点击“新建图层”按钮，建立“定位轴线”“墙”“门窗”“标注”“填充材质”“家具”“文字”等图层，图层的线型、线宽设置见图 7－24。

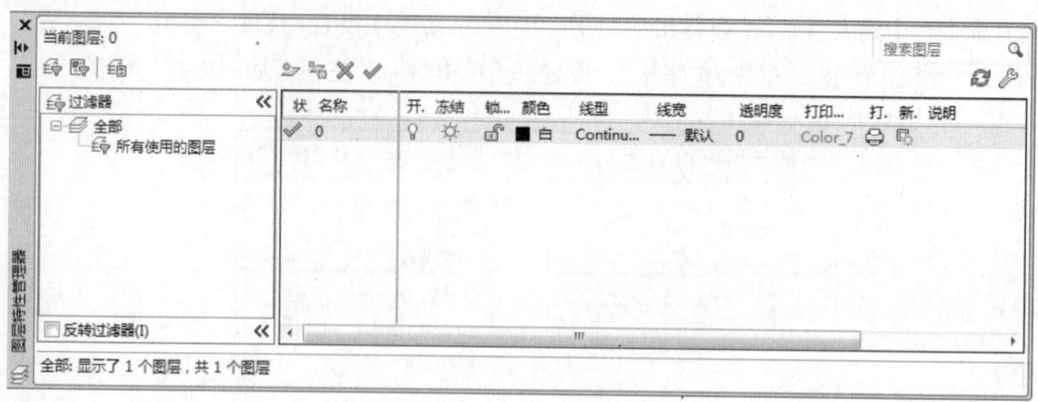

图 7-23 “图层特性管理器”对话框

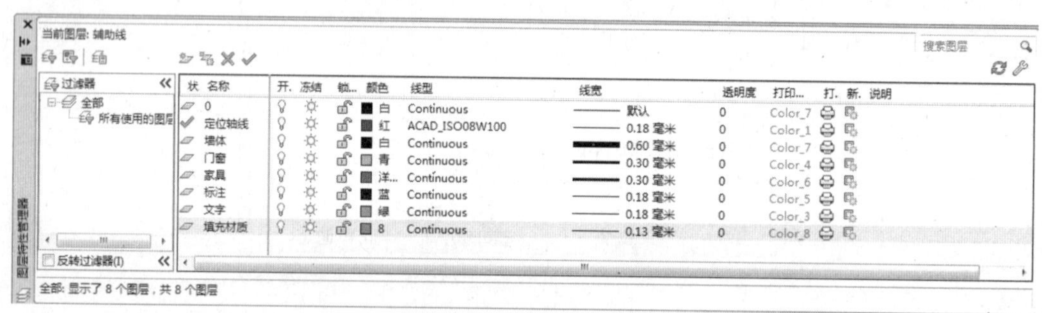

图 7-24 新建图层及线型的设置

注意：

(a)“定位轴线”层为点画线，需要对线型进行加载，具体操作是：用鼠标左键点击“定位轴线”层的线型弹出如图 7－25 所示的“选择线型”对话框，单击“加载”按钮，弹出“加载或重载线型”对话框，如图 7－26 所示，选择点画线，点击“确定”按钮。

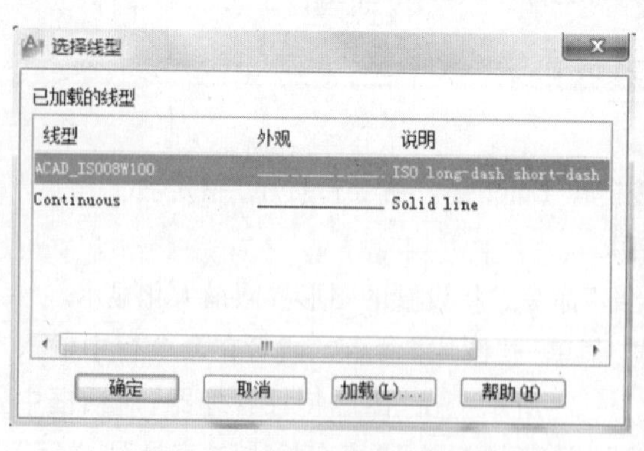

图 7-25 “选择线型”对话框

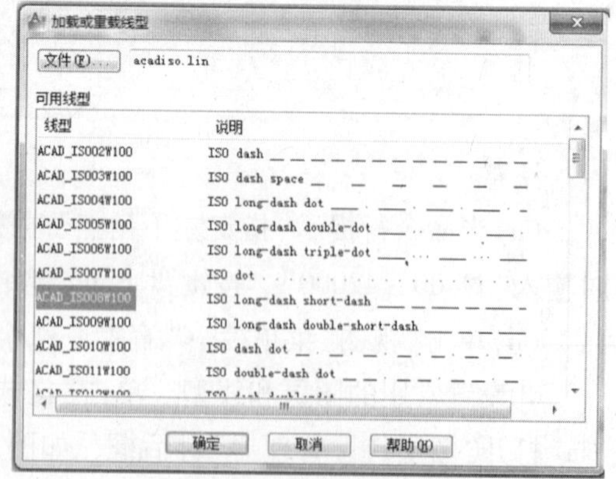

图 7-26 “加载或重载线型”对话框

(b)在“选择线型”对话框选择刚加载的“点画线”线型并单击“确定”按钮，将加载

的线型给“定位轴线”层，如图 7－26 所示。

(c) 如点画线或虚线的显示比例太小，可以在命令行输入“lts”，输入点画线的显示比例，见图 7－27；或者点击“格式”菜单→“线型”，弹出“线型管理器”对话框，如图 7－28 所示。在“线型管理器”对话框中单击“显示细节”按钮，再将“全局比例因子”设置为“100”，见图 7－29。

```
命令: lts
LTSCALE 输入新线型比例因子 <1.0000>: 100
正在重生成模型。
```

图 7-27　线型比例显示设置

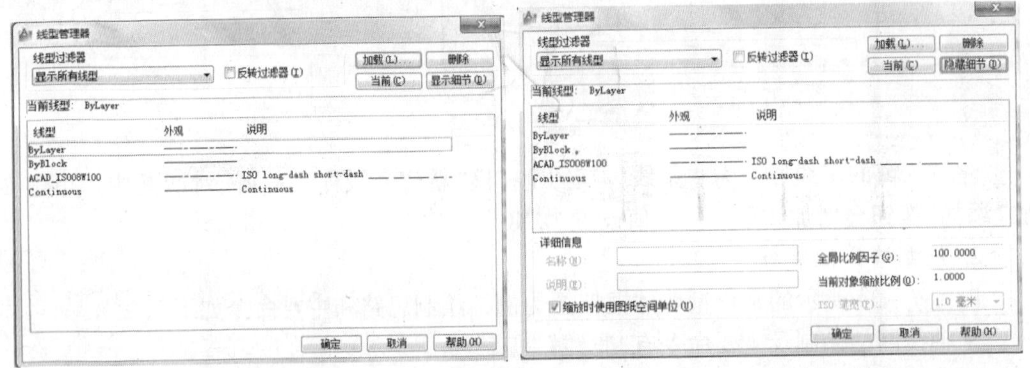

图 7-28　“线型管理器”对话框　　　　图 7-29　“线型管理器”显示细节设置

④设置墙窗样式。单击“格式”菜单→“多线样式”命令弹出“多线样式”对话框，单击“新建”按钮，弹出“创建新的多线样式”对话框，如图 7－30 所示，在“新样式名”输入“240 墙体”，单击“继续”按钮弹出“新建多线样式：240 墙体”对话框，设好参数，如图 7－31 所示。

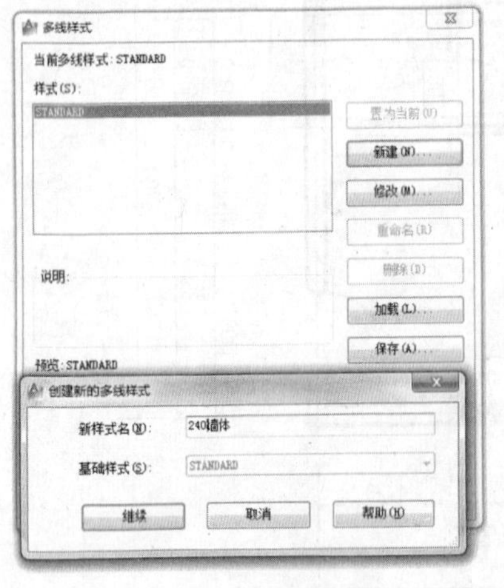

图 7-30　“创建新的多线样式”对话框

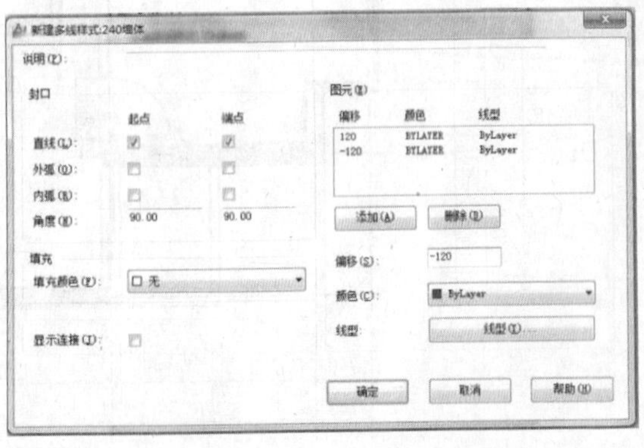

图 7-31　“新建多线样式：240墙体”参数设置

窗的多线样式的设置跟“240 墙体”多线样式的操作一样，具体的参数设置见图 7 – 32、图 7 – 33。

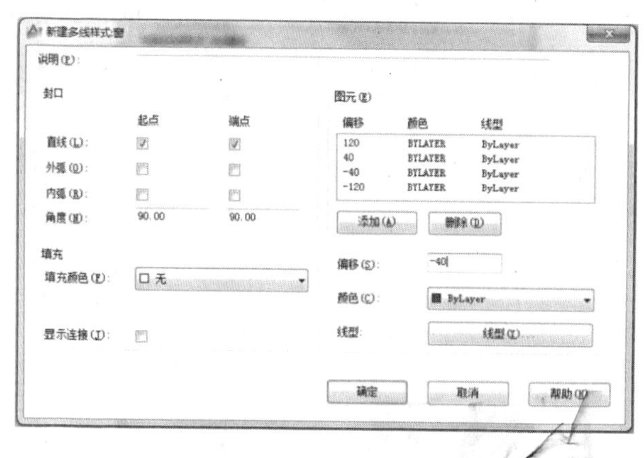

图 7-32 “新建多线样式：窗”参数设置

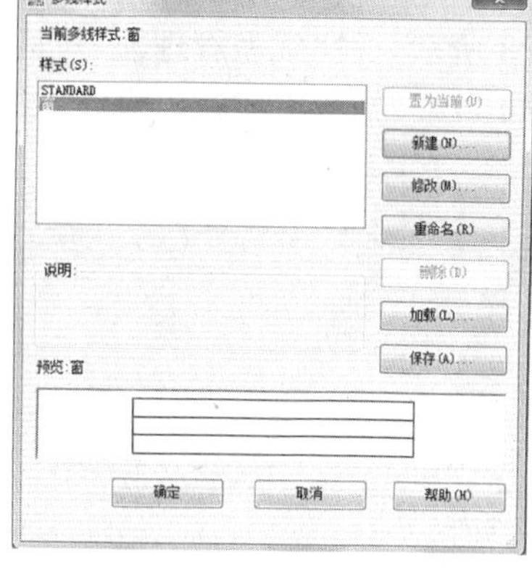

图 7-33 “多线样式”：窗

注意：窗的多线样式为 4 条线，在图 7 – 32“新建多线样式：窗”对话框中，单击 2 次“添加”按钮会增加 2 条，偏移值设置为“40”“ – 40”。

2. 绘制墙体框架图

以图 7 – 34 所示的某户型墙体框架图为例，绘制思路和主要命令如下：

- 轴线网的绘制及主要命令有“直线”“偏移”。
- 墙体的绘制及主要命令有“绘图→多线”“格式→多线样式”“修改→对象→多线”等。

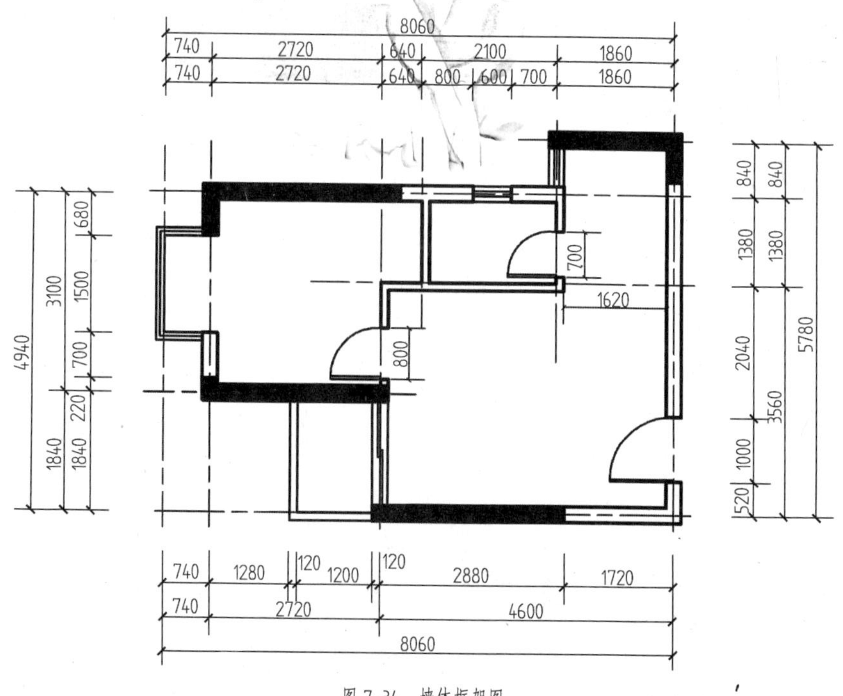

图 7-34 墙体框架图

● 先把门洞和窗洞创建出来，主要命令有“偏移”“修剪”；再绘制门和窗的图例，主要命令有“直线”“圆弧”“多线”等。

(1)绘制墙体轴线图。轴网的尺寸见图 7－35。绘制步骤如下：

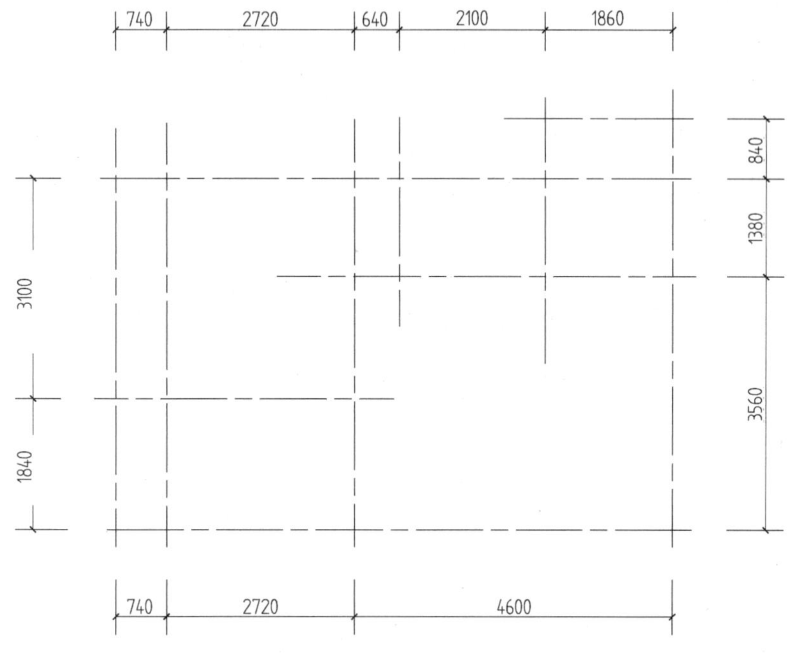

图 7-35 轴网尺寸

①在命令行中输入“la”图层命令，将“定位轴线”层设置为当前层。

②绘制横向轴线。点击“直线”按钮或在命令行输入快捷命令“L”，打开正交(F8)，在绘图窗口绘制一条长度大于 8300 的水平线。单击“偏移”按钮或在命令行输入快捷命令“O”，将水平线依次向上偏移，左边间距 1840、3100，右边间距 3560、1380、840(见图 7－36)。根据提供的轴网图，编辑“夹点”修改横向轴线的长度，如图 7－36 所示。

图 7-36 横向轴网

③绘制纵向轴线。点击“直线”按钮或在命令行输入快捷命令“L”，打开正交(F8)，在绘图窗口绘制一条长度大于6020的垂直线，如图7－37所示。单击“偏移”按钮或在命令行输入快捷命令“O”，将垂直线依次向右偏移，间距740、2720、4600，根据图7－35继续执行“偏移”命令，偏移间距640、2100的内墙中线(见图7－34)。根据提供的轴网图，编辑“夹点”修改纵向轴线的长度，如图7－38所示。

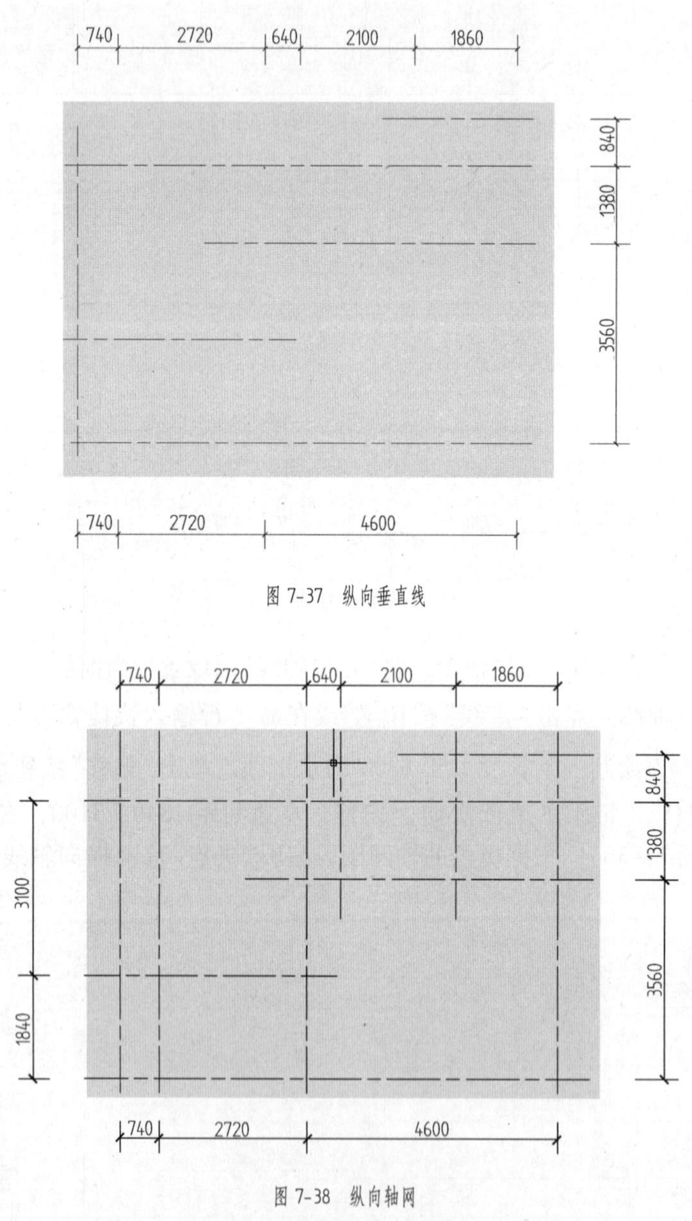

图7-37 纵向垂直线

图7-38 纵向轴网

(2)绘制墙体。墙体尺寸见图7－34。绘制步骤如下：

①在命令行中输入“la”图层命令，将“墙体”层设置为当前层。在“格式→多线样式”下新建“240墙体”“120墙体”“窗”多线样式，见图7－39。图7－40所示为“窗”多

线样式设置，其他多线样式的设置原理一样。

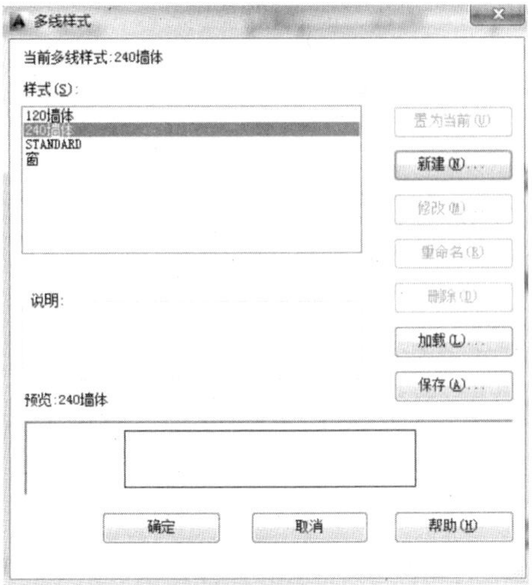

图 7-39　新建“240墙体/ 120墙体/窗”多线样式

图 7-40　窗多线样式设置

②绘制外墙。把“240 墙体”置为当前样式，单击“绘制”→“多线”命令，或者在命令行输入“ml”命令，在命令行多线参数显示“对正 = 无，比例 = 1.00，样式 = 240 墙体”，如图 7 – 41 所示。打开正交(F8)，沿着轴线网绘制外墙，如图 7 – 42 所示。

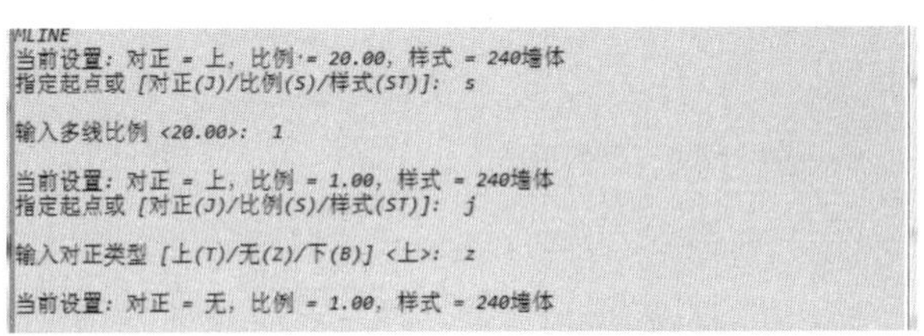
```
MLINE
当前设置: 对正 = 上, 比例 = 20.00, 样式 = 240墙体
指定起点或 [对正(J)/比例(S)/样式(ST)]: s

输入多线比例 <20.00>: 1

当前设置: 对正 = 上, 比例 = 1.00, 样式 = 240墙体
指定起点或 [对正(J)/比例(S)/样式(ST)]: j

输入对正类型 [上(T)/无(Z)/下(B)] <上>: z

当前设置: 对正 = 无, 比例 = 1.00, 样式 = 240墙体
```

图 7-41　绘制“240墙体”外墙多线参数设置

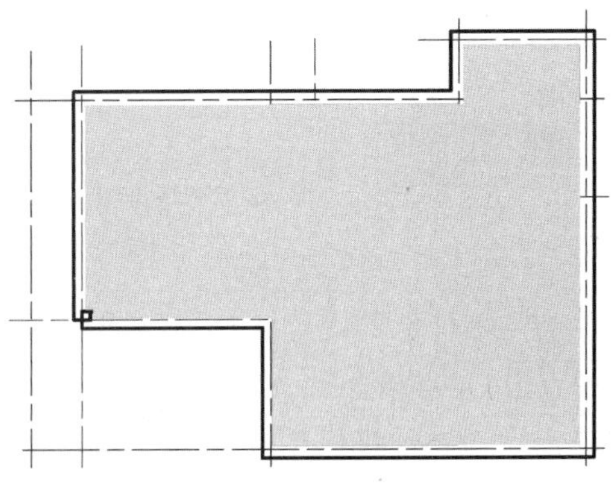

图 7-42　绘制外墙

③绘制内墙和阳台。把“120 墙体”置为当前样式，单击“绘制”→“多线”命令，或者在命令行输入“ml”命令，参数显示“对正 = 上，比例 = 1.00，样式 = 120 墙体”，如图

7-43 所示。阳台多线参数显示“对正 = 下，比例 = 1.00，样式 = 120 墙体”，如图 7-44 所示。打开正交(F8)，沿着轴线网绘制内墙和阳台，如图 7-45 所示。

```
命令: ML
MLINE
当前设置: 对正 = 下, 比例 = 1.00, 样式 = 120墙体
指定起点或 [对正(J)/比例(S)/样式(ST)]:  j

输入对正类型 [上(T)/无(Z)/下(B)] <下>:  t

当前设置: 对正 = 上, 比例 = 1.00, 样式 = 120墙体
```

图 7-43　绘制内墙多线参数设置

```
命令: ML
MLINE
当前设置: 对正 = 下, 比例 = 1.00, 样式 = 120墙体
指定起点或 [对正(J)/比例(S)/样式(ST)]:
指定下一点:  1200

指定下一点或 [放弃(U)]:
指定下一点或 [闭合(C)/放弃(U)]:
```

图 7-44　绘制阳台多线参数设置

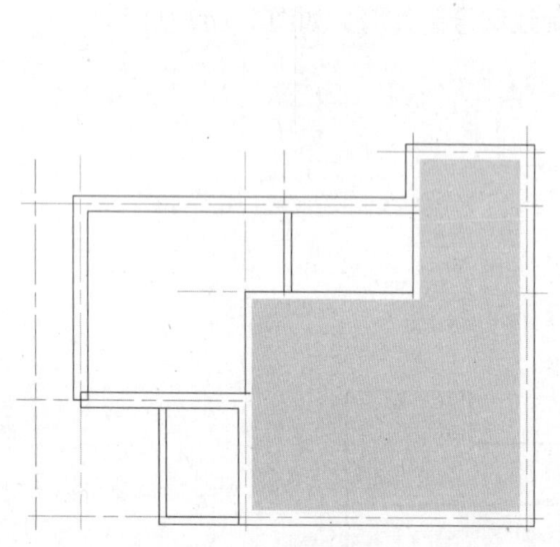

图 7-45　绘制内墙和阳台

图 7-46　“多线编辑工具”对话框

④修改墙体。单击“修改”→“对象”→“多线”，弹出“多线编辑工具”对话框，如图 7-46 所示。在该对话框中点击“角点结合”，完成外墙转角的修改；点击“T 形打开”完成内墙的修改，结果如图 7-47 所示。也可把多线用“修改”→“分解”命令后转换成直线状态，再用“修改”→“修剪”、“修改”→“圆角”等命令完成。

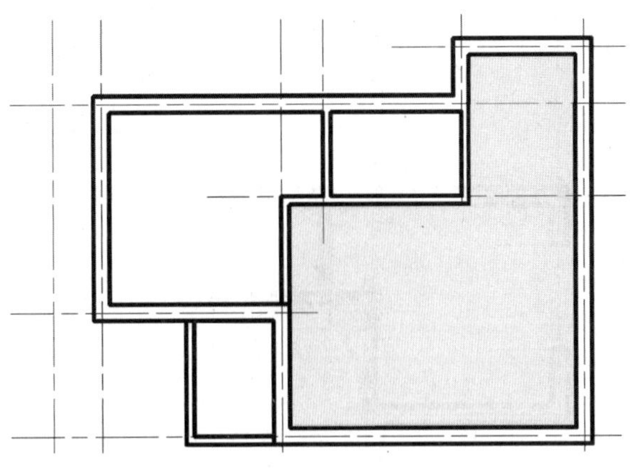

图 7-47　修改墙体结果

(3)绘制门窗。门窗尺寸如图 7－34 所示。绘制步骤如下：

绘制飘窗洞：

①飘窗洞的定位：点击“修改”→“偏移”命令，把轴线向上偏移，间距为 920，1500。飘窗洞的修改：点击“修改”→“修剪”命令，把飘窗洞修剪出来，如图 7－48、图 7－49 所示。

其他窗洞的绘制方法与此一样，可根据图纸一一完成。

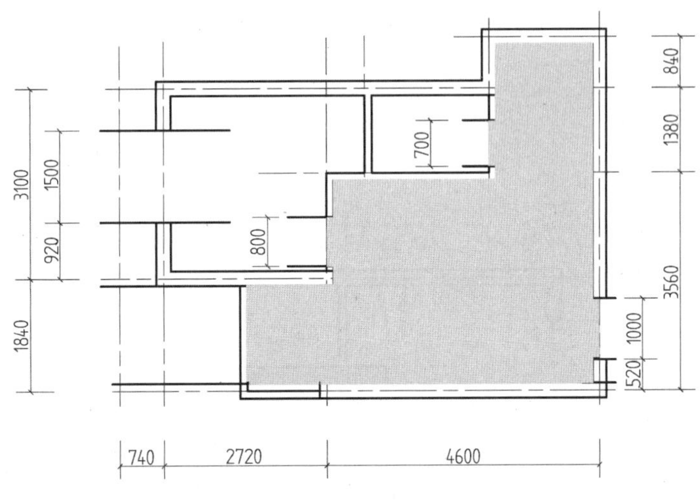

图 7-48　飘窗的定位

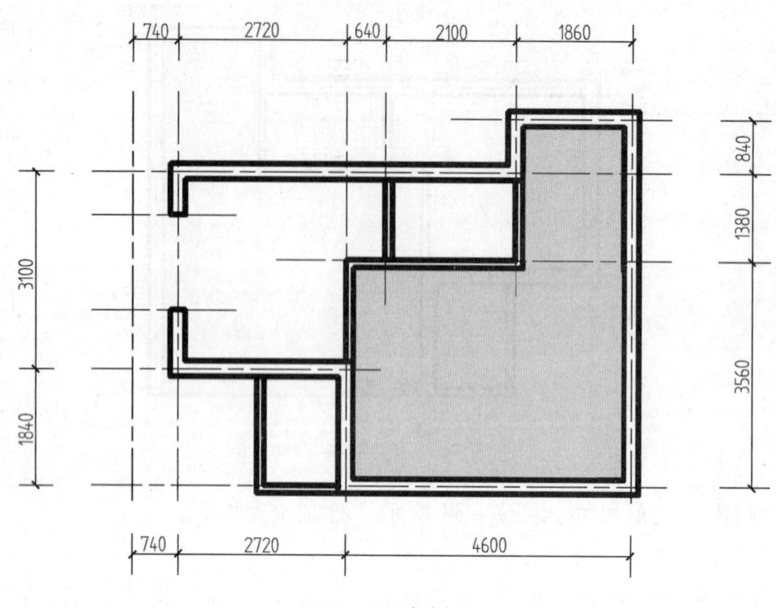

图 7-49　飘窗的窗洞

②入口门洞的绘制。

门洞的定位：点击“修改”→“偏移”命令，把轴线向上偏移，间距为520，1000（见图7－34）。门洞的修改：点击“修改”→“修剪”命令，把入口洞修剪出来，如图7－50、图7－51所示。卧室门洞的大小800，卫生间门洞700（见图7－34），绘制方法与入口门洞一样。

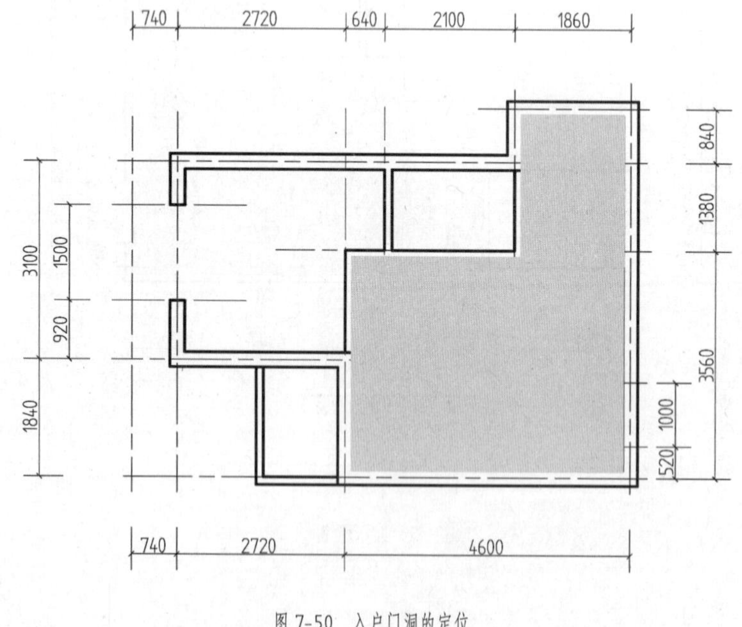

图 7-50　入户门洞的定位

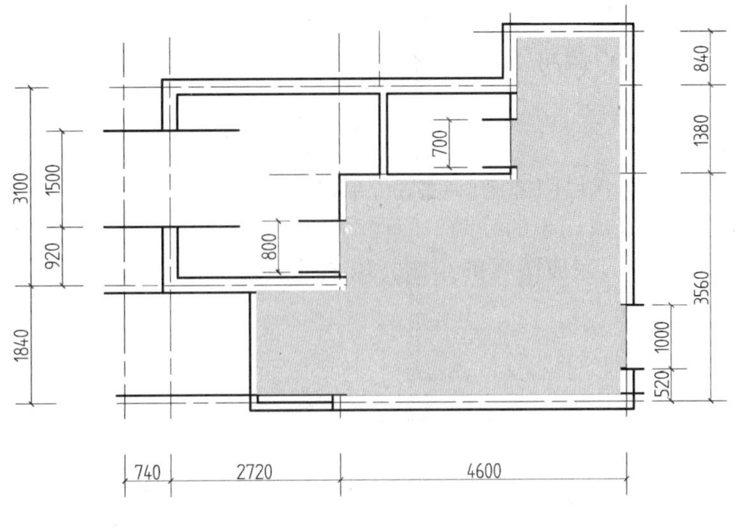

图 7-51 入户门洞

绘制门窗图例，修剪后的门洞、窗洞如图 7－52 所示。在命令行中输入“la”图层命令，将“门窗”层设置为当前层。“格式”→“多线样式”面板中“窗”多线样式置为当前，单击“绘图”→“多线”命令，命令行多线参数设为“对正＝无，比例＝1，样式＝窗”，打开对象捕捉（F3）和正交（F8），鼠标左键点击窗洞的端点，完成卫生间、厨房窗图例的绘制，如图 7－52 所示。

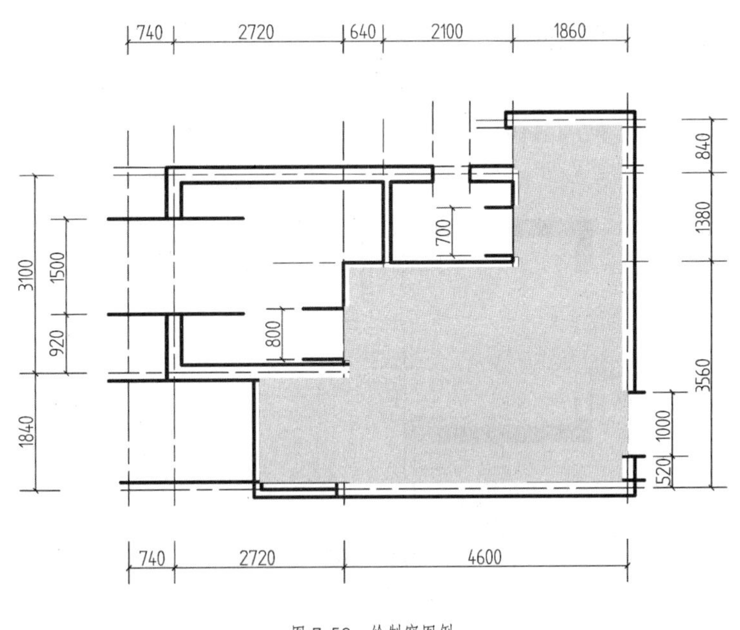

图 7-52 绘制窗图例

③卧室飘窗的绘制。

用“多线”命令完成卧室飘窗台，当前样式设为“120”墙体，主命令行参数“对正＝

上”，沿轴线绘制。先单击“修改”→“分解”命令，再单击“修改”→“偏移”命令，偏移值“60”，单击“修改”→“圆角”命令，圆角值“0”，完成卧室飘窗的绘制，如图 7 – 34 所示。

④门图例的绘制

如图 7 – 53 所示。入口门图例的绘制：单击“绘图”→“矩形”命令，矩形右下角输入“@ –1000，40”，完成门板的绘制。门运动轨迹的绘制：单击“绘图”→“圆弧”→“起点、端点、方向”命令，完成圆弧的绘制。依上述方法绘制卧室 800 的门、卫生间 700 的门、阳台推拉门。

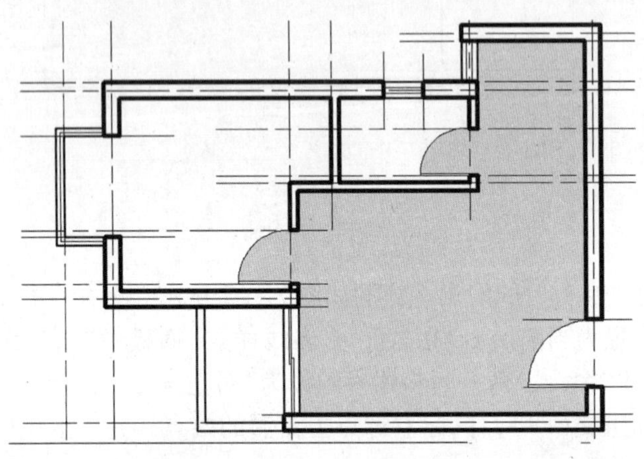

图 7-53 门图例的绘制

(4)墙体的填充。在命令行中输入“la”图层命令，将“墙体”层设置为当前层。先隐藏“定位轴线层”，用直线绘制墙体填充的封闭区域，再单击“绘图”→“图案填充”命令，选择材质，完成结果如图 7 – 54 所示。

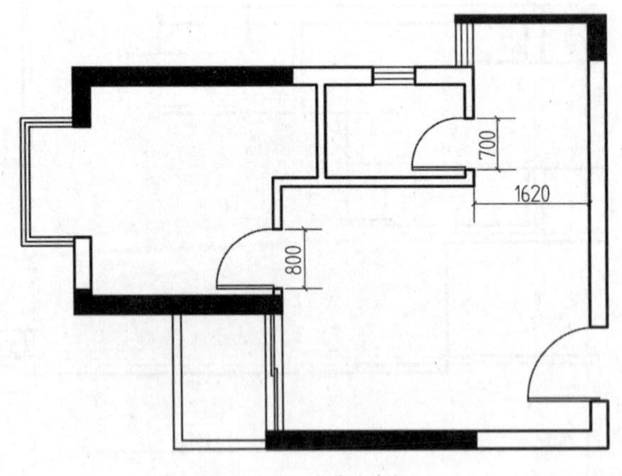

图 7-54 墙体的填充

3. 绘制家具布置图

图 7 – 34 所示的某户型室内家具布置效果如图 7 – 55 所示，绘制思路和主要命令如下：

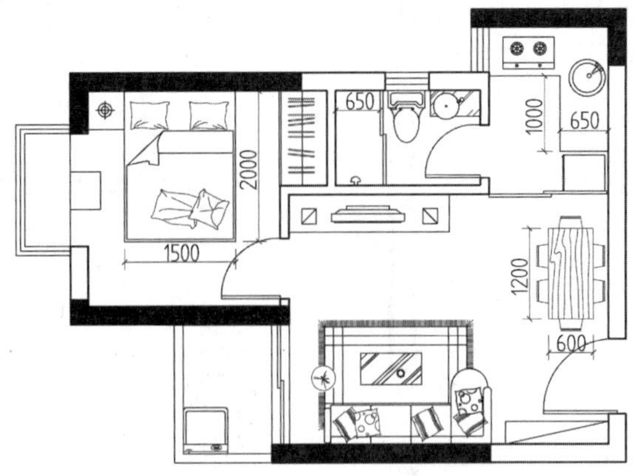

图 7-55 室内家具图

• 在“框架平面图 . dwg”文件的基础上布置家具，使用“设计中心”“工具选项板”及提供的“家具图块 . dwg”素材完成客厅、餐厅、卧室、卫生间、厨房空间的家具图块布置。

• 主要命令有“插入块”“移动”“缩放”“矩形”“工具→查询”等。

• 家具的布置一定要符合人体工程学的尺寸，当提供的图块尺寸并非所需大小时，要用“修改”菜单的“缩放”“修剪”等命令调整成所需要的图块。

(1)绘制客厅、餐厅家具。

①打开“框架平面图 . dwg”文件，在命令行输入“la”图层命令，将“家具”层设置为当前层。

②打开“家具图块 . dwg”素材文件，把里面的家具保存为外部图块，如沙发、电视柜等，见图 7 – 56、图 7 – 57。

③插入图块。单击“插入”→“块”，找到保存外部块的路径，点击“确定”按钮，插入沙发、电视柜图块如图 7 – 58 所示。

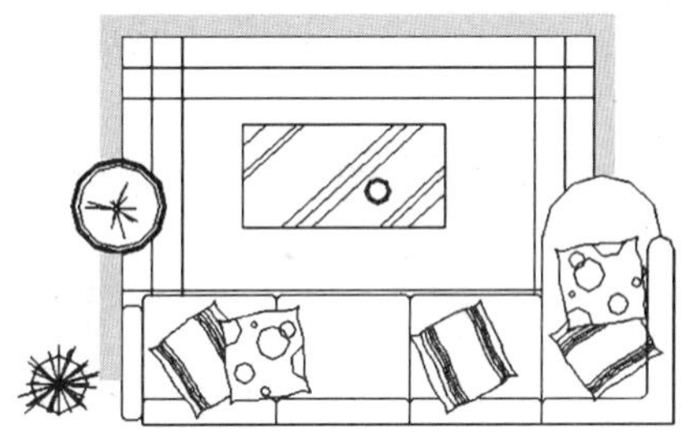

图 7-56 沙发组合图块

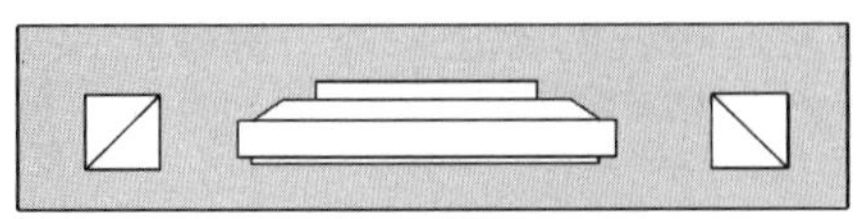

图 7-57 电视柜组合图块

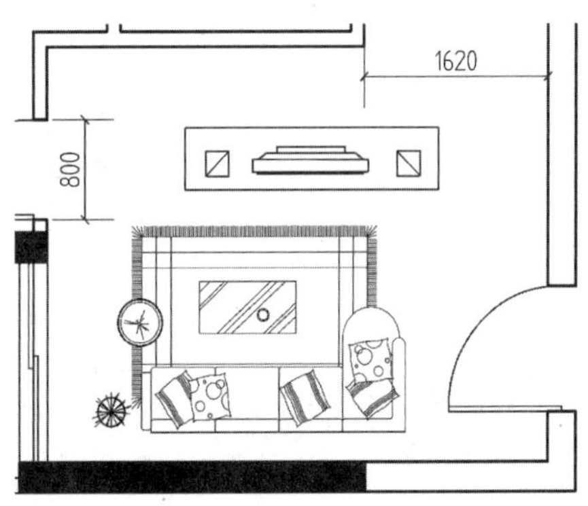

图 7-58 插入沙发组合、电视柜组合

④调整客厅插入家具的布置。单击“修改”→“移动”命令，调整家具位置，如图7－59所示。

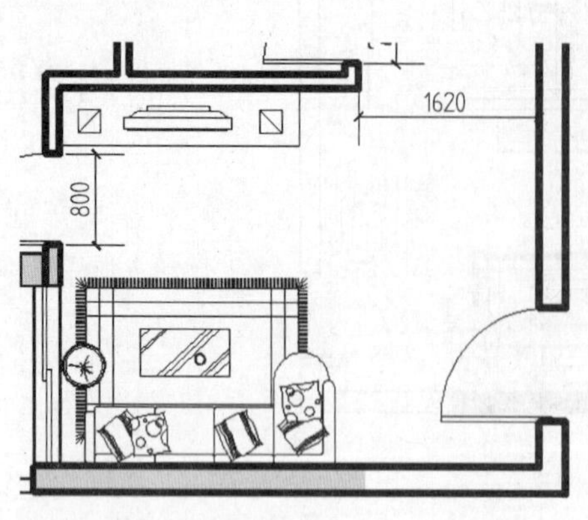

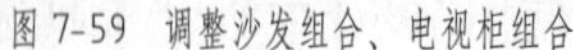
图7-59 调整沙发组合、电视柜组合

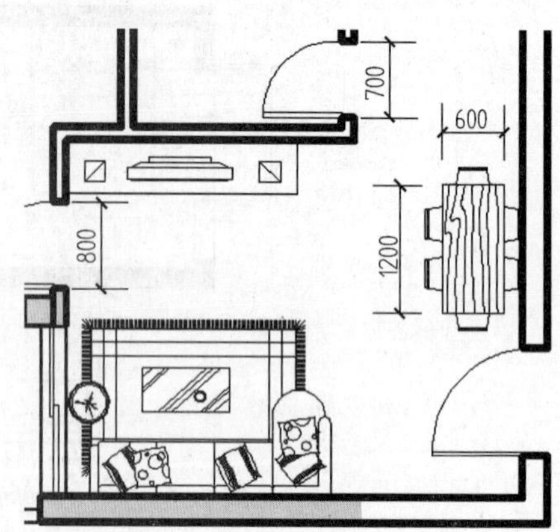

图7-60 餐桌尺寸的修改

⑤餐厅家具。在“工具”→“设计中心”中调出六人餐桌，单击“工具”→“查询”→“距离”命令，或者在命令行输入“di”命令，测量六人餐桌的长度(914×1829)。这个素材不能摆在餐厅空间中，需要对图块进行修改。

修改六人餐桌的尺寸：单击“修改”→“分解”命令，把图块分解成线。单击“修改”→“缩放”命令修改餐桌长度(600×1200)，并移动到适当位置，结果如图7－60所示。

注意：“修改”→“缩放”命令制定缩放的尺寸大小不能直接用“比例因子”，而用“参照”进行。

(2)绘制卧室家具。跟客厅和餐厅家具布置方法一样，完成效果如图7－61所示。

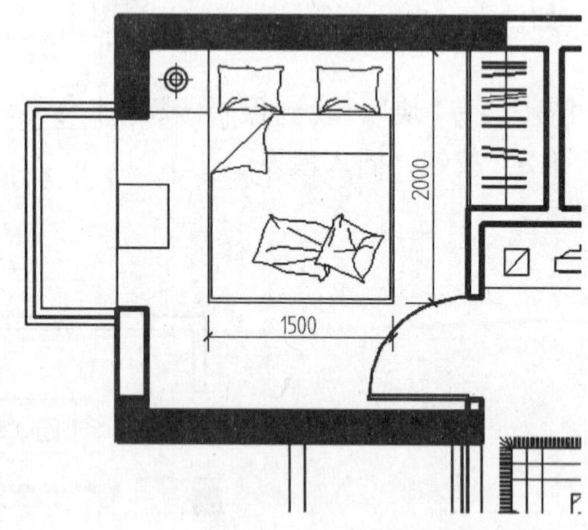

图7-61 卧室家具布置

(3)绘制卫生间、厨房家具。跟绘制客厅和餐厅家具布置的方法一样，完成效果如图7－62所示。

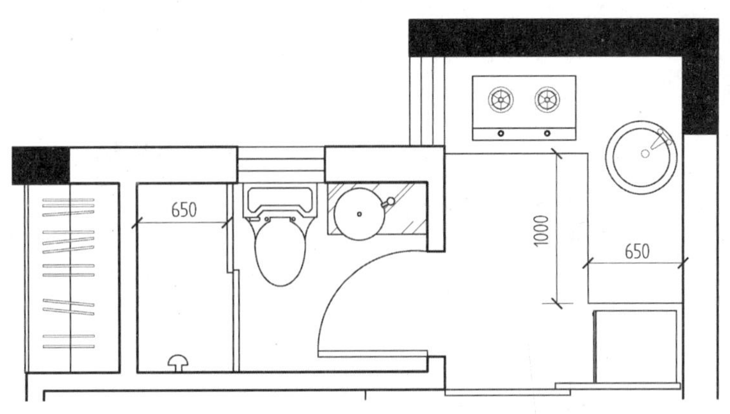

图 7-62　厨房和卫生间家具布置

4. 绘制地面材质图

图 7－34 所示的某户型室内地面材质布置如图 7－63 所示。绘制思路和主要命令如下：

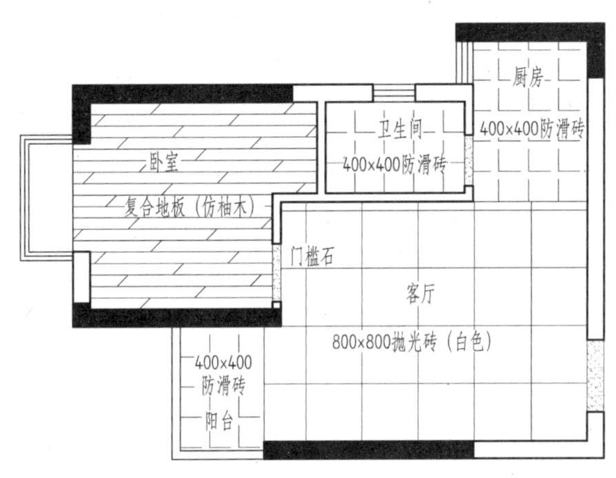

图 7-63　室内地面材质图

• 使用“直线”命令封闭各房间的门洞，或者使用“多段线”命令绘制需要填充的区域。

• 使用“绘图菜单”→“图案填充”命令中的“预定义”功能绘制卧室、厨房、卫生间等空间的地板、防滑砖材质。

• 使用“绘图菜单”→“图案填充”命令中的“用户定义”功能绘制客厅和餐厅 800 × 800 地砖材质。

• 使用“绘图菜单”→“图案填充”命令中的“设定原点”功能，更改图案的填充原点。填充原点一般设置在墙角。

(1)绘制客厅、餐厅地面材质：

①打开“地面材质图 . dwg”文件，在命令行输入“la”图层命令，将“材质”层设置为

当前层。

②对填充区域进行封闭。单击“绘图”→“直线”命令，绘制直线对门洞进行封闭，如图7－64所示。

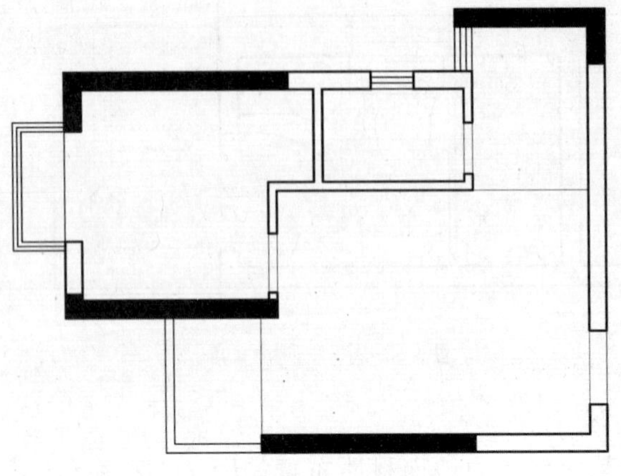

图7-64　门洞封闭

③单击“绘图”→“图案填充”命令，或者在命令行输入“h”命令，弹出“图案填充和渐变色”对话框，“类型”设置为“用户定义”，钩选“双向”，“间距”设为“800”，“图案填充原点”设置为“指定的原点”，具体参数设置见图7－65。

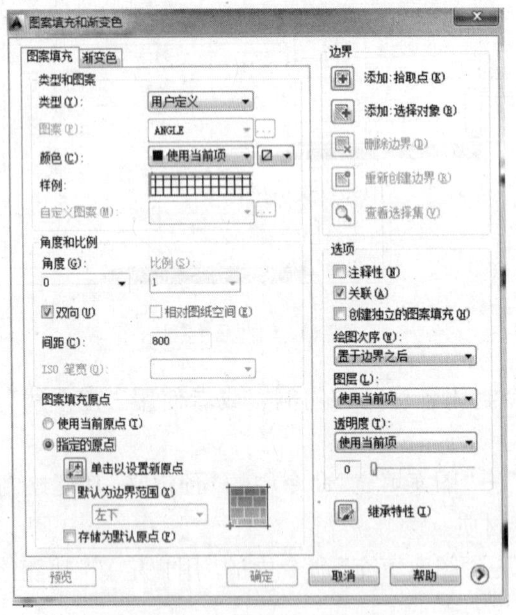

图7-65　客厅瓷砖800×800设定

④在“图案填充和渐变色”对话框“边界”选项卡下点击“添加：拾取点”，鼠标左键在客厅区域内任意点击一下，选择填充区域，按回车键，重新回到“图案填充和渐变

色”对话框，单击“单击以设置新原点”，选择客厅右下角端点作为新原点，按回车键结束命令。填充效果如图 7－66 所示。

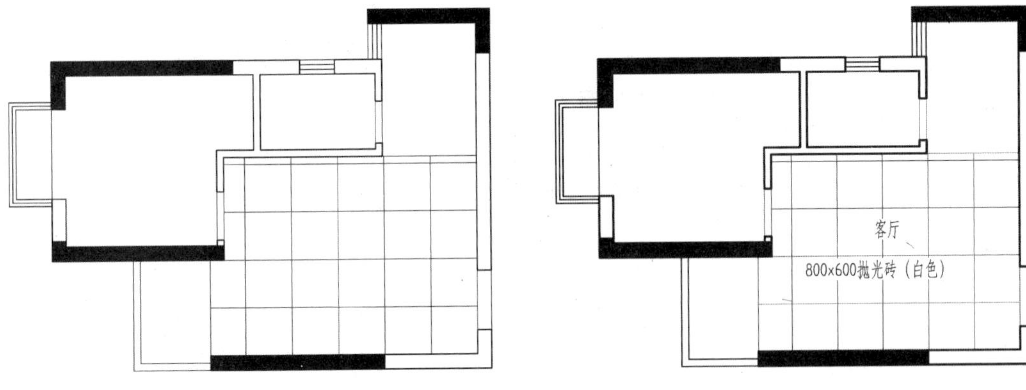

图 7-66　客厅 800 × 800材质　　　图 7-67　客厅文字输入

⑤在命令行输入“la”图层命令，将“文字”层设置为当前层。单击“格式”→“文字样式”，新建“高 150”的“文字”样式。单击“绘图”→“文字”→“多行文字”命令，在客厅区域内输入“客厅”“800×600 抛光砖（白色）”，如图 7－67 所示。

⑥单击“修改”→“对象”→“图案填充”，鼠标点击要修改的材质区域，弹出“图案填充编辑”对话框，单击“边界”→“添加：选择对象”，在绘图窗口用鼠标左键点击文字，将“800×600 抛光砖（白色）”改为“800×800 抛光砖（白色）”，回车，单击对话框“确定”按钮，完成客厅材质的文字说明，如图 7－68 所示。

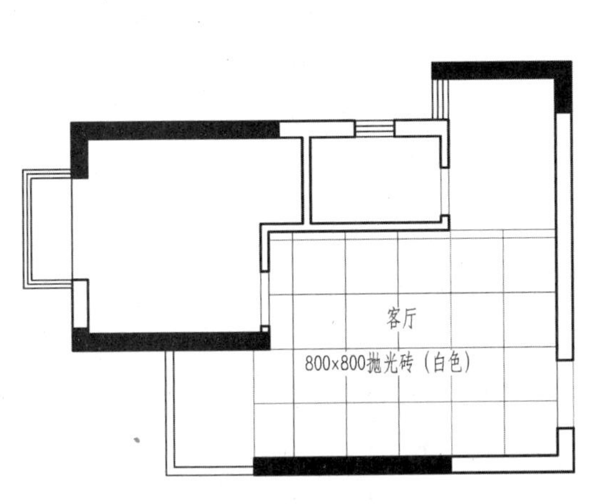

图 7-68　客厅文字的修改

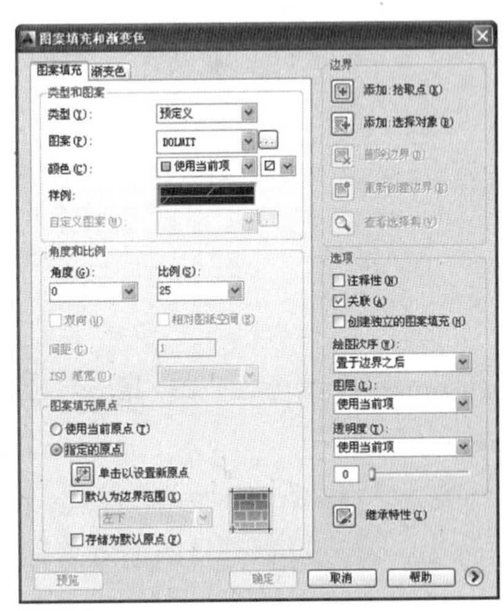

图 7-69　卧室地面材质参数

(2)绘制卧室地面材质。卧室地面材质是木地板。单击“绘图”→“图案填充”命令，或者在命令行输入命令“h”，弹出“图案填充和渐变色”对话框，“类型”设置为“预定义”，“图案填充原点”设置为“指定的原点”，具体参数设置见图 7－69。其他操作跟客厅材质铺设一样，填充结果如图 7－70 所示。

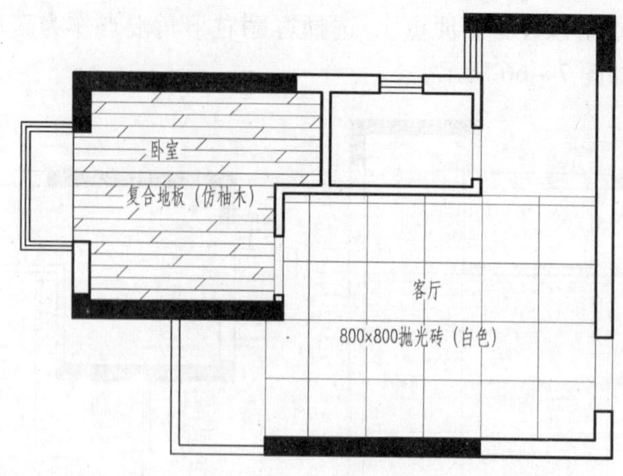

图 7-70　卧室材质

(3)绘制卫生间、厨房、阳台地板材质。卫生间、厨房、阳台地板材质选用防滑砖。单击“绘图”→“图案填充”命令，或者在命令行输入命令“h”，弹出“图案填充和渐变色”对话框，“类型”设置为“预定义”，“图案填充原点”设置为“指定的原点”，其他操作与客厅材质铺设一样。

(4)索引符号的绘制。

①在命令行中输入“la”图层命令，将“标注”层设置为当前层。单击“绘图”→“直线”“绘图”→“圆”以及“修改”→“修剪”命令完成投影符号图，圆半径可设为“150”，如图7－71a所示。

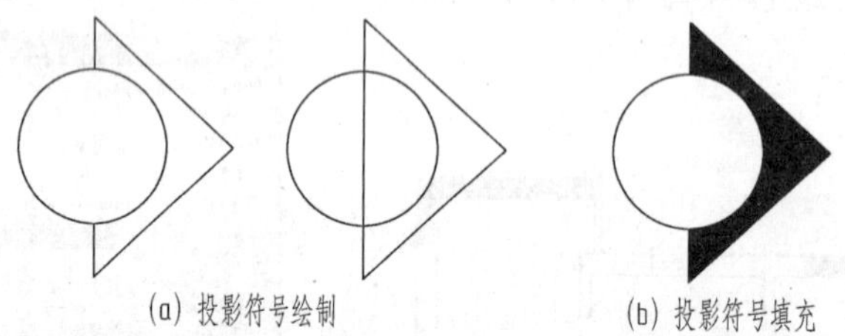

图 7-71　投影符号的绘制与填充

②单击“绘图”→“图案填充”命令，填充投影符号实体图案，填充结果如图 7－71b 所示。

③选择“格式”→“文字”样式，设文字高度“150”。单击“绘图”→“文字”→“多行文字”命令，输入投影符号的编号名称，如图 7－72、图 7－73 所示。

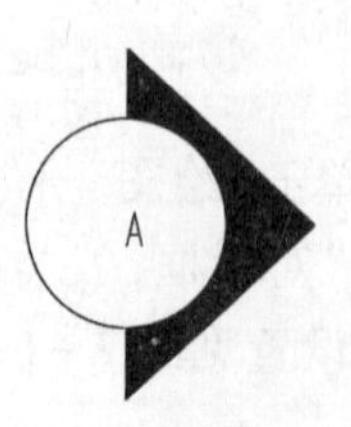

图 7-72　投影符号文字

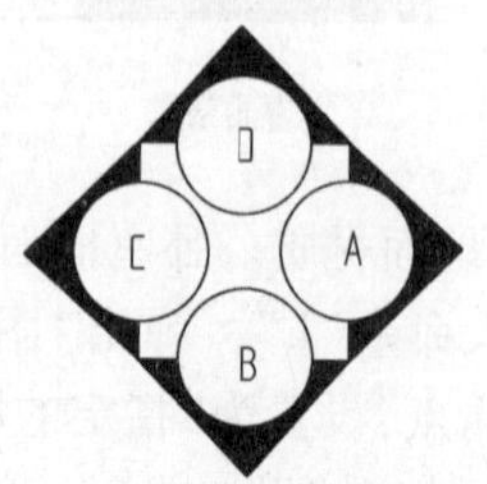

图 7-73　投影符号

④完成其他投影面投影符号的绘制，最后结果如图 7－74 所示。

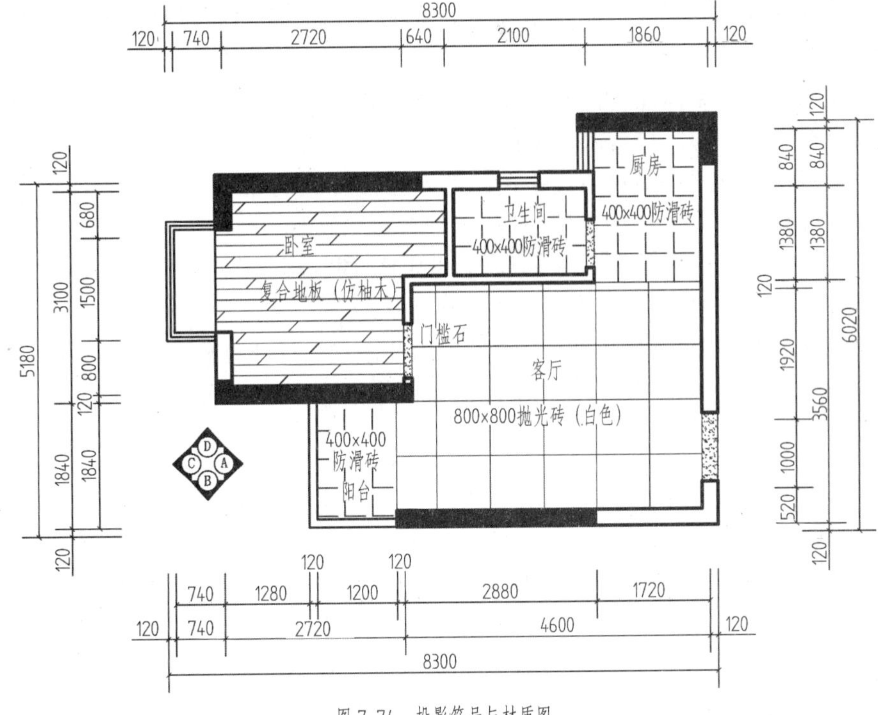

图 7-74　投影符号与材质图

5. 绘制标注

本案例要综合运用前面所学知识，主要有绘制标注的步骤、所用命令、技巧等，最终效果如图 7－75 所示。

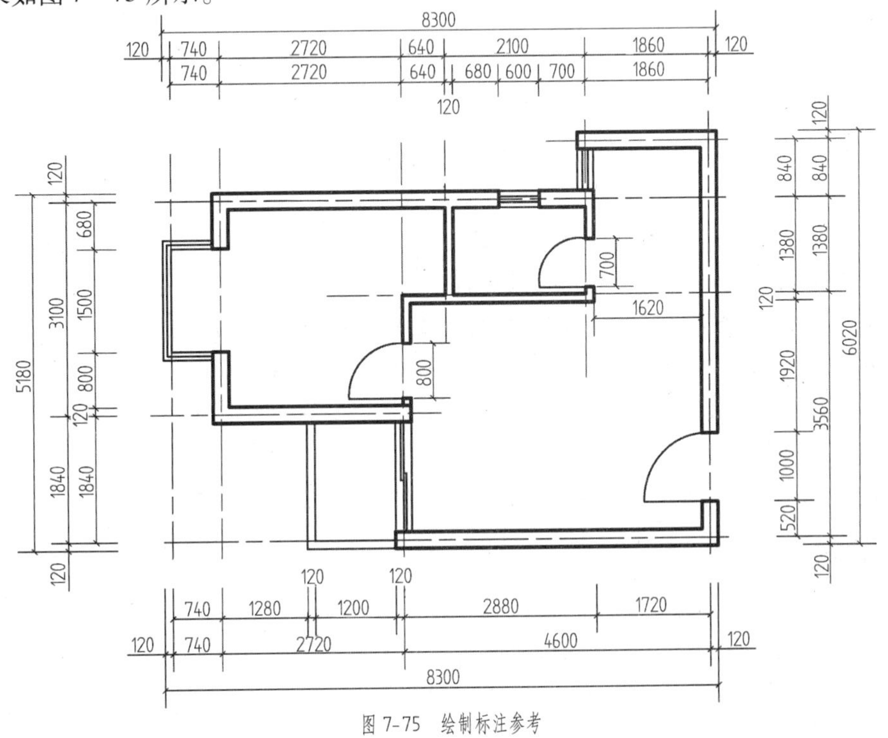

图 7-75　绘制标注参考

绘制思路和主要命令如下：

• 新建标注样式。当在一个文件中标注两种不同高度的标注时，要设置两种标注样式。

• 绘制标注。绘制标注前要通过辅助线来定位，按照国家规范制图标注来绘制。

①设置标注样式(尺寸标注内容详见第4章)。单击"格式"→"标注样式"命令，新建"建筑标注"样式和"家具标注"样式，进入标注样式对话框进行参数设置，分别对"线""符号和箭头""文字""主单位"选项卡进行参数修改。

注意：当绘制室内平面图尺寸标注时，须把"建筑标注"样式设置为当前样式；当绘制家具尺寸时，须把"家具标注"设置为当前样式。

②绘制辅助线。新建"辅助线层"并置为当前图层，打开对象捕捉和正交，单击"绘图"→"直线"，把需要标注的部分在墙体框架图中画水平线和垂直线，完成辅助线的绘制，如图7-76所示。

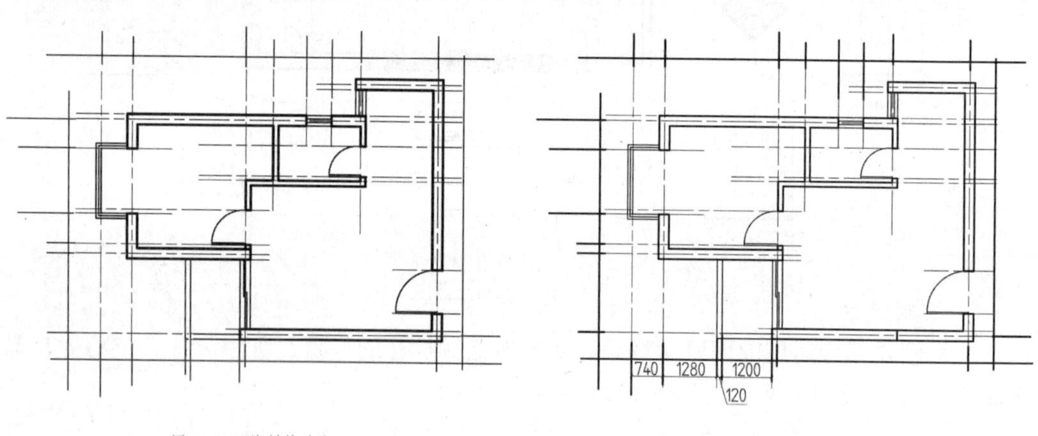

图7-76　绘制辅助线　　　　图7-77　标注→连续标注

(3)绘制标注。

①在命令行中输入"la"图层命令，将"标注"层设置为当前层。先画第一道标注墙面的门洞尺寸，再画第二道标注轴线间距的空间大小，第三道标注为总尺寸。

②单击"标注"→"对齐标注"命令或者在命令行输入命令"dal"，打开对象捕捉，在标注定位辅助线的基础上从一端开始画标注。再单击"标注"→"连续标注"命令或者在命令行输入"dco"，在刚刚绘制标注的基础上绘制第一道标注剩下的标注尺寸，如图7-77所示。其他标注用同样的方法绘制，结果如图7-75所示。

注意：绘制标注前，须把不需要显示的图层关闭；标注绘制完成后，须把辅助线层关闭，以免影响画图。

7.4　室内立面图

装饰图纸中，同一立面可有多种不同的表达方式，不同设计单位可根据自身作图习惯及图纸的要求来选择，但在同一套图纸中，通常只能采用一种表达方式。

在立面的表达方式上，目前常用的主要有以下四种：

①在装饰平面图中标出立面索引符号，用 ABCD 等指示符号来表示立面的指示方向。

②利用轴线位置表示。

③在平面设计图中标出指北针，按东南西北方向指示各立面。

④对于局部立面的表达，也可直接使用该物体或方向的名称，如屏风立面、客厅电视柜立面等。

对于某空间中的两个相同立面，一般只要画出一个立面，但需要在图中用文字说明。

装饰设计中的立面图(特别是施工图)则要表现出室内某一房间或某一空间中各界面的装饰内容以及与各界面有关的物体，如图 7－78 所示。

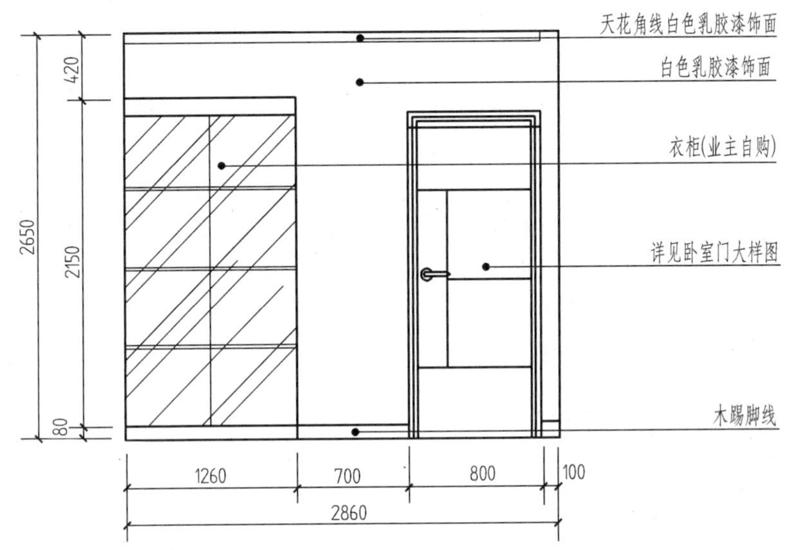

图 7-78 卧室 A 立面

室内设计中还有一种立面展开图，它是将室内一些连续立面展开成一个立面。室内展开立面尤其适合表现正投影难以表明准确尺寸的一些平面呈弧形或异形的立面图形。

室内装饰立面有时也可绘制成剖立面图像，称为剖立面图。剖立面图中剖切到的地面、顶棚、墙体及门窗等应表明位置、形状和图例。

8 园林设计制图

8.1 概 述

园林是指在一定的地域运用工程技术和艺术手段，通过改造地形(或进一步筑山、叠石、理水)、种植树木花草、营造建筑和布置园路等途径创作而成的美的自然环境和游憩境域。

园林学是指综合运用生物科学技术、工程技术和美学理论来保护和合理利用自然环境资源，协调环境与人类经济和社会发展，创造生态健全、景观优美、具有文化内涵和可持续发展的人居环境的科学和艺术。

公园绿地指各种公园和向公众开放的绿地，包括综合公园、社区公园、专类公园、带状公园和街旁绿地。社区公园是为一定居住用地范围内的居民服务，具有一定活动内容和设施的集中绿地，是公园绿地的重要组成部分，也是与市民关系最密切的绿地类型。本章以某社区公园园林设计为例，介绍利用 AutoCAD 2016 进行园林设计制图的操作和步骤，使学生掌握社区公园的设计及园林图制作方法。

8.1.1 园林设计的工作内容

1. 设计背景及建设条件分析

(1)掌握与场地有关的自然环境条件、社会状况、经济状况、历史沿革，场地周边的交通状况、可利用资源等。

(2)图纸资料分析，如地形图、卫星图、规划图等。

(3)现场调研和踏勘。

(4)使用人群分析，如规模、年龄、民族、教育程度、职业、收入水平、文化特点、生活习惯等。

(5)相关规范的分析。

2. 方案设计

(1)设计立意及内容设想，包括主题、目标、风格、理念、使用功能、景观系统等。

(2)规划与布局。

(3)局部及单体设计，包括园林建筑、构筑物、水景、公共艺术等。

(4)设计表达常用的组合是：手绘草图 + AutoCAD + Sketch-up + Adobe Photoshop。

3. 设计沟通及汇报

(1)设计沟通，包括设计过程中的沟通、设计汇报及后期跟进。

(2)提交正式成果，包括文本、展板及演示文稿。

8.1.2 制图规范

(1)《总图制图标准》GB/T 50103—2010。

(2)《风景园林图例图示标准》CJJ 67—1995。

(3)《城市绿地设计规范》GB 50420—2007。

(4)《公园设计规范》CB 51192—2016。

(5)《建筑制图标准》GB/T 50104—2010。

8.2 总平面图

总平面图是园林设计图的基础，能够反映园林设计的总体布局和设计意图，是绘制其他设计图的重要依据，主要包括以下内容：

(1)规划用地周边状况及红线范围。

(2)竖向设计。

(3)分区景点设置。

(4)各类园林设计要素的设置。

(5)比例尺、指北针及风玫瑰图。

8.2.1 入口的确定

使用 AutoCAD 软件建立一个新图层，命名为“参考线”，颜色选取为红色，线型 CENTER，线宽 0.09 mm，并将其设置为当前图层，如图 8 - 1 所示。

图 8-1 参考线图层参数

结合某社区公园的区位和周边居民的使用需求，共设置 5 个入口，主入口设置在公园的北侧，靠近城市主干道；次要入口分别设置在西北及东侧；另为篮球场和集会区设置专门入口。

单击“绘图”工具栏中的“直线”按钮，分别绘制 5 个入口的参考线，以确定入口位置。某社区公园的区位及入口位置如图 8 - 2 所示。

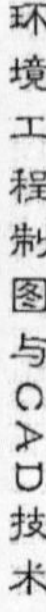

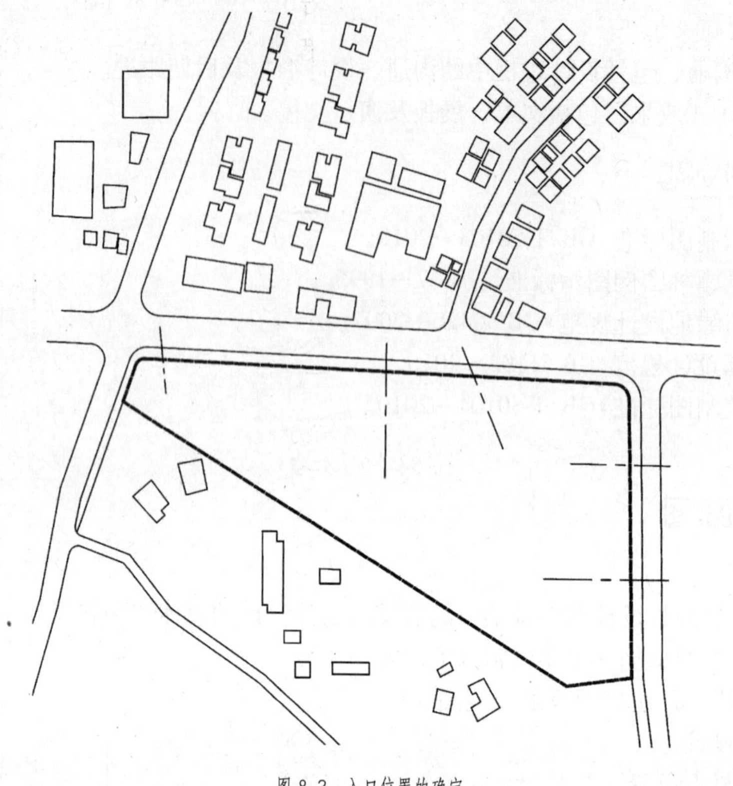

图 8-2 入口位置的确定

8.2.2 竖向设计

在公园的地形设计中，将原有地形进行整理：将原有的水塘连成一片，在场地南侧形成完整水面；将挖出的土方堆在湖北侧，形成山体。

①建立"地形"图层，将其设置为当前图层，单击"绘图"工具栏中的"样条曲线"按钮，绘制地形坡脚线，如图 8－3 所示。

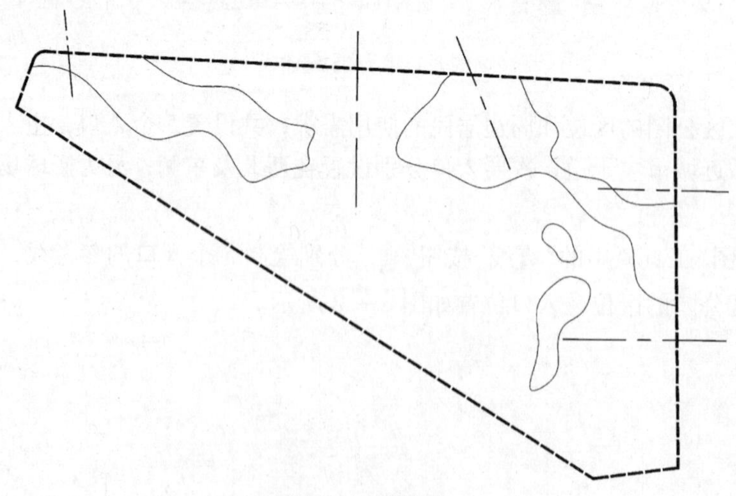

图 8-3 地形坡脚线

②建立“水系”图层，设置为当前图层，单击“绘图”工具栏中的“样条曲线”按钮，在公园东南中心绘制水系驳岸线，采用“高程”的标注方法标注湖底的高程，然后再绘制溪流，如图 8－4 所示。

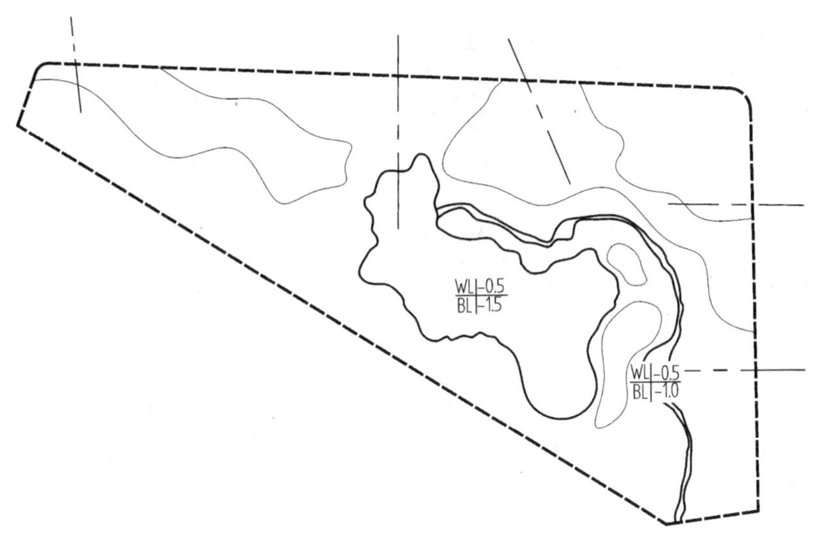

图 8-4　水系的绘制

③绘制等高线，将“地形”图层设置为当前图层，单击“绘图”工具栏中的“样条曲线”按钮，沿地形坡脚线方向绘制地形坡脚线以内的等高线，标注等高线，主山高 2.5 m，其余均为缓坡，如图 8－5 所示。

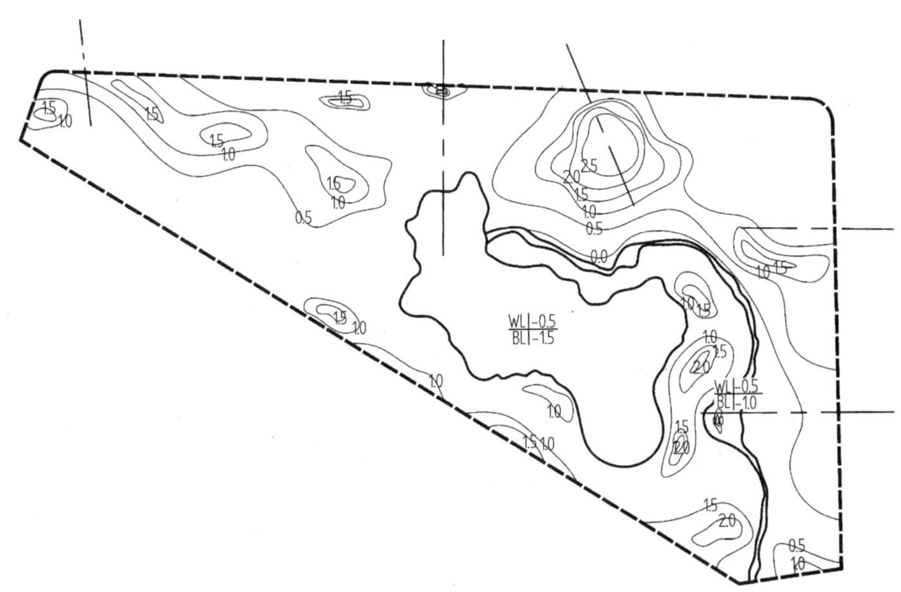

图 8-5　等高线的绘制

8.2.3 分区设计

将社区公园分为7个功能区，分别是入口广场、滨水区、安静休息区、街边广场、运动健身区、儿童娱乐区、集会区，以满足居民多样化的使用需求。

建立“文字”图层，将其置为当前图层，如图8－6所示。

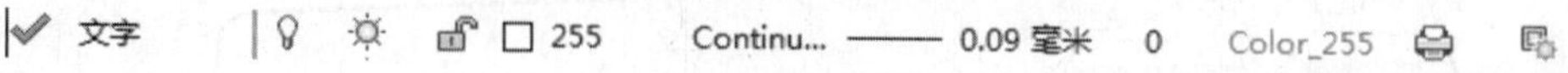

文字 255 Continu... —— 0.09毫米 0 Color_255

图8-6 “文字”图层参数

单击“绘图”工具栏中的“矩形”按钮，绘制出各分区的大概位置；单击“绘图”工具栏中的“多行文字”按钮A，在相应位置标出相应区名，如图8－7所示。

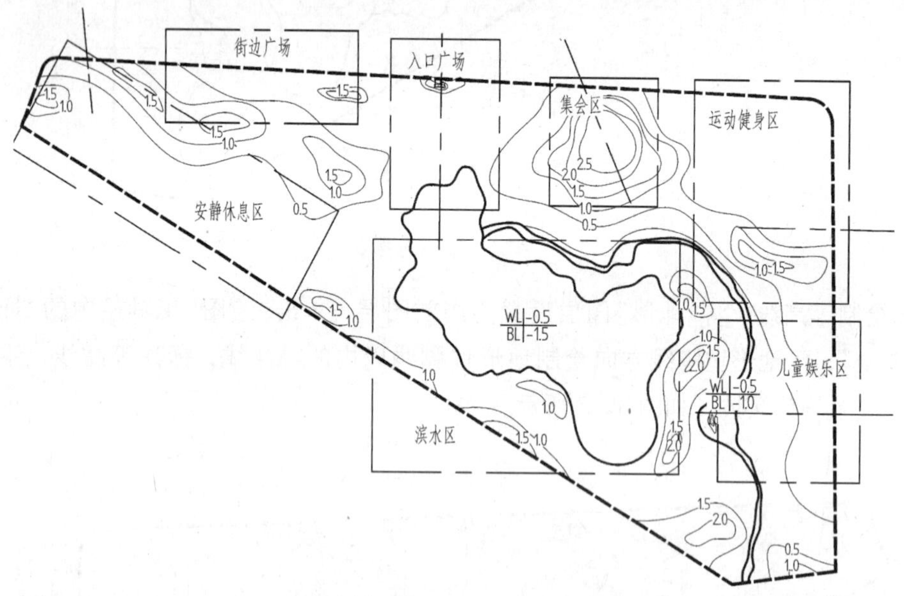

图8-7 分区索引图

1. 绘制入口广场区

主入口从北至南分为3个层次，一为特色植物花坛，并置假山，标明公园名称；二为分流广场，起到过渡和集散作用；三为滨水平台广场，并在广场中央设置喷泉。

绘制南北、东西方向的参考线。单击“修改”工具栏中的“偏移”按钮，利用入口广场中心参考线进行偏移，分别左右偏移5000、7500、10000、15000；单击“绘图”工具栏中的“直线”按钮，绘制一条横向参考线；单击“修改”工具栏中的“偏移”按钮，利用入口广场中心参考线进行偏移，分别向下偏移12000，15000，10000，10000，完成参考线的绘制，如图8－8所示。

入口广场
1.5
1.5
1.0
0.5
2.5
2.0
1.5
1.0
0.5

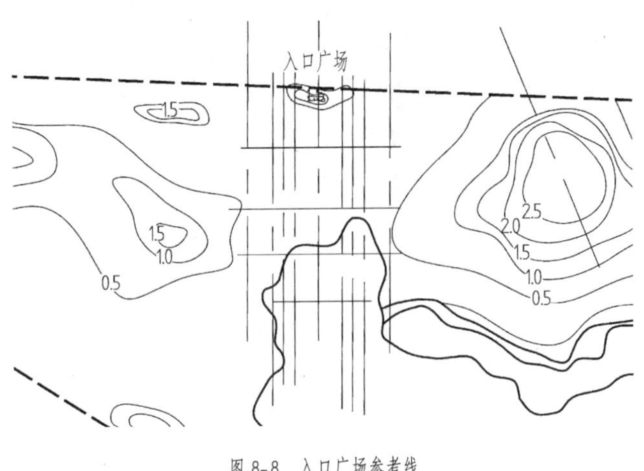

图 8-8　入口广场参考线

建立“广场”图层，将其置为当前图层，如图 8－9 所示。

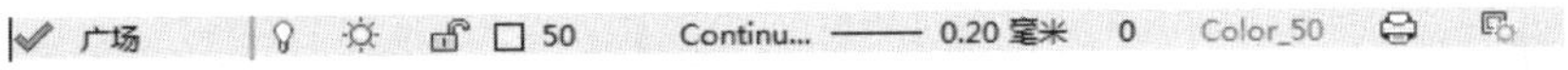

广场
50
Continu...
0.20 毫米
0
Color_50

图 8-9　“广场”图层参数

单击“绘图”工具栏中的“圆”按钮，沿参考线中心线分别绘制半径为 15000 和 10000 的圆；单击“绘图”工具栏中的“多段线”按钮，沿参考线绘制轮廓线；单击“修改”工具栏中的“修剪”按钮，修剪掉多余的线段。形成入口广场的外轮廓线，如图 8－10所示。

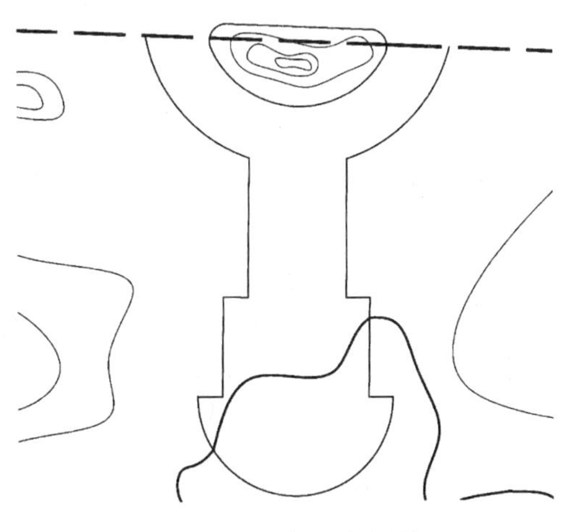

图 8-10　入口广场轮廓的绘制

（1）绘制假山。建立“假山”图层，将其置为当前图层；单击“绘图”工具栏中的“多段线”按钮，绘制假山平面图；单击“修改”工具栏中的“移动”按钮，将其放置在如图 8－11 所示的位置。

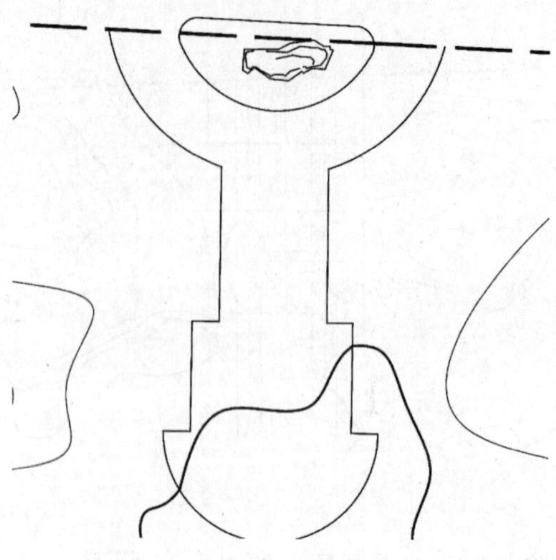

图 8-11 假山的绘制

(2)绘制喷泉水池。单击“修改”工具栏中的“偏移”按钮，利用入口广场中心参考线进行偏移，分别左右偏移 1500、880；利用横向参考线，分别向下偏移 1000、12000、13500；隐藏多余的参考线，结果如图 8－12 所示。

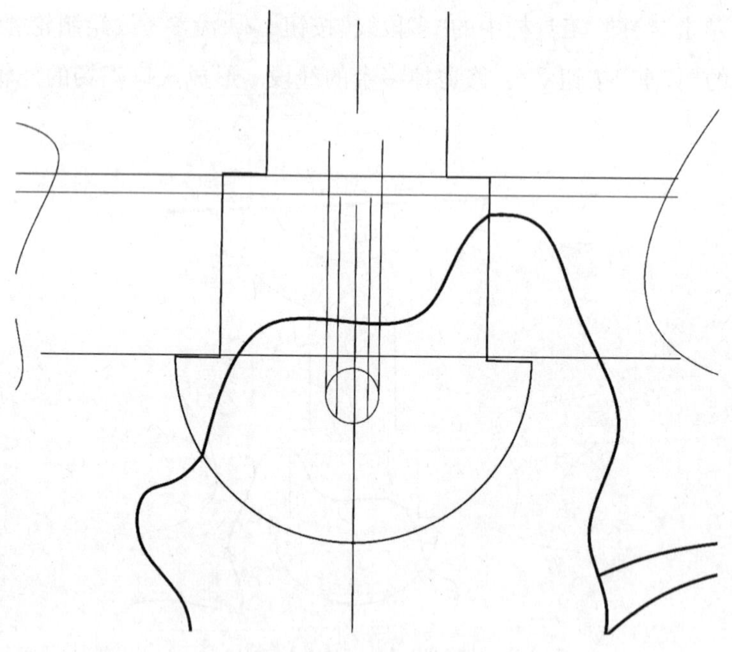

图 8-12 喷泉水池参考线

单击“绘图”工具栏中的“多段线”按钮，绘制喷泉水池平面图；单击“修改”工具栏中的“偏移”按钮，将内外轮廓线向内偏移 120，如图 8－13 所示。

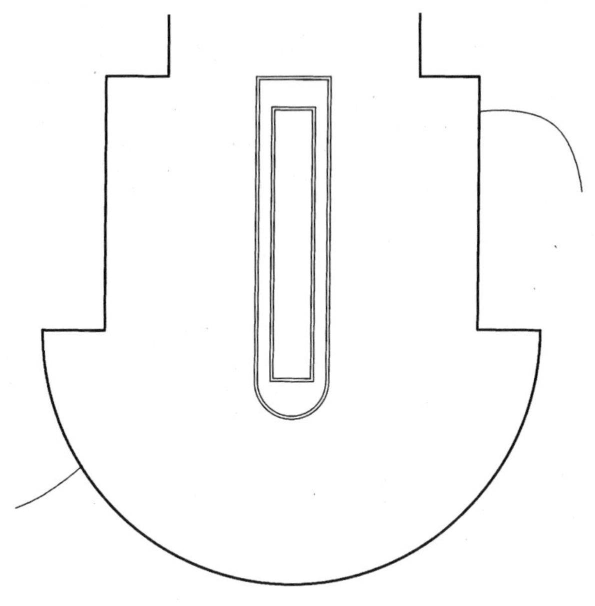

图 8-13 喷泉水池轮廓线

绘制图 8－13 中的矩形水池的中心线：单击“绘图”工具栏中的“圆”按钮，绘制半径为 10 的圆；单击“绘图”工具栏中的“创建块”按钮，将其命名为“喷泉”；然后选择菜单栏中的“绘图”→“点”→“定数等分”命令，对中心线进行定数等分，具体操作如下：

```
命令：_divide
选择要定数等分的对象：
输入线段数目或［块(B)］：b
输入要插入的块名：喷泉
是否对齐块和对象？［是(Y)/否(N)］〈Y〉：
输入线段数目：6
```

隐藏参考线，喷泉水池绘制完成，如图 8－14 所示。

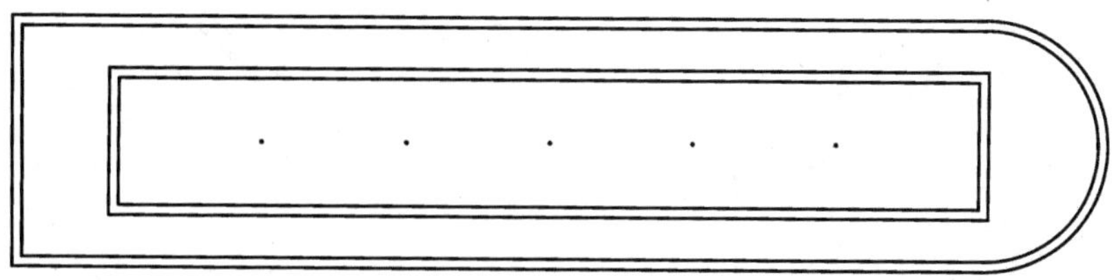

图 8-14 喷泉水池完成图

(3)绘制树池。单击“修改”工具栏中的“偏移”按钮，将北部广场边缘线分别向内偏移120、1400、120、400，绘制出树池及树池坐凳；单击“修改”工具栏中的“延伸”按钮，将相连的广场轮廓线延伸至坐凳边缘线，形成封闭树池；单击“修改”工具栏中的“修剪”按钮，修剪掉多余的线段，形成左侧树池坐凳，如图8－15所示。

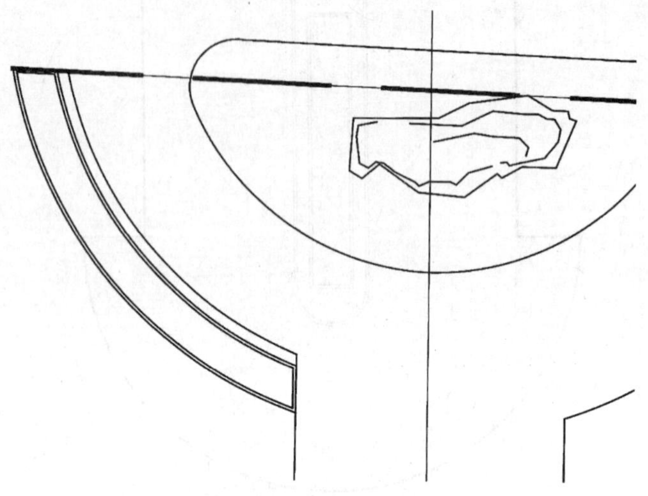

图8-15 树池坐凳的绘制

单击“修改”工具栏中的“镜像”按钮，沿参考线镜像复制出右侧树池坐凳。具体操作如下：

命令：_mirror 找到7个
指定镜像线的第一点：〈对象捕捉 开〉
指定镜像线的第二点：
要删除源对象吗？[是(Y)/否(N)]〈N〉：n
完成树池坐凳的绘制，如图8－16所示。

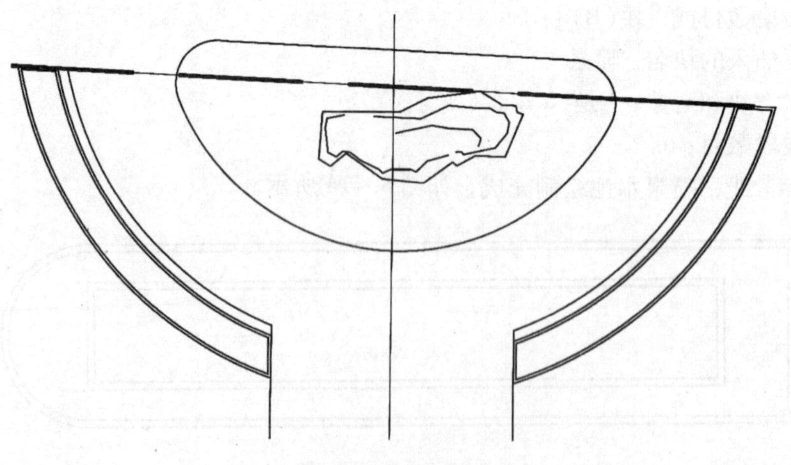

图8-16 树池坐凳完成图

2. 绘制滨水区

滨水区设置三处停留空间，一景观亭、一湖心平台、一跌水广场；在溪流处设置两座桥，起到连通作用的同时又增加了滨水体验。

绘制湖区各平台轮廓线：单击“绘图”工具栏中的“多段线”按钮，绘制喷泉水池平面图；单击“绘图”工具栏中的“圆”按钮，绘制半径为5000、6300、9000的圆；单击“修改”工具栏中的“修剪”按钮，修剪掉多余的线段，如图8-17所示。

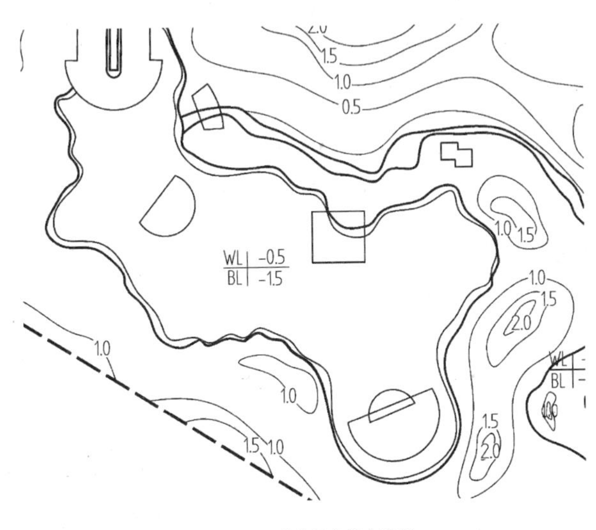

图8-17 滨水区广场布置图

(1)绘制亭。单击“绘图”工具栏中的“插入块”按钮，将“亭”图块插入到图中，如图8-18所示。

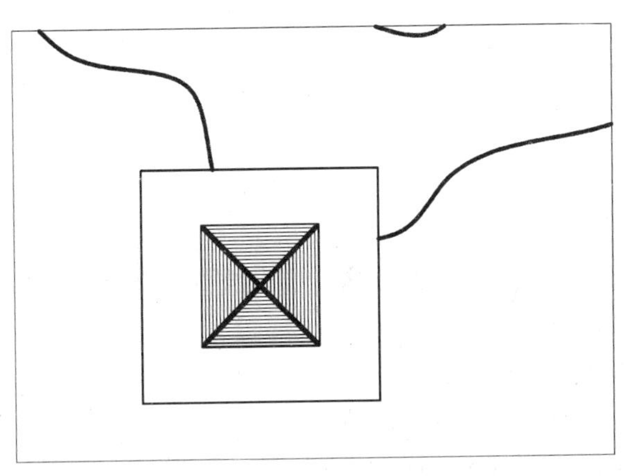

图8-18 亭平面布置图

(2)绘制桥。单击“绘图”工具栏中的“多段线”按钮，将桥和扶手的轮廓绘制出来，如图8-19所示。

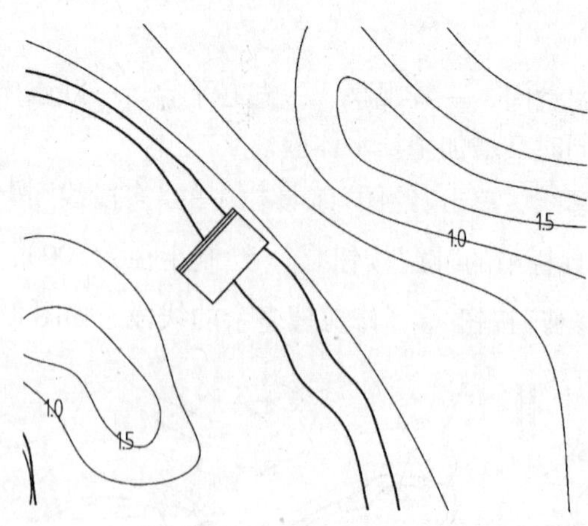

图 8-19　桥轮廓及扶手

绘制一条木纹填充线，单击"修改"工具栏中的"偏移"按钮，偏移 200，作为参考线，如图 8－20 所示。

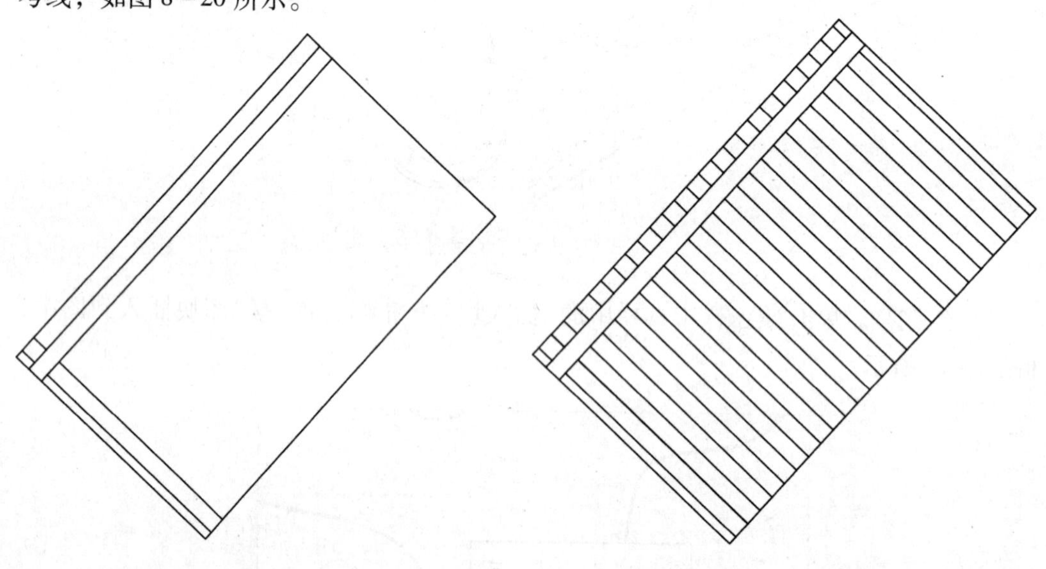

图 8-20　木纹填充线的绘制　　　图 8-21　木桥平面图

单击"修改"工具栏中的"偏移"按钮，复制多个，操作命令如下：

命令：_copy 找到 2 个
当前设置：复制模式 ＝单个
指定基点或［位移(D)/模式(O)］〈位移〉：o
输入复制模式选项［单个(S)/多个(M)］〈多个〉：m
指定基点或［位移(D)/模式(O)］〈位移〉：〈对象捕捉 开〉
指定第二个点或［阵列(A)/退出(E)/放弃(U)］〈退出〉：a
输入要进行阵列的项目数：25

删除偏移复制的参考线，最终完成木纹填充，如图 8－21 所示。

(3)绘制跌水平台。单击“绘图”工具栏中的“圆”按钮，绘制一大一小圆形平台。由于此处有道路穿过，预先将道路位置绘制出来，如图 8－22 所示。

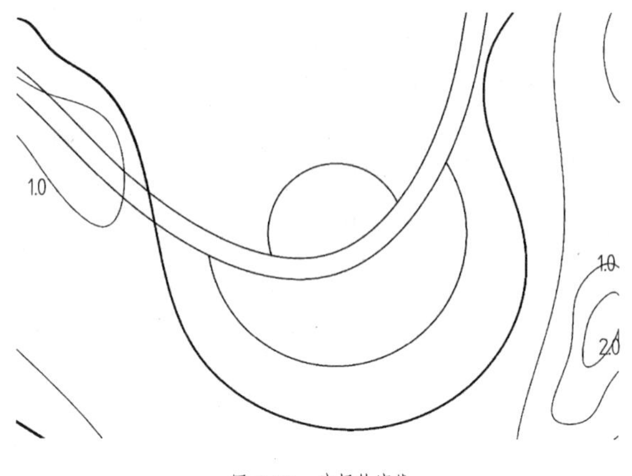

图 8-22　广场轮廓线

单击“绘图”工具栏中的“样条曲线”按钮，绘制跌水轮廓；单击“修改”工具栏中的“偏移”按钮，偏移 200，绘制跌水池的厚度；单击“修改”工具栏中的“偏移”按钮，绘制跌水广场边缘的可坐憩围栏，如图 8－23 所示。

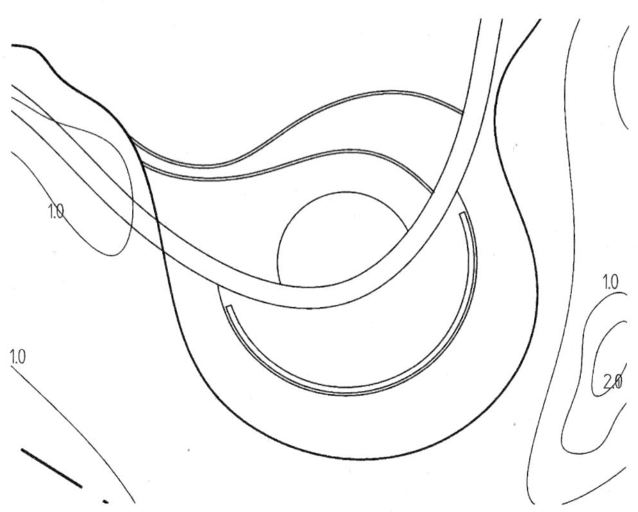

图 8-23　跌水广场的绘制

对其余分区以及单体的平面绘制方法不再赘述。灵活运用以上绘图方法，完成各功能区绘制，如图 8－24 所示。

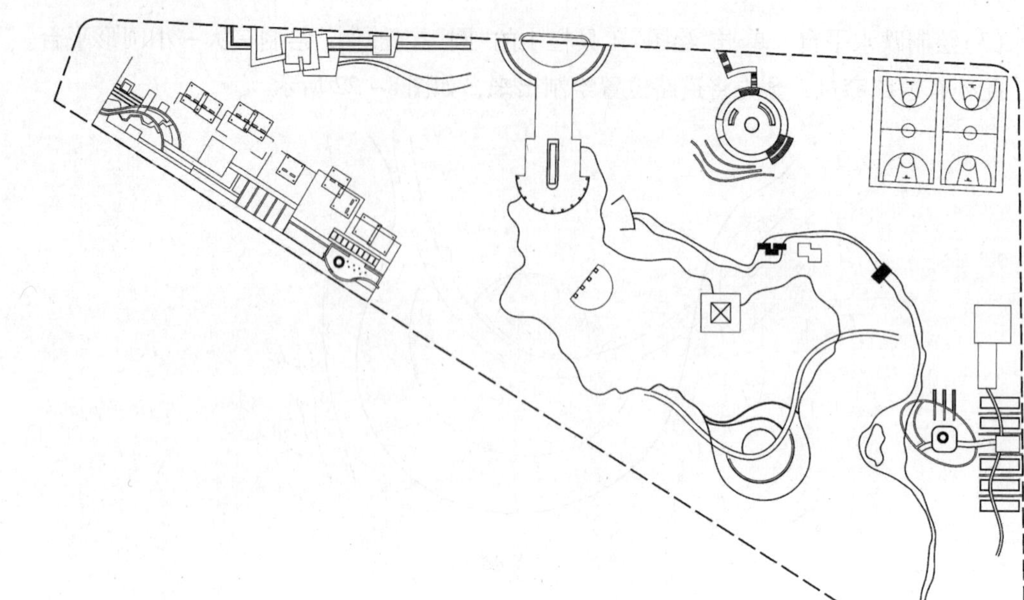

图 8-24　各功能区的绘制

8.2.4　道路系统

将社区公园的道路分为3级，主要道路、次要道路及支路，并通过桥的形式建立必要区域之间的连接。各级园路以总体设计为依据，以地形、功能分区和居民活动为基础，确定平曲结合的道路形式，形成完整的园路系统。

①建立“道路”图层，颜色选取9号灰色，线型为Continuous，线宽为0.2 mm，置为当前图层。

②单击“绘图”工具栏中的“多段线”按钮，绘制出主要道路中心线；单击“绘图”工具栏中的“样条曲线”按钮，绘制出次要道路中心线，如图8－25所示。

③单击“修改”工具栏中的“偏移”按钮，分别向两侧偏移，主要道路偏移1500，次要道路偏移750，作为道路边缘线；然后将边线向内偏移100，作为路缘，如图8－26所示。

④木栈道的绘制。单击“绘图”工具栏中的“直线”按钮，绘制长度3000的直线，将直线垂直放置在道路中心线起点位置；单击“菜单”栏中的“修改”按钮，在下拉菜单中选择“阵列”→“路径阵列”，命令提示与操作如下：

```
命令：ARRAYPATH
选择对象：找到 1 个
选择对象：
类型 = 路径；关联 = 是
选择路径曲线：
输入沿路径的项数或［方向(O)/表达式(E)］〈方向〉：e
输入表达式：200
```

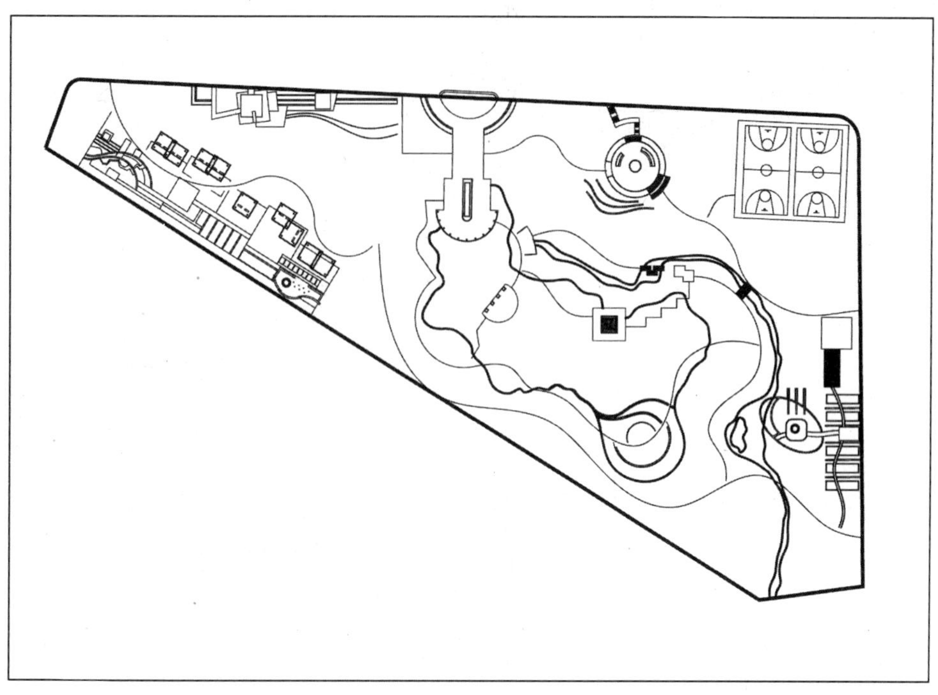

图 8-25 道路中心线的绘制

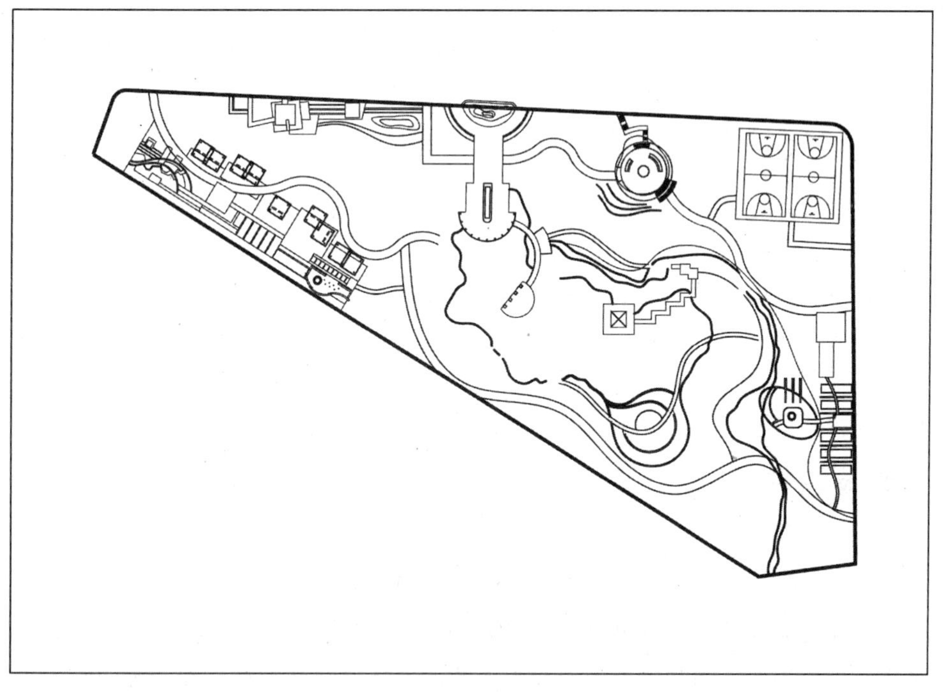

图 8-26 道路的绘制

完成木栈道的绘制，如图 8－27 所示。

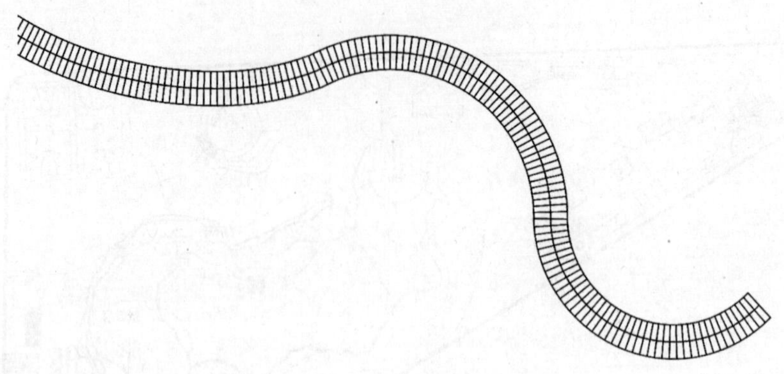

图 8-27　木栈道的绘制

重复命令，绘制图中所有木栈道，隐藏中心线，结果如图 8－28 所示。

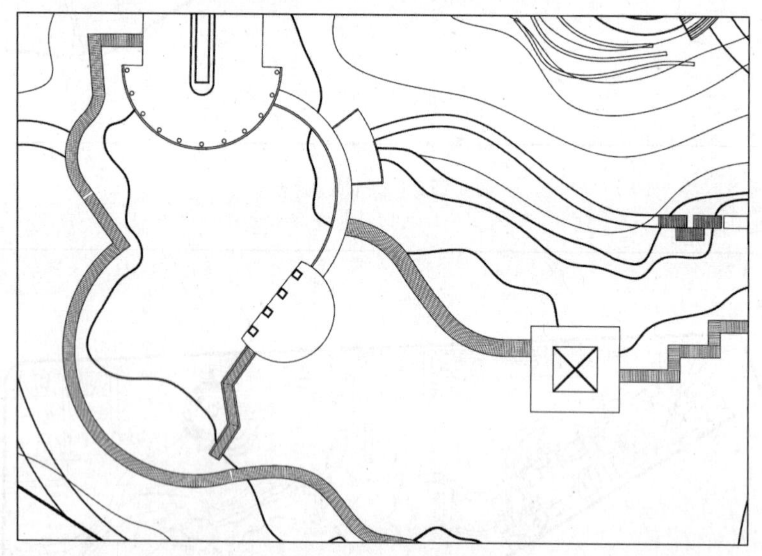

图 8- 28　完成木栈道的绘制

8.3　铺装设计

铺装是指在庭院、广场、道路等室外地面运用自然或人造材料，按照一定的方式铺设于地面形成的地表形式。它不仅具有组织交通和引导游览的功能，还为人们提供了良好的休息、活动场地，同时还直接创造优美的地面环境，是园林空间的重要组成部分。

在开始铺装填充之前，需做如下准备：

①新建 4 个图层，即“标注尺寸”“文字”“铺装”“铺装填充”图层。将“铺装”图层置

为当前图层，如图 8 – 29 所示。

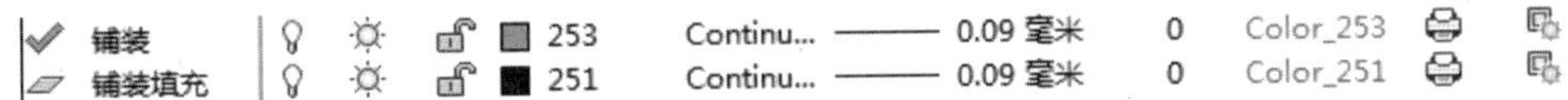

图 8-29 “铺装”图层参数

②设置标注样式。选择菜单栏中的“格式”→“标注样式”命令，对标注样式线、符号和箭头、文字和主单位进行设置，具体如下：

线：超出尺寸线为 125，起点偏移量为 150。

符号和箭头：第一个为建筑标记，箭头大小为 150，圆心标记为 75。

文字：文字高度 150，文字位置为垂直“上”，从尺寸线偏移为 75，文字对齐为 ISO 标准。

主单位：精度为 0，比例因子为 1。

③设置文字样式。选择菜单栏中的“格式”→“文字样式”命令弹出“文字样式”对话框，选择“仿宋”字体，“宽度因子”设置为 0. 7。

④设置多重引线样式。选择菜单栏中的“格式”→“多重引线样式”命令弹出“多重引线样式管理器”对话框，对引线格式、内容进行设置，具体参数如下：

引线格式：符号为点，大小为 30。

内容：多重引线类型为无。

⑤加载填充图案。选择菜单栏中的“工具”→“选项”命令弹出“选项”对话框，点击“添加”按钮，将 cad 文件“铺装填充”所在的文件夹路径复制粘贴到“支持文件搜索路径”处，如图 8 – 30 所示。

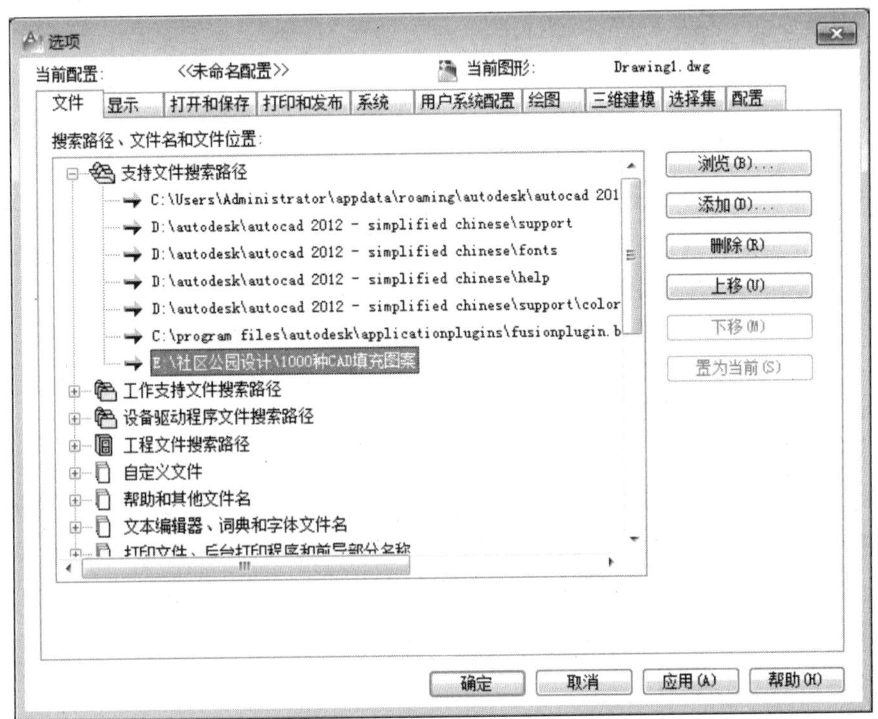

图 8-30 加载填充图案

8.3.1 街边广场铺装

街边广场见图 8 - 7 所示。

①绘制铺装线。单击“修改”工具栏中的“偏移”按钮，单击中部的方形广场边线，向内偏移 300，用“裁剪”工具将多余线段裁掉，将其图层调整为“铺装”层，如图 8 - 31所示。

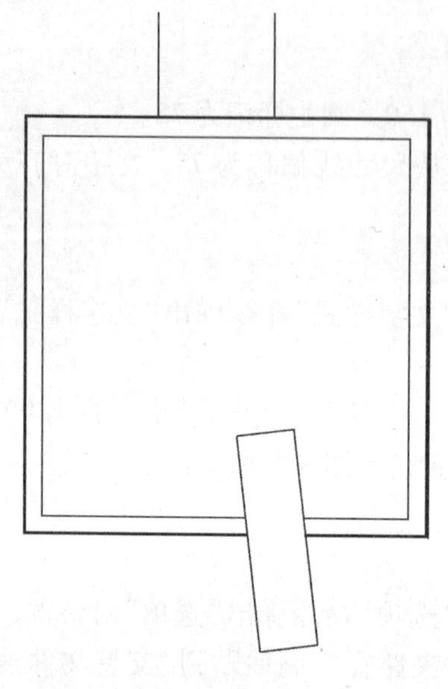

图 8-31 街边广场铺装的绘制

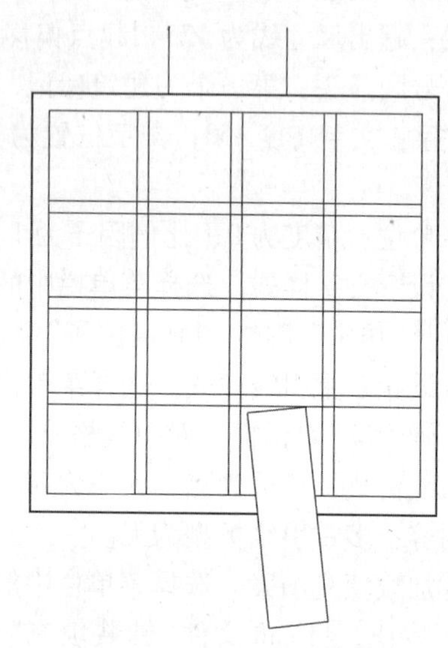

图 8-32 绘制街边广场铺装线

②绘制参考线。单击“修改”工具栏中的“偏移”按钮，单击步骤①中所绘制的左、上侧铺装线，分别向右、向下偏移 1600 次，分别偏移 3 次，将其图层调整为“参考线”层。

③利用步骤②中所绘制的参考线作为所需铺装的中线，继续进行“偏移”命令，分别向上、下、左、右偏移 100，将偏移后的线调整为“铺装”层，如图 8 - 32 所示。

④将“铺装填充”图层置为当前图层，多次单击“绘图”工具栏中的“图案填充”按钮填充铺装。单击对话框中“图案”下拉列表框右边的按钮更换图案，进入“填充图案选项板”对话框，依次选择以下图案：

预定义“AR - HBONE 图例”，填充比例和角度分别为 50 和 0；

预定义“砼地砖_ 1 图例”，填充比例和角度分别为 1000 和 0；

预定义“AGGREGAT 图例”，填充比例和角度分别为 1500 和 0。

结果如图 8 - 33 所示。

⑤将“标注尺寸”图层设置为当前图层，单击“标注”工具栏中的“线性”按钮，标注外形尺寸；单击“标注”工具栏中的“连续”按钮，进行连续标注。然后重复“线性”和“连续”，完成图形标注。标注铺装材质。选择菜单栏中的“标注”→“多重引线”命令，针对不同的铺装绘制引线；单击“绘图”工具栏中的“多行文字”按钮 A，分别输入材料名称及规格，如图 8 - 34 所示。

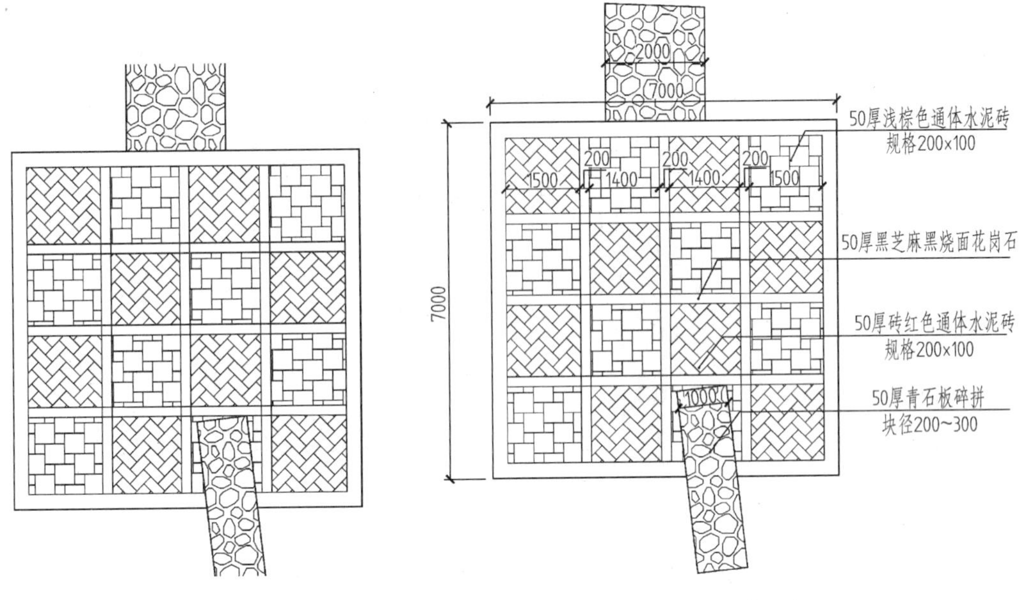

图 8-33　铺装填充的绘制

图 8-34　铺装填充及标注

⑥人行道铺装的绘制。单击“修改”工具栏中的“偏移”按钮，将道路边线向内偏移 100；单击“绘图”工具栏中的“图案填充”按钮，填充铺装，如图 8－35 所示。

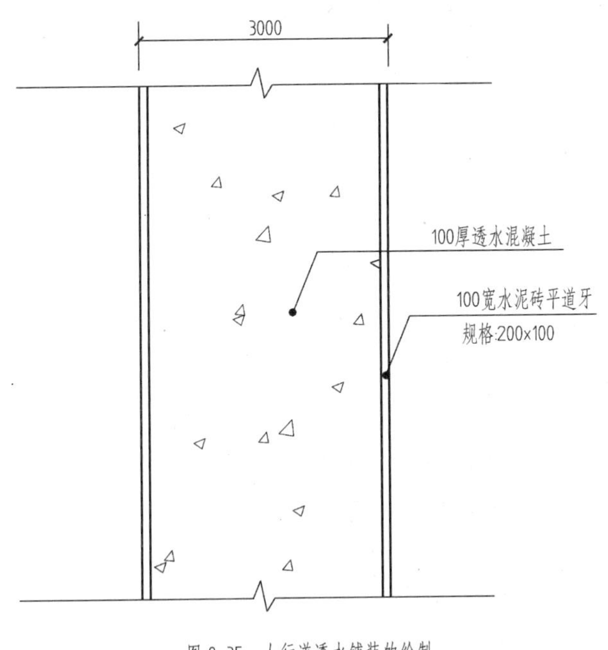

图 8-35　人行道透水铺装的绘制

广场其余地方采用相同方法进行图案填充，最终如图 8－36 所示。

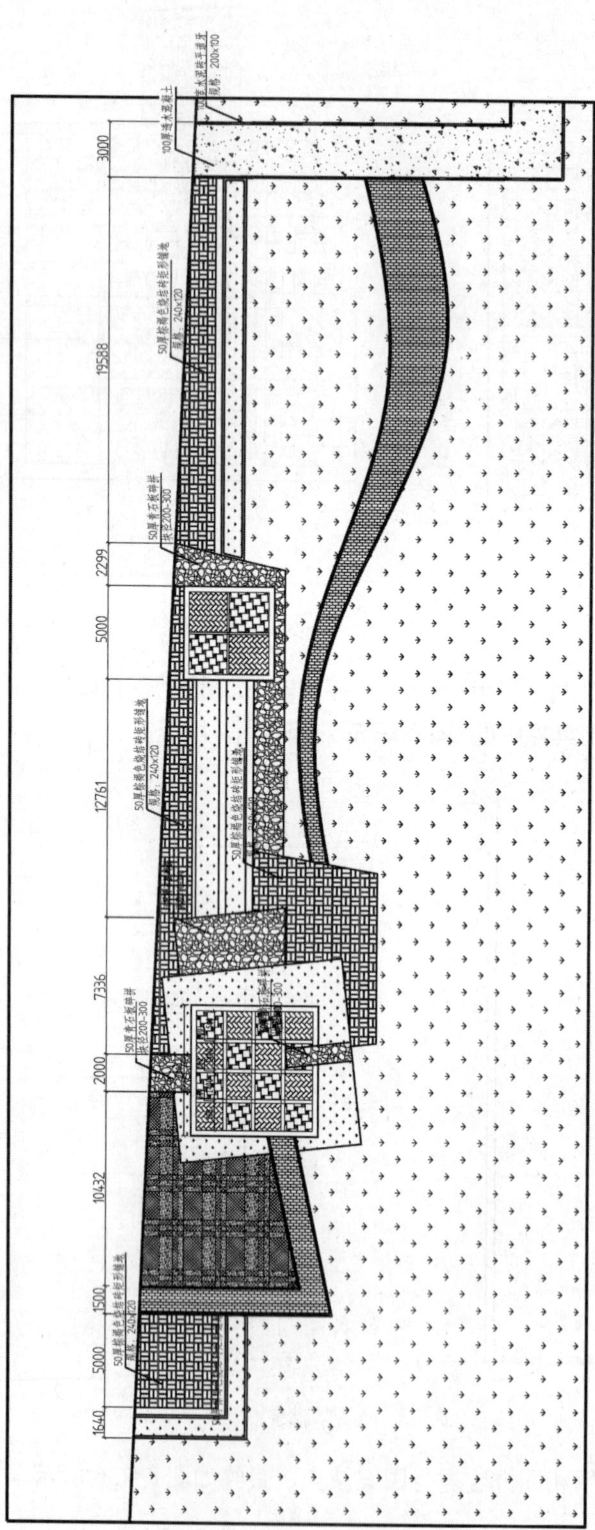

图8-36 街边广场的铺装

8.3.2 儿童娱乐区的铺装

儿童娱乐区见图 8－7。

①绘制圆形安全脚垫。单击“绘图”工具栏中的“圆”按钮，绘制 5 个直径为 1000 的圆和 8 个直径为 500 的圆，如图 8－37所示。

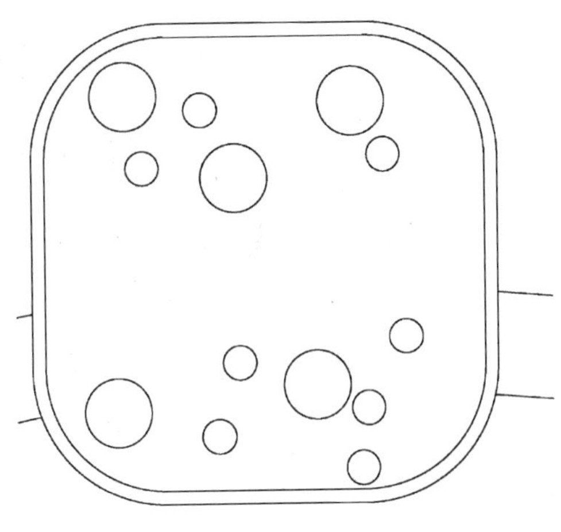

图 8-37　圆形安全胶垫的绘制

②将“铺装填充”图层置为当前图层，多次单击“绘图”工具栏中的“图案填充”按钮，填充铺装。单击对话框中“图案”下拉列表框右边的按钮更换图案，进入“填充图案选项板”对话框，依次选择以下图案：

预定义“TREAD 图例”，填充比例和角度分别为 500 和 0。

预定义“GEOL1 图例”，填充比例和角度分别为 800 和 0。

预定义“B030 图例”，填充比例和角度分别是 1500 和 45。

预定义“AR－CONC 图例”，填充比例和角度分别是 100 和 0。

预定义“STARS 图例”，填充比例和角度分别是 1000 和 0。

预定义“卵石 4 图例”，填充比例和角度分别是 1000 和 0。

完成儿童娱乐区的铺装填充，如图 8－38 所示。

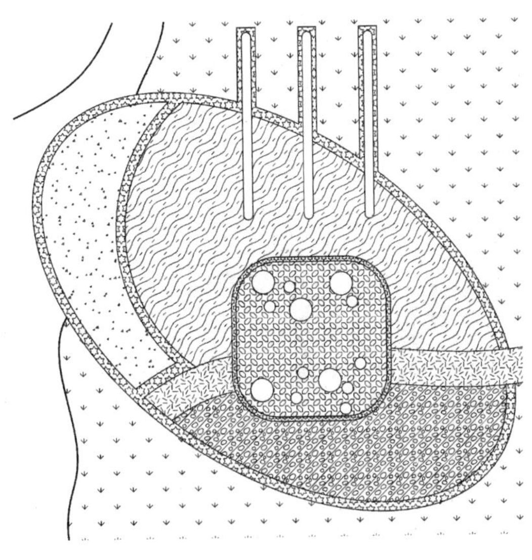

图 8-38　儿童娱乐区铺装填充

③标注铺装材质。选择菜单栏中的“标注”→“多重引线”命令，针对不同的铺装绘制引线，并绘制圆形尺寸标注；单击“绘图”工具栏中的“多行文字”按钮 A，分别输入材料名称及规格。结果如图 8－39 所示。

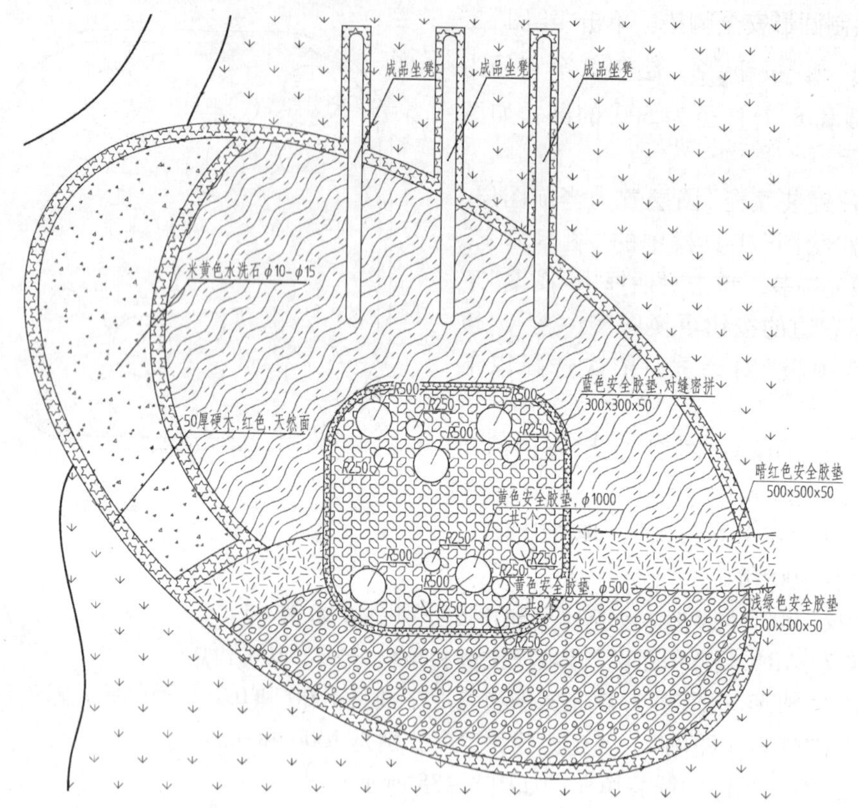

图 8-39　儿童娱乐区铺装及标注

所有功能区铺装绘制完成，结果如图 8－40 所示。

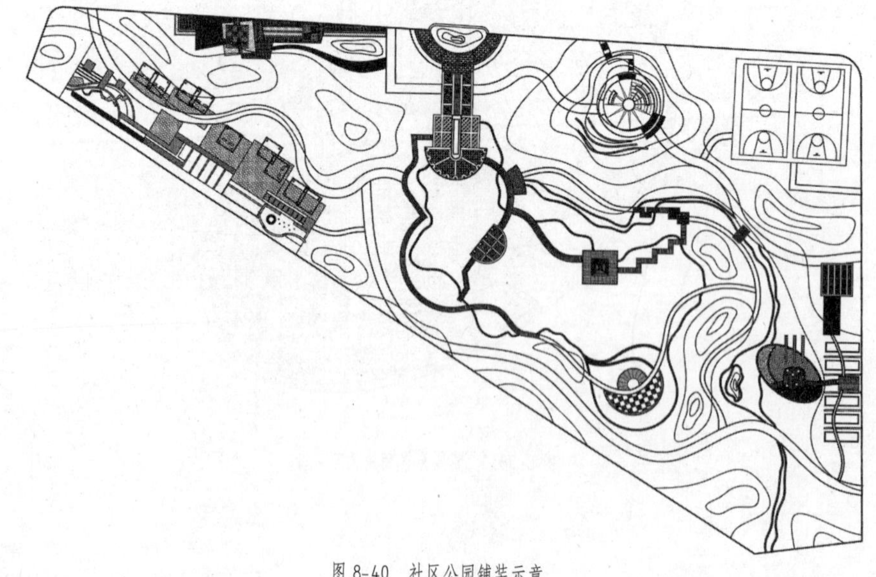

图 8-40　社区公园铺装示意

8.4 种植设计

种植设计是以植物为造景材料，通过植物空间的围合、疏密变化，植物之间的色彩、高低、形态、叶形、质地的对比及和谐搭配，营造与周围环境相协调的植物景观。按照场地的性质可分为公园种植设计、广场种植设计、道路绿地种植设计、居住区种植设计、屋顶花园种植设计等。

公园种植设计的要点如下：

(1)根据功能分区和景点划分，确定植物的主题和主体树种。

(2)注重乡土树种的运用，比例应达70%以上。

(3)注意常绿和落叶植物的比例，以及乔灌木的搭配比例。

(4)注意植物造景手法的运用。

(5)慎用带毒、带刺植物。

(6)儿童游戏场地应有50%的遮阴。

8.4.1 植物平面图的绘制

设计图以圆形作为主要图例，圆心处十字形表示树干位置。用连线将同种乔木或灌木连在一起，然后标注其树种和数量，如大叶榕9——代表9株大叶榕。以图8－40某社区公园为例，绘图方法与步骤如下：

①单击“绘图”工具栏中的“圆”按钮，分别绘制出直径为6000、5000、3000、1500的圆，代表不同规格的平面树；单击“标注”工具栏中的“圆心标记”按钮，分别标注其圆心，并分别将其定义为块；单击“修改”工具栏中的“复制”按钮，选择合适规格的圆，将其拷贝到相应位置，如图8－41所示。

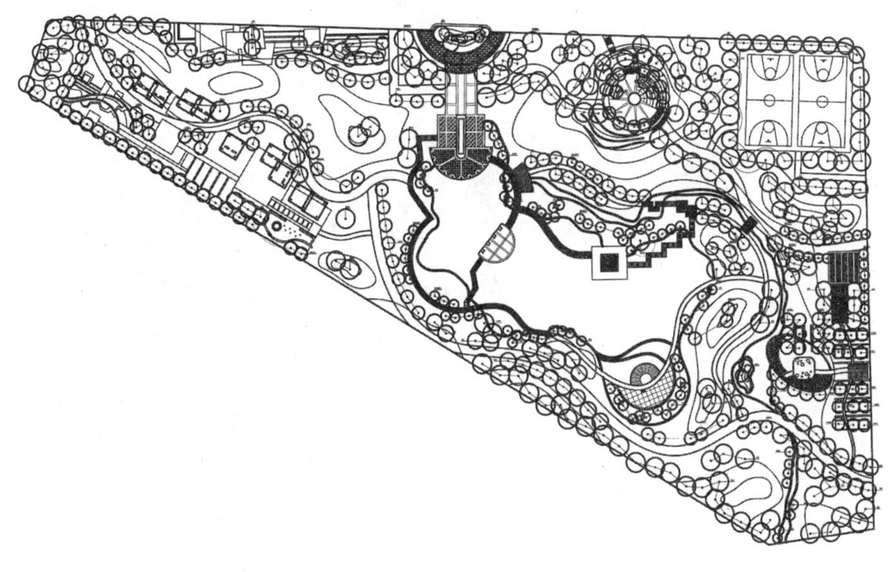

图8-41 植物的平面布置

②单击“绘图”工具栏中的“多段线”按钮，将相同种类的树用连线连接起来；选择菜单栏中的“标注”→“多重引线”命令，将不同种类的植物绘制引线；单击“绘图”工具栏中的“多行文字”按钮 A，分别输入材料名称及规格，如图 8－42 所示。

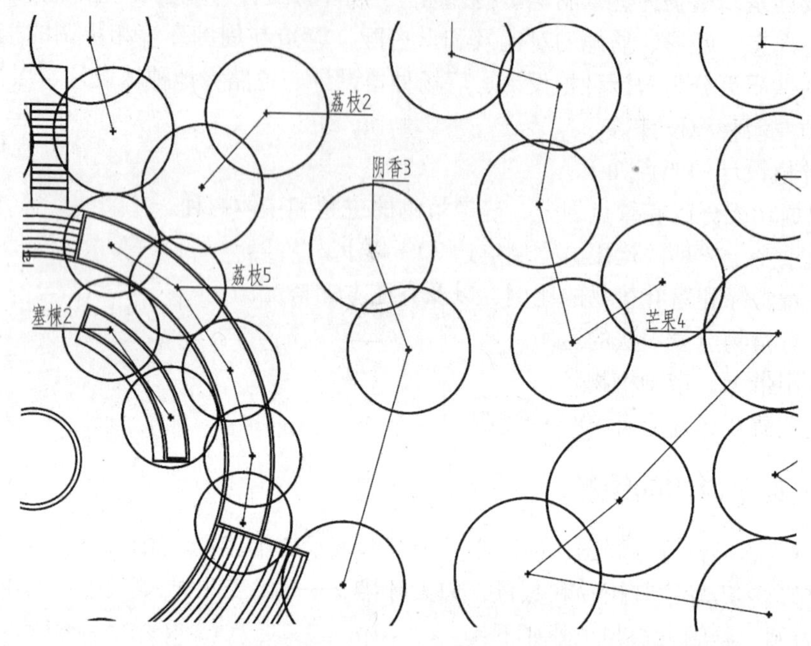

图 8-42　集会区与运动区之间局部放大种植图

另一种表达方法是导入不同的植物图例，用图例表示不同种类的植物，如图 8－43 所示。

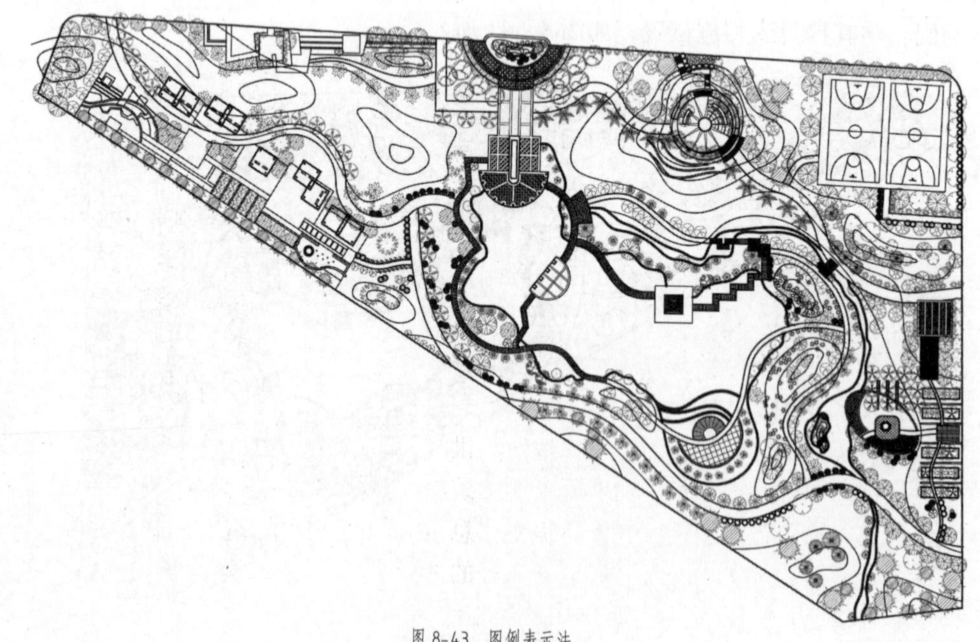

图 8-43　图例表示法

8.4.2 苗木种植表的绘制

①设置表格样式。选择菜单栏中的“格式”→“表格样式”命令，对“单元样式”菜单中的标题、表头和数据进行编辑，分别设置“常规”和“文字”的数据，具体如下：

常规：对齐为正中，边距1.5。

文字：文字高度2.5。

②单击“绘图”工具栏中的“插入表格”按钮，插入苗木表，然后进行适当的调整，如表8－1所示。

③单击表格中的标题栏，输入文字“苗木种植”；单击表头栏，分别输入“序号”“中文名”“拉丁名”“数量”“备注”；单击数据栏，填写相应内容，如表8－1所示。

表8－1　苗木种植

序号	中文名	拉丁名	数量	备注	序号	中文名	拉丁名	数量	备注
1	大叶榕	*Ficus microcarpa*	12		13	荔枝	*Litchi chinensis*	42	
2	油棕	*Elaeis guineensis*	13		14	龙眼	*Dimocarpus longan*	11	
3	银海枣	*Ficus microcarpa*	24		15	麻楝	*Chukrasia tabulari*	26	
4	宫粉羊蹄甲	*Bauhinia variegate*	34		16	木棉	*Bombax ceiba*	5	
5	凤凰木	*Delonix regia*	8		17	鸡蛋花	*Plumeria rubra cv. Acutifolia*	2	
6	小叶榄仁	*Terminalia mantaly*	27		18	水石榕	*Elaeocarpus hainanensis*	4	
7	阴香	*Cinnamomum burmanii*	27		19	串钱柳	*Callistemon viminalis*	23	
8	黄槐	*Cassia surattensis*	28		20	马尾松	*Pinus massoniana*	13	
9	落羽杉	*Taxodium distichum*	22		21	大花紫薇	*Lagerstroemia speciosa*	24	
10	水杉	*Metasequoina glyptostroboides*	16		22	白兰	*Michelia alba*	13	
11	黄钟木	*Tabebuia chrysantha*	47		23	塞楝	*Khaya senegalensis*	3	
12	杧果	*Litchi chinensis*	44		24	马占相思	*Acacia mangium*	19	

8.5　园林建筑设计

园林建筑是建造在园林和城市绿化地段内供人们游憩或观赏用的建筑物。常见的有亭、榭、廊、阁、轩、楼、台、舫、厅堂等建筑物。这些园林建筑主要起到园林造景和为游览者提供观景的视点和场所，还有提供休息及活动的空间等作用。

亭是园林中运用最多的一种建筑形式。亭的体量小巧，结构简单，做法灵活，适合在多种地形上构建。关于亭的功能作用，《园冶》中有：“亭者，停也，所以停憩游行也。”可见亭用在园林中是供游人休息观景。本节以“亭”为例，介绍园林建筑的基本绘制方法。

①绘制亭顶平面图。将“参考线”图层置为当前层；单击“绘图”工具栏中的“直线”按钮，在绘图区适当位置绘制轴线；单击“修改”工具栏中的“偏移”按钮，向上、下、左、右放偏移轴线；单击“绘图”工具栏中的“直线”按钮，绘制出其余参考线；根据参考线偏移出所需要线段；单击“修改”工具栏中的“修剪”按钮，将多余线段裁剪掉，结果如图8 –44 所示。

将“标注尺寸”图层设置为当前图层，单击“标注”工具栏中的“线性”按钮，标注外形尺寸；单击“标注”工具栏中的“连续”按钮，进行连续标注。然后重复“线性”和“连续”，完成图形标注。标注材质：选择菜单栏中的“标注”→“多重引线”命令，针对不同的铺装绘制引线；单击“绘图”工具栏中的“多行文字”按钮，分别输入材料名称及规格；选择菜单栏中的“标注”→“多重引线”命令，修改“多重引线样式”，然后绘制箭头，结果如图 8 –45 所示。

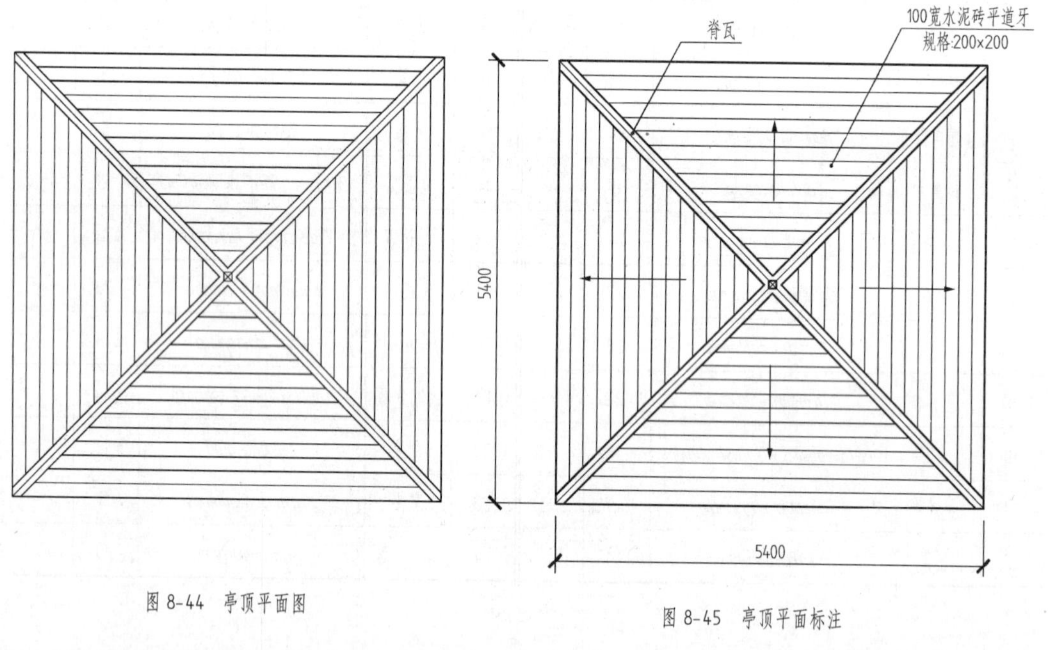

图 8-44　亭顶平面图

图 8-45　亭顶平面标注

②木框架平面的绘制。用步骤①所示的方法绘制木框架的平面及标注，结果如图 8 –46所示。

轴号标注：横向轴号用阿拉伯数字 1、2、3……标注，纵向轴号用字母 A、B、C……标注。在轴线段绘制直径为 8 mm 的圆，在中央标注一个数字“1”，将该轴号图例复制到其他轴线端头，并修改圈内数字，如图 8 –47 所示。

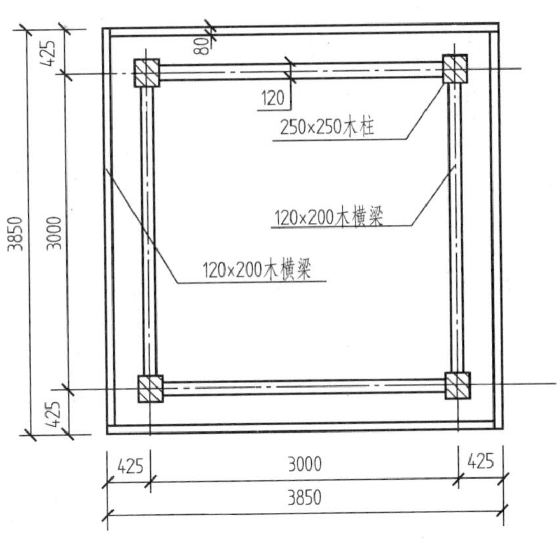

图 8-46 木框架平面

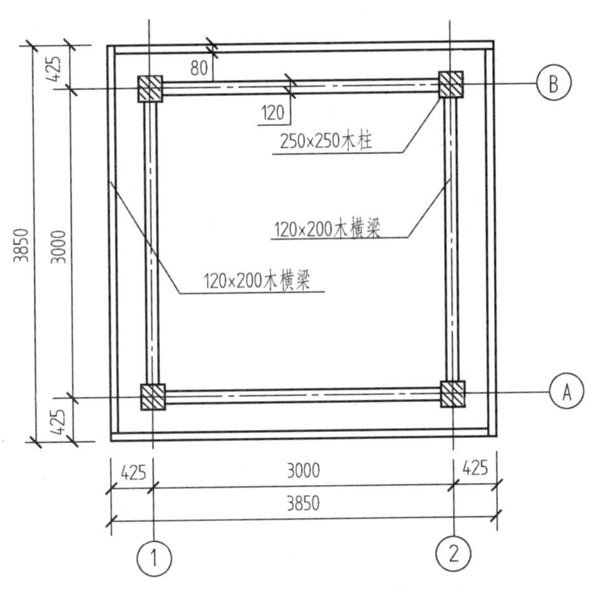

图 8-47 轴号标注

③用步骤①、②中所述的方法完成平面图、亭顶构架平面图、立面图及剖面图的绘制，如图 8－48 所示。

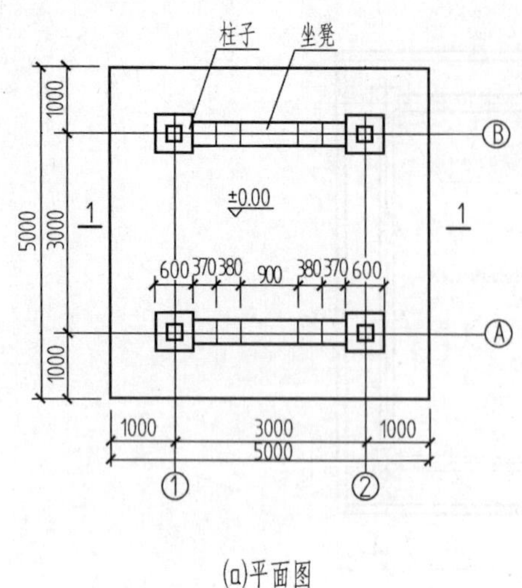

(a)平面图

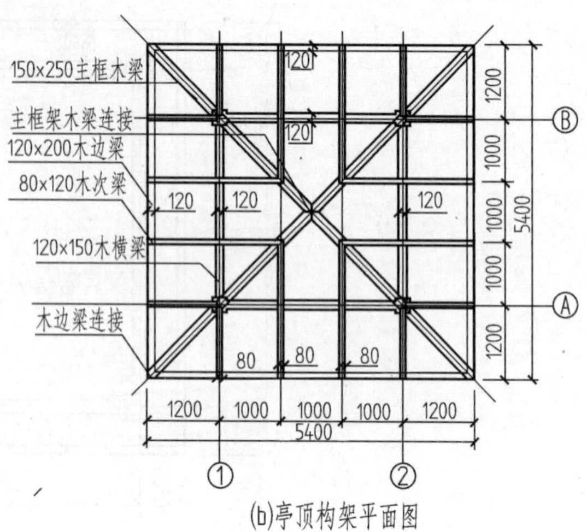

(b)亭顶构架平面图

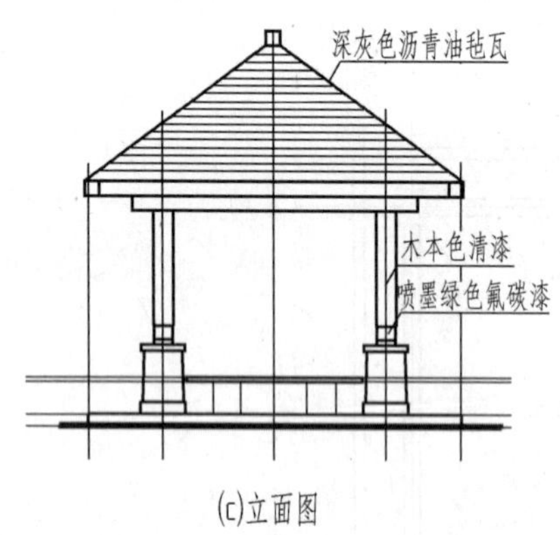

(c)立面图

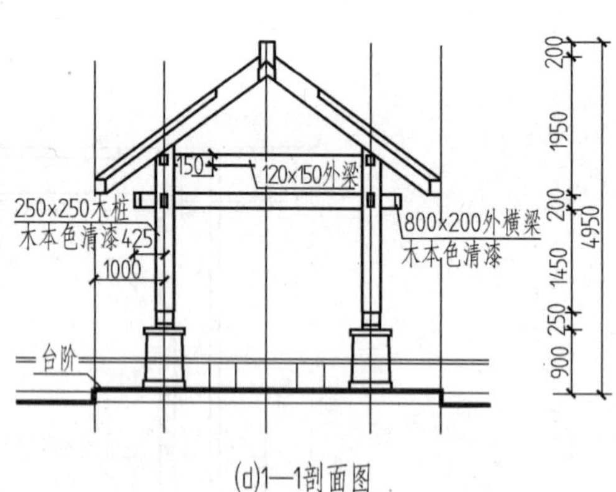

(d)1—1剖面图

图 8-48 亭的绘制

参考文献

[1] 马彩祝，等．土木工程制图[M]．北京：中国建筑工业出版社，2013.

[2] 马彩祝，等．CAD技术[M]．广州：华南理工大学出版社，2008.

[3] 宋兆全．土木工程制图[M]．武汉：武汉大学出版社，2000.

[4] 杨松林．建筑工程CAD技术应用及实例[M]．北京：化学工业出版社，2007.

[5] 张英．建筑工程制图[M]．2版．北京：中国建筑工业出版社，2008.

[6] 龙玉辉．AutoCAD 2006中文版实用教程[M]．北京：中国铁道出版社，2007.

附录 AutoCAD 2016 部分命令缩写

序号	命令	缩写	功能
1	ARC	A	圆弧
2	BLOCK	B	块定义
3	CIRCLE	C	圆
4	DIMSTYLE	D	标注样式管理器
5	ERASE	E	删除
6	FILLET	F	圆角
7	GROUP	G	对象组
8	HATCH	H	图案填充
9	INSERT	I	插入
10	LINE	L	直线
11	MOVE	M	移动
12	MIEXT	T	多行文字
13	OFFSET	O	偏修
14	PAN	P	平移
15	REDRAW	R	重画
16	STRETCH	S	拉伸
17	UNDO	U	放弃
18	VIEW	V	管理视图
19	WBLOCK	W	外部图块
20	EXPLODE	X	分解对象
21	ZOOM	Z	缩放
22	3DARRAY	3A	三维阵列
23	3DFACE	3F	三维面
24	ARRAY	AR	阵列
25	BOUNDARY	BO	创建边界多段线
26	BREAK	BR	切断
27	PROPERTIES	CH	特性管理器

续上表

序号	命令	缩写	功能
28	CHANGE	_CH	修改
29	COPY	CO，CP	复制
30	ADCENTER	DC	设计中心
31	DONUT	DO	圆环
32	DRAWORDER	DR	图形对象排序
33	DSETTINGS	DS，SE	草图设置
34	TEXT，DTEXT	DT	单行文字
35	DEDIT	ED	编辑文字
36	ELLIPSE	EL	椭圆
37	EXTEND	EX	延伸
38	HATCHEDIT	HE	图案编辑
39	HIDE	HI	消隐
40	IMAGE	IM	图像管理
41	INTERSECT	IN	交集运算
42	INSERTOBJ	IO	插入对象
43	LAYER	LA	图层管理
44	QLEADER	LE	快速创建引线标注
45	LINEWEIGHT	LW	设置线宽
46	LAYOUT	LO	创建并修改布局
47	LINETYPE	LT	设置线型
48	MATCHPROP	MA	特性匹配
49	MIRROR	MI	镜像
50	MLINE	ML	多线
51	PROPERTIES	MO，PR	特性管理器
52	MSPACE	MS	转模型空间
53	OPTIONS	OP	选项对话框
54	OSNAP	OS	对象捕捉
55	PLINE	PL	多段线
56	PEDIT	PE	多段线编辑
57	POINT	PO	点
58	PURGE	PU	清理